DIE GRUNDLEHREN DER
MATHEMATISCHEN WISSENSCHAFTEN

IN EINZELDARSTELLUNGEN MIT BESONDERER
BERÜCKSICHTIGUNG DER ANWENDUNGSGEBIETE

GEMEINSAM MIT

W. BLASCHKE   M. BORN   C. RUNGE †
HAMBURG   GÖTTINGEN   GÖTTINGEN

HERAUSGEGEBEN VON

R. COURANT
GÖTTINGEN

BAND XXVI

VORLESUNGEN ÜBER
NICHT=EUKLIDISCHE GEOMETRIE

VON

FELIX KLEIN

BERLIN
VERLAG VON JULIUS SPRINGER
1928

FELIX KLEIN

VORLESUNGEN ÜBER NICHT=EUKLIDISCHE GEOMETRIE

FÜR DEN DRUCK NEU BEARBEITET VON

W. ROSEMANN

NACHDRUCK
1968

MIT 237 ABBILDUNGEN

BERLIN
VERLAG VON JULIUS SPRINGER
1928

ISBN-13: 978-3-642-95027-8   e-ISBN-13: 978-3-642-95026-1
DOI: 10.1007/ 978-3-642-95026-1

Alle Rechte vorbehalten. Kein Teil dieses Buches darf ohne schriftliche Genehmigung des Springer-Verlages übersetzt oder in irgendeiner Form vervielfältigt werden. Copyright by Julius Springer Berlin 1928; copyright © renewed by Springer-Verlag Berlin · Heidelberg 1967, under Presidential
Softcover reprint of the hardcover 1st edition 1967
Proclamation of July 12, 1967 (Federal Republic of Germany). Library of Congress Catalog Card Number 67-30151.

Titel Nr. 5009

Vorwort.

Als Felix Klein den Plan faßte, die wichtigsten seiner autographierten Vorlesungen im Druck erscheinen zu lassen, gedachte er, mit der Nichteuklidischen Geometrie zu beginnen und den alten Text zuvor mit Hilfe eines jüngeren Geometers, des Herrn Dr. Rosemann, in der Anlage und den Einzelheiten einer gründlichen Neubearbeitung zu unterziehen. Diese Arbeit erwies sich als langwieriger wie ursprünglich geschätzt. Klein selbst konnte ihren Abschluß nicht mehr erleben. Zwar hatte er in täglichen, durch mehr als ein Jahr fortgesetzten Besprechungen den Stoff bis in die Einzelheiten hinein mit seinem Mitarbeiter durchdacht, gesichtet und geordnet; aber die eigentliche Ausarbeitung des Textes mußte er von vornherein Herrn Rosemann überlassen. Bei Kleins Tode lagen die Fahnenkorrekturen der ersten Kapitel vor; es bedurfte jedoch noch jahrelanger opferwilliger Arbeit seitens Herrn Rosemanns, um auf Grund des ursprünglichen Programmes das Manuskript fertigzustellen und den Druck durchzuführen. So ist bei diesem Werke eigener Anteil und Verdienst, aber auch eigene Verantwortung des Bearbeiters viel höher zu bewerten als sonst üblich.

Neben Herrn Dr. Seyfarth, der mit feinsinnigem Verständnis Manuskript und Korrektur gelesen hat, gebührt für das Zustandekommen des Werkes noch besonderer Dank Herrn Dr. H. Hopf; er hat nicht nur kritisch und helfend bei der Durchsicht großer Teile des Manuskripts und der Korrekturen mitgewirkt, sondern darüber hinaus die Ausarbeitung einiger wichtiger, seinem Arbeitsgebiet naheliegender Abschnitte übernommen. Weiter hat Herr Professor Dr. Salkowski freundlicherweise den größten Teil der letzten Bogenkorrektur mitgelesen. Endlich darf ein Dank an die Verlagsbuchhandlung hier nicht fehlen, deren Geduld und Entgegenkommen die wesentlichste Voraussetzung für die Überwindung aller Schwierigkeiten war.

Göttingen, Oktober 1927. **Der Herausgeber.**

Aus der ursprünglichen autographierten Vorlesung, die in der Ausarbeitung von Fr. Schilling 1892 und in zweiter kaum veränderter Auflage 1893 erschien, sind zahlreiche Stellen gestrichen. Dafür ist eine Einführung in die Grundlagen der projektiven Geometrie vorangestellt (Kap. I und II). Weiter mußte in dem übrigen Teil des Buches mit Rücksicht auf die neuere Entwicklung überall weiterer Stoff eingegliedert werden, so daß die Vorlesung zum Schluß eine völlig neue Gestalt gewann.

Die beiden ersten Kapitel sind sehr ausführlich gehalten, um das Verständnis der weiteren Teile des Buches zu erleichtern; der Leser, dem die projektive Geometrie bereits bekannt ist, möge sie bis auf § 6 des zweiten Kapitels überschlagen. Kapitel III bringt die Entwicklungen, die zum Verständnis der nichteuklidischen Bewegungen notwendig sind, und kann vom Anfänger beim ersten Studium übergangen werden. Der Leser, der sich über den Rahmen des Buches hinaus mit der nichteuklidischen Geometrie beschäftigen will, findet eine wertvolle Literaturzusammenstellung in Sommerville: Bibliography of non-euclidean geometry, including the theorie of parallels, the foundation of geometry and space of n dimensions, London 1911. Weiter sei zur Ergänzung der an vielen Stellen eingeschalteten historischen Bemerkungen auf Klein: Vorlesungen über die Entwicklung der Mathematik im 19. Jahrhundert, Berlin 1927, hingewiesen.

Um der Anschaulichkeit willen wurden möglichst zahlreiche Abbildungen eingefügt. Abb. 31 und 236 sind der Funktionentheorie von Hurwitz-Courant, Abb. 62—64 der Theorie der automorphen Funktionen von Fricke-Klein entnommen.

Hannover, Oktober 1927.

Der Bearbeiter.

Inhaltsverzeichnis.

Erster Teil: Einführung in die projektive Geometrie.

Kapitel I: Die Grundbegriffe der projektiven Geometrie .. 1—52

§ 1. Die affinen, die homogenen und die projektiven Koordinaten   1

> Die affinen Koordinaten S. 1. — Die homogenen Koordinaten S. 2. — Die projektiven Koordinaten S. 5. — Zusammenhang zwischen den affinen und projektiven Koordinaten S. 9. — Übersicht über die Entwicklung der Geometrie S. 10.

§ 2. Die Zusammenhangsverhältnisse der projektiven Gebilde; die Einseitigkeit der projektiven Ebene   12

§ 3. Die homogenen linearen Substitutionen   17

> Die homogenen linearen Substitutionen; der Gruppenbegriff S. 17. — Kogredienz und Kontragredienz S. 19.

§ 4. Die projektiven Transformationen.   21

> Die projektiven, frei-affinen und zentro-affinen Transformationen S. 21. — Das Vorzeichen der Substitutionsdeterminante S. 23. — Die anschauliche Wiedergabe der projektiven Transformationen S. 25. — Die Fixpunkte einer projektiven Transformation S. 28.

§ 5. Die n-dimensionalen Mannigfaltigkeiten   30

§ 6. Projektive Geraden- und Ebenenkoordinaten; das Prinzip der Dualität   33

> Die projektiven Geradenkoordinaten in der Ebene S. 33. — Die projektiven Ebenenkoordinaten S. 36. — Die Dualität in der Ebene S. 37. — Die Dualität im Raum S. 39. — Der in sich duale Aufbau der projektiven Geometrie S. 39.

§ 7. Die Doppelverhältnisse.   40

> Elementare Eigenschaften S. 40. — Das Doppelverhältnis von vier Punkten auf einer Geraden S. 41. — Das Doppelverhältnis im Geraden- und Ebenenbüschel S. 43. — Bestimmung der projektiven Koordinaten durch Doppelverhältnisse S. 45.

§ 8. Imaginäre Elemente.   45

> Einführung der imaginären Punkte S. 46. — Die imaginären Elemente in der Ebene S. 47. — Die imaginären Elemente im Raum S. 48. — Die anschauliche Wiedergabe der imaginären Punkte einer geraden Linie in der Zahlebene und auf der Zahlkugel S. 49. — Die Antikollineationen S. 51. — Historisches S. 51.

Kapitel II: Die Gebilde zweiten Grades 52

§ 1. Die Polarverwandtschaft der Gebilde zweiter Ordnung und Klasse 52

    Die Definition der Gebilde zweiter Ordnung und Klasse S. 52. — Die Polarverwandtschaft der Gebilde zweiter Ordnung S. 53. — Die Polarverwandtschaft der Gebilde zweiter Klasse S. 55. — Die wichtigsten Sätze über die Polarverwandtschaft S. 56.

§ 2. Das Entsprechen der nichtausgearteten Ordnungs- und Klassengebilde zweiten Grades 58

§ 3. Die Einteilung der Gebilde zweiter Ordnung 61

    Einteilung der Flächen zweiter Ordnung nach dem Rang der zugehörigen Determinante S. 61. — Beziehung der Flächen zweiter Ordnung auf ein Polartetraeder S. 63. — Weitere Einteilung der Flächen zweiter Ordnung nach den Realitätseigenschaften S. 66. — Die entsprechende Einteilung der Kurven und Punktsysteme zweiter Ordnung S. 69. — Historisches zur Einteilung der Gebilde zweiter Ordnung S. 70.

§ 4. Die Einteilung der Gebilde zweiter Klasse; Beziehungen zur Einteilung der Gebilde zweiter Ordnung 71

    Die Einteilung der Flächen zweiter Klasse S. 71. — Die Beziehungen zwischen den verschiedenen Flächenarten zweiter Ordnung und Klasse S. 73. — Entsprechende Betrachtungen für die Kurven zweiter Klasse S. 74.

§ 5. Die geraden Linien auf den nicht ausgearteten Flächen zweiter Ordnung 75

§ 6. Die geometrischen Übergänge zwischen den einzelnen Gebilden zweiten Grades; die Einteilung dieser Gebilde . . . 80

    Die Übergänge auf der geraden Linie S. 81. — Die Übergänge in der Ebene S. 81. — Zusammenfassung der Kurven zweiter Ordnung und Klasse zu den Kurven zweiten Grades S. 84. — Die Übergänge im Raum S. 87. — Zusammenfassung der Flächen zweiter Ordnung und Klasse zu den Flächen zweiten Grades S. 92.

Kapitel III: Die Kollineationen, die ein Gebilde zweiten Grades in sich überführen . . . . 93—127

§ 1. Der eindimensionale Fall 93

    Die komplexen Kollineationen, die ein nichtausgeartetes Gebilde in sich überführen S. 93. — Reelle Kollineationen S. 94. — Die Kollineationen, die einen doppelt zählenden Punkt in sich überführen S. 96. — Der Übergang der verschiedenen Fälle ineinander S. 96.

§ 2. Der zweidimensionale Fall 97

    Die komplexen Kollineationen, die ein nichtausgeartetes Gebilde in sich überführen S. 97. — Reelle Kollineationen S. 100. — Die invarianten Elemente S. 103. — Die Auffassung der Kollineationen als Drehungen S. 106. — Die Kollineationen, die ein ausgeartetes Gebilde in sich überführen S. 108. — Der Übergang der verschiedenen Fälle ineinander S. 109.

§ 3. Der dreidimensionale Fall 111
> Die komplexen Kollineationen, die ein nichtausgeartetes Gebilde in sich überführen die Schiebungen S. 111. — Reelle Kollineationen S. 115. — Die invarianten Elemente S. 117. — Die Drehungen und Schraubungen S. 120. — Die Kollineationen, die ein ausgeartetes Gebilde in sich überführen S. 124. — Der Übergang der verschiedenen Fälle ineinander S. 125.

Zweiter Teil: Die projektive Maßbestimmung.

Kapitel IV: Die Einordnung der euklidischen Metrik in das projektive System. . . . . 128—153

§ 1. Die metrischen Grundformeln der euklidischen Geometrie   128
> Die Entfernungsformeln S. 128. — Die Winkelformeln S. 129.

§ 2. Diskussion der metrischen Formeln; die beiden Kreispunkte und der Kugelkreis 131
> Diskussion der Entfernungsformeln S. 131. — Diskussion der Winkelformeln S. 133. — Die Kreispunkte und der Kugelkreis S. 135.

§ 3. Die euklidische Metrik als projektive Beziehung zu den fundamentalen Gebilden 137
> Die Darstellung des euklidischen Winkels durch ein Doppelverhältnis S. 137. — Die entsprechende Umformung der euklidischen Entfernung S. 139.

§ 4. Die Ersetzung der Kreispunkte und des Kugelkreises durch reelle Gebilde 141

§ 5. Die Metrik im Strahl- und Ebenenbündel; die sphärische und die elliptische Geometrie 145
> Die Metrik im Bündel S. 145. — Beziehungen zur Geometrie auf der Kugel S. 146. — Die elliptische Geometrie S. 148. — Die Beziehungen zwischen der elliptischen und sphärischen Geometrie S. 151.

Kapitel V: Die von der euklidischen Geometrie unabhängige Einführung der projektiven Koordinaten. . . . . . 153—163

§ 1. Die Konstruktion der vierten harmonischen Elemente . . 154
§ 2. Die Koordinateneinführung im eindimensionalen Gebiet . 157
§ 3. Die Koordinateneinführung in der Ebene und im Raum . 161

Kapitel VI: Die projektiven Maßbestimmungen . . . . . 163—188

§ 1. Die nichtausgearteten Maßbestimmungen 163
> Die Festlegung der Entfernungen und Winkel durch Doppelverhältnisse S. 164. — Die analytischen Ausdrücke für die Entfernungen und Winkel S. 167. — Die elliptische und hyperbolische Maßbestimmung auf der Geraden S. 170. — Die elliptische und hyperbolische

Maßbestimmung im Geraden- und Ebenenbüschel S. 173. — Die elliptische und hyperbolische Maßbestimmung in der Ebene S. 174. — Die elliptische und hyperbolische Maßbestimmung im Raum S. 178.

§ 2. Die ausgearteten Maßbestimmungen 179
Die gerade Linie S. 179. — Das Geraden- und Ebenenbüschel S. 180. — Die Ebene S. 181. — Der Raum; abschließende Bemerkungen S. 184.

§ 3. Die Dualität 184

§ 4. Die starren Transformationen 186
Die starren Transformationen und die Ähnlichkeitstransformationen S. 186. — Die Bewegungen und Umlegungen S. 187. — Erzeugung der Bewegungen durch spezielle Transformationen S. 188.

Kapitel VII: Die Beziehungen zwischen der elliptischen, euklidischen und hyperbolischen Geometrie . . . . 188—211

§ 1. Die Sonderstellung der drei Geometrien 188

§ 2. Der Übergang von der elliptischen über die euklidische zur hyperbolischen Geometrie 190

§ 3. Die Darstellung der elliptischen und hyperbolischen Geometrie auf der euklidischen Kugel von reellem und imaginärem Radius 191

§ 4. Herleitung der Formeln der elliptischen und hyperbolischen Geometrie aus denen der Geometrie auf der euklidischen Kugel 194
Trigonometrische Formeln S. 195. — Grenzübergang zur euklidischen Geometrie S. 198. — Formeln für Kreisumfang und -inhalt S. 198.

§ 5. Winkelsumme und Inhalt des Dreieckes 200
Die elliptische Geometrie S. 200. — Die hyperbolische Geometrie S. 201. — Die euklidische Geometrie S. 203. — Die Verallgemeinerung auf höhere Dimensionenzahlen S. 203.

§ 6. Die euklidische und die beiden nichteuklidischen Geometrien als System der Maßbestimmungen, die auf die Außenwelt passen 205

Kapitel VIII: Besondere Untersuchung der beiden nichteuklidischen Geometrien . . . . 211—253

§ 1. Die elliptische und die hyperbolische Geometrie auf der Geraden 211
Die elliptische Gerade S. 211. — Die hyperbolische Gerade S. 213.

§ 2. Die elliptische Geometrie der Ebene 214
Allgemeines; Dualität S. 214. — Bewegungen S. 214. — Einige Sätze aus der Kreislehre S. 216. — Die Kongruenzsätze S. 217. — Die Schnittpunktsätze im Dreieck S. 218. — Abschließende Bemerkungen S. 221.

§ 3. Die hyperbolische Geometrie der Ebene 221
    Allgemeines; Parallelen S. 221. — Über senkrechte Gerade S. 222. — Die Umlegungen S. 224. — Die Bewegungen; ihre Klassifikation nach Fixelementen; die Kreise S. 224. — Abschließende Bemerkungen S. 227.

§ 4. Die Theorie der Kurven zweiten Grades in den ebenen nichteuklidischen Geometrien 227

§ 5. Die elliptische Geometrie des Raumes 233
    Allgemeines S. 233. — Die Cliffordschen Parallelen und Schiebungen S. 233. — Beliebige Bewegungen, insbesondere Rotationen S. 237. — Die Hamiltonschen Quaternionen und die Gruppe der elliptischen Bewegungen des Raumes S. 238.

§ 6. Die Cliffordsche Fläche 241
    Ihre einfachsten Eigenschaften S. 241. — Die Differentialgeometrie der Cliffordschen Fläche S. 243. — Die Geometrie im Großen auf der Cliffordschen Fläche S. 247.

§ 7. Die hyperbolische Geometrie des Raumes 249
    Allgemeines S. 249. — Die Bewegungen S. 249. — Die Kugeln S. 252. — Über die analytische Darstellung der Bewegungen S. 253.

Kapitel IX: Das Problem der Raumformen. . . . . 254—270

§ 1. Die Raumformen der ebenen euklidischen Geometrie . . . 254
    Definition des Problems; die Zylinder- und die Kegelgeometrie S. 254. — Die Raumform der Cliffordschen Fläche S. 256. — Zusammenhang mit der Gruppentheorie S. 257. — Die Aufstellung aller euklidischen Raumformen S. 258. — Der Zusammenhang zwischen einander entsprechenden ein- und zweiseitigen Raumformen S. 262.

§ 2. Die Raumformen der ebenen elliptischen und hyperbolischen Geometrie 264
    Die elliptischen Raumformen S. 264. — Die hyperbolischen Raumformen S. 265.

§ 3. Die Raumformen der dreidimensionalen Geometrien . . . 269

Dritter Teil: Die Beziehungen der nichteuklidischen Geometrie zu anderen Gebieten.

Kapitel X: Die Geschichte der nichteuklidischen Geometrie; Beziehungen zur Axiomatik und zur Differentialgeometrie 271—306

§ 1. Die Elemente Euklids und die Beweisversuche des Parallelenaxioms 271

§ 2. Die axiomatische Begründung der hyperbolischen Geometrie 274

§ 3. Die Grundlagen der Flächentheorie 277

§ 4. Der Zusammenhang der ebenen nichteuklidischen Geometrie mit der Flächentheorie 282

§ 5. Die Erweiterung der differentialgeometrischen Gesichtspunkte durch Riemann 288

§ 6. Die konformen Abbildungen der nichteuklidischen Ebene . 293

Die konforme Abbildung der elliptischen und hyperbolischen Ebene auf die Kugel S. 293. — Die konforme Abbildung der elliptischen und hyperbolischen Ebene auf die euklidische Ebene S. 296. — Die konformen Abbildungen der hyperbolischen Geometrie auf die Gaußsche Zahlebene S. 299.

§ 7. Das Eingreifen der projektiven Geometrie 303

§ 8. Der weitere Ausbau der nichteuklidischen Geometrie, insbesondere der Differentialgeometrie 304

Kapitel XI: Ausblicke auf Anwendungen der nichteuklidischen Geometrie . . . . 306—319

§ 1. Die hyperbolischen Bewegungen des Raumes und der Ebene und die linearen Substitutionen einer komplexen Veränderlichen 306

§ 2. Über Anwendungen der hyperbolischen Geometrie des Raumes auf lineare Substitutionen 309

§ 3. Automorphe Funktionen, Uniformisierung und nichteuklidische Maßbestimmung 311

§ 4. Bemerkung über die Anwendung der nichteuklidischen Maßbestimmung in der Topologie 315

§ 5. Die Anwendung der projektiven Maßbestimmung in der speziellen Relativitätstheorie 316

Sachverzeichnis 320

Erster Teil.

Einführung in die projektive Geometrie.

Kapitel I.
Die Grundbegriffe der projektiven Geometrie.

§ 1. Die affinen, die homogenen und die projektiven Koordinaten.

A. Die affinen Koordinaten. Zur analytischen Darstellung der geometrischen Verhältnisse werden wir die affinen, homogenen und projektiven Koordinaten benutzen. Das einfachste Koordinatensystem auf der geraden Linie ergibt sich, indem wir einen Punkt durch seine positive oder negative Entfernung x von dem Koordinatenanfangspunkt bestimmen; die Einheit der Entfernung legen wir hierbei durch den Punkt mit der Koordinate 1 fest. In der Ebene und im Raume gehen wir von Parallelkoordinaten aus, deren Achsen beliebige Winkel miteinander bilden können, und bestimmen in entsprechender Weise einen Punkt durch die Koordinatenwerte x, y bzw. x, y, z.

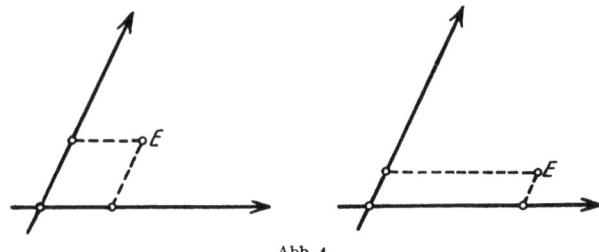

Abb. 1.

Eine naheliegende Verallgemeinerung dieser Koordinatenbestimmung ergibt sich, wenn wir die Einheiten der Entfernung auf den Koordinatenachsen beliebig (Abb. 1, rechts), d. h. also nicht mehr kongruent (wie in Abb. 1, links) annehmen. Diese neue Koordinatenbestimmung können wir dadurch festlegen, daß wir einen beliebigen Punkt E

der geraden Linie, der Ebene oder des Raumes als *Einheitspunkt* herausgreifen und ihm die Koordinaten $x = 1$ bzw. $x = y = 1$ und $x = y = z = 1$ zuschreiben. Dieser Punkt bestimmt dann etwa im Fall der Ebene durch die beiden Parallelen zu den Achsen die Einheitsstrecken auf diesen (Abb. 1) und damit zugleich die zugehörigen positiven Richtungen. Wir wollen diese Koordinaten als *affine Parallelkoordinaten*[1]) bezeichnen. Sie sind von *Descartes* (1596—1650) und *Fermat* (1608—1665) in die Geometrie eingeführt worden[2]) und haben im 18. Jahrhundert besonders durch die Arbeiten von *Euler* (1707—1783) allgemeine Verbreitung gefunden.

B. Die homogenen Koordinaten. In der Geometrie hat es sich als praktisch erwiesen, auch *unendlich ferne oder uneigentliche Elemente* einzuführen. Wir schreiben hierzu zwei parallelen Geraden (sowohl in der Ebene wie auch im Raume) einen uneigentlichen, d. h. einen unendlich fernen Schnittpunkt zu. In diesem Satze soll keine Behauptung liegen; es wird nur eine Redeweise eingeführt, die uns gestattet, viele Sätze außerordentlich zu vereinfachen; denn wir haben jetzt beispielsweise in der Ebene nicht mehr zwischen sich schneidenden und sich nicht schneidenden Geraden zu unterscheiden, da wir auf Grund unserer Verabredung *jedem Geradenpaar der Ebene einen* bestimmten (eigentlichen oder uneigentlichen) *Schnittpunkt zuschreiben*.

Die uneigentlichen Gebilde lassen sich durch die affinen Koordinaten nicht wiedergeben. Wir führen deshalb eine neue Koordinatenbestimmung ein, indem wir zunächst auf der geraden Linie die affine Koordinate:

$$x = \frac{x_1}{x_2}$$

setzen, also einem bestimmten Punkt nicht mehr eine, sondern zwei Koordinaten x_1, x_2 zuordnen. Jedem Punkt entsprechen dabei unendlich viele Wertsysteme, die sich sämtlich in der Form $(\varrho x_1, \varrho x_2)$ darstellen lassen, wobei ϱ eine beliebige, nicht verschwindende Konstante bedeutet. Wir setzen fest, daß x_1 und x_2 alle endlichen Werte mit alleiniger Ausnahme des Systems $x_1 = 0$, $x_2 = 0$ annehmen dürfen; jedem erlaubten Wertsystem entspricht dann ein bestimmter Punkt x der Geraden, der im besonderen für die Werte: $x_1 = \varkappa$, $x_2 = 0$ der uneigentliche Punkt ist. Die hiermit eingeführten Koordinaten werden *homogene Koordinaten* oder auch, da es nur auf ihr Verhältnis ankommt, *Verhältniskoordinaten* genannt. Während somit die affinen Koordinaten nur eigent-

---

[1]) Der Ausdruck affin ist von *Euler* gebildet und von *Moebius* wieder aufgegriffen worden. Vgl. *Euler: Introductio in analysin infinitorum.* Lausanne 1748, Bd. II, Kap. XVIII, Art. 442. Ferner *Moebius: Der barycentrische Calcul.* Leipzig 1827, S. X und 195.

[2]) Vgl. E. *Müller: Die verschiedenen Koordinatensysteme.* Enzyklopädie d. math. Wiss. Bd. III, AB 7, S. 609.

Die affinen, die homogenen und die projektiven Koordinaten.

liche Punkte umfassen, geben die Verhältniskoordinaten auch den unendlich fernen Punkt wieder. Bei Verwendung der Verhältniskoordinaten erscheint also das Gebiet der eigentlichen Punkte durch den unendlich fernen Punkt erweitert. Wir werden die gerade Linie, wenn wir uns auf die Betrachtung ihrer endlichen Punkte beschränken, als *affine Gerade* bezeichnen, während wir der durch den unendlich fernen Punkt erweiterten geraden Linie den Namen *projektive Gerade* geben wollen.

In der Ebene liegen die Verhältnisse ganz entsprechend. Wir setzen hier:
$$x = \frac{x_1}{x_3}, \quad y = \frac{x_2}{x_3}.$$

Jedes Wertsystem $(x_1 : x_2 : x_3)$ mit alleiniger Ausnahme des Systems $(0:0:0)$ ergibt eindeutig einen Punkt der Ebene; insbesondere erhalten wir für $x_3 = 0$ die uneigentlichen Punkte. Umgekehrt liefert jeder Punkt eine unendliche Zahl von Wertsystemen, die sich sämtlich in der Form $(\varrho x_1 : \varrho x_2 : \varrho x_3)$ darstellen lassen. Genau wie bei der geraden Linie bezeichnen wir die Ebene bei Beschränkung auf die eigentlichen Punkte als *affine Ebene*, während wir sie nach Erweiterung durch die unendlich fernen Punkte *projektive Ebene* nennen wollen.

In entsprechender Weise erhalten wir die homogenen Koordinaten des Raumes, indem wir:
$$x = \frac{x_1}{x_4}, \quad y = \frac{x_2}{x_4}, \quad z = \frac{x_3}{x_4}$$

setzen. Auch hier haben wir zwischen dem *affinen* und dem *projektiven Raum* zu unterscheiden.

Auf die anschauliche Auffassung der projektiven Gebilde werden wir im nächsten Paragraphen eingehen.

Bei Verwendung der Verhältniskoordinaten gewinnen die *Gleichungen der Geraden und Ebenen* eine besonders einfache Gestalt. Die Gleichung einer Geraden in der Ebene lautet in affinen Koordinaten:
$$u_1 x + u_2 y + u_3 = 0. \qquad (u_1 \text{ oder } u_2 \neq 0)$$

Bei Verwendung von Verhältniskoordinaten nimmt sie die homogene Gestalt an:
$$u_1 x_1 + u_2 x_2 + u_3 x_3 = \sum_1^3 u_\varkappa x_\varkappa = 0.$$

Im besonderen wird die Gleichung: $0 \cdot x_1 + 0 \cdot x_2 + u_3 x_3 = 0$ $(u_3 \neq 0)$ durch die Koordinaten aller uneigentlichen Punkte erfüllt; $u_3 x_3 = 0$ oder einfach $x_3 = 0$ stellt also die Gleichung der unendlich fernen Punkte dar. Da diese Gleichung linear ist, wird es nahe gelegt, *die Gesamtheit der unendlich fernen Punkte in der Ebene als Gerade zu bezeichnen*. Man überzeugt sich leicht, daß dann nicht nur zwei Gerade stets eindeutig einen Schnittpunkt, sondern auch *zwei beliebige Punkte stets eindeutig eine Verbindungsgerade bestimmen.* Da bei Verwendung von Verhältniskoordinaten auch die Gleichung $x_3 = 0$ einen bestimmten Sinn besitzt, brauchen wir nur zu fordern, daß in der Gleichung: $u_1 x_1 + u_2 x_2 + u_3 x_3 = 0$ nicht zugleich alle u_i verschwinden. Genau so liegen die Verhältnisse bei den Ebenen im Raum.

Im Anschluß an diese Überlegungen wollen wir *einige elementare Formeln* anführen, welche die Beziehungen zwischen der affinen und der homogenen Schreibweise deutlich hervortreten lassen. Dabei werden wir die Formeln links in affinen und rechts in homogenen Koordinaten schreiben. In der Ebene lautet die Gleichung einer Geraden, welche durch die beiden festen Punkte y_1, y_2 und z_1, z_2 (affine Koordinaten) bzw. $y_1 : y_2 : y_3$ und $z_1 : z_2 : z_3$ (homogene Koordinaten) hindurchgeht, in den laufenden Koordinaten x_1, x_2 bzw. $x_1 : x_2 : x_3$ folgendermaßen:

$$\begin{vmatrix} x_1 & x_2 & 1 \\ y_1 & y_2 & 1 \\ z_1 & z_2 & 1 \end{vmatrix} = 0, \qquad \begin{vmatrix} x_1 & x_2 & x_3 \\ y_1 & y_2 & y_3 \\ z_1 & z_2 & z_3 \end{vmatrix} = 0.$$

Denn einmal sind diese Gleichungen in den variabeln Größen x_1, x_2 bzw. $x_1 : x_2 : x_3$ linear, stellen also eine gerade Linie dar; andererseits werden die Gleichungen durch Einsetzen der Koordinaten jedes der beiden festen Punkte identisch gleich Null, da dann in der Determinante zwei Zeilen übereinstimmen. Genau so ergibt sich, daß im Raum eine Ebene, welche durch die drei festen Punkte $y_1, y_2, y_3, z_1, z_2, z_3$ und t_1, t_2, t_3 bzw. $y_1 : y_2 : y_3 : y_4$, $z_1 : z_2 : z_3 : z_4$ und $t_1 : t_2 : t_3 : t_4$ hindurchgeht, die Gleichung:

$$\begin{vmatrix} x_1 & x_2 & x_3 & 1 \\ y_1 & y_2 & y_3 & 1 \\ z_1 & z_2 & z_3 & 1 \\ t_1 & t_2 & t_3 & 1 \end{vmatrix} = 0, \qquad \begin{vmatrix} x_1 & x_2 & x_3 & x_4 \\ y_1 & y_2 & y_3 & y_4 \\ z_1 & z_2 & z_3 & z_4 \\ t_1 & t_2 & t_3 & t_4 \end{vmatrix} = 0$$

besitzt.

Bei Verwendung homogener Koordinaten läßt sich eine gerade Linie in der Ebene, welche durch die beiden festen Punkte $y_1 : y_2 : y_3$ und $z_1 : z_2 : z_3$ hindurchgeht, auch in der folgenden *Parameterform* darstellen:

$$\left.\begin{aligned} \varrho x_1 &= \lambda_1 y_1 + \lambda_2 z_1 \\ \varrho x_2 &= \lambda_1 y_2 + \lambda_2 z_2 \\ \varrho x_3 &= \lambda_1 y_3 + \lambda_2 z_3 \end{aligned}\right\} \quad \text{oder:} \quad \varrho x_i = \lambda_1 y_i + \lambda_2 z_i. \quad (i = 1, 2, 3)$$

Hierbei bedeuten λ_1 und λ_2 zwei Parameter, die beliebige reelle Werte mit alleiniger Ausnahme des Systems $0 : 0$ annehmen können. Zu jedem Verhältnis $\lambda_1 : \lambda_2$ ergibt sich ein bestimmter Punkt $x_1 : x_2 : x_3$; es wird behauptet, daß die Gesamtheit dieser Punkte eine gerade Linie bildet.

Der Beweis folgt durch das Einsetzen der Parameterform in die oben angegebene Gleichung der betrachteten Geraden:

$$\begin{vmatrix} x_1 & x_2 & x_3 \\ y_1 & y_2 & y_3 \\ z_1 & z_2 & z_3 \end{vmatrix} = \begin{vmatrix} \lambda_1 y_1 + \lambda_2 z_1, & \lambda_1 y_2 + \lambda_2 z_2, & \lambda_1 y_3 + \lambda_2 z_3 \\ y_1 & y_2 & y_3 \\ z_1 & z_2 & z_3 \end{vmatrix}$$

$$= \lambda_1 \begin{vmatrix} y_1 & y_2 & y_3 \\ y_1 & y_2 & y_3 \\ z_1 & z_2 & z_3 \end{vmatrix} + \lambda_2 \begin{vmatrix} z_1 & z_2 & z_3 \\ y_1 & y_2 & y_3 \\ z_1 & z_2 & z_3 \end{vmatrix} = \lambda_1 \cdot 0 + \lambda_2 \cdot 0 = 0.$$

In derselben Weise folgt: Bei Verwendung homogener Koordinaten läßt sich eine Ebene im Raum, welche durch die drei festen Punkte $y_1 : y_2 : y_3 : y_4$, $z_1 : z_2 : z_3 : z_4$ und $t_1 : t_2 : t_3 : t_4$ hindurchgeht, in der folgenden Parameterform darstellen:

$$\varrho x_i = \lambda_1 y_i + \lambda_2 z_i + \lambda_3 t_i. \qquad (i = 1, 2, 3, 4)$$

Genau so läßt sich eine gerade Linie im Raum, welche die beiden Punkte $y_1 : y_2 : y_3 : y_4$ und $z_1 : z_2 : z_3 : z_4$ enthält, in der Form:

$$\varrho x_i = \lambda_1 y_i + \lambda_2 z_i \qquad (i = 1, 2, 3, 4)$$

wiedergeben. Denn alle diese Punkte liegen in den Ebenen, welche durch die beiden Punkte $y_1 : y_2 : y_3 : y_4$ und $z_1 : z_2 : z_3 : z_4$ einerseits und je einen beliebigen Punkt andererseits bestimmt sind.

Die angegebenen Formeln zeigen den Vorteil, den die Anwendung der Determinantentheorie in der Geometrie gewährt. Das Verdienst, die Determinanten konsequent in die Geometrie eingeführt zu haben, gebührt *Hesse*[1]) (1811—1874). Dieser hatte die Determinantentheorie bei seinem Lehrer *Jacobi* (1804—1851) kennengelernt, der zu ihrer Ausbildung wesentlich beigetragen hat[2]).

C. Die projektiven Koordinaten. Die projektiven Koordinaten, die, wie wir gleich sehen werden, eine weitere Verallgemeinerung der homogenen Koordinaten sind, wollen wir zunächst für den Fall der geraden Linie kennenlernen. Hierzu gehen wir von der affinen Koordinate x aus und führen die projektiven Koordinaten, die wir mit x_1 und x_2 bezeichnen, als ganze lineare Funktionen von x ein:

$$\varrho x_1 = a_{11} x + a_{12}, \qquad D = \begin{vmatrix} a_{11} & a_{12} \\ a_{21} & a_{22} \end{vmatrix} \neq 0, \varrho \neq 0.$$
$$\varrho x_2 = a_{21} x + a_{22},$$

---

[1]) Vgl. *Hesses Ges. Werke*, in denen immer wieder geometrische Sätze mit Determinanten bewiesen werden. Wir nennen etwa als Beispiel: *Über Determinanten und ihre Anwendung in der Geometrie, insbesondere auf Kurven vierter Ordnung.* Crelles Journal Bd. 49, S. 243—264, 1855; wieder abgedruckt in *Hesses Ges. Werken* S. 319, 1897.

[2]) Vgl. *Jacobi: Über die Bildung und die Eigenschaften der Determinanten.* Journal f. reine u. angew. Math. Bd. 22, 1841, S. 285—318. Neu herausgegeben von *Stäckel* in Ostwalds Klassikern der exakten Wissenschaften Nr. 77, 1913.

Durch diese Beziehung wird ausnahmslos jedem eigentlichen Punkt x ein einziges Verhältnis $x_1 : x_2$ zugeordnet. Um die affine Koordinate x umgekehrt als Funktion der projektiven Koordinaten $x_1 : x_2$ auszudrücken, bilden wir die Gleichung:

$$\frac{x_1}{x_2} = \frac{a_{11} x + a_{12}}{a_{21} x + a_{22}} \quad \text{oder:} \quad x = \frac{a_{22} x_1 - a_{12} x_2}{a_{11} x_2 - a_{21} x_1} = \frac{\begin{vmatrix} x_1 & a_{12} \\ x_2 & a_{22} \end{vmatrix}}{\begin{vmatrix} a_{11} & x_1 \\ a_{21} & x_2 \end{vmatrix}}.$$

(Wenn $D = 0$ wäre, würden sich in dieser Gleichung auf der rechten Seite die Koordinaten x_1 und x_2 fortheben.) Wir erhalten also auch umgekehrt zu jedem Wertsystem $x_1 : x_2$ mit alleiniger Ausnahme des Systems $0 : 0$ eindeutig einen Punkt x, der im besonderen für das Wertsystem $x_1 : x_2 = a_{11} : a_{21}$ der uneigentliche Punkt unserer Geraden ist. Die projektiven Koordinaten geben also genau wie die homogenen Koordinaten alle Punkte der projektiven Geraden wieder.

Von Wichtigkeit sind diejenigen Punkte, in welchen eine der beiden projektiven Koordinaten verschwindet. Bei der Koordinate x_1 tritt dies in dem Punkte $x = -a_{12} : a_{11}$ und bei x_2 im Punkte $x = -a_{22} : a_{21}$ ein. Diese beiden Punkte können nicht identisch sein, da die Determinante $D \neq 0$ ist. Man bezeichnet sie als die *Fundamentalpunkte A_1 und A_2 der projektiven Koordinatenbestimmung;* sie haben nach dem Obigen die Koordinaten $x_1 : x_2 = 0 : 1$ und $x_1 : x_2 = 1 : 0$.

Man sieht unmittelbar, daß der neue Ansatz eine Verallgemeinerung des Ansatzes ist, welcher uns von den affinen zu den homogenen Koordinaten führte; denn dieser letzte Ansatz ergibt sich, wenn die vier Koeffizienten $a_{\varkappa\lambda}$ die Werte $a_{12} = a_{21} = 0$, $a_{11} = a_{22} = 1$ besitzen. Geometrisch ist in diesem Spezialfall der erste Fundamentalpunkt A_1 der Koordinatenanfangspunkt: $x = -a_{12} : a_{11} = 0 : 1$, während der zweite Fundamentalpunkt A_2 zu dem uneigentlichen Punkte wird: $x = -a_{22} : a_{21} = 1 : 0$. In diesem Sinne können wir den Satz aussprechen: *Die homogenen Koordinaten auf der geraden Linie sind derjenige Spezialfall der projektiven Koordinaten, bei dem der eine Fundamentalpunkt in den unendlich fernen Punkt gerückt ist.*

Das projektive Koordinatensystem ist durch die Angabe der beiden Fundamentalpunkte A_1 und A_2 noch nicht eindeutig festgelegt. Hierzu müssen wir vielmehr zu den beiden *Fundamentalpunkten A_1 und A_2* noch den sogenannten *Einheitspunkt E* hinzufügen, welcher durch die Gleichung: $x_1 = x_2$ bestimmt ist; in den affinen Koordinaten x ist dieser Punkt durch die Beziehung:

$$a_{11} x + a_{12} = a_{21} x + a_{22} \quad \text{oder} \quad x = -\frac{a_{12} - a_{22}}{a_{11} - a_{21}}$$

Abb. 2.

festgelegt. Durch die Angabe dieser drei Punkte sind die projektiven Koordinaten eindeutig bestimmt (Abb. 2).

Die Gleichungen, durch welche der Übergang von einem projektiven Koordinatensystem zu einem anderen bewerkstelligt wird, gewinnen wir auf folgendem Wege. Die beiden projektiven Koordinatensysteme $x_1 : x_2$ und $\bar{x}_1 : \bar{x}_2$ seien durch die Gleichungen festgelegt:

$$\varrho x_1 = a_{11} x + a_{12}, \qquad \sigma \bar{x}_1 = \bar{a}_{11} x + \bar{a}_{12},$$
$$\varrho x_2 = a_{21} x + a_{22}, \qquad \sigma \bar{x}_2 = \bar{a}_{21} x + \bar{a}_{22},$$

wobei die Determinanten D und $\bar{D}$ der beiden Substitutionen ungleich Null sein müssen. Die gesuchten Transformationen ergeben sich durch Elimination der Größe x in der folgenden Gestalt:

$$\sigma \bar{x}_1 = \{\bar{a}_{11} a_{22} - \bar{a}_{12} a_{21}\} x_1 + \{\bar{a}_{12} a_{11} - \bar{a}_{11} a_{12}\} x_2,$$
$$\sigma \bar{x}_2 = \{\bar{a}_{21} a_{22} - \bar{a}_{22} a_{21}\} x_1 + \{\bar{a}_{22} a_{11} - \bar{a}_{21} a_{12}\} x_2.$$

Die Determinante dieser Substitution ist gleich dem Produkt der Determinanten D und $\bar{D}$ und somit ungleich Null. *Der Übergang von einem ersten projektiven Koordinatensystem zu einem zweiten wird also durch eine homogene lineare Substitution mit nicht verschwindender Determinante wiedergegeben.* Umgekehrt überführt jede derartige Substitution ein projektives Koordinatensystem in ein anderes projektives System.

In der Ebene definieren wir die projektiven Koordinaten $x_1 : x_2 : x_3$ ebenfalls als lineare Funktionen der affinen Koordinaten x, y:

$$\varrho x_1 = a_{11} x + a_{12} y + a_{13},$$
$$\varrho x_2 = a_{21} x + a_{22} y + a_{23}, \qquad D = \begin{vmatrix} a_{11} & a_{12} & a_{13} \\ a_{21} & a_{22} & a_{23} \\ a_{31} & a_{32} & a_{33} \end{vmatrix} \neq 0.$$
$$\varrho x_3 = a_{31} x + a_{32} y + a_{33}.$$

Durch Nullsetzen dieser drei Funktionen ergeben sich drei gerade Linien A_1, A_2, A_3, die als *Fundamentalgeraden* der betreffenden projektiven Koordinatenbestimmung bezeichnet werden (Abb. 3). Da die Determinante $D \neq 0$ ist, gehen die drei Geraden nicht sämtlich durch einen Punkt, sondern bestimmen ein Dreieck. Die Eckpunkte P_1, P_2, P_3 des Dreiecks erhalten die Koordinaten $(1, 0, 0)$ bzw. $(0, 1, 0)$ und $(0, 0, 1)$. Ferner ergibt sich als Umkehrung des Gleichungssystemes, indem wir ϱ, x, y als Unbekannte, die a_{ik} und x_i dagegen als gegeben ansehen:

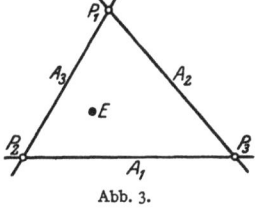

Abb. 3.

$$x = \frac{\begin{vmatrix} x_1 & a_{12} & a_{13} \\ x_2 & a_{22} & a_{23} \\ x_3 & a_{32} & a_{33} \end{vmatrix}}{\begin{vmatrix} a_{11} & a_{12} & x_1 \\ a_{21} & a_{22} & x_2 \\ a_{31} & a_{32} & x_3 \end{vmatrix}}, \quad y = \frac{\begin{vmatrix} a_{11} & x_1 & a_{13} \\ a_{21} & x_2 & a_{23} \\ a_{31} & x_3 & a_{33} \end{vmatrix}}{\begin{vmatrix} a_{11} & a_{12} & x_1 \\ a_{21} & a_{22} & x_2 \\ a_{31} & a_{32} & x_3 \end{vmatrix}}.$$

Durch die angegebenen Formeln wird jedem eigentlichen Punkt der Ebene ein bestimmtes Wertsystem $x_1 : x_2 : x_3$ zugeordnet; umgekehrt ist durch jedes Wertsystem $x_1 : x_2 : x_3$, in dem nicht alle drei Koordinaten verschwinden, ein eigentlicher oder uneigentlicher Punkt der Ebene festgelegt. Die Gleichung einer geraden Linie nimmt die homogene Gestalt:
$$u_1 x_1 + u_2 x_2 + u_3 x_3 = 0$$
an, wobei wir voraussetzen müssen, daß nicht alle Koeffizienten u_i zu gleicher Zeit verschwinden. Insbesondere stellen: $x_1 = 0$, $x_2 = 0$, $x_3 = 0$ der Reihe nach die Gleichungen der drei Fundamentalgeraden A_1, A_2, A_3 dar. Wenn wir die Gerade A_3 mit der unendlich fernen Geraden zusammenfallen lassen, erhalten wir die homogene Koordinatenbestimmung, was auf entsprechendem Wege wie bei der geraden Linie bewiesen wird. *Die homogenen Koordinaten der Ebene sind also diejenigen projektiven Koordinaten, bei denen die eine Fundamentalgerade mit der unendlich fernen Geraden der Ebene zusammenfällt.* Um das projektive Koordinatensystem geometrisch eindeutig zu definieren, müssen wir zu dem *Fundamentaldreieck* der drei Geraden A_1, A_2, A_3 noch den *Einheitspunkt* E mit den Koordinaten $x_1 = x_2 = x_3$ hinzunehmen (Abb. 3). Der Einheitspunkt kann sowohl im Innern wie im Äußern des Fundamentaldreiecks liegen, nur darf er nicht den Fundamentalgeraden selbst angehören. Die projektiven Koordinaten in der Ebene sind somit eindeutig bestimmt, sobald wir vier Punkte, nämlich die drei Eckpunkte des Fundamentaldreiecks und den Einheitspunkt E kennen. Zwei verschiedene projektive Koordinatensysteme gehen durch eine lineare homogene Substitution der Variabeln ineinander über; umgekehrt überführt jede derartige Substitution ein projektives Koordinatensystem in ein anderes derartiges System; auch hier ist der Beweis genau dem für die gerade Linie entsprechend.

Im Raum ergibt sich als Grundlage der projektiven Koordinaten ein Tetraeder mit zugehörigem Einheitspunkt; das räumliche Koordinatensystem wird also durch die Angabe von fünf Punkten charakterisiert, von denen keine vier in derselben Ebene liegen dürfen. Alle anderen Überlegungen sind denen in der Ebene genau analog.

Durch die Einführung der projektiven Koordinaten ist die bisherige Sonderstellung der uneigentlichen Elemente, welche bei Benutzung homogener Koordinaten noch in gewisser Weise ausgezeichnet waren, vollständig beseitigt. Auf die anschauliche Bedeutung dieser Tatsache werden wir in § 2 näher eingehen.

Man überzeugt sich leicht, daß die auf S. 4 und 5 für die homogenen Koordinaten aufgestellten Formeln auch für beliebige projektive Koordinaten gültig sind. Zum Schluß wollen wir hervorheben, daß wir den projektiven Koordinaten auf der geraden Linie und in der Ebene schon an früherer Stelle begegnet sind. Durch die *Parameterdarstellung einer Geraden*, welche durch die beiden Punkte y und z geht:

$$\varrho x_i = \lambda_1 y_i + \lambda_2 z_i$$

(S. 4), wird nämlich jedem Punkt der geraden Linie ein Wertsystem $\lambda_1 : \lambda_2$ zugeordnet, und diese Wertsysteme sind mit den gerade eingeführten projektiven Koordinaten identisch. Genau dasselbe gilt für die Parameterdarstellung einer Ebene:

$$\varrho x_i = \lambda_1 y_i + \lambda_2 z_i + \lambda_3 t_i.$$

D. Zusammenhang zwischen den affinen und projektiven Koordinaten. Wir deuten die Wertsysteme des ternären Gebietes (x, y, z) als affine Koordinaten im Raum. Ferner denken wir uns jeden Punkt $\bar{x}, \bar{y}, \bar{z}$ des affinen Raumes durch eine gerade Linie mit dem Koordinatenanfangspunkt verbunden. Auf dieser Geraden liegen die sämtlichen Punkte mit den Koordinaten:

$$x = \lambda \bar{x}, \quad y = \lambda \bar{y}, \quad z = \lambda \bar{z},$$

wobei λ ein variabler Parameter ist, der von $-\infty$ bis $+\infty$ läuft. Die Verhältnisse der drei Koordinaten $\bar{x} : \bar{y} : \bar{z}$ bestimmen also eindeutig eine und nur eine derartige Gerade, während umgekehrt jede derartige Gerade ein und nur ein Wertsystem $x : y : z$ ergibt. *Wir können somit die affinen Koordinaten der Raumpunkte als homogene Koordinaten der geraden Linien ansehen, welche durch den Koordinatenanfangspunkt hindurchgehen.* Diese Erkenntnis erhält eine *Erweiterung des Koordinatenbegriffes;* denn bisher haben wir nur Punkte, nicht aber gerade Linien durch Koordinaten festgelegt (vgl. S. 34). Um von den Geradenkoordinaten wieder auf Punktkoordinaten zu kommen, schneiden wir das betrachtete Geradenbündel mit einer Ebene, die nicht durch den Koordinatenanfangspunkt hindurchgeht. Sodann geben wir jedem Punkt der Ebene diejenigen homogenen Koordinaten, die wir oben der

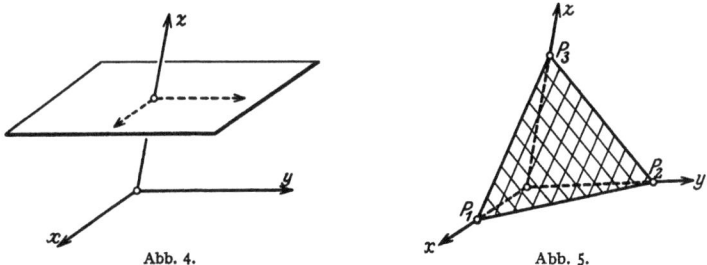

Abb. 4. Abb. 5.

durch ihn hindurchgehenden Geraden zugeteilt haben. Wir wählen als Schnittebene zunächst die Ebene $z = 1$ (Abb. 4). Ein Punkt dieser Ebene, welcher die affinen Raumkoordinaten $x : y : 1$ besitzt, erhält dann die homogenen Koordinaten $x_1 : x_2 : x_3 = x : y : 1$. Wir haben somit durch unsere Übertragung in der betrachteten Ebene ein Parallelkoordinatensystem erhalten, in dem die einzelnen Punkte durch homogene Koordinaten festgelegt sind; denn die Verhältnisse $x_1:x_3$ und $x_2:x_3$ stimmen mit den affinen Koordinaten der Ebene überein. Wenn wir der Schnittebene eine andere Lage geben, erhalten wir in ihr, wie sich ebenfalls leicht zeigen läßt, ein projektives Koordinatensystem, dessen drei Fundamentalgeraden durch den Schnitt mit den drei Koordinatenebenen des Raumes bestimmt werden (Abb. 5). In genau derselben Weise können wir aus der affinen Koordinatenbestimmung in der Ebene die projektive Koordinatenbestimmung auf der geraden Linie ableiten.

E. **Übersicht über die Entwicklung der Geometrie.** Die angegebenen Gedankengänge haben sich historisch auf dem folgenden Wege durchgesetzt. Im Altertum und Mittelalter kannte man nur die *synthetische Geometrie*, welche sich auf die unmittelbare Betrachtung der geometrischen Gebilde beschränkt. In die synthetische Geometrie sind die uneigentlichen Punkte durch *Desargues* (1593—1661) eingeführt worden. Er lehrte 1639 parallele Geraden als Geraden durch einen unendlich fernen Punkt auffassen und verwandte bereits die Methode der Projektion beim Beweis geometrischer Sätze[1]).

Von 1600 an wird die analytische Geometrie geschaffen (vgl. S. 2), welche in der ausgiebigsten Weise von dem Hilfsmittel des Koordinatenbegriffes Gebrauch macht. (Man würde statt analytischer und synthetischer Geometrie besser analytische und synthetische Methode sagen; denn ein bestimmter Teil der Geometrie, wie z. B. die projektive Geometrie, kann ebensowohl analytisch wie auch synthetisch behandelt werden). Da die neue Methode mit Hilfe der Analysis zahlreiche Aufgaben bewältigen konnte, die den synthetischen Untersuchungen unüberwindbaren Widerstand geleistet hatten, gewann die analytische Geometrie zunächst einen weiten Vorsprung vor der synthetischen Methode. Alle diese analytischen Untersuchungen bezogen sich auf affine Verhältnisse.

Um 1800 trat eine neue Verschiebung ein. 1794 wurde in Paris in Zusammenhang mit der französischen Revolution die *École polytechnique* gegründet. Der Organisator des mathematischen Unterrichtes an dieser Anstalt war der Geometer *Monge* (1746—1818), der vor allem unter Betonung der technischen Anwendungen eine systematisch ausgebildete darstellende Geometrie geschaffen hat. Unter seinen Schülern ragt *Poncelet* hervor (1788—1867), der als *Begründer der synthetischen projektiven Geometrie* anzusprechen ist. Er hatte an der École polytechnique studiert und geriet während des russischen Feldzuges in Gefangenschaft. Hierbei hielt er in Saratow an der Wolga 1813 den mitgefangenen

---

[1]) *Desargues, Oeuvres:* Bd. I, Paris 1864, S. 105. Vgl. hierüber und über die folgende Entwicklung: *Kötter: Die Entwicklung der synthetischen Geometrie.* Jahresber. d. Deutschen Math. Ver. Bd. 5, 1901; besonders S. 5 und 6.

Offizieren mathematische Vorträge, wobei er sich im Anschluß an die Methoden der projektiven Geometrie überraschend einfache Beweise alter Lehrsätze zurechtlegte. Seine Untersuchungen faßte er in dem Buche: *Traité des propriétés projectives des figures* zusammen, dessen erste Auflage 1822 in Paris erschien[1]). Dieses Werk, dessen zahlreiche neuartige Gedankengänge den Grund zu der darauf einsetzenden geometrischen Entwicklung gelegt haben, gibt den *Übergang von der älteren zur neueren synthetischen Geometrie*[2]). Der Traité ist zwar nicht immer logisch abgeklärt, da Poncelet zum Teil rein instinktiv durch Schlüsse vorgeht, die logisch überhaupt nicht zu fassen sind[3]). Um so bewundernswerter ist aber, daß er hierbei stets zu richtigen Erkenntnissen gelangt. In seinem weiteren Leben hat sich Poncelet der technischen Mechanik zugewandt, deren eigentlicher Schöpfer er ist. So ist er z. B. 1851 bei der ersten Weltausstellung (in London) der Vertreter Frankreichs gewesen. Gegen Ende seines Lebens hat er sich wieder projektiven Untersuchungen zugewandt, die inzwischen *Chasles* (1793—1880) allerdings nicht völlig in Poncelets Sinn weitergeführt hatte. Die Gegensätze zwischen ihnen kommen in den bitteren Noten zum Ausdruck, die Poncelet der zweiten Auflage seines Traité, 1865, zugefügt hat.

Die durch den Ponceletschen Traité eingeleitete Bewegung pflanzte sich nach Deutschland fort und ward einerseits von den Analytikern *Moebius* (1790—1868) und *Plücker* (1801—1868) und andererseits den Synthetikern *Steiner* (1796—1863) und *von Staudt* (1798—1867) weitergeführt. Die beiden ersten Forscher haben die synthetischen Gedankengänge Poncelets in ein analytisches Gewand gekleidet (*analytische projektive Geometrie*). So hat im besonderen Moebius[4]) in seinem Werk: *Der baryzentrische Calcul* (d. h. Schwerpunktsrechnung), *ein neues Hilfsmittel zur analytischen Behandlung der Geometrie*, Leipzig, 1827, einen Spezialfall der projektiven Koordinaten aufgestellt. Dieses Werk ist eines der am flüssigsten geschriebenen mathematischen Bücher, die wir besitzen, und seine Lektüre schon aus diesem Grunde zu empfehlen. Moebius denkt sich drei feste Punkte der Ebene mit bestimmten Massen belegt. Durch geeignete Festlegung der Massen, die auch negativ sein dürfen, kann der Schwerpunkt des Systems an jede Stelle der Ebene

---

[1]) Die Vorrede zur ersten Auflage beginnt mit den Worten: Cet ouvrage est le résultat des recherches que j'ai entreprises, dès le printemps de 1813, dans les prisons de la Russie: privé de toute espèce de livres et de secours, surtout distrait par les malheurs de ma patrie et les miens propres, je n'avais pu d'abord leur donner toute perfection désirable.

[2]) Vgl. *Kötter:* l. c., S. 127.

[3]) Als Beispiel nennen wir das „Principe de continuité", das Poncelet neben anderen zur Erfassung der Verhältnisse im Imaginären dient; vgl. Kötter: l. c., S. 121 ff.

[4]) Eine Lebensbeschreibung und eingehende Würdigung der Arbeiten von Moebius findet sich in *Moebius Ges. Werken* 1885, Bd. 1, Vorrede von *Baltzer*.

gebracht werden. Wenn wir alle drei Massen in demselben Verhältnis vergrößern oder verkleinern, ergibt sich als Schwerpunkt der gleiche Punkt der Ebene wie vorher. Es gehört also zu jedem Punkt der Ebene eindeutig ein bestimmtes Verhältnis der drei Massen, die wir somit als homogene Punktkoordinaten ansehen können. Die so erhaltenen Verhältniskoordinaten sind ein Spezialfall der projektiven Koordinaten, da die unendlich ferne Gerade stets die Gleichung $x_1 + x_2 + x_3 = 0$ besitzt. Genau dieselbe Überlegung stellt Moebius mit vier festen Punkten für den Raum an. Moebius benutzt zur Einführung seiner Koordinatenbestimmung ein *rein mechanisches Prinzip*, das sich durch große Anschaulichkeit auszeichnet. Derartige physikalische Vorstellungen haben sich in mehreren Gebieten der Mathematik als heuristisches Mittel außerordentlich bewährt.

Die allgemeinen projektiven Koordinaten sind zuerst von *Plücker* 1829 aufgestellt worden[1]). In derselben Arbeit findet sich auch das einfache Prinzip angegeben, durch das man von den affinen Koordinaten zu den homogenen Verhältniskoordinaten gelangt. Plücker, der auch als Physiker einen bekannten Namen besitzt[2]), hat sich zum Schluß seiner Studien (1823—1824) in Paris aufgehalten und dort die Untersuchungen der französischen Geometer kennengelernt. Sein Verhältnis zu anderen mathematischen Autoren ist nicht leicht abzugrenzen, da er die zeitgenössische Literatur nur wenig berücksichtigte. So ist ihm z. B. der barycentrische Calcul wahrscheinlich unbekannt geblieben.

An der weiteren Entwicklung der projektiven Geometrie sind neben den Deutschen vor allem noch die Engländer (S. 20) und die Italiener (S. 33) beteiligt. *Der wissenschaftliche Fortschritt ist eben nicht an ein einziges Land gebunden, sondern geht im Laufe der Zeiten von einer Nation zur anderen über*, die dann mit neuen Gesichtspunkten alte Probleme weiterfördert.

§ 2. Die Zusammenhangsverhältnisse der projektiven Gebilde; die Einseitigkeit der projektiven Ebene.

Die bisherigen Betrachtungen über die projektiven Mannigfaltigkeiten wollen wir nach der anschaulichen Seite ausgestalten. Die affine Gerade ist nach beiden Richtungen hin unbegrenzt; so weit wir auch auf ihr nach der einen Richtung, etwa nach rechts, weitergehen, wir können nie

---

[1]) *Plücker:* Über ein neues Koordinatensystem. Crelles Journal Bd. 5, S. 1—36. 1829. Wieder abgedruckt in *Plückers Ges. Math. Abh.* 1895, S. 124—158.

[2]) Eine Lebensbeschreibung und wissenschaftliche Würdigung Plückers findet sich in den Götting. Abh. Bd. 16, 1871, *Clebsch: Zum Gedächtnis an Julius Plücker*. Wieder abgedruckt in *Plückers Ges. Math. Abh.*, 1895.

einen Punkt erreichen, der in der anderen Richtung, also nach links von dem Ausgangspunkt unserer Wanderung liegt. Auf der projektiven Geraden schließt dagegen der unendlich ferne Punkt die beiden Seiten der geraden Linie zusammen, so daß diese zu einer in sich geschlossenen Kurve wird. In der Tat gelangen wir, wenn wir auf einer projektiven Geraden in der einen Richtung etwa nach rechts immer weiter gehen, über den unendlich fernen Punkt hinaus und kommen von der anderen Richtung, also von links, wieder an den Ausgangspunkt P unserer Wanderung zurück (Abb. 6). Dies erkennen wir am einfachsten, wenn wir die gerade Linie mit einem Strahlbüschel schneiden, dessen Mittelpunkt nicht auf der geraden Linie selbst liegt. *Jedem Punkt der geraden Linie einschließlich des unendlich fernen Punktes entspricht dann eine und nur eine Gerade des Strahlbüschels;* wir sprechen hierbei von Vollgeraden, nicht etwa von Halbgeraden. Wenn wir eine gerade Linie in dem Strahlbüschel drehen, kommen wir nach einer Drehung um 180° auf die Ausgangsgerade zurück. In ge-

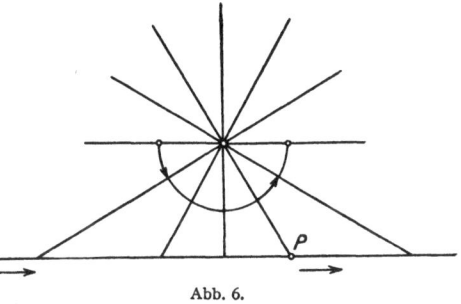

Abb. 6.

nau derselben Weise können wir die Wanderung auch auf der projektiven Geraden ausführen. Wir erkennen hieraus deutlich, daß die projektive Gerade eine in sich geschlossene Kurve ist. Wenn wir um den Mittelpunkt des Strahlbüschels einen Kreis schlagen, *werden die Punkte der projektiven Geraden auf die Punkte eines Halbkreises abgebildet* (Abb. 6); dem unendlich fernen Punkt der Geraden entsprechen dabei die beiden Endpunkte des Halbkreises. Wir können somit auf dem Halbkreis dieselben Verhältnisse wie auf der projektiven Geraden erhalten, wenn wir die beiden Endpunkte als identisch ansehen, also uns etwa vorstellen, daß sie unter geeigneter Verzerrung der Kurve aufeinander gelegt werden sollen.

Genau in der entsprechenden Weise erstrecken sich die Punkte der affinen Ebene und des affinen Raumes nach allen Seiten hin unbegrenzt immer weiter, während die projektive Ebene und der projektive Raum durch die uneigentlichen Elemente in sich selbst geschlossen sind. Im Fall der Ebene können wir uns die dabei auftretenden Verhältnisse veranschaulichen, *indem wir die Punkte der Ebene den Geraden eines Bündels zuordnen,* dessen Mittelpunkt nicht auf der Ebene selbst liegt; auch hierbei entsprechen sich die Punkte der Ebene und die Geraden des Bündels umkehrbar eindeutig. Wenn wir um den Mittelpunkt des Bündels eine Kugel schlagen, *können wir die Punkte der projektiven Ebene auf die Punkte einer Kugelhälfte abbilden;* wir haben hierzu in

14   Die Grundbegriffe der projektiven Geometrie.

Abb. 7 die untere Kugelhälfte gewählt. Jedem unendlich fernen Punkt der Ebene entsprechen dabei je zwei Randpunkte der Kugelhälfte; wir müssen deshalb genau wie oben je zwei derartige, einander diametral gegenüberliegende Randpunkte als identisch ansehen. Allerdings lassen sich jetzt die auf diese Weise zugeordneten Randpunkte nicht mehr ohne weiteres aufeinanderlegen; es genügt aber für alle Überlegungen die Festsetzung, daß wir, wenn wir in den einen Randpunkt der Kugelhälfte kommen, zugleich auch in dem gegenüberliegenden Randpunkt sind.

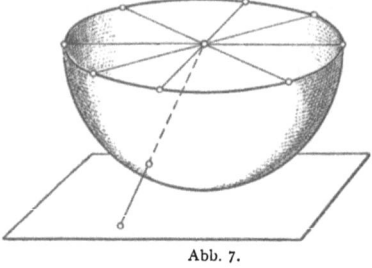

Abb. 7.

Durch diese Vorschrift wird die Kugelhälfte zu einer geschlossenen Fläche, da ja nirgends mehr ein Randpunkt der Fläche vorhanden ist.

Die in sich geschlossene projektive Ebene besitzt folgende merkwürdige Eigenschaft. Wir gehen von einem Kreis mit Drehsinn aus und ziehen ihn durch die unendlich ferne Gerade hindurch. Hierzu überführen wir den Kreis in Abb. 8a zunächst in eine Ellipse und halten deren linken Scheitel fest, während wir den rechten Scheitel unbegrenzt weiter nach rechts ziehen. Wir erhalten dadurch schließlich eine Parabel, welche die unendlich ferne Gerade berührt (Abb. 8b).

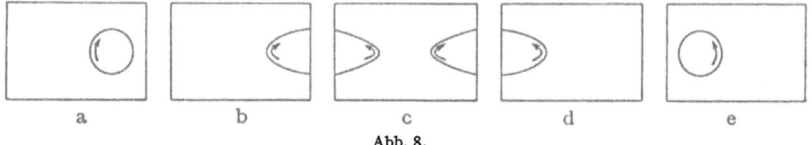

Abb. 8.

Sodann überführen wir die Parabel in eine Hyperbel, welche bekanntlich die unendlich ferne Gerade in zwei Punkten trifft; den linken Ast der Hyperbel ziehen wir bis in die Nähe des Ausgangskreises (Abb. 8c) Nunmehr nehmen wir dieselbe Operation in umgekehrter Reihenfolge mit dem rechten Ast der Hyperbel vor und ziehen ihn durch die unendlich ferne Gerade hindurch, wobei wir der Reihe nach wieder eine Parabel, Ellipsen und schließlich einen Kreis erhalten (Abb. 8d und 8e). Die genaue Betrachtung der Abbildung zeigt, *daß sich der Drehsinn des Kreises bei dieser Operation umgekehrt hat.*

Genau dieselbe Erscheinung können wir beobachten, wenn wir auf der Halbkugel mit einander zugeordneten Randpunkten einen hinreichend kleinen Kreis mit Drehsinn über den Rand verschieben (Abb. 9); wir haben hierbei den Vorteil, daß wir den Kreis nicht wie in der projektiven Ebene zu verzerren brauchen. Wir gehen von einem kleinen Kreise aus, der auf der Vorderseite der Halbkugel in der Nähe von 1 liegen möge (Abb. 9), und ziehen den Kreis über den Rand der

Halbkugel herüber. Infolge der von uns vorausgesetzten Zuordnung der Randpunkte erhalten wir hierbei zwei Teilstücke eines Kreises, von denen das eine auf der Vorderseite, das andere auf der Rückseite der Halbkugel liegt (Nr. 1 in Abb. 9). Sodann schieben wir den Kreis ganz über den Rand (Nr. 2) und überführen ihn allmählich wieder auf die Vorderseite der Halbkugel (Nr. 3, 4). Wir sehen unmittelbar, *daß sich bei dieser Operation der Drehsinn des Kreises ebenfalls umgekehrt hat.*

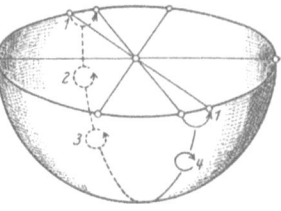

Abb. 9.

An den uns geläufigen Flächen des Raumes können wir ein derartiges Verhalten nicht beobachten; denn wie wir auch, etwa auf der Kugel, einen genügend kleinen Kreis mit Drehsinn verschieben, wir erhalten, an die Ausgangsstelle zurückkehrend, dort immer den gleichen Drehsinn. Die einfachste Fläche, die dasselbe Verhalten wie die projektive Ebene zeigt, ist das *Moebiussche Band*. Um diese Fläche zu gewinnen, schneiden wir ein hinreichend langes und schmales Rechteck aus Papier aus, biegen seine beiden Enden zusammen, verdrehen sie um 180° und leimen sie dann aneinander (Abb. 10). Wenn wir in diesem Band einen kleinen Kreis verschieben, erhalten wir in der Tat genau wie bei der projektiven Ebene eine Richtungsumkehr.

Den betrachteten Unterschied zwischen der Kugel und dem Moebiusschen Band können wir auch noch in der folgenden Weise charakterisieren. Die Kugel hat nämlich zwei Seiten, eine innere und eine äußere, während das Moebiussche Band nur eine einzige Seite besitzt.

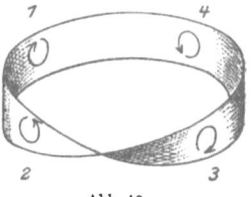

Abb. 10.

Denn wenn wir die letzte Fläche irgendwo beginnend mit Farbe anstreichen und den Anstrich immer weiter fortsetzen, ist schließlich die ganze Fläche überall mit Farbe bestrichen, während im Fall der Kugel nur die Außenseite gefärbt sein würde. Man bezeichnet deshalb die Kugel als *zweiseitige*, das Moebiussche Band als *einseitige Fläche*. Auf allen einseitigen Flächen kann man durch eine geeignete Verschiebung den Drehsinn eines Kreises umkehren; bei den zweiseitigen Flächen ist dies dagegen unmöglich. Mit Hilfe dieser Terminologie können wir den wichtigen Satz aussprechen, daß *die projektive Ebene eine einseitige Fläche* ist.

Jeder einseitigen Fläche können wir eine bestimmte zweiseitige Fläche zuordnen, indem wir uns über die erste eine andere Fläche gelegt denken, welche die einseitige Fläche überall wie ein Anstrich bedeckt. Der Leser möge diese Konstruktion an dem Moebiusschen Bande durchführen. Die bedeckende Fläche muß hierbei zweiseitig

16 Die Grundbegriffe der projektiven Geometrie.

sein, weil sie ihre eine Seite überall der einseitigen Fläche zukehrt, während die andere Seite frei im Raume liegt[1]). In dieser Weise können wir die projektive Ebene mit einem sehr flachen zweischaligen Hyperboloid bekleiden, dessen beide Schalen sich von beiden Seiten der Ebene anschmiegen (Abb. 11). Das zweischalige Hyperboloid ist dabei eine zweiseitige Fläche; denn wenn wir es durch die unendlich ferne Ebene hindurchziehen, können wir es in eine Kugel deformieren.

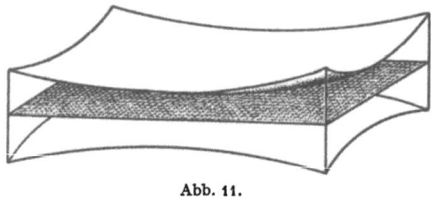

Abb. 11.

Die Tatsache, daß es Flächen gibt, welche nur eine Seite besitzen, haben unabhängig voneinander *Moebius* und *Listing* im Jahre 1858 entdeckt[2]); während Listing diese Entdeckung 1862 in einer Publikation andeutete[3]), hat Moebius sie erst 1865, aber ausführlich, bekanntgegeben[4]). Diese letzte Mitteilung hat deshalb zuerst das Interesse auf die einseitigen Flächen gelenkt, ist also die wirksamere gewesen. Die Erkenntnis, daß die projektive Ebene eine einseitige Fläche ist, wurde infolge einer Korrespondenz zwischen *Schläfli* und *Klein* gewonnen[5]).

Die Einseitigkeit der projektiven Ebene kommt allgemein darin zum Ausdruck, daß wir eine zweidimensionale Figur, die wir durch das unendlich ferne Gebiet gezogen haben, stetig in das Spiegelbild der Anfangslage deformieren können. Die vorhin untersuchte Richtungsumkehr eines Kreises ist ein Spezialfall dieser Eigenschaft; zur Orientierung nehme man dieselbe Operation noch an einem Dreieck vor. Auf der projektiven Geraden und im projektiven Raum findet ein derartiges Verhalten nicht statt. Man macht sich dies am einfachsten an einer von zwei Punkten begrenzten Strecke auf der Geraden bzw. an einem Tetraeder im Raum klar. *Die projektive Gerade und der projektive Raum sind daher im Gegensatz zu der projektiven Ebene als zweiseitig zu bezeichnen.*

An diese Überlegungen wollen wir noch die folgende Bemerkung anschließen. Durch die Einführung der projektiven Koordinaten sind die

---

[1]) In der älteren Literatur sind aus diesem Grunde die einseitigen Flächen als *Doppelflächen* und die zweiseitigen Flächen als *einfache Flächen* bezeichnet; bei dieser Terminologie ging man eben von der Vorstellung aus, daß man aus der einseitigen Fläche durch doppelte Bekleidung eine gewöhnliche Fläche ableiten kann.

[2]) Vgl. *Stäckel: Die Entdeckung der einseitigen Flächen.* Math. Ann. Bd. 52, S. 598. 1899.

[3]) *Listing: Der Census der räumlichen Komplexe.* Göttinger Abh. Bd. 10. 1862.

[4]) *Moebius: Über die Bestimmung des Inhaltes eines Polyeders.* Sächsische Ber., Math.-Phys. Klasse, Bd. 17, S. 31. 1865. Wieder abgedruckt in *Moebius, Ges. Werke* Bd. 2, S. 473.

[5]) Vgl. *Klein:* Math. Ann. Bd. 7, 1874. Wieder abgedruckt in Klein, Ges. Abh. Bd. II, 1922, S. 64, 65.

unendlich fernen Punkte gleichberechtigt mit den eigentlichen Punkten geworden. Trotzdem spielt aber für die Anschauung das Unendlich-Ferne eine ausgezeichnete Rolle. Wir müssen uns deshalb solange in die anschauliche Vorstellung der projektiven Verhältnisse zu versetzen suchen, bis es uns z. B. nicht mehr allzugroße Schwierigkeiten bereitet, irgendeine Figur durch das Unendlich-Ferne hindurchzuziehen. Je besser wir diese Fähigkeit erworben haben, desto konsequenter können wir projektiv denken.

§ 3. Die homogenen linearen Substitutionen.

A. Die homogenen linearen Substitutionen; der Gruppenbegriff.
Zur Untersuchung der projektiven Transformationen in § 4 gebrauchen wir einige Eigenschaften der homogenen linearen Substitutionen.

Wir gehen von n Variabeln $x_1\, x_2\, x_3 \ldots x_n$ aus, die wir auf endliche Werte beschränkt voraussetzen, die aber nicht sämtlich gleichzeitig verschwinden sollen. Der Allgemeinheit wegen teilen wir den Variabeln nicht nur reelle, sondern sogleich beliebige komplexe Werte zu. Je nachdem die Zahl n der Variabeln gleich 1, 2, 3 oder 4 ist, spricht man von einem *unären, binären, ternären oder quaternären Gebiet*. Wir fassen alle diese Fälle zusammen, indem wir die Zahl n der Variabeln unbestimmt lassen. Die *homogenen linearen Substitutionen* der n Variabeln besitzen die Gestalt:

$$\left.\begin{array}{l} x_1 = c_{11}x'_1 + c_{12}x'_2 \cdots + c_{1n}x'_n, \\ x_2 = c_{21}x'_1 + c_{22}x'_2 \cdots + c_{2n}x'_n, \\ \cdots\cdots\cdots\cdots\cdots\cdots\cdots \\ x_n = c_{n1}x'_1 + c_{n2}x'_2 \cdots + c_{nn}x'_n, \end{array}\right\} \text{ oder } \quad x_\varkappa = \sum_1^n{}_\lambda\, c_{\varkappa\lambda} x'_\lambda, \quad (\varkappa = 1, 2, \ldots n).$$

Ihre Determinanten werden ungleich Null vorausgesetzt:

$$D = |c_{\varkappa\lambda}| = \begin{vmatrix} c_{11} & c_{12} \ldots c_{1n} \\ c_{21} & c_{22} \ldots c_{2n} \\ \cdot & \cdot \quad\quad\cdot \\ c_{n1} & c_{n2} \ldots c_{nn} \end{vmatrix} \neq 0.$$

Diejenigen Probleme der Mathematik, welche auf Substitutionen $D = 0$ führen, so z. B. die Abbildung des Raumes auf eine Ebene, wie sie in jeder Photographie vorliegt, spielen in dem vorliegenden Buche keine Rolle[1]). Die Konstanten $c_{\varkappa\lambda}$ können, genau wie die x, beliebige komplexe Werte besitzen. Durch die obigen Substitutionen wird jedem Wertsystem $(x'_1 x'_2 \ldots x'_n)$ eindeutig ein anderes Wertsystem $(x_1 x_2 \ldots x_n)$ zugeordnet und da wir $D \neq 0$ voraussetzen, auch umgekehrt jedem Wertsystem $(x_1 x_2 \ldots x_n)$ eindeutig ein System $(x'_1 x'_2 \ldots x'_n)$.

---

[1]) Vgl. *Klein: Elementarmathematik vom höheren Standpunkte aus.* Bd. II, Geometrie, 3. Aufl., Berlin 1925, S. 86 und 101.

Die Gesamtheit aller linearen homogenen Substitutionen besitzt die Eigenschaft, daß je zwei von ihnen hintereinander ausgeführt eine dritte Substitution ergeben, welche ebenfalls in der Gesamtheit der betrachteten Substitutionen enthalten ist. Als Beispiel betrachten wir zunächst den Fall $n=2$. Die beiden Substitutionen:

$$x_1 = c_{11} x'_1 + c_{12} x'_2, \qquad x'_1 = \bar{c}_{11} x''_1 + \bar{c}_{12} x''_2,$$
$$x_2 = c_{21} x'_1 + c_{22} x'_2, \qquad x'_2 = \bar{c}_{21} x''_1 + \bar{c}_{22} x''_2$$

ergeben zusammengesetzt:

$$x_1 = (c_{11} \bar{c}_{11} + c_{12} \bar{c}_{21}) x''_1 + (c_{11} \bar{c}_{12} + c_{12} \bar{c}_{22}) x''_2,$$
$$x_2 = (c_{21} \bar{c}_{11} + c_{22} \bar{c}_{21}) x''_1 + (c_{21} \bar{c}_{12} + c_{22} \bar{c}_{22}) x''_2,$$

also wieder eine homogene lineare Substitution. Ihre Koeffizienten berechnen sich aus den Koeffizienten der beiden Ausgangssubstitutionen *in der bekannten Weise des Determinantenmultiplikationssatzes* (*Zeilen der ersten Substitution mal Kolonnen der zweiten Substitution*). Daraus folgt, daß die Determinante der erhaltenen Substitution gleich dem Produkt der Determinanten der beiden Ausgangssubstitutionen ist. Da diese beiden Determinanten nach Voraussetzung nicht verschwinden, muß auch die Determinante der erhaltenen Substitution von Null verschieden sein.

Dieselben Verhältnisse treffen wir im Fall von n Variabeln an. Die beiden Ausgangssubstitutionen schreiben wir in der Form:

$$x_\varkappa = \sum_1^n c_{\varkappa \lambda} x'_\lambda, \quad x'_\mu = \sum_1^n \bar{c}_{\mu \nu} x''_\nu.$$

Diese Gleichungen ergeben zusammengesetzt:

$$x_\varkappa = \sum_1^n c_{\varkappa \lambda} \cdot \sum_1^n \bar{c}_{\lambda \nu} x''_\nu = \sum_1^n \sum_1^n c_{\varkappa \lambda} \bar{c}_{\lambda \nu} x''_\nu = \sum_1^n \left(\sum_1^n c_{\varkappa \lambda} \bar{c}_{\lambda \nu} \right) x''_\nu,$$

woraus sich dieselben Schlüsse wie oben ergeben.

Des weiteren besitzt die Gesamtheit der homogenen linearen Substitutionen mit nicht verschwindender Determinante die Eigenschaft, daß unter ihnen zu jeder Substitution eine zugehörige, die sogenannte *inverse Substitution* vorhanden ist, welche mit der ersten Substitution zusammengesetzt, gerade die Identität:

$$x_1 = x''_1, \quad x_2 = x''_2 \cdots x_n = x''_n$$

ergibt. Wenn die gegebene Substitution die Gestalt: $x_\varkappa = \sum_\lambda c_{\varkappa \lambda} x'_\lambda$ besitzt, lautet die inverse Substitution: $x'_\varkappa = \sum_\lambda \dfrac{C_{\lambda \varkappa}}{D} x_\lambda$; $C_{\lambda \varkappa}$ ist hierbei die Unterdeterminante des Elementes $c_{\lambda \varkappa}$ in der Determinante D.

Die homogenen linearen Substitutionen von n Variabeln mit nicht verschwindender Determinante besitzen somit die beiden folgenden Eigenschaften: In der Gesamtheit dieser Substitutionen sind einerseits alle

Substitutionen enthalten, die sich durch Zusammensetzung irgend zweier Substitutionen des Systems ergeben, und andererseits alle Substitutionen, die zu einer beliebigen Substitution des Systems invers sind. Ein System, das durch den Besitz dieser beiden Eigenschaften ausgezeichnet ist, wird als *Gruppe* bezeichnet. Daß die zweite Eigenschaft keine Folge der ersten Eigenschaft ist, ergibt sich aus dem System der Substitutionen, die zu einer ganzen positiven Zahl eine andere positive ganze Zahl addieren; dieses System bildet daher nach unserer Definition keine Gruppe. *Im Laufe der Entwicklung ist der Gruppenbegriff für die Mathematik von grundlegender Bedeutung geworden und besitzt heute die gleiche Wichtigkeit wie etwa der Funktionsbegriff.*

Der Gruppenbegriff trat in der Mathematik zuerst in der Substitutionstheorie, insbesondere in der Galoisschen Theorie der algebraischen Gleichungen und ferner in der Invariantentheorie linearer Substitutionen auf. In den Mittelpunkt der geometrischen Forschung wurde der Gruppenbegriff von 1871 an durch die Arbeiten von *Klein* und *Lie* gerückt, welche die Wichtigkeit des Gruppenbegriffes bei *Camille Jordan* in Paris kennengelernt hatten[1]).

B. Kogredienz und Kontragredienz. Die verschiedenen Variabelnreihen, die bei geometrischen Untersuchungen auftreten, pflegt man nach der Art der Substitutionen zu unterscheiden, denen sie unterworfen werden. Für uns stehen zwei besonders einfache Fälle dieser Art im Vordergrund des Interesses. Zunächst werden zwei Reihen von Variabeln:

$$x_1 x_2 \ldots x_n, \qquad y_1 y_2 \ldots y_n$$

kogredient genannt, wenn sie im Verlauf der Rechnungen immer Substitutionen mit denselben Koeffizienten:

$$x_\varkappa = \sum_\lambda^n c_{\varkappa\lambda} x'_\lambda, \quad y_\varkappa = \sum_\lambda^n c_{\varkappa\lambda} y'_\lambda \qquad (\varkappa = 1, 2, \ldots, n)$$

erleiden. Die zweite Art der Beziehung, in der zwei Variabelnreihen zueinander stehen können, gewinnen wir durch folgende Überlegung. Wenn wir auf die bilineare Form:

$$F = u_1 x_1 + u_2 x_2 \cdots + u_n x_n = \sum_\mu^n u_\mu x_\mu$$

die folgenden Substitutionen der x anwenden:

$$x_k = \sum_\lambda^n c_{k\lambda} x'_\lambda,$$

erhalten wir:

$$F = \sum_\mu^n u_\mu \left\{ \sum_\lambda^n c_{\lambda\lambda} x'_\lambda \right\} = \sum_\mu^n \sum_\lambda^n c_{\mu\lambda} u_\mu x'_\lambda = \sum_\lambda^n \left\{ \sum_\mu^n c_{\mu\lambda} u_\mu \right\} x'_\lambda.$$

---

[1]) Vgl. Math. Enzyklopädie III, AB 4b, *G. Fano: Kontinuierliche geometrische Gruppen*, S. 292.

Indem wir die neuen Koeffizienten mit u'_λ bezeichnen:
$$F = u'_1 x'_1 + u'_2 x'_2 \cdots + u'_n x'_n = \sum_1^n u'_\lambda x'_\lambda,$$
ergeben sich für u'_λ die folgenden Gleichungen:
$$u'_\lambda = \sum_1^n {}_\mu c_{\mu\lambda} u_\mu \qquad (\lambda = 1, 2, \ldots, n)$$
oder ausgeschrieben:
$$u'_1 = c_{11} u_1 + c_{21} u_2 \cdots + c_{n1} u_n,$$
$$u'_2 = c_{12} u_1 + c_{22} u_2 \cdots + c_{n2} u_n,$$
$$\cdots \cdots \cdots \cdots \cdots \cdots \cdots$$
$$u'_n = c_{1n} u_1 + c_{2n} u_2 \cdots + c_{nn} u_n.$$

In dieser Substitutionsformel der u_i erscheinen gegenüber der entsprechenden Formel für die x_i (vgl. S. 17) einerseits die Horizontal- und Vertikalreihen und andererseits die alten und neuen Variabeln vertauscht. Wir ordnen nunmehr jeder fest gegebenen Substitution $x_\varkappa = \sum c_{\varkappa\lambda} x'_\lambda$ eine zweite sog. *kontragrediente Substitution* $u'_\varkappa = \sum_\lambda c_{\lambda\varkappa} u_\lambda$ zu, die übrigens für spezielles $c_{\varkappa\lambda}$ mit der gegebenen Substitution identisch sein kann. Wenn wir im Verlaufe einer Rechnung die Variabeln u_i stets die zu den Substitutionen der x_i kontragredienten Substitutionen erleiden lassen, nennen wir weiter auch die *beiden Reihen von Variabeln*:
$$x_1 x_2 \ldots x_n, \qquad u_1 u_2 \ldots u_n$$
zueinander kontragredient. Beispiele für derartige Variabeln werden wir bald kennen lernen. Wir wollen dabei besonders betonen, daß immer nur *zwei* Reihen von Variabeln *zueinander* kontragredient sein können, nie aber ist eine Reihe von Variabeln an und für sich kontragredient; dieselbe Bemerkung gilt auch für kogrediente Variabelnreihen.

Die angegebenen Bezeichnungen Kogredienz und Kontragredienz sind der Invariantentheorie entlehnt, die einen wichtigen Einfluß auf die geometrischen Untersuchungen gewonnen hat. Die invariantentheoretische Ausgestaltung der Geometrie rührt im wesentlichen von den beiden Engländern *Cayley* (1821—1895) und *Sylvester* (1814—1897) her, von denen der letztere die Namen Invariante, Kogredienz und Kontragredienz geschaffen hat. Die Anschauungen dieser beiden Forscher sind durch die Lehrbücher von *Salmon* (1819—1904) weiteren Kreisen bekanntgeworden und haben besonders in Deutschland durch die Übersetzungen von *Fiedler* (neuerdings *Dingeldey* und *Kommerell*) allgemeine Verbreitung gefunden. Weiter ist noch die deutsche invariantentheoretische Schule zu nennen, welche von *Clebsch* (1833—1872) begründet worden ist. Später hat *Klein* in seinem Erlanger Programm (1872) die Geometrie geradezu als Anwendung der Invariantentheorie definiert[1]).

---

[1]) *Klein: Vergleichende Betrachtungen über neuere geometrische Forschungen* (*Erlanger Programm*), Ges. Abh., Bd. I, S. 460.

Zum Schluß wollen wir für spätere Untersuchungen (S. 43 und 141) den folgenden Satz beweisen: *Die Determinante aus n kogredienten Variabelnreihen multipliziert sich bei einer homogenen linearen Substitutionsdeterminante als Faktor.* Im Falle $n = 2$ hat diese Determinante die Gestalt:

$$D = \begin{vmatrix} x_1 & x_2 \\ y_1 & y_2 \end{vmatrix} = x_1 y_2 - x_2 y_1,$$

wobei $x_1 x_2$ und $y_1 y_2$ kogrediente Variabeln sein sollen. Bei Ausführung einer homogenen linearen Substitution ergibt sich:

$$\begin{vmatrix} x_1 & x_2 \\ y_1 & y_2 \end{vmatrix} = \begin{vmatrix} c_{11} x'_1 + c_{12} x'_2, & c_{21} x'_1 + c_{22} x'_2 \\ c_{11} y'_1 + c_{12} y'_2, & c_{21} y'_1 + c_{22} y'_2 \end{vmatrix} = \begin{vmatrix} c_{11} & c_{12} \\ c_{21} & c_{22} \end{vmatrix} \cdot \begin{vmatrix} x'_1 & x'_2 \\ y'_1 & y'_2 \end{vmatrix}.$$

Genau so läuft der Beweis im Falle eines beliebigen n:

$$\begin{vmatrix} x_1 & x_2 \cdots x_n \\ y_1 & y_2 \cdots y_n \\ \cdot & \cdot \cdot \cdot \cdot \\ t_1 & t_2 \cdots t_n \end{vmatrix} = \begin{vmatrix} \sum_\lambda c_{1\lambda} x'_\lambda & \cdots & \sum_\lambda c_{n\lambda} x'_\lambda \\ \sum_\lambda c_{1\lambda} y'_\lambda & \cdots & \sum_\lambda c_{n\lambda} y'_\lambda \\ \cdot & \cdot \cdot \cdot & \cdot \\ \sum_\lambda c_{1\lambda} t'_\lambda & \cdots & \sum_\lambda c_{n\lambda} t'_\lambda \end{vmatrix} = \begin{vmatrix} c_{11} \cdots c_{1n} \\ c_{21} \cdots c_{2n} \\ \cdot \cdot \cdot \cdot \\ c_{n1} \cdots c_{nn} \end{vmatrix} \cdot \begin{vmatrix} x'_1 \cdots x'_n \\ y'_1 \cdots y'_n \\ \cdot \cdot \cdot \cdot \\ t'_1 \cdots t'_n \end{vmatrix},$$

womit unsere Behauptung bewiesen ist.

§ 4. Die projektiven Transformationen.

A. Die projektiven, frei-affinen und zentro-affinen Transformationen. Für uns steht die geometrische Bedeutung der im vorigen Paragraphen betrachteten linearen Substitutionen im Vordergrund des Interesses. Wir sehen $x_1 : x_2$ bzw. $x_1 : x_2 : x_3$ und $x_1 : x_2 : x_3 : x_4$, die wir jetzt genau wie die Substitutionskoeffizienten reell wählen wollen, als homogene Koordinaten auf der geraden Linie, in der Ebene und im Raum an. Die Substitutionen wollen wir in der Form schreiben:

$$\varrho x_\varkappa = \sum_1^{n+1} c_{\varkappa\lambda} x'_\lambda, \quad D = |c_{\varkappa\lambda}| \neq 0,$$

wobei wir mit n die Zahl der Dimensionen bezeichnen ($n = 1, 2$ oder 3) und $\varkappa$ der Reihe nach die Werte von 1 bis $n + 1$ zuteilen. Die Proportionalitätskonstante $\varrho \neq 0$ haben wir hinzugefügt, um zu kennzeichnen, daß es nur auf die Verhältnisse $x_1 : x_2 \cdots : x_n$, nicht aber auf die Werte selbst ankommt. Die durch die angegebenen Substitutionen bestimmten Transformationen werden als *Kollineationen*[1]) oder auch als *projektive Transformationen* bezeichnet. Sie besitzen die Eigenschaft, daß sie alle Punkte, die vor der Transformation auf einer Geraden

---

[1]) Den Namen Kollineation hat Moebius auf Anraten seines Freundes, des Philologen Weiske, in die Geometrie eingeführt. Vgl. *Moebius: Der barycentrische Calcul* 1827, Vorrede, S. XII.

bzw. Ebene gelegen haben, so transformieren, daß sie hinterher wieder eine Gerade bzw. Ebene bilden. Man kann zeigen, daß die Kollineationen (im reellen Gebiet) die allgemeinsten Transformationen sind, welche diese Eigenschaft besitzen; im imaginären Gebiet treffen wir dagegen etwas andersartige Verhältnisse (vgl. S. 51).

Die Bedeutung der im vorigen Paragraphen definierten kogredienten und kontragredienten Variabeln tritt jetzt unmittelbar hervor. Die Koordinaten zweier Punkte haben wir nämlich als *kogrediente Variabeln* zu bezeichnen. Dagegen sind die Koeffizienten $u_\varkappa$, die in der Gleichung einer beliebigen geraden Linie bzw. Ebene:

$$u_1 x_1 + u_2 x_2 \cdots + u_{n+1} x_{n+1} = 0 \qquad (n = 2 \text{ oder } 3)$$

auftreten, zu den $x_\varkappa$ *kontragredient*. Die Bedeutung dieses Satzes liegt in folgendem. Durch eine Kollineation, etwa im Raum, wird eine Ebene E in eine neue Ebene E' überführt. Nach den Überlegungen des dritten Paragraphen lassen sich die Koeffizienten $u'_\varkappa$ von E' aus den Koeffizienten $u_\varkappa$ von E durch die zu der Substitution der $x_\varkappa$ kontragrediente Substitution ableiten. Wir können daher die neuen Koeffizienten mit Hilfe dieser Substitutionen in besonders einfacher Weise berechnen.

Um die Gleichung der Kollineationen in affinen Koordinaten aufzustellen (wobei wir uns auf den Raum beschränken wollen), eliminieren wir zunächst aus den homogenen linearen Substitutionen die Proportionalitätskonstante ϱ:

$$\frac{x_1}{x_4} = \frac{c_{11} \frac{x'_1}{x'_4} + c_{12} \frac{x'_2}{x'_4} + c_{13} \frac{x'_3}{x'_4} + c_{14}}{c_{41} \frac{x'_1}{x'_4} + c_{42} \frac{x'_2}{x'_4} + c_{43} \frac{x'_3}{x'_4} + c_{44}}, \quad \frac{x_2}{x_4} = \cdots, \quad \frac{x_3}{x_4} = \cdots.$$

Sodann bezeichnen wir die affinen Koordinaten $\frac{x_1}{x_4}, \frac{x_2}{x_4}, \frac{x_3}{x_4}$ und $\frac{x'_1}{x'_4}, \frac{x'_2}{x'_4}, \frac{x'_3}{x'_4}$ mit x, y, z bzw. x', y', z'. Dadurch erhalten wir:

$$x = \frac{c_{11} x' + c_{12} y' + c_{13} z' + c_{14}}{c_{41} x' + c_{42} y' + c_{43} z' + c_{44}}, \quad y = \cdots, \quad z = \frac{c_{31} x' + c_{32} y' + c_{33} z' + c_{34}}{c_{41} x' + c_{42} y' + c_{43} z' + c_{44}}.$$

Die Kollineationen ergeben also in affinen Koordinaten eine gebrochene nichthomogene lineare Substitution, bei der die Nenner in allen Brüchen übereinstimmen.

Eine besondere Rolle spielen diejenigen Kollineationen, welche das unendlich ferne Gebiet in sich selbst überführen. Im Falle des Raumes werden sie aus den allgemeinen Kollineationen durch die Bedingungen:

$$c_{41} = 0, \quad c_{42} = 0, \quad c_{43} = 0, \quad c_{44} = 1$$

ausgesondert, wie ein Vergleich mit den obigen Formeln zeigt. Diese Transformationen, die man als *affine Transformationen* bezeichnet, werden in affinen Koordinaten, die wir der bequemeren Schreibweise halber hier ebenfalls mit $x_1, x_2 \ldots x_n$ bezeichnen wollen, durch eine lineare (im allgemeinen nicht homogene) Substitution wiedergegeben:

$$x_\varkappa = c_{\varkappa 1} x'_1 + c_{\varkappa 2} x'_2 \cdots + c_{\varkappa n} x'_n + c_\varkappa, \quad D = |c_{\varkappa \lambda}| \neq 0. \quad (n = 1, 2 \text{ oder } 3)$$

Eine affine Transformation, bei der alle absoluten Glieder $c_\varkappa$ verschwinden und die somit den Koordinatenanfangspunkt in sich selbst überführt, bezeichnet man als *zentro-affin*. Wenn dies nicht der Fall ist, nennt man die Transformation im Gegensatz hierzu *frei-affin*. Man erkennt unmittelbar, daß wir eine frei-affine Transformation durch Zusammensetzung einer zentro-affinen Transformation mit einer Parallelverschiebung erzeugen können.

Die Kollineationen von bestimmter Dimensionenzahl bilden eine Gruppe, da die homogenen linearen Substitutionen, durch die sie darstellbar sind, ebenfalls diese Eigenschaft besitzen. In genau der gleichen Weise *bilden auch die affinen Transformationen eine Gruppe*. Man bezeichnet eine Gruppe von Transformationen, die völlig in einer anderen Gruppe enthalten ist, als *Untergruppe*. *Die affinen Transformationen bilden also eine Untergruppe der projektiven Transformationen*. Sie werden aus den allgemeinen projektiven Transformationen durch die Forderung ausgesondert, daß durch sie das unendlich ferne Gebiet in sich selbst überführt werden soll. Man erkennt, daß die zentro-affinen Transformationen weiter eine Untergruppe der affinen Transformationen bilden. Diese Untergruppe ist dadurch gekennzeichnet, daß ihre Transformationen den Koordinatenanfangspunkt in sich selbst überführen.

B. Das Vorzeichen der Substitutionsdeterminante. Die Determinante einer Kollineation kann entweder ein positives oder ein negatives Vorzeichen besitzen. Bei geradem n, d. h. also in der Ebene, ist dieser Unterschied aber ohne Bedeutung. Denn in diesem Falle kehrt die Determinante ihr Vorzeichen um, wenn wir alle Konstanstanten $c_{\varkappa \lambda}$ mit -1 multiplizieren; die Kollineation selbst wird hierbei nicht verändert, da es nur auf die Verhältnisse der $x_\varkappa$ ankommt. Bei geradem n kann also ein und dieselbe Kollineation je nach der Art der Darstellung ebensogut eine positive wie auch eine negative Determinante besitzen. Bei ungeraden n, also im Falle der geraden Linie und des Raumes, hat dagegen die Determinante der Kollineation ein eindeutig bestimmtes Vorzeichen, so daß wir zwischen Kollineationen mit positiver und negativer Determinante zu unterscheiden haben. *Auf der geraden Linie und im Raum zerfallen also die Kollineationen in zwei verschiedene Scharen, die man nicht stetig ineinander überführen kann; im Fall der Ebene bilden die Kollineationen dagegen eine einzige Mannigfaltigkeit,* da wir hier jede gegebene Substitution kontinuierlich

24   Die Grundbegriffe der projektiven Geometrie.

in die identische Substitution überführen können, ohne daß dabei die zugehörige Determinante jemals verschwindet.

Geometrisch bedeutet dieses verschiedenartige Verhalten folgendes. Auf der geraden Linie kann eine Kollineation die Richtung aller Strecken entweder unverändert lassen oder in die entgegengesetzte Richtung umkehren; bei ein und derselben Kollineation müssen dabei alle Strecken dasselbe Verhalten zeigen, da die Kollineation eine eineindeutige stetige Transformation ist. Man könnte annehmen, daß entsprechend in der Ebene zwei Arten von Kollineationen zu unterscheiden wären, je nachdem der Drehsinn, der vom Koordinatenanfangspunkt in Richtung der positiven $\frac{x_1}{x_3}$-Achse ausgehend von der positiven Richtung der $\frac{x_2}{x_3}$-Achse nach dem Koordinatenanfangspunkt zurückkehrt (Abb. 12), entweder

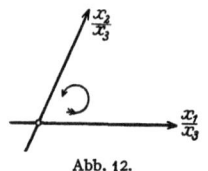
Abb. 12.

in denselben oder in den entgegengesetzten Drehsinn überführt wird; die projektive Ebene ist aber eine einseitige Fläche (vgl. S. 15), in der sich die beiden verschiedenen Arten von Drehsinnen kontinuierlich ineinander überführen lassen, so daß hier in der Tat kein Unterschied zwischen den beiden betrachteten Arten von Kollineationen besteht. Im Raum treffen wir wieder dieselben Verhältnisse wie bei der geraden Linie. *Die Eigenschaft der Kollineationen, auf der geraden Linie und im Raum in zwei verschiedene Scharen zu zerfallen, in der Ebene dagegen eine einzige Mannigfaltigkeit zu bilden, hängt also damit zusammen, daß die Ebene im Gegensatz zu der geraden Linie und zum Raum einseitig ist.*

Wenn wir von den projektiven Transformationen zu den affinen übergehen, erhalten wir auch in der Ebene ein Zerfallen der affinen Transformationen in solche mit positiver und solche mit negativer Determinante. Dies wird dadurch verursacht, daß bei den affinen Transformationen die geometrischen Gebilde nicht mehr über die unendlich ferne Gerade hinweggeschoben werden können; die Ebene ist sozusagen längs der unendlich fernen Geraden aufgeschnitten,

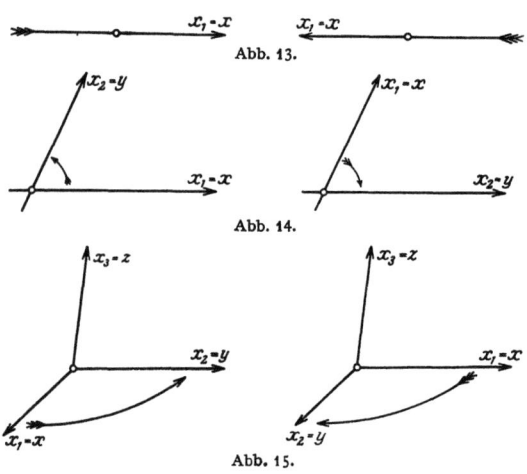
Abb. 13.
Abb. 14.
Abb. 15.

wodurch ihre Einseitigkeit aufgehoben wird. Den Unterschied zwischen den affinen Transformationen von positiver und negativer Determinante können wir folgendermaßen formulieren. *Wir haben bekannterweise sowohl auf der geraden Linie wie in der Ebene und im Raume je zwei Arten von affinen Koordinatensystemen zu unterscheiden, die* einander in den Abb. 13—15 gegenübergestellt sind. Bei einer affinen Transformation gehen die Achsen des bisherigen Koordinatensystems in neue, ebenfalls durch einen Punkt laufende Gerade über (im Fall der geraden Linie wird dabei die positive Richtung entweder wieder in die positive Richtung oder in die bisher negative Richtung überführt). *Bei den affinen Transformationen von positiver Determinante ist dabei das alte Koordinatensystem mit dem von den neuen Achsen gebildeten System gleichartig, bei negativer Determinante dagegen ungleichartig.*

C. Die anschauliche Wiedergabe der projektiven Transformationen. Wir beginnen mit den *affinen Transformationen*, wobei wir uns auf die zentro-affinen Transformationen beschränken können, da sich die frei-affinen Transformationen ergeben, wenn wir hinterher noch eine beliebige Parallelverschiebung ausführen. Durch elementare Überlegungen erkennt man: Bei der zentroaffinen Transformation auf der geraden Linie: $x_1 = c_{11} x_1'$; $c_{11} \neq 0$ werden alle vom Koordinatenanfangspunkt ausgehenden Strecken in derselben Weise vergrößert oder verkleinert. (Wenn dabei c_{11} positiv ist, bleibt die positive Richtung ungeändert, während sie bei negativem c_{11} in die bisher negative Richtung überführt wird). In der Ebene geht

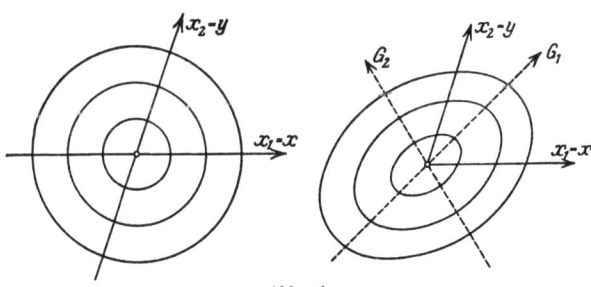

Abb. 16.

bei einer zentro-affinen Transformation das System der konzentrischen Kreise, die um den Koordinatenanfangspunkt als Mittelpunkt beschrieben sind, in ein System ähnlicher und ähnlich gelegener Ellipsen über (Abb. 16, in welcher G_1 und G_2 die Abbilder der beiden Koordinatenachsen sind). Genau so wird im Raum das System der konzentrischen Kugeln um den Koordinatenanfangspunkt in ein System ähnlicher und ähnlich gelegener Ellipsoide überführt.

Wir wenden uns sodann zur Betrachtung der *Kollineationen*, die sich bekanntlich geometrisch in sehr einfacher Weise durch Projektionen

26   Die Grundbegriffe der projektiven Geometrie.

erzeugen lassen. Wir legen hierzu auf der geraden Linie, die wir mit G bezeichnen wollen, durch einen beliebigen Punkt eine Hilfsgerade G' und projizieren die Punkte von G durch Zentralprojektion von einem beliebigen Punkte P_1 der Ebene aus auf G' (Abb. 17). Sodann führen

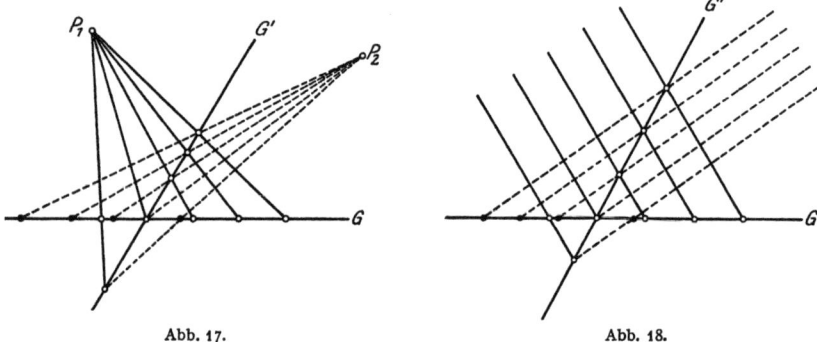

Abb. 17.   Abb. 18.

wir eine zweite Projektion aus, durch die wir die Punkte von G' wieder auf die Punkte von G zurückprojizieren. Hierdurch wird jedem Punkt der Geraden G ein zweiter Punkt eben dieser Geraden zugeordnet. Man kann leicht zeigen, daß zwei derartige Projektionen in der Tat eine Kollineation bestimmen. Die so erhaltenen Kollineationen besitzen stets einen reellen Fixpunkt, der aber, wie wir gleich sehen werden, im allgemeinen nicht vorhanden zu sein braucht.. Wenn wir die allgemeine Kollineation auf G erhalten wollen, kommen wir nicht mit zwei Projektionen aus, sondern müssen drei Projektionen verwenden, indem wir zuerst G auf G' von P_1 aus, dann G' auf eine zweite Hilfsgerade G'' von P_2 aus und schließlich G'' auf G zurück von P_3 aus projizieren.

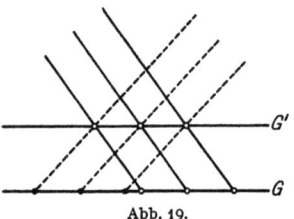

Abb. 19.

Wenn wir nur Parallelprojektionen verwenden, erhalten wir auf dem angegebenen Wege die affinen Transformationen auf der Geraden G (Abb. 18). Wenn im besonderen der Schnittpunkt von G und G' im Koordinatenanfangspunkt der Geraden liegt, ergibt sich eine zentroaffine Transformation; wenn er dagegen in dem unendlich fernen Punkt der Geraden G liegt, d. h. wenn G und G' parallel sind, kommt die projektive Transformation auf eine kongruente Verschiebung der Geraden G in sich heraus (Abb. 19).

Die Kollineationen in der Ebene lassen sich in entsprechender Weise durch Projektionen erzeugen.

Mit Hilfe dieser Konstruktionen können wir die anschaulichen Eigenschaften der projektiven Transformationen auf der geraden Linie

Die projektiven Transformationen. 27

und in der Ebene in besonders einfacher Weise übersehen. Im ersten Fall konstruieren wir auf der geraden Linie eine Skala äquidistanter Punkte und suchen ihr projektives Abbild auf. Hierzu bilden wir diese Punktreihe zunächst durch Parallelprojektion von G auf G' ab (Abb. 20); dann erhalten wir auf G' ebenfalls eine Skala äquidistanter Punkte, die wir durch Zentralprojektion auf G' zurückprojizieren, wodurch sich die gesuchte Skala er-

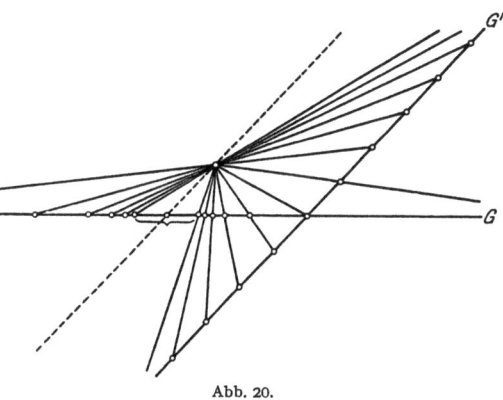
Abb. 20.

gibt. Man erkennt unmittelbar, daß hierbei der unendlich ferne Punkt (im allgemeinen) auf einen endlichen Punkt abgebildet wird. Die einzelnen Bildpunkte drängen sich immer mehr zusammen, je mehr wir uns dem Abbild des unendlich fernen Punktes nähern; die einzelnen Punkte liegen schließlich so dicht, daß wir sie in der Figur nicht mehr wiedergeben können. Diese projektiven Skalen werden in Kapitel V eine grundlegende Rolle spielen. — Die entsprechenden Überlegungen im Fall der Ebene zeigen, daß hier eine projektive Transformation die unendlich ferne Gerade im allgemeinen in eine eigentliche Gerade überführt. In Abb. 21 haben wir die projektive Abbildung eines Systems konzentrischer Kreise angegeben. Die Kreise von genügend kleinem Radius bilden sich in Ellipsen ab, die dann über

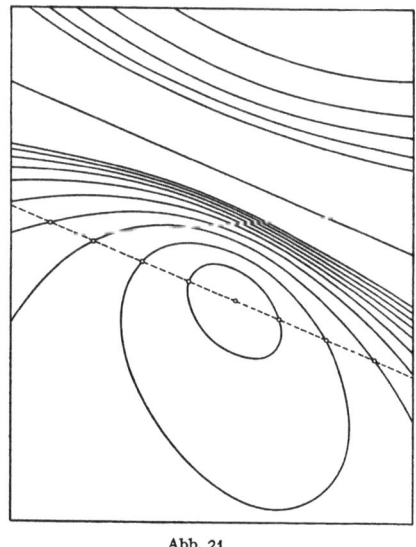
Abb. 21.

eine Parabel in Hyperbeln übergehen, welche sich von beiden Seiten her immer mehr dem Abbild der unendlich fernen Geraden nähern, bis schließlich beide Äste in diese Gerade zusammenfallen. — Im Raum müssen wir die entsprechenden Überlegungen analytisch durchführen, wodurch wir die folgenden Ergebnisse erhalten. Das projektive Abbild einer Schar kon-

28 Die Grundbegriffe der projektiven Geometrie.

zentrischer Kugeln besteht aus einer Schar von Ellipsoiden, die über ein elliptisches Paraboloid in zweischalige Hyperboloide übergehen; die beiden Teile dieser Hyperboloide nähern sich immer mehr dem Abbild der unendlich fernen Ebene und werden dabei immer flacher, bis schließlich beide Teile nach Art der Abb. 11 (S. 16) in die betrachtete Ebene übergehen.

D. Die Fixpunkte einer projektiven Transformation. Als Fixpunkt einer gegebenen Transformation bezeichnen wir einen Punkt, der in sich selbst überführt wird. Bei den zentro-affinen Transformationen ist ein derartiger Punkt stets vorhanden, nämlich der Koordinatenanfangspunkt. Wir wollen zeigen, daß auch bei den frei-affinen Transformationen stets ein Fixpunkt auftritt; allerdings kann er evtl. in das Unendlich-Ferne rücken. Auf der geraden Linie haben die frei-affinen Transformationen die Gestalt:

$$x_1 = c_{11} x_1' + c_1, \quad c_{11} \neq 0.$$

Der gesuchte Fixpunkt ist also durch die Gleichung bestimmt:

$$x_1 = c_{11} x_1 + c_1 \quad \text{oder:} \quad x_1 = \frac{c_1}{1 - c_{11}}.$$

Wenn $c_{11} \neq 1$ ist, d. h. wenn die Transformation nicht in eine reine Verschiebung ausartet, erhalten wir somit einen endlichen Fixpunkt.

In der Ebene ist der Fixpunkt durch die Gleichungen bestimmt:

$$\begin{array}{l} x_1 = c_{11} x_1 + c_{12} x_2 + c_1, \\ x_2 = c_{21} x_1 + c_{22} x_2 + c_2, \end{array} \text{oder} \quad \begin{array}{l} (c_{11} - 1) x_1 + c_{12} x_2 = -c_1, \\ c_{21} x_1 + (c_{22} - 1) x_2 = -c_2. \end{array}$$

Die Koordinaten des Fixpunktes lauten also:

$$x_1 = \frac{\begin{vmatrix} -c_1 & c_{12} \\ -c_2 & c_{22} - 1 \end{vmatrix}}{\begin{vmatrix} c_{11} - 1 & c_{12} \\ c_{21} & c_{22} - 1 \end{vmatrix}}, \quad x_2 = \frac{\begin{vmatrix} c_{11} - 1 & -c_1 \\ c_{21} & -c_2 \end{vmatrix}}{\begin{vmatrix} c_{11} - 1 & c_{12} \\ c_{21} & c_{22} - 1 \end{vmatrix}}.$$

Wenn der Nenner verschwindet, und mindestens ein Zähler ungleich Null ist, rückt der Fixpunkt in das Unendlich-Ferne. Wenn dagegen beide Zähler und der Nenner verschwinden, wird der Fixpunkt unbestimmt; wir haben dann entweder eine ganze Gerade von Fixpunkten oder sogar die identische Transformation, bei der die ganze Ebene fest bleibt. Genau dieselben Überlegungen lassen sich auch im Raum anstellen.

Die entsprechenden Untersuchungen für die projektiven Transformationen wollen wir ebenfalls nicht in allen Einzelheiten ausführen, sondern nur die allgemeine Methode der Untersuchung angeben. Die gesuchten Fixpunkte sind durch die folgenden Gleichungen bestimmt:

$$\varrho x_\varkappa = \sum_{\lambda=1}^{n+1} c_{\varkappa \lambda} x_\lambda \qquad (n = 1, 2 \text{ oder } 3)$$

oder:
$$(c_{11} - \varrho) x_1 + \quad c_{12} x_2 \cdots + \quad c_{1,n+1} x_{n+1} = 0,$$
$$c_{21} x_1 + (c_{22} - \varrho) x_2 \cdots + \quad c_{2,n+1} x_{n+1} = 0,$$
$$\cdots \cdots \cdots \cdots \cdots \cdots \cdots \cdots \cdots \cdots \cdots \cdots$$
$$c_{n+1,1} x_1 + \quad c_{n+1,2} x_2 \cdots + (c_{n+1,n+1} - \varrho) x_{n+1} = 0.$$

Dieses System von homogenen Gleichungen besitzt nur dann eine Lösung, die von dem unbrauchbaren Wertsystem $0 : 0 \cdots : 0$ verschieden ist, wenn die zugehörige Determinante verschwindet:

$$\begin{vmatrix} (c_{11} - \varrho) & c_{12} & \cdots & c_{1,n+1} \\ c_{21} & (c_{22} - \varrho) & \cdots & c_{2,n+1} \\ c_{n+1,1} & c_{n+1,2} & \cdots & (c_{n+1,n+1} - \varrho) \end{vmatrix} = 0.$$

Wir haben hiermit eine Gleichung $(n + 1)$-ten Grades für die Unbekannte ϱ erhalten; der Koeffizient von ϱ^{n+1} ist nämlich gleich $(-1)^{n+1}$, so daß dieses Glied nie verschwinden kann. Die betrachtete Gleichung hat höchstens $n + 1$ verschiedene Lösungen $\varrho_1, \varrho_2 \cdots \varrho_{n+1}$. Durch Einsetzen jedes dieser Werte in die Ausgangsgleichungen erhalten wir ein bestimmtes Wertsystem $x_1 : x_2 \cdots : x_{n+1}$. Es kann dabei der Ausnahmefall eintreten, daß sich zu einer oder mehreren Lösungen ϱ_k nicht nur ein, sondern unendlich viele derartige Systeme x_k ergeben, die linear voneinander abhängig sind. Im allgemeinen werden wir aber zu jedem ϱ_k ein und nur ein Wertsystem $x_1 : x_2 \cdots : x_{n+1}$ erhalten. *Eine Kollineation auf der geraden Linie, in der Ebene und im Raum besitzt also im allgemeinen 2 bzw. 3 oder 4 Fixpunkte.* Diese können aber zum Teil zusammenfallen oder konjugiert imaginäre Koordinaten besitzen (wenn wir uns auf die Betrachtung des Reellen beschränken, sind diese letzten Fixpunkte als nicht vorhanden anzusehen). Schließlich ist auch noch die Ausartung möglich, daß die Fixpunkte gerade Linien oder sogar Ebenen erfüllen, deren sämtliche Punkte fest bleiben[1]). Aus den Realitätseigenschaften der Wurzeln einer kubischen Gleichung folgt, daß eine reelle Kollineation in der Ebene stets mindestens einen reellen Fixpunkt besitzen muß. Auf der geraden Linie und im Raum können dagegen alle Fixpunkte imaginär werden.

Diese Überlegungen bedürfen noch einer wesentlichen Ergänzung. Denn wir haben auf S. 28 abgeleitet, daß die affinen Transformationen, die doch spezielle Kollineationen sind, nur einen einzigen Fixpunkt aufweisen. Diese Verschiedenheit der erhaltenen Resultate rührt daher, daß die affinen Transformationen noch weitere Fixpunkte besitzen, die aber *stets* unendlich fern liegen und daher bei den Rechnungen mit affinen Koordinaten nicht auftreten. In der Tat überführen

---

[1]) Aus der vorstehenden Aufzählung ersehen wir, daß die Zahl der verschiedenartigen Kollineationen sehr groß ist; eine genaue Klassifizierung ist mit Hilfe der *Weierstraßschen Elementarteilertheorie* möglich. Anschauliche Beispiele für bestimmte Kollineationen werden wir in Kapitel III kennen lernen.

zunächst auf der geraden Linie alle affinen Transformationen den unendlich fernen Punkt in sich selbst, der somit den gesuchten zweiten Fixpunkt darstellt. Wenn der im allgemeinen eigentliche Fixpunkt ebenfalls in den unendlich fernen Punkt rückt, wird dieser Punkt zu einem doppeltzählenden Fixpunkt der Kollineation. Eine affine Transformation in der Ebene bzw. im Raum überführt die unendlich ferne Gerade bzw. Ebene in sich selbst und bestimmt somit auf diesem Gebilde eine Kollineation, die nach dem Obigen im allgemeinen zwei bzw. drei Fixpunkte besitzt. Das ergibt aber mit dem im allgemeinen endlichen Fixpunkt, den wir bei einer affinen Transformation festgestellt haben, gerade die drei bzw. vier Fixpunkte, die eine Kollineation im allgemeinen besitzen muß.

§ 5. Die n-dimensionalen Mannigfaltigkeiten.

Im Verlaufe der bisherigen Untersuchungen haben wir eine Reihe wesentlicher Unterschiede in dem geometrischen Verhalten der geraden Linie, der Ebene und des Raumes kennengelernt. So ist, um nur ein Beispiel herauszugreifen, die projektive Gerade und der projektive Raum zweiseitig, die projektive Ebene dagegen einseitig. Den inneren Grund dieser merkwürdigen Unterschiede können wir am besten erkennen, wenn wir von den speziellen Dimensionenzahlen 1, 2 und 3 zu den n-dimensionalen Mannigfaltigkeiten übergehen.

Hierzu bezeichnen wir zunächst ein bestimmtes Wertsystem $x_1 x_2 \ldots x_n$ von endlichen Zahlen als *Punkt einer affinen n-dimensionalen Mannigfaltigkeit*. Mit diesem Begriff verbinden wir aber *keine anschaulichen Vorstellungen*. Denn der Raum der uns umgebenden Außenwelt besitzt nur drei aufeinander senkrechte Richtungen, und niemand kann mit seinen Sinnen eine größere Anzahl von aufeinander senkrechten Richtungen feststellen. Wir gehen vielmehr ausschließlich von der analytischen Grundlage aus und bezeichnen nur die einzelnen Operationen in analoger Weise, wie wir es von der Geometrie in 1, 2 und 3 Dimensionen her gewöhnt sind, mit geometrischen Ausdrücken. Wir gewinnen dadurch den Vorteil, daß die analytischen Operationen durch Analogien mit den anschaulichen Verhältnissen der Außenwelt belebt werden. Dieses Verfahren wird heutzutage in zahlreichen Disziplinen verwandt; als Beispiel nennen wir die mathematische Physik, welche die n Komponenten, von denen der Zustand eines physikalischen Systems abhängt (Phasen), in dem n-dimensionalen Phasenraum zu deuten pflegt.

Der Aufbau der affinen n-dimensionalen Geometrie wird in der folgenden abstrakten Weise durchgeführt: Wir nennen zunächst, wie oben angegeben, jedes endliche Wertsystem $x_1 x_2 \ldots x_n$ einen Punkt einer n-dimensionalen Mannigfaltigkeit, die wir abkürzend als M_n be-

Die n-dimensionalen Mannigfaltigkeiten.

zeichnen wollen[1]). Die Gesamtheit der Punkte, deren Koordinaten eine lineare Gleichung:

$$u_1 x_1 + u_2 x_2 + \cdots + u_n x_n + u_{n+1} = 0$$

erfüllen, in der nicht die sämtlichen n ersten Koeffizienten $u_\varkappa$ verschwinden, stellt eine $(n-1)$-dimensionale Mannigfaltigkeit M_{n-1} dar, die wir als *Hyperebene* bezeichnen; dabei sehen wir zwei Gleichungen, deren sämtliche Koeffizienten proportional sind, als identisch an. Wenn zwei verschiedene lineare Gleichungen oder Hyperebenen keine gemeinsamen endlichen Wertsysteme besitzen, d. h. wenn sich die Gleichungen widersprechen, nennen wir sie parallel. Im anderen Fall haben sie ∞^{n-2} Wertsysteme gemeinsam, die wir als $(n-2)$-dimensionale Mannigfaltigkeit M_{n-2} bezeichnen. Drei verschiedene Hyperebenen, von denen keine zwei sich widersprechen, d. h. parallel sind, und die ferner nicht linear voneinander abhängig sind, d. h. nicht sämtlich durch dieselbe M_{n-2} laufen, ergeben durch ihre gemeinsamen Wertsysteme eine M_{n-3} usw., bis wir schließlich durch den Schnitt von n nicht parallelen M_{n-1}, die nicht sämtlich durch dieselbe M_1 gehen, einen einzelnen Punkt, d. h. eine M_0, erhalten. Die so bestimmten n verschiedenen Arten von Mannigfaltigkeiten: $M_{n-1}, \ldots, M_1, M_0$ bezeichnen wir als die *Grundgebilde der n-dimensionalen Mannigfaltigkeit*. Wir sehen, wie sich mit Hilfe dieser Vorstellungen die *Theorie der linearen Gleichungen mit n Unbekannten* durch Analogieschlüsse auf geometrische Verhältnisse lebendig ausgestaltet.

In derselben Weise wie die affine n-dimensionale Geometrie läßt sich auf den Verhältniskoordinaten eine *projektive n-dimensionale Geometrie* aufbauen. Wir bezeichnen hierzu jedes Wertsystem $x_1 : x_2 \cdots : x_{n+1}$ mit alleiniger Ausnahme des Systems $0 : 0 : \cdots : 0$ als Punkt einer *n-dimensionalen projektiven Mannigfaltigkeit P_n*. Ferner nennen wir die Wertsysteme, die eine homogene lineare Gleichung:

$$u_1 x_1 + u_2 x_2 + \cdots + u_{n+1} x_{n+1} = 0$$

befriedigen, in der nicht sämtliche Koeffizienten $u_\varkappa$ verschwinden, eine projektive Hyperebene P_{n-1} usw.

Die hierdurch festgelegten Grundgebilde der n-dimensionalen Geometrie können wir auch in Parameterform darstellen. Eine M_0 oder ein Punkt hat die Koordinaten $\lambda_1 x_i$, eine gerade Linie wird von der Gesamtheit der Punkte $\lambda_1 x_i + \lambda_2 y_i$ gebildet, wobei x und y zwei verschiedene, auf der Geraden liegende Punkte sind, eine Ebene ist in der Form $\lambda_1 x_i + \lambda_2 y_i + \lambda_3 z_i$ darstellbar, wobei x, y und z der Ebene angehörige Punkte sind usw., bis wir schließlich zur Hyperebene kommen, die in derselben Weise durch n auf ihr liegende Punkte bestimmt

---

[1]) Manche Autoren sprechen von einem n-dimensionalen *Raum*; wir wollen aber im Anschluß an Riemann das Wort Raum auf die dreidimensionalen Mannigfaltigkeiten beschränken (vgl. S. 289).

ist. Der Leser möge diese Ergebnisse mit den entsprechenden Sätzen auf S. 5 vergleichen.

Wenn wir von einer projektiven n-dimensionalen Mannigfaltigkeit zu einer entsprechenden affinen Mannigfaltigkeit kommen wollen, setzen wir die letzte Variabele x_{n+1} überall gleich 1, d. h. wir schließen alle Wertsysteme aus, deren letzte Variabele verschwindet; oder in geometrischer Sprechweise: wir zeichnen alle Punkte einer bestimmten Hyperebene als uneigentlich aus.

Die affinen und projektiven n-dimensionalen Mannigfaltigkeiten haben wir hiermit in völlig abstrakter Weise definiert. Sie unterscheiden sich in dieser Beziehung scharf von den 1-, 2- und 3-dimensionalen Mannigfaltigkeiten, von denen wir darüber hinaus auch eine anschauliche Vorstellung gewinnen können. In der *modernen Axiomatik* wird notwendigerweise ausschließlich mit der abstrakten Definition gearbeitet; dieser Disziplin ist es nämlich um die logischen Zusammenhänge zu tun; deshalb scheidet sie nach Möglichkeit alle Anschauung aus ihren Überlegungen aus, um keine logischen Zusammenhänge zu übersehen, weil sie anschaulich evident sind. Es besteht aber kein Zweifel, daß die Geometrie darüber hinaus auch die anschauliche Auffassung der geometrischen Verhältnisse zum Ziele hat. „Es ist die Freude an der Gestalt in einem höheren Sinne, die den Geometer ausmacht", sagt Clebsch in seinem Nachruf auf Plücker[1]). Die Entwicklung der letzten Dezennien hat es aber mit sich gebracht, daß in Deutschland vielfach die abstrakten logischen Untersuchungen der Geometrie in den Vordergrund des Interesses traten, während die Ausbildung der zugehörigen Anschauung vernachlässigt wurde. Aus diesem Grunde ist in dem vorliegenden Buch auf die anschauliche Seite der Geometrie ein ganz besonderer Wert gelegt.

Die bisherigen Überlegungen lassen sich unmittelbar auf n-dimensionale Mannigfaltigkeiten verallgemeinern, was der Leser selbst durchführen möge. *Es ergibt sich dabei das merkwürdige Resultat, daß sich die Mannigfaltigkeiten mit gerader Dimensionenzahl anders verhalten als die Mannigfaltigkeiten mit ungerader Dimensionenzahl.* So sind z. B. die projektiven Mannigfaltigkeiten von gerader Dimensionenzahl einseitig, die von ungerader Dimensionenzahl dagegen zweiseitig[2]) (S. 15 u. 16). Ferner bilden die Kollineationen bei geradem n eine einzige Schar, während sie bei ungeradem n in zwei verschiedene Scharen zerfallen (S. 23). Schließlich besitzt eine reelle Kollineation bei gerader Dimensionenzahl stets mindestens einen reellen Fixpunkt, während bei ungerader Dimensionenzahl auch reelle Kollineationen ohne reelle Fixpunkte möglich

---

[1]) *Clebsch: Zum Gedächtnis an Julius Plücker.* Göttinger Abh. Bd. 15. Wieder abgedruckt in Plückers Ges. Math. Abh. 1895, S. XIII.

[2]) Das heißt: Wenn wir eine n-dimensionale Figur einmal durch die unendlich ferne Hyperebene der n-dimensionalen projektiven Mannigfaltigkeit gezogen haben, können wir sie dann im Endlichen bei ungeradem n in die Anfangslage, bei geradem n in deren Spiegelbild deformieren.

sind (S. 29). Diesen Gegensatz werden wir noch durch einige weitere Beispiele belegen können.

Im folgenden werden wir uns im allgemeinen auf die Dimensionenzahlen 1, 2 und 3 beschränken, da sich bei den meisten Sätzen die Verallgemeinerung auf n Dimensionen ohne weiteres ergibt. Nur an denjenigen Stellen werden wir auf die Verhältnisse in den n-dimensionalen Mannigfaltigkeiten eingehen, an denen sonst undurchsichtige Gegensätze zwischen den ersten drei Dimensionen auftreten.

Systematisch ist die Betrachtung der n-dimensionalen Mannigfaltigkeiten zuerst von *Grassmann* in seinem Buche: *Die Wissenschaft der extensiven Größen oder die Ausdehnungslehre, eine neue mathematische Disziplin, Erster Teil: Die lineare Ausdehnungslehre*, 1844, durchgeführt worden. Grassmann betrachtet hier in sehr abstrakter Weise die affinen n-dimensionalen Mannigfaltigkeiten. Vereinzelte Ansätze zu derartigen Gedankenbildungen finden sich allerdings schon vor Grassmann bei anderen Autoren[1]). Im Jahre 1862 erschien eine zweite umgeänderte Ausgabe des Grassmannschen Werkes mit dem einfachen Titel: *Die Ausdehnungslehre*, welche auch weitergehende (nicht-lineare) Probleme umfaßte, aber ebenfalls so abstrakt geschrieben war, daß es lange gedauert hat, bis sich die wertvollen Teile ihrer Gedankengänge allgemein durchsetzen konnten. Inzwischen waren die Grundlagen der n-dimensionalen Geometrie schon von anderen Forschern selbständig ausgestaltet worden[2]). Wir nennen hier vor allem den englischen Mathematiker *Cayley* (von 1844 an), dem wir auch die Einführung der invariantentheoretischen Gesichtspunkte in die Geometrie mit verdanken (vgl. S. 20). Auf die großen Fortschritte, welche die Italiener in der Theorie der n-dimensionalen Mannigfaltigkeiten erzielt haben, können wir in diesem Buche nicht eingehen.

§ 6. Projektive Geraden- und Ebenenkoordinaten; das Prinzip der Dualität.

A. Die projektiven Geradenkoordinaten in der Ebene. Wir führen in der Ebene ein projektives Koordinatensystem $x_1 : x_2 : x_3$ ein. Die geraden Linien der Ebene erhalten dann die Gleichungen:

$$u_1 x_1 + u_2 x_2 + u_3 x_3 = 0.$$

Eine bestimmte gerade Linie ist eindeutig festgelegt, wenn wir die Verhältnisse $u_1 : u_2 : u_3$ kennen, die in der zugehörigen Gleichung auftreten. *Wir können daher diese Größen als homogene Koordinaten einer geraden Linie der Ebene ansehen.* Denn in der Tat gibt jedes Wertsystem $u_1 : u_2 : u_3$ mit alleiniger Ausnahme des Systemes 0 : 0 : 0 eine einzige gerade Linie, und umgekehrt bestimmt, wenn ein festes Koordinatensystem

---
[1]) Vgl. Math. Enzyklopädie II C, *Segre: Mehrdimensionale Räume* S. 773.
[2]) Vgl. Math. Enzyklopädie II C, *Segre*, S. 774.

34 Die Grundbegriffe der projektiven Geometrie.

gegeben ist, jede gerade Linie eindeutig ein Wertsystem $u_1 : u_2 : u_3$. Insbesondere haben die drei Fundamentalgeraden $x_1 = 0$, $x_2 = 0$ und $x_3 = 0$ der Reihe nach die Koordinaten $1:0:0$, $0:1:0$ und $0:0:1$. Eine gerade Linie durch den Eckpunkt von P_1 mit der Gleichung $u_2 x_2 + u_3 x_3 = 0$ hat die Koordinaten $0 : u_2 : u_3$ usw. Besonders wollen wir hervorheben, daß bei den homogenen linearen Substitutionen der x, d. h. also den projektiven Transformationen, die u stets die kontragredienten Substitutionen erleiden (vgl. S. 22).

Die angegebenen Koordinaten $u_1 : u_2 : u_3$ einer geraden Linie in der Ebene wollen wir als *Geradenkoordinaten* bezeichnen (unter dem Namen Linienkoordinaten versteht man andersartige Koordinaten, durch welche die geraden Linien im Raum festgelegt werden). Die Geradenkoordinaten geben uns das erste Beispiel für einen ganz neuen Koordinatenbegriff, der durch *Plücker* von 1829 an in die Geometrie eingeführt worden ist. Während bis dahin nur Punkte durch Koordinaten festgelegt waren, greift Plücker ein beliebiges geometrisches Gebilde heraus und sieht irgendwelche Konstanten, durch die dieses Gebilde eindeutig festgelegt wird, als seine Koordinaten an. Als derartige Gebilde sind vor allem gerade Linien, Ebenen, Kreise und Kugeln verwandt worden. Wir erhalten dadurch neben der bisher allein betrachteten Punktgeometrie *eine Geraden- und eine Ebenengeometrie* und weiter *eine Kreis- und eine Kugelgeometrie* usw., durch die eine Fülle von neuartigen Problemen über uns ausgeschüttet wird. In dem vorliegenden Buche sollen aber außer den Punkten nur die Geraden, Ebenen und Hyperebenen als Raumelemente verwendet werden.

Wir wenden uns jetzt zu den Geradenkoordinaten zurück und betrachten die *Gesamtheit der geraden Linien, deren Koordinaten eine lineare Gleichung*:

$$u_1 \bar{x}_1 + u_2 \bar{x}_2 + u_3 \bar{x}_3 = 0$$

erfüllen. In dieser Gleichung haben wir die u_i als Variable und die $\bar{x}_i$ als fest gegebene unveränderliche Konstante anzusehen. Wir behaupten, daß alle Geraden, deren Koordinaten dieser Gleichung genügen, durch einen festen Punkt gehen, welcher bei der angegebenen Koordinatenbestimmung die Koordinaten $\bar{x}_1 : x_2 : \bar{x}_3$ besitzt. In der Tat hat eine bestimmte gerade Linie $\bar{u}_1 : \bar{u}_2 : \bar{u}_3$, deren Koordinaten die angegebene Bedingung erfüllen, in den laufenden Punktkoordinaten $\xi_1 : \xi_2 : \xi_3$ die Gleichung:

$$\bar{u}_1 \xi_1 + \bar{u}_2 \xi_2 + \bar{u}_3 \xi_3 = 0 \, .$$

Diese Gleichung wird aber nach Voraussetzung durch die Werte:

$$\xi_1 = \bar{x}_1, \quad \xi_2 = \bar{x}_2, \quad \xi_3 = \bar{x}_3$$

erfüllt, was zu beweisen war. Wir erhalten also die beiden einander entsprechenden Sätze:

Projektive Geraden- und Ebenenkoordinaten; das Prinzip der Dualität. 35

Wenn wir $x_1 : x_2 : x_3$ als projektive Koordinaten eines Punktes ansehen, stellt die Gleichung:
$$u_1 x_1 + u_2 x_2 + u_3 x_3 = 0$$
für konstantes u_1, u_2, u_3 alle Punkte dar, die auf der festen Geraden $u_1 : u_2 : u_3$ liegen (Abb. 22 links).

Wenn wir $u_1 : u_2 : u_3$ als projektive Koordinaten einer Geraden ansehen, stellt die Gleichung:
$$u_1 x_1 + u_2 x_2 + u_3 x_3 = 0$$
für konstantes x_1, x_2, x_3 alle Geraden dar, die durch den festen Punkt $x_1 : x_2 : x_3$ laufen (Abb. 22 rechts).

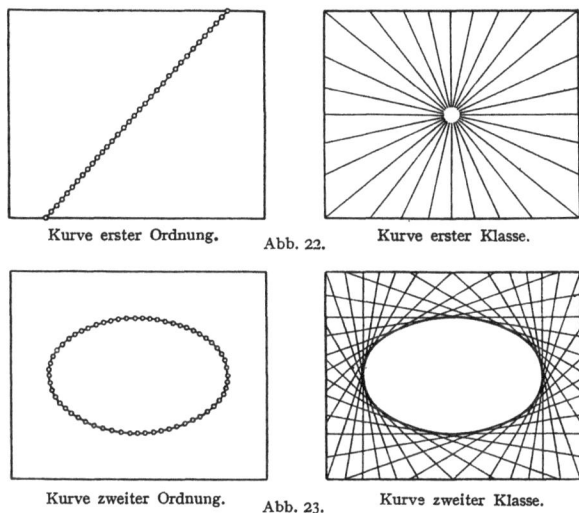

Kurve erster Ordnung.   Abb. 22.   Kurve erster Klasse.

Kurve zweiter Ordnung.   Abb. 23.   Kurve zweiter Klasse.

In anderer Formulierung können wir auch sagen: Wenn die Gerade $u_1 : u_2 : u_3$ durch den Punkt $x_1 : x_2 : x_3$ gehen soll, muß die Gleichung:
$$u_1 x_1 + u_2 x_2 + u_3 x_3 = 0$$
erfüllt sein.

Dieselben Überlegungen wie für lineare Gleichungen lassen sich auch für die *Gleichungen n-ten Grades* anstellen. Wir erhalten:

Wenn wir zwischen den Punktkoordinaten $x_1 : x_2 : x_3$ der Ebene eine Gleichung n-ten Grades ansetzen, erhalten wir eine stetige Aufeinanderfolge von Punkten, die als *Kurve n-ter Ordnung* bezeichnet wird (Abb. 23 links).

Wenn wir zwischen den Geradenkoordinaten $u_1 : u_2 : u_3$ der Ebene eine Gleichung n-ten Grades ansetzen, erhalten wir eine stetige Aufeinanderfolge von Geraden, die als *Kurve n-ter Klasse* bezeichnet wird (Abb. 23 rechts).

Aus jeder Ordnungskurve läßt sich eine bestimmte Klassenkurve ableiten und umgekehrt; die Tangentenschar einer Ordnungskurve bildet nämlich eine Klassenkurve, während andererseits die Eingehüllte einer Klassenkurve eine Ordnungskurve ist. Wir müssen uns aber davor hüten, die Klassenkurve mit der Ordnungskurve zu identifizieren. Wir können zwar eine gegebene ebene Kurve einmal als Punktgebilde und dann als Geradengebilde auffassen, aber hierbei besteht die Ordnungskurve nur aus Punkten und die Klassenkurve nur aus Geraden. Die Ordnungszahl einer Kurve stimmt im allgemeinen nicht mit der zugehörigen Klassenzahl überein.

B. Die projektiven Ebenenkoordinaten. Im Raum lautet die auf ein projektives Koordinatensystem bezogene Gleichung einer Ebene:

$$u_1 x_1 + u_2 x_2 + u_3 x_3 + u_4 x_4 = 0.$$

Durch dieselbe Überlegung wie auf S. 33 folgt, daß wir die Verhältnisse $u_1 : u_2 : u_3 : u_4$ als *homogene Koordinaten der Ebene* ansehen können. Die Gesamtheit der Ebenen, deren Koordinaten eine lineare Gleichung erfüllen, bildet ein Ebenenbündel, d. h. wir erhalten alle Ebenen, die durch einen festen Punkt des Raumes hindurchgehen. *Die obige Gleichung stellt also für variables x die Gleichung einer Ebene in Punktkoordinaten und für variables u die Gleichung eines Punktes in Ebenenkoordinaten dar.* In entsprechender Weise ergibt sich für die Gleichungen n-ten Grades:

Wenn wir zwischen den Punktkoordinaten $x_1 : x_2 : x_3 : x_4$ des Raumes eine Gleichung n-ten Grades ansetzen, erhalten wir eine stetige Aufeinanderfolge von Punkten, die als *Fläche n-ter Ordnung* bezeichnet wird.

Wenn wir zwischen den Ebenenkoordinaten $u_1 : u_2 : u_3 : u_4$ des Raumes eine Gleichung n-ten Grades ansetzen, erhalten wir eine stetige Aufeinanderfolge von Ebenen, die als *Fläche n-ter Klasse* bezeichnet wird.

Dabei bilden die Tangentialebenen einer Ordnungsfläche die zugehörige Klassenfläche, während umgekehrt die Eingehüllte einer Klassenfläche die zugehörige Ordnungsfläche ist[1]).

Diese Überlegungen lassen sich ohne Schwierigkeiten auf n-dimensionale Mannigfaltigkeiten übertragen. Wenn also:

$$u_1 x_1 + u_2 x_2 + \cdots + u_{n+1} x_{n+1} = 0$$

die Gleichung einer Hyperebene ist, können wir die Verhältnisse $u_1 : u_2 \cdots : u_{n+1}$ als homogene Koordinaten der Hyperebene ansehen.

Im Laufe der geometrischen Entwicklung sind die Geradenkoordinaten zuerst von *Plücker* in seinen *Analytisch-geometrischen Entwicklungen* Bd. II, 1831 aufgestellt worden[2]). In der Vorrede zu diesem Band

---

[1]) Unserer Anschauung, die sich vorzugsweise auf das Auge gründet, erscheint das Punktgebilde als das Ursprüngliche, das Klassengebilde dagegen als eine etwas ferner liegende Konstruktion. Einem Blinden, welcher die Gestalt einer Fläche durch Auflegen der Hände, also durch Konstruktion der Tangentialebenen zu ermitteln gewohnt ist, dürfte dagegen die Vorstellung des Klassengebildes geläufiger sein als die des Ordnungsgebildes.

[2]) Erste Abteilung: Über eine neue Art, Kurven durch Gleichungen darzustellen.

Projektive Geraden- und Ebenenkoordinaten; das Prinzip der Dualität. 37

weist er auch schon auf die Ebenenkoordinaten hin. Das Arbeiten mit Ebenenkoordinaten bereitete aber Plücker weit größere Schwierigkeiten, da ihm das vereinfachende Hilfsmittel der Determinantentheorie nicht zur Verfügung stand. Ausführlich hat er die Ebenenkoordinaten erst in dem *System der Geometrie des Raumes*, 1846, behandelt.

C. Die Dualität in der Ebene. In den vorhergehenden Überlegungen haben wir mehrere Definitionen links und rechts gegenübergestellt, die eine merkwürdige Symmetrie zeigen. Wir können bei ihnen *im Fall der Ebene* von dem einen Satz zu dem andern kommen, indem wir die x durch die u und die u durch die x ersetzen und außerdem die Worte Punkt und Gerade sinngemäß vertauschen. Das Wort sinngemäß bezieht sich darauf, daß wir etwa die Worte „Punkte, die auf einer festen Geraden liegen" durch den Ausdruck „Gerade, die durch einen festen Punkt laufen" ersetzen müssen (vgl. den Satz S. 35). Um dieser Schwerfälligkeit abzuhelfen, benutzen manche Autoren das Wort *„inzident"* und sprechen die beiden obigen Sätze folgendermaßen aus: „Punkte, die mit einer festen Geraden inzident sind" bzw.: „Gerade, die mit einem festen Punkt inzident sind". Wenn wir diesen Sprachgebrauch einführen, tritt das gegenseitige Entsprechen derartiger Sätze besonders deutlich hervor.

Weitere Paare dieser Art von zusammengehörigen Sätzen, die man als *zueinander dual* bezeichnet, lassen sich in großer Zahl anführen. Wir greifen als Beispiel den *Satz des Pascal* und *den des Brianchon* heraus:

Satz des Brianchon über das einem Kegelschnitt umbeschriebene Sechseck:	*Satz des Pascal über das einem Kegelschnitt einbeschriebene Sechseck:*
In dem Sechseck, das aus sechs Geraden einer Kurve zweiter Klasse gebildet ist, schneiden sich die drei Verbindungslinien gegenüberliegender Ecken in einem Punkte (Abb. 24).	In dem Sechseck, das aus sechs Punkten einer Kurve zweiter Ordnung gebildet ist, liegen die drei Schnittpunkte gegenüberliegender Seiten auf einer Geraden (Abb. 25).

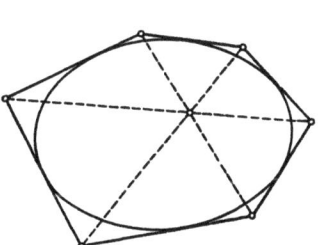
Abb. 24. Satz des Brianchon.

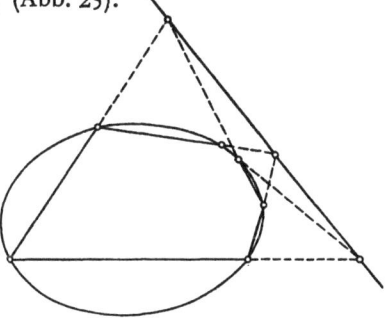
Abb. 25. Satz des Pascal.

Die weitere Durchführung dieses Gedankens führt zu dem ebenso merkwürdigen[1]) wie wichtigen „*Prinzip der Dualität*": In der ebenen projektiven Geometrie können wir durch sinngemäße Vertauschung der Worte:

$$\text{Punkt} \to \text{Gerade},$$
$$\text{Gerade} \to \text{Punkt}$$

aus jedem geometrischen Satz unmittelbar einen neuen ganz andersartigen Satz ableiten. Der Leser muß sich in derartigen „Übersetzungen" eine gewisse Fertigkeit aneignen, um später die dualen Übertragungen ohne weitere Anleitungen vornehmen zu können. In der euklidischen Geometrie gilt (im Gegensatz zu der projektiven Geometrie) das Dualitätsprinzip nur in besonderen Fällen. So ist beispielsweise von den beiden zueinander dualen Sätzen:

| Zwei verschiedene Punkte lassen sich durch eine und nur eine Gerade verbinden. | Zwei verschiedene Geraden schneiden sich in einem und nur einem Punkte. |

zwar der linke in der euklidischen Geometrie erfüllt, nicht aber der rechte.

Die Begründung des Prinzips der Dualität kann man auf mehreren verschiedenen Wegen durchführen[2]). Das Prinzip selbst ist von dem französischen Geometer *Poncelet* 1822 aufgestellt worden[3]). Poncelet ging von der Vorstellung aus, daß durch einen Kegelschnitt jedem Punkt seiner (projektiv aufzufassenden) Ebene eine bestimmte Gerade, die zugehörige Polare, und umgekehrt jeder Geraden der Ebene eindeutig ein bestimmter Punkt, nämlich der zugehörige Pol, zugeordnet wird (diese Polarenverwandtschaft werden wir in Kapitel II genauer kennen lernen). Hat man nun einen geometrischen Satz bewiesen, in dem nur vom Schneiden gerader Linien und vom Verbinden von Punkten die Rede ist, d. h. in moderner Sprechweise einen Satz der projektiven Geometrie, so folgt aus diesem auf dem Umweg über die Polarenverwandtschaft ein zweiter Satz, der dem ersten Satz dual angeordnet ist. Im Gegensatz zu Poncelet hat *Gergonne* eine *axiomatische Begründung* des Dualitätsprinzipes angegeben. Wir brauchen hierzu nur nachzuweisen, daß die sämtlichen Axiome der projektiven Geometrie zueinander dualistisch sind; denn dann muß, wenn ein bestimmter Satz aus diesen Axiomen ab-

---

[1]) Die Auffindung des Dualitätsprinzips, das von unserem heutigen Standpunkt aus nicht allzu tiefliegend erscheint, stellte eine wesentliche wissenschaftliche Leistung dar. Man erkennt dies am besten daran, daß rund 150 Jahre nach der Auffindung des Pascalschen Satzes vergangen sind, ehe der Satz des Brianchon gefunden wurde, der sich doch mit Hilfe des Dualitätsprinzips durch eine unmittelbare Übertragung aus dem ersten Satz ableiten läßt.

[2]) Wegen der folgenden Darstellung vgl. *Kötter: Die Entwicklung der synthetischen Geometrie.* Jahresber. d. D. M. V. Bd. 5, S. 160—169. 1901: Das Dualitätsgesetz.

[3]) *Poncelet: Traité des propriétés projectives des figures* 1822.

Projektive Geraden- und Ebenenkoordinaten; das Prinzip der Dualität.

leitbar ist, zugleich auch der entsprechende duale Satz aus ihnen ableitbar sein. *Plücker* hat schließlich das Dualitätsprinzip auf folgende Weise *analytisch* begründet[1]). Wenn wir etwa den Satz des Pascal durch eine analytische Rechnung bewiesen haben, können wir dieselbe Rechnung durchführen, indem wir überall die x durch die u und umgekehrt ersetzen und dann das Resultat der Rechnung in dieser neuen Weise deuten. Wir erhalten so aus jeder Rechnung zwei verschiedene geometrische Sätze: Der eine ist die Deutung der Rechnung in Punktkoordinaten, der andere die Deutung der entsprechenden Rechnung in Geradenkoordinaten. Alle diese Beweismethoden lassen sich in der euklidischen Geometrie nicht durchführen, da hier durch das Fehlen der uneigentlichen Elemente Unsymmetrien verursacht werden.

D. Die Dualität im Raum. In entsprechender Weise wie in der projektiven Ebene können wir auch im projektiven Raum ein Dualitätsprinzip aufstellen. Da hier dem Punkt $x_1 : x_2 : x_3 : x_4$ die Ebene $u_1 : u_2 : u_3 : u_4$ zugeordnet ist, wird die räumliche Dualität durch das folgende Schema wiedergegeben:

Punkt → Ebene,
Gerade → Gerade,
Ebene → Punkt.

Die gerade Linie ist zu sich selbst dual, da sie sowohl als Verbindungslinie zweier Punkte wie auch in dualer Weise als Schnitt zweier Ebenen angesehen werden kann. Die Begründung des Dualitätsprinzips läßt sich genau wie in der Ebene durchführen. Als Beispiel führen wir die beiden folgenden elementaren Sätze an:

| Drei Ebenen, die nicht sämtlich durch eine Gerade gehen, schneiden sich in einem und nur einem Punkt. | Drei Punkte, die nicht sämtlich auf einer Geraden liegen, lassen sich durch eine und nur eine Ebene verbinden. |

In höherdimensionalen Mannigfaltigkeiten baut sich die Dualität analog auf. In einer n-dimensionalen projektiven Mannigfaltigkeit entsprechen sich der Punkt P_0 und die Hyperebene P_{n-1}, die Gerade P_1 und die P_{n-2}, die Ebene P_2 und die P_{n-3} usw. In Mannigfaltigkeiten von gerader Dimensionszahl gibt es keine sich selbst dualen Grundgebilde, wohl aber in Mannigfaltigkeiten von ungerader Dimensionszahl (z. B. die gerade Linie im Raum).

E. Der in sich duale Aufbau der projektiven Geometrie. Die Bedeutung der Plückerschen Geraden-, Ebenen- und Hyperebenenkoordinaten besteht darin, daß sie uns gestatten, die analytische projektive Geometrie in vollkommen dualistischer Weise aufzubauen. Als Beispiel wollen wir die folgenden Sätze anführen. Die *gerade Punkt-*

---
[1]) *Plücker: Analytisch-geometrische Entwicklungen* Bd. II. Essen 1831. Zweite Abteilung: Das Prinzip der Reziprozität § 1, S. 242—251.

reihe besteht aus allen Punkten, die auf einer festen Geraden liegen. Sie läßt sich nach S. 4 ff. in der Parameterform:

$$\varrho x_i = \lambda_1 y_i + \lambda_2 z_i$$

darstellen. In der Ebene entspricht der geraden Punktreihe dual das *Geradenbüschel*, das aus allen Geraden besteht, die durch einen festen Punkt gehen. Wenn zwei dieser Geraden die Koordinaten u_i und v_i besitzen, können wir die übrigen Geraden in der Form:

$$\varrho \varphi_i = \lambda_1 u_i + \lambda_2 v_i$$

darstellen, wobei φ_i die Geradenkoordinaten der einzelnen Geraden des Büschels bedeuten. In der Tat besitzen die beiden Geraden u und v in Punktkoordinaten die Gleichungen:

$$u_1 x_1 + u_2 x_2 + u_3 x_3 = 0, \quad v_1 x_1 + v_2 x_2 + v_3 x_3 = 0$$

(die x variabel und die v konstant). Dann muß aber derjenige Wert $x_1 : x_2 : x_3$, welcher beiden Gleichungen genügt und somit den Schnittpunkt der beiden Geraden darstellt, auch die Gleichung:

$$(\lambda_1 u_1 + \lambda_2 v_1) x_1 + (\lambda_1 u_2 + \lambda_2 v_2) x_2 + (\lambda_1 u_3 + \lambda_2 v_3) x_3 = 0$$

erfüllen. Die durch diese Gleichung dargestellte Gerade besitzt aber die oben angegebenen Geradenkoordinaten: $\varrho \varphi_i = \lambda_1 u_i + \lambda_2 v_i$[1]). Im Raum entspricht der geraden Punktreihe dual das *Ebenenbüschel*, das aus allen Ebenen besteht, die durch eine feste Gerade hindurchlaufen. Das Ebenenbüschel können wir analytisch in derselben Weise wie das Geradenbüschel darstellen; nur haben die u_i und v_i überall die Bedeutung von Ebenenkoordinaten. Eine konsequente duale Gegenüberstellung der hier betrachteten Gebilde, allerdings rein synthetisch, findet sich zuerst bei *Steiner: Systematische Entwicklung der Abhängigkeiten geometrischer Gestalten voneinander usw.*, 1832.

§ 7. Die Doppelverhältnisse.

A. Elementare Eigenschaften. Für unsere weiteren Überlegungen spielen die Doppelverhältnisse eine grundlegende Rolle. Aus der Elementarmathematik ist bekannt, daß das *Doppelverhältnis von vier auf einer Geraden liegenden Punkten X, Y, Z, T* der Quotient:

$$DV\{XYZT\} = \frac{XZ}{YZ} : \frac{XT}{YT}$$

ist, in dem die einzelnen Größen die mit dem richtigen Vorzeichen versehenen Längen der verschiedenen Strecken bedeuten, welche durch die vier Punkte X, Y, Z, T auf der Geraden festgelegt sind. Wenn im besonderen das Doppelverhältnis den Wert -1 besitzt, werden die vier Punkte als zueinander *harmonisch* bezeichnet.

---

[1]) Der Beweis läßt sich auch dual zu dem entsprechenden Beweis S. 5 führen.

Wenn die vier Punkte X, Y, Z, T gegeben sind, ohne daß ihre Reihenfolge feststeht, lassen sie sich auf 24 verschiedene Weisen anordnen. Nun lassen sich leicht Sätze von der folgenden Form ableiten:

Das Doppelverhältnis bleibt ungeändert, wenn man die beiden ersten mit den beiden letzten Punkten vertauscht: $DV\{XYZT\} = DV\{ZTXY\}$.

Das Doppelverhältnis bleibt ungeändert, wenn man beide Punkte jedes der beiden Paare vertauscht: $DV\{XYZT\} = DV\{YXTZ\}$.

Das Doppelverhältnis nimmt den reziproken Wert an, wenn man die Punkte nur eines Paares miteinander vertauscht: $DV\{XYZT\} = 1 : DV\{YXZT\} = 1 : DV\{XYTZ\}$ usw.

Mit Hilfe derartiger Sätze kann man leicht zeigen, daß von den 24 Punktfolgen immer je vier denselben Wert des Doppelverhältnisses ergeben, daß also vier Punkte ohne Reihenfolge im allgemeinen sechs verschiedene Doppelverhältnisse bestimmen[1]). Wenn von den vier Punkten im besonderen feststeht, welche von ihnen Paare zugeordneter Punkte bilden sollen, können wir nur noch acht Punktfolgen bilden, die, wenn wir das $DV\{XYZT\}$ mit $\lambda:\mu$ bezeichnen, die folgenden Werte besitzen:

$$DV\{XYZT\}=\lambda:\mu, \quad DV\{ZTXY\}=\lambda:\mu,$$
$$DV\{XYTZ\}=\mu:\lambda, \quad DV\{ZTYX\}=\mu:\lambda,$$
$$DV\{YXTZ\}=\lambda:\mu, \quad DV\{TZYX\}=\lambda:\mu,$$
$$DV\{YXZT\}=\mu:\lambda, \quad DV\{TZXY\}=\mu:\lambda.$$

Das Doppelverhältnis zweier Punktepaare kann somit nur noch zwei Werte annehmen, nämlich $\lambda:\mu$ und den reziproken Wert $\mu:\lambda$.

Weiter erinnern wir daran, daß das *Doppelverhältnis von vier Geraden oder vier Ebenen eines Büschels* gleich dem Doppelverhältnis der vier Punkte ist, welche eine schneidende (aber nicht durch den Mittelpunkt bzw. die Achse des Büschels gehende) Gerade mit den vier Elementen des Büschels gemeinsam hat[2]) (Abb. 26, S. 44).

Die Doppelverhältnisse treten schon im Altertum, so z. B. bei *Pappus*, auf. Eine besondere Bedeutung gewinnen sie in den neueren Untersuchungen, die sich mit projektiven Umformungen beschäftigen, da die Doppelverhältnisse diesen Umformungen gegenüber invariant sind (vgl. S. 43). Systematisch treten sie so besonders bei *Poncelet*[3]) 1822 und *Moebius*[4]) 1827 auf.

B. Das Doppelverhältnis von vier Punkten auf einer Geraden.
Für die späteren Untersuchungen brauchen wir die folgende analytische Darstellung der Doppelverhältnisse. Wir führen auf der geraden Linie ein projektives Koordinatensystem ein und greifen zwei

---

[1]) Vgl. die Tabelle in *Moebius: Der barycentrische Calcul* S. 249. 1827.
[2]) *Satz des Pappus.* Vgl. *Kötter: Die Entwicklung der synthetischen Geometrie.* Jahresber. d. D. M. V. Bd. 5, S. 12. 1901.
[3]) *Poncelet: Traité des propriétés projectives des figures* 1822.
[4]) *Moebius: Der barycentrische Calcul* 1827.

Punkte X und Y mit den Koordinaten $x_1 : x_2$ bzw. $y_1 : y_2$ heraus. Die übrigen Punkte der geraden Linie lassen sich dann in der Form darstellen:
$$\varrho \xi_1 = \lambda_1 x_1 + \lambda_2 y_1, \quad \varrho \xi_2 = \lambda_1 x_2 + \lambda_2 y_2.$$
Statt dessen können wir auch schreiben, da es nur auf die Verhältnisse der $\xi_\varkappa$ ankommt:
$$\varrho \xi_1 = x_1 + r y_1, \quad \varrho \xi_2 = x_2 + r y_2.$$
Durch diese Darstellung wird jedem Punkt der Geraden ein bestimmter Wert $r = \lambda_2 : \lambda_1$ zugeordnet, der beispielsweise für den Punkt X gleich 0 und für den Punkt Y gleich ∞ ist. Wir greifen nun zwei bestimmte Punkte Z und T dieser Geraden heraus, geben also r zwei feste Werte λ und μ:
$$z_1 : z_2 = (x_1 + \lambda y_1) : (x_2 + \lambda y_2)$$
bzw.
$$t_1 : t_2 = (x_1 + \mu y_1) : (x_2 + \mu y_2).$$
Dann ist der Quotient $\lambda : \mu$ gleich dem *Doppelverhältnis der vier Punkte* X, Y, Z, T in der angegebenen Reihenfolge:
$$\frac{\lambda}{\mu} = DV\{XYZT\}.$$

Um diese Behauptung zu beweisen, drücken wir dieses Verhältnis durch die Koordinaten der vier Punkte X, Y, Z, T aus. Die obigen Gleichungen ergeben:
$$\frac{z_1}{z_2} = \frac{x_1 + \lambda y_1}{x_2 + \lambda y_2}, \quad \frac{t_1}{t_2} = \frac{x_1 + \mu y_1}{x_2 + \mu y_2}.$$
Hieraus folgt:
$$\frac{\lambda}{\mu} = \frac{\begin{vmatrix} x_1 & z_1 \\ x_2 & z_2 \end{vmatrix} \begin{vmatrix} y_1 & t_1 \\ y_2 & t_2 \end{vmatrix}}{\begin{vmatrix} x_1 & t_1 \\ x_2 & t_2 \end{vmatrix} \begin{vmatrix} y_1 & z_1 \\ y_2 & z_2 \end{vmatrix}}.$$
Dieser Ausdruck ist in leicht ersichtlicher Weise aus vier Unterdeterminanten der Matrix:
$$\begin{Vmatrix} x_1 & y_1 & z_1 & t_1 \\ x_2 & y_2 & z_2 & t_2 \end{Vmatrix}$$
zusammengesetzt. Wir betrachten zunächst den Fall, daß der zweite Fundamentalpunkt $x_2 = 0$ der Koordinatenbestimmung in dem unendlich fernen Punkt der (affin aufgefaßten) Geraden liegt. Wenn wir zu affinen Koordinaten $x = x_1 : x_2$, $y = y_1 : y_2$, $z = z_1 : z_2$, $t = t_1 : t_2$ übergehen, drückt sich das Verhältnis folgendermaßen aus:
$$\frac{\lambda}{\mu} = \frac{\begin{vmatrix} x_1:x_2 & z_1:z_2 \\ 1 & 1 \end{vmatrix} \cdot \begin{vmatrix} y_1:y_2 & t_1:t_2 \\ 1 & 1 \end{vmatrix}}{\begin{vmatrix} x_1:x_2 & t_1:t_2 \\ 1 & 1 \end{vmatrix} \cdot \begin{vmatrix} y_1:y_2 & z_1:z_2 \\ 1 & 1 \end{vmatrix}} = \frac{(x-z)(y-t)}{(x-t)(y-z)} = \frac{z-x}{z-y} : \frac{t-x}{t-y}.$$

Die Doppelverhältnisse.

Dieser Ausdruck ist aber gleich dem Quotienten:

$$\frac{\lambda}{\mu} = \frac{XZ}{YZ} : \frac{XT}{YT} = DV\{XYZT\},$$

so daß die Behauptung in diesem Spezialfall bewiesen ist.

Bei den homogenen linearen Substitutionen tritt nun vor jede der vier Determinanten, durch die wir das Doppelverhältnis festgelegt haben, die Substitutionsdeterminante als Faktor (vgl. S. 21), und diese Faktoren heben sich gegenseitig fort. Wenn wir die Substitution als projektive Transformation auffassen, ergibt sich hieraus, *daß das Doppelverhältnis der vier Punkte ungeändert bleibt, wenn wir auf der Geraden eine projektive Transformation ausführen* und dann das Doppelverhältnis der vier Bildpunkte berechnen. Wenn wir dagegen die Substitution als Einführung eines neuen Koordinatensystems deuten, folgt, daß das Doppelverhältnis von vier Punkten einer Geraden, in zwei verschiedenen projektiven Koordinatensystemen berechnet, denselben Wert ergibt; *der Wert des Doppelverhältnisses ist also von der Art des verwandten projektiven Koordinatensystems unabhängig.* Damit ist auch der vorhin betrachtete Satz allgemein bewiesen.

Eine Größe, die bei einer Gruppe von Transformationen ungeändert bleibt, bezeichnet man als *Invariante* dieser Gruppe. *Das Doppelverhältnis von vier Punkten auf einer Geraden ist also eine Invariante der projektiven Transformationen auf dieser Geraden.* Der analytische Aufbau dieser Größe ist von besonderem Interesse. An und für sich würde nämlich bereits der Quotient von zwei Determinanten eine Invariante sein; ein derartiger Ausdruck stellt aber bei Verwendung homogener Koordinaten keine geometrische Größe dar, weil er für die gleichberechtigten Koordinaten x_1, x_2 und ϱx_1, ϱx_2 im allgemeinen verschiedene Werte annimmt. Aus diesem Grunde ist es notwendig, zu einem Doppelverhältnis von vier Determinanten überzugehen, das von der Wahl des willkürlichen Proportionalitätsfaktors ϱ unabhängig ist.

In Mannigfaltigkeiten von höherer Dimensionenzahl können wir das Doppelverhältnis von vier Punkten einer Geraden in genau derselben Weise berechnen. Das Doppelverhältnis der vier Punkte mit den Koordinaten: x_i, y_i, $(x_i + \lambda y_i)$, $(x_i + \mu y_i)$ ist also auch hier gleich $\lambda : \mu$. Man macht sich leicht klar, daß dies Doppelverhältnis den projektiven Transformationen der n-dimensionalen Mannigfaltigkeit gegenüber ebenfalls invariant ist.

C. Das Doppelverhältnis im Geraden- und Ebenenbüschel. Dieselben Überlegungen wie für die gerade Punktreihe lassen sich auch für die dualen Gebilde, nämlich das Geraden- und Ebenenbüschel, anstellen. Wir schreiben also den vier Geraden bzw. Ebenen U, V, W, Ω eines Büschels mit den Koordinaten:

$$u_i, \quad v_i, \quad \varrho w_i = u_i + \overline{\lambda} v_i, \quad \varrho \omega_i = u_i + \overline{\mu} v_i$$

das Doppelverhältnis $DV\{UVW\Omega\} = \bar{\lambda}:\bar{\mu}$ zu. Aus den Koordinaten der betreffenden Geraden und Ebenen können wir das Doppelverhältnis etwa in der folgenden Form berechnen:

$$\frac{\bar{\lambda}}{\bar{\mu}} = DV\{UVW\Omega\} = \frac{\begin{vmatrix} u_1 & w_1 \\ u_2 & w_2 \end{vmatrix} \begin{vmatrix} v_1 & \omega_1 \\ v_2 & \omega_2 \end{vmatrix}}{\begin{vmatrix} u_1 & \omega_1 \\ u_2 & \omega_2 \end{vmatrix} \begin{vmatrix} v_1 & w_1 \\ v_2 & w_2 \end{vmatrix}}.$$

Auch diese Doppelverhältnisse sind projektiven Umformungen gegenüber invariant und von der Art des benutzten projektiven Koordinatensystems unabhängig.

Um zu zeigen, daß diese Definition des Doppelverhältnisses von vier Geraden bzw. Ebenen eines Büschels mit der elementaren Definition übereinstimmt, wollen wir beweisen, daß auch bei der hier gegebenen Definition die beiden Doppelverhältnisse einander gleich sind, welche einerseits zu vier auf einer Geraden liegenden Punkten X, Y, Z, T und andererseits zu vier durch diese Punkte hindurchgehenden Geraden oder Ebenen U, V, W, Ω eines beliebigen Büschels gehören (Abb. 26): $DV\{XYZT\} = DV\{UVW\Omega\}$. Wir wollen den Beweis nur für den Fall eines Geradenbüschels angeben; die Übertragung auf Ebenenbüschel bereitet keine Schwierigkeiten. Die vier Punkte X, Y, Z, T der Geraden mögen die Koordinaten:

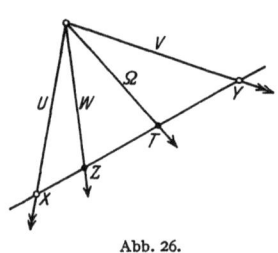

Abb. 26.

$$x_i, \quad y_i, \quad z_i = x_i + \lambda y_i, \quad t_i = x_i + \mu y_i$$

besitzen; genau so die vier Geraden U, V, W, Ω die Koordinaten:

$$u_i, \quad v_i, \quad w_i = u_i + \bar{\lambda}v_i, \quad \omega_i = u_i + \bar{\mu}v_i.$$

Damit die beiden Geraden U und V durch die beiden Punkte X bzw. Y hindurchgehen, müssen nach S. 35 die beiden Gleichungen:

$$\sum_r u_r x_r = 0, \quad \sum_r v_r y_r = 0$$

erfüllt sein. Ferner gehen die beiden Geraden W und Ω dann und nur dann durch die beiden Punkte Z bzw. T hindurch, wenn die beiden weiteren Gleichungen:

$$\sum_r (u_r + \bar{\lambda}v_r)(x_r + \lambda y_r) = \sum_r u_r x_r + \lambda \sum_r u_r y_r + \bar{\lambda} \sum_r v_r x_r + \lambda\bar{\lambda} \sum_r v_r y_r = 0$$
$$\sum_r (u_r + \bar{\mu}v_r)(x_r + \mu y_r) = \sum_r u_r x_r + \mu \sum_r u_r y_r + \bar{\mu} \sum_r v_r x_r + \mu\bar{\mu} \sum_r v_r y_r = 0$$

gültig sind. Da nun $\sum_r u_r x_r = 0$ und genau so $\sum_r v_r y_r = 0$ ist, folgt hieraus:

$$\begin{aligned}\lambda \sum_r u_r y_r &= -\bar{\lambda} \sum_r v_r x_r \\ \mu \sum_r u_r y_r &= -\bar{\mu} \sum_r v_r x_r\end{aligned} \quad \text{oder:} \quad \frac{\lambda}{\mu} = \frac{\bar{\lambda}}{\bar{\mu}}.$$

Die beiden betrachteten Doppelverhältnisse sind also in der Tat gleich, welche Lage die vier Punkte und die vier Geraden auch zueinander besitzen mögen.

D. Bestimmung der projektiven Koordinaten durch Doppelverhältnisse. Zum Schluß wollen wir darauf hinweisen, *daß wir die Doppelverhältnisse in einfacher Weise zur Bestimmung der projektiven Koordinaten eines Punktes verwenden können*, wie wir für den Fall der Ebene näher erläutern wollen. Das projektive Koordinatensystem besteht hier aus drei Geraden $A_1 A_2 A_3$ und dem Einheitspunkt E (S. 8). Um nun einen beliebigen Punkt X festzulegen, verbinden wir jeden Eckpunkt des Fundamentaldreieckes mit den anderen beiden Eckpunkten und ferner mit E und X (Abb. 27). Dann gehen von jedem Eckpunkt vier gerade Linien aus, von denen drei fest sind, während die vierte mit dem Punkt X veränderlich ist.

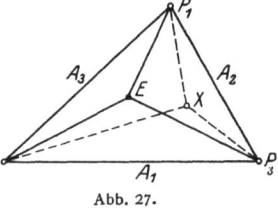

Abb. 27.

Diese Geraden bestimmen die folgenden drei Doppelverhältnisse:

$$m_1 = DV\{A_2 A_3 (P_1 E)(P_1 X)\},$$
$$m_2 = DV\{A_3 A_1 (P_2 E)(P_2 X)\},$$
$$m_3 = DV\{A_1 A_2 (P_3 E)(P_3 X)\},$$

welche durch zyklische Vertauschung der Indizes auseinander hervorgehen. Auf diese Weise erhalten wir zu jedem Punkte X drei Werte m_1, m_2, m_3, während umgekehrt zwei beliebige dieser Werte eindeutig den zugehörigen Punkt festlegen. m_1, m_2, m_3 sind also durch eine Gleichung miteinander verknüpft, die wie, man leicht zeigen kann, die folgende Gestalt besitzt:
$$m_1 \cdot m_2 \cdot m_3 = 1.$$

Die Beziehung, welche die drei Doppelverhältnisse mit den projektiven Punktkoordinaten $x_1 : x_2 : x_3$ desselben Fundamentaldreieckes verknüpft, lautet:

$$m_1 = \frac{x_3}{x_2}, \quad m_2 = \frac{x_1}{x_3}, \quad m_3 = \frac{x_2}{x_1}.$$

Die Theorie der Doppelverhältnisse bietet also die Möglichkeit, die projektiven Koordinaten ohne Umweg über ein affines Koordinatensystem auf direktem geometrischen Wege zu ermitteln.

§ 8. Imaginäre Elemente.

Die Einführung komplexer Zahlen in der Algebra hat ihren Grund in der Übersichtlichkeit, welche die Theorie der Gleichungen durch sie gewinnt. Bei Beschränkung auf reelle Größen können wir nämlich nur aussagen, daß eine Gleichung n-ten Grades höchstens n Wurzeln besitzt; wir sind daher gezwungen, bei allen Untersuchungen die Gleichungen mit 0, 1, 2, ... bis schließlich n Wurzeln voneinander zu unterscheiden. Demgegenüber können wir bei Zulassung komplexer Zahlen behaupten, daß bei richtiger Zählung der vielfachen Wurzeln eine Gleichung n^{ten} Grades immer n Wurzeln besitzen muß. Derselbe Grund spricht auch für die Zulassung komplexer Koordinaten in der Geometrie. Denn dann wird eine Kurve n^{ter} Ordnung bei richtiger Zählung der vielfachen Punkte von einer geraden Linie stets in n Punkten getroffen. So hat z. B. ein Kreis mit einer Tangente zwei zusammenfallende Punkte und mit einer im Reellen nicht schneidenden Geraden zwei Punkte mit komplexen Koordinaten gemeinsam. Ferner können wir den Satz, daß eine Kollineation in einer n-dimensionalen Mannigfaltigkeit im allgemeinen $(n+1)$ Fixpunkte besitzt (S. 29), nur bei Zulassung von Punkten mit komplexen Koordinaten aussprechen. Der Grund zur Einführung imaginärer Elemente in der Geometrie ist also derselbe, der uns zur Einführung der unendlich fernen oder uneigentlichen Elemente bewogen hat, nämlich die größere Einheitlichkeit der geometrischen Sätze und Beweise.

A. Einführung der imaginären Punkte. Die imaginären Punkte führen wir abstrakt ein, sehen also einfach ein Wertsystem $(x_1 x_2 \ldots x_n)$ bzw. $(x_1 : x_2 \cdots : x_{n+1})$ als imaginären Punkt einer affinen oder projektiven Mannigfaltigkeit von n Dimensionen an, wenn diese Werte bzw. die Verhältnisse dieser Werte[1]) nicht sämtlich reell sind. Die imaginären Elemente sind natürlich bei dieser Einführung eine abstrakte unanschauliche Erweiterung der Geometrie, die aber einen wohlbegründeten Sinn besitzt, da sie die Vereinfachung der geometrischen Sätze und Rechnungen zum Ziele hat. Wir erhalten so auf der geraden Linie, in der Ebene und im Raum ∞^2, ∞^4 und ∞^6 Punkte, unter denen ∞^1 bzw. ∞^2 und ∞^3 reelle Punkte vorhanden sind. Diese Redeweise verwendet man zur Abkürzung für den folgenden Gedankeninhalt: Auf der geraden Linie lassen sich alle reellen Punkte durch einen *reellen* Parameter festlegen, alle imaginären Punkte durch zwei *reelle* Parameter. Wir betonen, daß wir uns bei derartigen Abzählungen immer auf *reelle* (und nicht etwa auf komplexe) Parameter beziehen. Bei den Zahlen pflegt man reelle, (rein) imaginäre und komplexe Zahlen zu unterscheiden. Bei den geometrischen Gebilden läßt sich diese Unterscheidung nicht durchführen. Wir wollen deshalb ein geometrisches Gebilde, dessen Koordinaten nicht sämtlich reell sind, in allen Fällen als imaginär bezeichnen.

Auf der geraden Linie ($n = 1$) wird das imaginäre Gebiet durch die reellen Punkte in zwei Teile zerschnitten, die zueinander konjugiert imaginär sind. Wenn dagegen die Zahl der Dimensionen größer als 1 ist, bildet das imaginäre Gebiet ein zusammenhängendes Ganzes. So können wir z. B. bereits in der affinen Ebene den Punkt $x = i$, $y = i$ stetig in den „konjugiert imaginären" Punkt $x = -i$, $y = -i$ überführen,

---

[1]) So legen z. B. die Verhältnisse $i : i : \cdots : i$ einen reellen Punkt $1 : 1 : \cdots : 1$ fest.

ohne durch das reelle Gebiet zu kommen; wir haben hierzu nur die erste Koordinate von i über Null in $-i$ zu überführen und dann dasselbe Verfahren auf die zweite Koordinate anzuwenden.

B. Die imaginären Elemente in der Ebene. Die Grundgebilde legen wir in derselben Weise wie auf S. 31 durch lineare Gleichungen fest, nur können jetzt alle Größen auch komplexe Werte annehmen. Die hierbei auftretenden Beziehungen wollen wir der Reihe nach für alle reellen und imaginären Grundgebilde der Ebene und des Raumes diskutieren.

1. *In der Ebene*[1]) *liegen auf einer reellen Geraden* ∞^1 *reelle und* ∞^2 imaginäre Punkte.

2. *In der Ebene gehen durch einen reellen Punkt* ∞^1 *reelle und* ∞^2 imaginäre Gerade; denn greifen wir etwa zwei durch den reellen Punkt gehende reelle Geraden u und v heraus, so können wir die übrigen durch diesen Punkt gehenden Geraden in der Form: $\varrho\xi_k = u_k + \lambda v_k$ darstellen, wobei wir für reelles λ reelle Geraden und für komplexes λ imaginäre Geraden erhalten.

3. *In der Ebene liegen auf einer imaginären Geraden* ∞^2 *imaginäre Punkte, aber nur ein einziger reeller Punkt*, nämlich derjenige Punkt, den diese Gerade mit der zugehörigen konjugiert imaginären Geraden gemeinsam hat.

4. *In der Ebene gehen durch einen imaginären Punkt* ∞^2 *imaginäre Geraden, aber nur eine einzige reelle Gerade*, nämlich diejenige Gerade, die diesen Punkt mit dem zugehörigen konjugiert imaginären Punkt verbindet.

Bei dem Beweis von Satz 3 und 4 können wir uns auf Satz 4 beschränken, da sich der Beweis von Satz 3 durch die Übertragung in das Duale ergibt. Zunächst folgt, daß, wenn durch den imaginären Punkt $\varrho\xi_k = x_k + iy_k$ überhaupt reelle Geraden gehen, auf diesen Geraden auch der „konjugiert imaginäre" Punkt $\varrho\xi_k = x_k - iy_k$ liegen muß; durch diese beiden Punkte ist aber nur eine einzige Gerade bestimmt. Es ist somit nur noch zu zeigen, daß die so erhaltene Gerade stets reell ist. Die Punkte dieser Geraden lassen sich in der Form darstellen:

$$\varrho\xi_k = x_k + iy_k + \lambda(x_k - iy_k) = (1+\lambda)x_k + i(1-\lambda)y_k.$$

Für die Parameterwerte $\lambda = 1$ und $\lambda = -1$ erhalten wir im besonderen die beiden Punkte:

$$\varrho\xi_k = 2x_k \quad \text{und} \quad \varrho\xi_k = 2iy_k.$$

Da es nur auf die Verhältnisse der ξ_k ankommt, sind diese beiden Punkte reell und lassen sich in der Form darstellen:

$$\varrho\xi_k = x_k \quad \text{und} \quad \varrho\xi_k = y_k.$$

---

[1]) Es handelt sich bei diesen Sätzen um die reelle Ebene und nicht etwa um eine imaginäre Ebene des Raumes.

48 Die Grundbegriffe der projektiven Geometrie.

Ferner fallen die beiden Punkte nach Voraussetzung nie zusammen. Denn dann müßte die Beziehung:
$$\sigma y_k = x_k$$
bestehen, aus der folgen würde, daß der Ausgangspunkt:
$$\varrho \xi_k = x_k + i y_k = \sigma y_k + i y_k = (\sigma + i) y_k$$
überhaupt nicht imaginär, sondern reell ist. Damit ist aber unsere Behauptung erwiesen.

C. Die imaginären Elemente im Raum. In derselben Weise folgen für den Raum die Sätze:

1. *Im Raum liegen auf einer reellen Ebene* ∞^2 reelle und ∞^4 imaginäre Punkte; ferner liegen in einer reellen Ebene ∞^2 reelle und ∞^4 imaginäre Geraden.

2. *Im Raum liegen auf einer reellen Geraden* ∞^1 reelle und ∞^2 imaginäre Punkte; ferner gehen durch eine reelle Gerade ∞^1 reelle und ∞^2 imaginäre Ebenen.

3. *Im Raum gehen durch einen reellen Punkt* ∞^2 reelle und ∞^4 imaginäre Ebenen; ferner gehen durch einen reellen Punkt ∞^2 reelle und ∞^4 imaginäre Geraden.

4. *Im Raum liegen auf einer imaginären Ebene* ∞^4 imaginäre und ∞^1 reelle Punkte; ferner liegen in einer imaginären Ebene ∞^4 imaginäre Geraden, aber nur *eine einzige reelle Gerade*; diese Gerade enthält die Gesamtheit der reellen Punkte der Ebene und ist der Schnitt der betrachteten Ebene mit der zugehörigen konjugiert imaginären Ebene.

5. Für *die imaginären geraden Linien im Raum* ergeben sich kompliziertere Verhältnisse, da wir hier zwei Arten von imaginären Geraden zu unterscheiden haben. Diese Klassifikation knüpft an die Definition der konjugiert imaginären Geradenpaare an. Wenn im Raum eine Gerade durch die beiden Punkte y und z festgelegt ist:
$$\varrho x_\varkappa = \lambda_1 y_\varkappa + \lambda_2 z_\varkappa = \lambda_1(y'_\varkappa + i y''_\varkappa) + \lambda_2(z'_\varkappa + i z''_\varkappa), \quad (\varkappa = 1, 2, 3, 4)$$
bezeichnet man diejenige Gerade als zu ihr konjugiert imaginär, welche durch die beiden zu y und z konjugiert imaginären Punkte hindurchgeht:
$$\varrho x_\varkappa = \lambda_1 \bar{y}_\varkappa + \lambda_2 \bar{z}_\varkappa = \lambda_1(y'_\varkappa - i y''_\varkappa) + \lambda_2(z'_\varkappa - i z''_\varkappa). \quad (\varkappa = 1, 2, 3, 4)$$
Man erkennt unmittelbar, daß dann auch alle anderen Punkte der beiden Geraden paarweise konjugiert imaginär zueinander sind. In dualer Weise kann man konjugiert imaginäre Geraden auch als solche Geraden definieren, die konjugiert imaginären Ebenenbüscheln gemeinsam sind. Eine reelle Gerade ist zu sich selbst konjugiert imaginär. In Bezug auf imaginäre Gerade können wir zwei Fälle unterscheiden. Eine gegebene imaginäre Gerade kann nämlich mit der konjugiert imaginären Geraden entweder einen oder keinen Punkt gemeinsam haben. Die erste Art von Geraden wird, da sie einen reellen Punkt besitzen, als *nieder-imaginär*,

die zweite Art als *hoch imaginär* bezeichnet. Als Beispiel für eine nieder-imaginäre Gerade können wir eine beliebige imaginäre Gerade betrachten, die durch einen reellen Punkt geht. Als Beispiel für eine hoch-imaginäre Gerade führen wir die Gerade an, welche durch die beiden imaginären Punkte $1 : i : 0 : 0$ und $0 : 0 : 1 : i$ bestimmt ist. In der Tat kann diese Gerade keinen reellen Punkt besitzen; denn wenn dies der Fall wäre, müßte auch die durch die beiden zugehörigen konjugiert imaginären Punkte $1 : -i : 0 : 0$ und $0 : 0 : 1 : -i$ bestimmte Gerade durch diesen Punkt gehen, so daß die vier angegebenen Punkte in einer Ebene liegen würden, was unmöglich ist, da die aus ihren Koordinaten gebildete Determinante:

$$\begin{vmatrix} 1 & i & 0 & 0 \\ 1 & -i & 0 & 0 \\ 0 & 0 & 1 & i \\ 0 & 0 & 1 & -i \end{vmatrix} = \begin{vmatrix} 1 & i \\ 1 & -i \end{vmatrix}^2 = -4 \neq 0$$

ist. Nach den obigen Überlegungen können wir somit die geraden Linien im Raum auch nach der Anzahl ihrer reellen Punkte einteilen; denn eine gerade Linie im Raum ist reell, nieder-imaginär oder hoch-imaginär, je nachdem sie ∞^1, einen oder keinen reellen Punkt besitzt. Genau so folgt dual, daß diese Geraden der Reihe nach in ∞^1, einer und keiner reellen Ebene liegen. Im Raum gibt es ∞^4 reelle, ∞^7 nieder-imaginäre und ∞^8 hoch-imaginäre Geraden.

6. *Im Raum gehen durch einen imaginären Punkt* ∞^4 imaginäre und ∞^1 reelle Ebenen; ferner gehen durch einen imaginären Punkt ∞^4 imaginäre Geraden, aber nur *eine einzige reelle Gerade;* diese Gerade ist der Schnitt der ∞^1 reellen Ebenen und ist die Verbindungslinie des betrachteten Punktes mit dem zugehörigen konjugiert imaginären Punkt.

D. Die anschauliche Wiedergabe der imaginären Punkte einer geraden Linie in der Zahlebene und auf der Zahlkugel. Die imaginären Elemente haben wir bisher analytisch eingeführt. Für die gerade Linie läßt sich eine anschauliche Darstellung der imaginären Punkte in der folgenden Weise geben. Wir legen die Punkte der geraden Linie durch eine affine Variable $x + iy$ fest und deuten diese komplexe Veränderliche in bekannter Weise in der Gaußschen Zahlebene, indem wir auf der einen Koordinatenachse den Wert von x und auf der anderen den Wert von y abtragen (Abb. 28). *Wir erhalten dadurch eine Abbildung der sämtlichen reellen und imaginären Punkte einer Geraden auf die reellen Punkte einer Ebene,* so daß wir jeden Satz über imaginäre Punkte einer Geraden in der Gaußschen Zahlebene anschaulich wiedergeben können. So legen z. B. vier Punkte durch den auf S. 42 angegebenen Ausdruck ein bestimmtes reelles

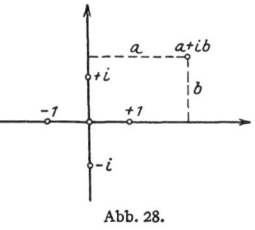

Abb. 28.

50   Die Grundbegriffe der projektiven Geometrie.

oder komplexes Doppelverhältnis fest. Wir führen den Satz an: *Das Doppelverhältnis von vier Punkten einer geraden Linie ist dann und nur dann reell, wenn die zugehörigen vier Punkte in der Gaußschen Zahlebene auf einem Kreise liegen;* die gerade Linie wird hierbei als Spezialfall eines Kreises betrachtet. Wenn die vier Punkte auf einem Kreis liegen, ist das gesuchte Doppelverhältnis gleich dem Doppelverhältnis der vier Strahlen, welche die vier Punkte mit einem beliebigen fünften Kreispunkt bestimmen (Abb. 29). Wenn die vier Punkte im besonderen harmonisch liegen,

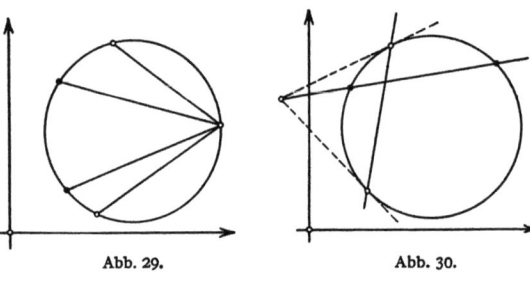

Abb. 29.   Abb. 30.

geht die Verbindungslinie der Punkte eines Paares immer durch den Pol der Geraden, welche die beiden anderen Punkte miteinander verbindet (Abb. 30). (Über den Begriff des Poles vgl. Kapitel II, § 1.)

Da es im Gebiet der komplexen Zahlen nur eine einzige unendlich große Zahl gibt, müssen wir in der Gaußschen Zahlebene das Unendlich-Ferne als Punkt ansehen, während wir es in der projektiven Ebene als Gerade aufgefaßt haben. Wir betonen hier nochmals, *daß die Auffassung des Unendlich-Fernen nicht eine Wiedergabe der in Wirklichkeit bestehenden Verhältnisse, sondern eine (in gewissen Grenzen) willkürliche Verabredung ist.* Die beiden verschiedenen Auffassungen sind dadurch bedingt, daß in der projektiven Geometrie das Unendlich-Ferne durch die hier vorzugsweise betrachteten projektiven Transformationen in eine gerade Linie überführt wird, während im Gebiet der komplexen Zahlen, so z. B. in der Funktionentheorie, vor allem die Transformationen durch reziproke Radien verwandt werden, durch die das Unendlich-Ferne auf einen Punkt abgebildet wird. Um diese uns ungewohnten Verhältnisse der Gaußschen Zahlebene anschaulich wiederzugeben, denken wir uns auf die (horizontale) Zahlebene im Koordinatenanfangspunkt eine berührende Kugel gelegt und die Punkte der Gaußschen Zahlebene durch *stereographische Projektion* auf die Punkte der Kugel abgebildet (Abb. 31). Hierdurch wird einem Punkte α der Zahlebene ein bestimmter Punkt der Kugel zugeord-

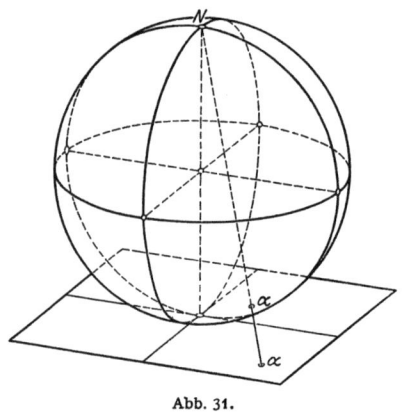

Abb. 31.

net, der in der Abb. 31 ebenfalls mit α bezeichnet ist. Insbesondere entspricht dem unendlich fernen Punkt der Gaußschen Zahlebene ein einziger Punkt, nämlich der Nordpol N der Kugel. Bei rechnerischen Anwendungen ist es vorteilhaft, den Radius der Zahlkugel gleich $\frac{1}{2}$ zu wählen. Denn dann bilden sich die Punkte des Einheitskreises gerade auf den Äquator der Kugel ab. Durch diese Überlegungen *erhalten wir eine Abbildung der sämtlichen reellen und komplexen Punkte einer Geraden auf die reellen Punkte einer Kugel*. Auf der Zahlkugel können wir dann dieselben Überlegungen, z. B. über Doppelverhältnisse, wie in der Gaußschen Ebene anstellen.

E. Die Antikollineationen. Infolge der Einführung der imaginären Gebilde müssen wir jetzt alle bisherigen Überlegungen in geeigneter Weise verallgemeinern. Hierbei werden aber gewisse Modifikationen notwendig. So verliert z. B. der Satz, daß die Kollineationen die allgemeinsten Transformationen sind, welche jedes Grundgebilde in ein gleichartiges Grundgebilde überführen, im imaginären Gebiet seine Gültigkeit; denn hier besitzen die sogenannten *Antikollineationen*:

$$x_\varkappa = \sum_\lambda c_{\varkappa\lambda} \bar{x}'_\lambda = \sum_\lambda c_{\varkappa\lambda} (y'_\lambda - i z'_\lambda),$$

bei denen die $x_\varkappa$ lineare Funktionen nicht von $x'_\lambda = y'_\lambda + i z'_\lambda$, sondern von den zugehörigen konjugiert imaginären Größen $\bar{x}'_\lambda = y'_\lambda - i z'_\lambda$ sind, dieselbe Eigenschaft. Eine Antikollineation entsteht, wenn wir zuerst eine gewöhnliche Kollineation ausführen und dann jeden Punkt mit seinem konjugiert imaginären Punkt vertauschen (im reellen Gebiet ruft diese letzte Transformation überhaupt keine Änderung hervor). Hieraus ergibt sich ohne weiteres, daß auch die Antikollineationen Grundgebilde wieder in gleichartige Grundgebilde überführen.

F. Historisches. Die imaginären Zahlen sollen zuerst bei *Cardano* bei der Auflösung der kubischen Gleichungen aufgetreten sein[1]). 1748 findet *Euler* die bekannte Relation: $e^{ix} = \cos x + i \sin x$ und erkennt die grundlegende Bedeutung der komplexen Zahlen für die Funktionentheorie. Am Anfang des 19. Jahrhunderts wird die geometrische Deutung in der Gaußschen Zahlebene gefunden, wodurch den komplexen Zahlen der ihnen bis dahin anhaftende mystische Anstrich genommen wurde. Die Darstellung auf der Zahlkugel tritt zuerst bei *Riemann* auf[2]).

In der Geometrie sind die imaginären Elemente 1822 zuerst durch *Poncelet* betrachtet worden[3]). Zu ihrer Einführung verwendet er aber keine Koordinaten, bei deren Gebrauch eine derartige Einführung weit

---

[1]) Vgl. wegen des Folgenden *Klein*: *Elementarmathematik vom höheren Standpunkte aus* 3. Aufl. Bd. I, S. 61 ff. 1924.

[2]) *Neumann, C.*: *Vorlesungen über Riemanns Theorie der Abelschen Integrale* 1865. Vgl. auch *Klein*: Ges. Math. Abh. Bd. III, S. 518.

[3]) *Poncelet*: *Traité des propriétés projectives des figures* 1822.

näherliegt, sondern ein logisch nicht recht zu erfassendes „Principe de continuité" (vgl. S. 11). Die anschauliche Einführung der imaginären Gebilde wurde zuerst durch *von Staudt* 1856 gegeben[1]; diese Darstellung ist später durch eine Arbeit von *Klein* verallgemeinert worden[2].

Kapitel II.

Die Gebilde zweiten Grades.

§ 1. Die Polarverwandtschaft der Gebilde zweiter Ordnung und Klasse.

A. Die Definition der Gebilde zweiter Ordnung und Klasse. Für den Aufbau der nichteuklidischen Geometrie ist die Theorie der *Gebilde zweiter Ordnung* von grundlegender Bedeutung. Diese Gebilde sind durch die Forderung bestimmt, daß die homogenen Koordinaten ihrer Punkte eine gegebene Gleichung zweiten Grades erfüllen sollen:

$$\sum_{\varkappa\lambda} a_{\varkappa\lambda} x_\varkappa x_\lambda = 0 \, ; \qquad (a_{\varkappa\lambda} = a_{\lambda\varkappa})$$

$\varkappa$ und λ durchlaufen hierbei unabhängig voneinander alle Werte von 1 bis $n+1$, wobei n die Dimensionenzahl der betreffenden Mannigfaltigkeit ist. Diese Gleichungen haben für $n = 1$ und $n = 2$ die Gestalt:

$$a_{11} x_1^2 + 2 a_{12} x_1 x_2 + a_{22} x_2^2 = 0$$

bzw.

$$a_{11} x_1^2 + 2 a_{12} x_1 x_2 + 2 a_{13} x_1 x_3 + a_{22} x_2^2 + 2 a_{23} x_2 x_3 + a_{33} x_3^2 = 0.$$

Für $n = 1$ ist das Gebilde zweiter Ordnung ein Punktepaar, für $n = 2$ eine Kurve, die man als Kegelschnitt zu bezeichnen pflegt, und für $n = 3$ eine Fläche. Die $a_{\varkappa\lambda}$ können alle Werte annehmen, nur dürfen sie nicht sämtlich gleichzeitig verschwinden. Die hierbei auftretenden Ausartungen werden wir in § 3 näher untersuchen.

Neben den Gebilden zweiter Ordnung werden wir auch die *Kurven und Flächen zweiter Klasse*[3]) (vgl. S. 35 und 36) betrachten:

$$\sum \alpha_{\varkappa\lambda} u_\varkappa u_\lambda = 0. \qquad (\alpha_{\varkappa\lambda} = \alpha_{\lambda\varkappa})$$

Da wir für die $\alpha_{\varkappa\lambda}$ alle Wertsysteme mit Ausnahme des Systems $0, 0, \ldots, 0$ zulassen, können auch hier mannigfache Ausartungen

---

[1]) *v. Staudt: Beiträge zur Geometrie der Lage.* Erstes Heft. Nürnberg 1856.
[2]) *Klein: Zur Interpretation der komplexen Elemente in der Geometrie.* Math. Ann., Bd. 22 oder Ges. Abh. Bd. I, S. 402.
[3]) Auf der geraden Linie sind die Gebilde zweiter Ordnung und Klasse identisch.

Die Polarverwandtschaft der Gebilde zweiter Ordnung und Klasse. 53

auftreten. Die Gestalt dieser Klassengebilde werden wir in § 2 und § 4 bestimmen; wir werden dort im besonderen sehen, *daß im allgemeinen die Tangenten einer Kurve zweiter Ordnung eine Kurve zweiter Klasse und die Tangentialebenen eine Fläche zweiter Ordnung eine Fläche zweiter Klasse bilden.*

Wenn die Verhältnisse der $a_{\varkappa\lambda}$ bzw. $\alpha_{\varkappa\lambda}$ sämtlich reelle Werte besitzen, sprechen wir von einem *reellen Gebilde zweiter Ordnung bzw. Klasse;* wenn dagegen die Verhältnisse dieser Größen wenigstens zum Teil imaginär sind, bezeichnen wir die zugehörigen Gebilde als *imaginär.*

B. Die Polarverwandtschaft der Gebilde zweiter Ordnung. Wir bringen die Kurve oder Fläche zweiter Ordnung:

$$\sum_{\varkappa\lambda} a_{\varkappa\lambda} x_\varkappa x_\lambda = 0$$

mit einer geraden Punktreihe:

$$\varrho x_i = x'_i + \mu y'_i,$$

die wir durch die beiden Punkte x' und y' bestimmen, zum Schnitt. Die gemeinsamen Punkte sind dann durch die Gleichungen gegeben:

$$\sum a_{\varkappa\lambda}(x'_\varkappa + \mu y'_\varkappa)(x'_\lambda + \mu y'_\lambda) = 0$$

oder:

$$\sum a_{\varkappa\lambda} x'_\varkappa x'_\lambda + \mu \sum a_{\varkappa\lambda}(x'_\varkappa y'_\lambda + y'_\varkappa x'_\lambda) + \mu^2 \sum a_{\varkappa\lambda} y'_\varkappa y'_\lambda = 0.$$

Da weiter:

$$\sum a_{\varkappa\lambda}(x'_\varkappa y'_\lambda + y'_\varkappa x'_\lambda) = 2 \sum a_{\varkappa\lambda} x'_\varkappa y'_\lambda$$

ist, wobei in beiden Fällen $\varkappa$ und λ der Reihe nach alle Werte von 1 bis $n+1$ annehmen, erhalten wir schließlich:

$$\sum a_{\varkappa\lambda} x'_\varkappa x'_\lambda + 2\mu \sum a_{\varkappa\lambda} x'_\varkappa y'_\lambda + \mu^2 \sum a_{\varkappa\lambda} y'_\varkappa y'_\lambda = 0.$$

Diese in μ quadratische Gleichung ergibt zwei Werte μ_1 und μ_2, welche durch Einsetzen in die Parameterdarstellung der geraden Linie die Koordinaten der gesuchten Schnittpunkte bestimmen.

Von besonderem Interesse ist der Fall, in welchem die beiden Punktepaare mit den Koordinaten:

$$x'_i, \quad y'_i, \quad x'_i + \mu_1 y'_i, \quad x'_i + \mu_2 y'_i$$

zueinander *harmonisch* liegen. Da das Doppelverhältnis dieser vier Punkte in der angegebenen Reihenfolge gleich $\mu_1:\mu_2$ ist, muß hierzu $\mu_1:\mu_2 = -1$ oder $\mu_1 = -\mu_2$ werden. Das ist aber dann und nur dann der Fall, wenn in der für μ aufgestellten quadratischen Gleichung der Koeffizient des Gliedes mit μ verschwindet:

$$\sum a_{\varkappa\lambda} x'_\varkappa y'_\lambda = 0.$$

Diese Gleichung gibt also die Bedingung an, welcher die Koordinaten der beiden Punkte x' und y' genügen müssen, wenn diese Punkte harmonisch zu den Schnittpunkten ihrer Verbindungsgeraden mit dem betrachteten Kegelschnitt liegen sollen.

54   Die Gebilde zweiten Grades.

Wir denken uns nun einen gegebenen Punkt y festgehalten und auf jeder durch y gehenden Geraden den vierten harmonischen Punkt x zu den beiden Schnittpunkten mit der Fläche bzw. Kurve und y selbst konstruiert. Die Gesamtheit dieser Punkte x muß die Gleichung:

$$\sum a_{\varkappa\lambda} x_\varkappa y_\lambda = 0$$

erfüllen. In ihr sind die $a_{\varkappa\lambda}$ und y_λ als konstant und die $x_\varkappa$ als variabel aufzufassen. Ferner ist die Gleichung in den $x_\varkappa$ linear; für den Fall des Raumes können wir sie z. B. folgendermaßen schreiben:

$$\sum\nolimits_\lambda a_{1\lambda} y_\lambda \cdot x_1 + \sum\nolimits_\lambda a_{2\lambda} y_\lambda \cdot x_2 + \sum\nolimits_\lambda a_{3\lambda} y_\lambda \cdot x_3 + \sum\nolimits_\lambda a_{4\lambda} y_\lambda \cdot x_4 = 0.$$

Infolgedessen bilden die vierten harmonischen Punkte x in bezug auf einen festen Punkt y bei einem Kegelschnitt in der Ebene eine gerade Linie, bei den Flächen zweiter Ordnung im Raum eine Ebene. Die gerade Linie wird die *Polare des Punktes y in bezug auf den gegebenen Kegelschnitt*, die Ebene die *Polarebene* (oder ebenfalls Polare) *des Punktes y in bezug auf die gegebene Fläche zweiter Ordnung* genannt; der Punkt y selbst wird als der zugehörige *Pol* bezeichnet. Die Gleichung der Polaren läßt sich unmittelbar aus der Gleichung des zugehörigen Gebildes zweiten Grades ableiten. So gehören z. B. in der Ebene zu dem Kegelschnitt:

$$a_{11} x_1^2 + a_{22} x_2^2 + a_{33} x_3^2 + 2 a_{12} x_1 x_2 + 2 a_{13} x_1 x_3 + 2 a_{23} x_2 x_3 = 0$$

die Polarengleichungen:

$$a_{11} x_1 y_1 + a_{22} x_2 y_2 + a_{33} x_3 y_3 + a_{12}(x_1 y_2 + x_2 y_1) + a_{13}(x_1 y_3 + x_3 y_1)$$
$$+ a_{23}(x_2 y_3 + x_3 y_2) = 0.$$

Genau dasselbe Bildungsgesetz gilt in den höheren Dimensionen. In besonders übersichtlicher Weise können wir die Polarverwandtschaft darstellen, indem wir die Geraden- bzw. Ebenenkoordinaten der Polaren angeben; denn nach der oben abgeleiteten Gleichung $\sum a_{\varkappa\lambda} x_\varkappa y_\lambda = 0$, in der die $x_\varkappa$ laufende Koordinaten sind, wird dem Punkte y die Polare mit den Koordinaten:

$$\varrho u_\varkappa = \sum\nolimits_\lambda a_{\varkappa\lambda} y_\lambda$$

zugeordnet.

Bei diesen Überlegungen müssen wir voraussetzen, daß der Punkt y nicht so gewählt ist, daß alle Koordinaten $u_\varkappa$ der Polaren gleich Null sind. Im Raum kann ein derartiger Fall:

$$\sum a_{1\lambda} y_\lambda = \sum a_{2\lambda} y_\lambda = \sum a_{3\lambda} y_\lambda = \sum a_{4\lambda} y_\lambda = 0$$

nach der Theorie der homogenen linearen Gleichungen nur dann eintreten, wenn die Determinante:

$$D = \begin{vmatrix} a_{11} & a_{12} & a_{13} & a_{14} \\ a_{21} & a_{22} & a_{23} & a_{24} \\ a_{31} & a_{32} & a_{33} & a_{34} \\ a_{41} & a_{42} & a_{43} & a_{44} \end{vmatrix}$$

des betrachteten Gebildes verschwindet; genau das gleiche Gesetz gilt bei anderer Dimensionenzahl. Ein Gebilde zweiten Grades, für das D gleich Null ist, bezeichnen wir als *ausgeartet*. Wir beschäftigen uns zunächst allein mit den nicht ausgearteten Gebilden und behalten uns die Erledigung der andern Fälle für später vor. Wir können dann den Satz aussprechen, *daß durch eine nicht ausgeartete Kurve bzw. Fläche jedem Punkte eine bestimmte Polare bzw. Polarebene zugeordnet wird.*

C. Die Polarverwandtschaft der Gebilde zweiter Klasse. Dieselben Überlegungen können wir in dualer Weise für die *Kurven und Flächen zweiter Klasse*:

$$\sum_{\varkappa\lambda}\alpha_{\varkappa\lambda}u_\varkappa u_\lambda = 0$$

anstellen. Wir schneiden ein derartiges Gebilde mit einem Geradenbzw. Ebenenbüschel:

$$\varrho u_i = u'_i + \mu v'_i.$$

Diejenigen Geraden bzw. Ebenen, die beiden Gebilden gemeinsam sind, werden dann durch die Gleichung:

$$\sum_{\varkappa\lambda}\alpha_{\varkappa\lambda}(u'_\varkappa + \mu v'_\varkappa)(u'_\lambda + \mu v'_\lambda) = 0$$

oder:

$$\sum_{\varkappa\lambda}\alpha_{\varkappa\lambda}u'_\varkappa u'_\lambda + 2\mu \sum_{\varkappa\lambda}\alpha_{\varkappa\lambda}u'_\varkappa v'_\lambda + \mu^2 \sum_{\varkappa\lambda}\alpha_{\varkappa\lambda}v'_\varkappa v'_\lambda = 0$$

bestimmt. Wenn wir im besonderen u' und v' so wählen, daß:

$$\sum_{\varkappa\lambda}\alpha_{\varkappa\lambda}u'_\varkappa v'_\lambda = 0$$

ist, wird das Doppelverhältnis von u' und v' zu den beiden ausgeschnittenen Geraden der Klassenkurve bzw. Ebenen der Klassenfläche gleich -1. Wenn wir also eine Gerade bzw. Ebene v festhalten, so erfüllen die Koordinaten derjenigen Elemente u, welche harmonisch zu den beiden durch den Schnitt von u und v gehenden Elementen des Klassengebildes liegen, die Gleichung:

$$\sum \alpha_{\varkappa\lambda}u_\varkappa v_\lambda = 0,$$

die entwickelt, etwa im Falle des Raumes, folgendermaßen lautet:

$$\sum_\lambda \alpha_{1\lambda}v_\lambda \cdot u_1 + \sum_\lambda \alpha_{2\lambda}v_\lambda \cdot u_2 + \sum_\lambda \alpha_{3\lambda}v_\lambda \cdot u_3 + \sum_\lambda \alpha_{4\lambda}v_\lambda \cdot u_4 = 0.$$

Im Fall der Ebene fehlt die letzte Summe. Diese Gleichung ist in den laufenden Variabeln $u_\varkappa$ linear, ergibt also alle Geraden bzw. Ebenen, die durch einen festen Punkt hindurchgehen. Durch das betrachtete Klassengebilde wird also jeder Geraden bzw. Ebene v ein Punkt mit den Koordinaten:

$$\varrho x_\varkappa = \sum_\lambda \alpha_{\varkappa\lambda}v_\lambda$$

zugeordnet, welcher als der *Pol dieser Geraden bzw. Ebene* bezeichnet wird; die Gerade bzw. Ebene selbst wird die zugehörige *Polare* bzw. *Polarebene* genannt.

Auch hier müssen wir, wenn einer *jeden* Geraden bzw. Ebene ein bestimmter Pol entsprechen soll, voraussetzen, daß die Determinante der Klassenkurve bzw. Klassenfläche nicht verschwindet oder, mit anderen Worten, daß wir ein *nicht ausgeartetes Klassengebilde* vor uns haben.

Da wir ein nichtausgeartetes Gebilde zweiter Ordnung auch als Gebilde zweiter Klasse auffassen können, indem wir von den Punkten zu der Betrachtung der zugehörigen Tangentialgebilde übergehen (vgl. § 2), erhalten wir durch die vorstehenden Überlegungen zu jedem derartigen Gebilde zwei verschiedene Polarverwandtschaften. Mit Hilfe der in § 2 entwickelten Formeln kann man aber zeigen, daß diese beiden Polarverwandtschaften miteinander identisch sind.

D. Die wichtigsten Sätze über die Polarverwandtschaft. Wir wollen jetzt *einige Sätze über die Polarverwandtschaften* aufstellen. Wir beschränken uns hierbei auf die Ordnungsgebilde; für die Polarverwandtschaften der Klassengebilde gelten die dualen Sätze. Zunächst folgt: Wenn der Punkt y auf der Kurve oder Fläche selbst liegt:

$$\sum a_{\varkappa\lambda} y_\varkappa y_\lambda = 0,$$

muß die Gleichung des zugehörigen polaren Gebildes:

$$\sum a_{\varkappa\lambda} x_\varkappa y_\lambda = 0$$

notwendig erfüllt sein, wenn wir für die laufenden Koordinaten $x_\varkappa$ die Werte $y_\varkappa$ einsetzen. *Die Polare eines Kurvenpunktes bzw. die Polarebene eines Flächenpunktes geht also durch diesen Punkt selbst hindurch.* Aus den Formeln S. 53 folgt, daß ein derartiges polares Gebilde die Kurve oder Fläche nicht schneidet, sondern berührt[1]). *Die Polare eines Kurvenpunktes ist also die Tangente bzw. die Tangentialebene in diesem Punkte.*

Weiter leiten wir den für die Polarverwandtschaft grundlegenden Satz ab: *Wenn der Punkt $\bar y$ auf der Polare von $\bar x$ liegt, so liegt auch der Punkt $\bar x$ auf der Polare von $\bar y$* (Abb. 32). Denn in der Tat, wenn der Punkt $\bar x$ in dem polaren Gebilde von $\bar y$:

$$\sum a_{\varkappa\lambda} x_\varkappa \bar y_\lambda = 0$$

liegt, also:

$$\sum a_{\varkappa\lambda} \bar x_\varkappa \bar y_\lambda = 0$$

ist, wobei jetzt sowohl $\bar x_\varkappa$ wie $\bar y_\lambda$

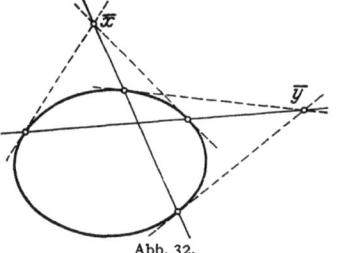

Abb. 32.

---

[1]) Wenn nämlich x_i' die Koordinaten des Kurvenpunktes und y_i' die eines zweiten Punktes der zugehörigen Polaren sind, so verschwindet in der Gleichung:
$$\sum a_{\varkappa\lambda} x_\varkappa' x_\lambda' + 2\mu \sum a_{\varkappa\lambda} x_\varkappa' y_\lambda' + \mu^2 \sum a_{\varkappa\lambda} y_\varkappa' y_\lambda' = 0$$
(S. 53) die erste Summe, weil der Punkt x' auf der Kurve selbst liegt, und die zweite Summe, weil y' auf der Polaren von x' liegt. Die obige Gleichung, welche die Schnittpunkte der Verbindungsgeraden von x' und y' mit der Kurve bestimmt, reduziert sich somit auf $\mu^2 = 0$, so daß x' der einzige Schnittpunkt der beiden Gebilde ist.

Die Polarverwandtschaft der Gebilde zweiter Ordnung und Klasse. 57

feste Größen sind, so muß auch $\bar{y}$ in dem polaren Gebilde von $\bar{x}$ liegen, da dieses die Gleichung:

$$\sum a_{\varkappa\lambda} x_\varkappa \bar{x}_2 = 0$$

besitzt und somit nach Voraussetzung durch die Werte $x_\varkappa = \bar{y}_\varkappa$ erfüllt wird.

Aus diesen Sätzen läßt sich *eine einfache Konstruktion der Polare bzw. Polarebene* ableiten. Wir legen hierzu im ersten Fall von dem gegebenen Pol P aus die beiden Tangenten an den Kegelschnitt; dann ist die Verbindungslinie der Berührungspunkte die gesuchte Polare (Abb. 33). Diese Konstruktion ist bei der betrachteten Ellipse nur dann im Reellen ausführbar, wenn der Pol im Äußeren des Kegelschnittes liegt. Wenn er im Innern des Kegelschnittes liegt,

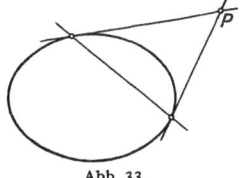

Abb. 33.

sind die beiden an den Kegelschnitt gehenden Tangenten konjugiert imaginär und bestimmen somit auch konjugiert imaginäre Berührungspunkte; die Verbindungslinie dieser beiden Punkte ist reell und stellt die gesuchte Polare dar. Wir werden für diesen Fall sogleich (vgl. die untenstehende Anm.) eine im Reellen durchführbare Konstruktion finden. Im Raum legen wir entsprechend zur Konstruktion der Polarebene von dem gegebenen Punkte aus die sämtlichen Tangentialebenen an die Fläche zweiter Ordnung. Alle Berührungspunkte dieser Ebenen liegen dann in einer Ebene, welche die gesuchte Polarebene des gegebenen Punktes ist.

Schließlich gelten die Sätze: *Wenn wir in der Ebene den Pol auf einer geraden Linie G wandern lassen, dreht sich die zugehörige Polare*

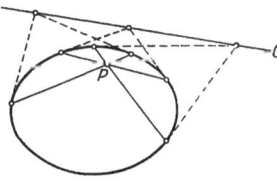
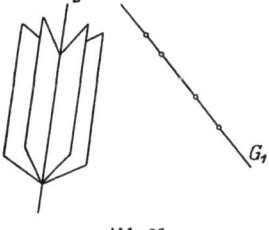

Abb. 34. Abb. 35.

um einen Punkt P; dabei ist P der Pol der Geraden G [1]) (Abb. 34). *Wenn wir im Raum den Pol auf einer geraden Linie G_1 wandern lassen, dreht sich die zugehörige Polarebene um eine zweite Gerade G_2* (Abb. 35). In der Tat gehören zu den Punkten der Geraden:

$$\varrho \xi_i = x_i + \varkappa y_i,$$

die polaren Gebilde:

$$\varrho u_i = \sum_\lambda a_{i\lambda}(x_\lambda + \varkappa y_\lambda) = \sum_\lambda a_{i\lambda} x_\lambda + \varkappa \sum_\lambda a_{i\lambda} y_\lambda.$$

---

[1]) Aus diesem Satz ergibt sich eine reelle Konstruktion der Polaren, die zu einem innerhalb des Kegelschnittes liegenden Pol gehört.

Wir erhalten also in der Ebene alle Geraden des Strahlbüschels, das durch den Schnitt der beiden Geraden $\sum_\lambda a_{i\lambda} x_\lambda = 0$ und $\sum_\lambda a_{i\lambda} y_\lambda = 0$ bestimmt ist, und im Raum alle Ebenen des Ebenenbüschels, das in derselben Weise durch den Schnitt der beiden Ebenen $\sum_\lambda a_{i\lambda} x_\lambda = 0$ und $\sum_\lambda a_{i\lambda} y_\lambda = 0$ bestimmt ist. Daß hierbei im Fall der Ebene der Punkt P der Pol der Geraden G ist, möge der Leser selbst beweisen. Im Raum werden die beiden einander zugeordneten geraden Linien G_1 und G_2 als *konjugierte Polaren* bezeichnet. Wenn wir den Pol statt auf der Geraden G_1 auf G_2 wandern lassen, dreht sich die zugehörige Polarebene um G_1. Durch entsprechende Überlegungen können wir den weiteren Satz ableiten: *Wenn wir im Raum den Pol auf einer Ebene E wandern lassen, dreht sich die zugehörige Polarebene um einen Punkt P; dabei ist P der Pol der Ebene E.*

In der Ebene wird durch die Polarverwandtschaft eines nicht ausgearteten Kegelschnittes jedem Punkt eine Polare und jeder Geraden ein Pol zugeordnet. Im Raum gehört in bezug auf eine nicht ausgeartete Fläche zweiter Ordnung zu jedem Punkt eine Polarebene, zu jeder Geraden eine konjugierte Gerade und zu jeder Ebene ein Pol. Entsprechende Verhältnisse treffen wir in n-dimensionalen Mannigfaltigkeiten an.

Die Haupteigenschaften der Polare eines Kegelschnittes für einen Punkt außerhalb desselben war bereits *Appollonius* bekannt. Für die weitere Entwicklung der Polarentheorie kommen vor allem die französischen Geometer *Desargues* (1593—1661), *De la Hire* (1640—1718) und *Monge* (1746—1818) in Betracht[1]).

§ 2. Das Entsprechen der nicht ausgearteten Ordnungs- und Klassengebilde zweiten Grades.

Eine nicht ausgeartete Fläche zweiter Ordnung:

$$\sum_{\varkappa\lambda} a_{\varkappa\lambda} x_\varkappa x_\lambda = 0 \qquad (D = |a_{\varkappa\lambda}| \neq 0)$$

können wir als Klassenfläche auffassen, indem wir sie statt durch ihre Punkte durch ihre Tangentialebenen erzeugt denken. Es entsteht die Aufgabe, aus der Gleichung der Ordnungsfläche die Gleichung der zugehörigen Klassenfläche zu ermitteln. Hierzu greifen wir eine Tangentialebene u der Ordnungsfläche heraus; der Berührungspunkt möge die Koordinaten x_i besitzen. Dann muß zunächst die Gleichung:

$$u_1 x_1 + u_2 x_2 + u_3 x_3 + u_4 x_4 = 0$$

erfüllt sein, da der Berührungspunkt auf der Tangentialebene liegt.

---

[1]) Vgl. *Kötter: Die Entwicklung der synthetischen Geometrie.* Jahresber. d. D. M. V. Bd. 5, S. 45. 1901.

Das Entsprechen der nicht ausgearteten Ordnungs- und Klassengebilde.

Da ferner die Ebene u die Fläche im Punkte x berühren soll, ist u die Polarebene von x (S. 56). Es bestehen also die Beziehungen (S. 54):

$$\varrho u_i = \sum_\lambda a_{i\lambda} x_\lambda. \qquad (i = 1, 2, 3, 4)$$

Aus diesen fünf Gleichungen wollen wir die vier Größen ϱ, $x_1 : x_2 : x_3 : x_4$ eliminieren. Hierzu schreiben wir die Gleichungen in der folgenden Form:

$$a_{11}x_1 + a_{12}x_2 + a_{13}x_3 + a_{14}x_4 - u_1\varrho = 0,$$
$$a_{21}x_1 + a_{22}x_2 + a_{23}x_3 + a_{24}x_4 - u_2\varrho = 0,$$
$$a_{31}x_1 + a_{32}x_2 + a_{33}x_3 + a_{34}x_4 - u_3\varrho = 0,$$
$$a_{41}x_1 + a_{42}x_2 + a_{43}x_3 + a_{44}x_4 - u_4\varrho = 0,$$
$$u_1 x_1 + u_2 x_2 + u_3 x_3 + u_4 x_4 = 0.$$

Dieses Gleichungssystem ist in den Größen x_1, x_2, x_3, x_4, ϱ homogen und linear und kann daher nur dann durch irgendein Wertsystem dieser Größen erfüllt sein, das von dem nicht brauchbaren System 0, 0, 0, 0, 0 verschieden ist, wenn die Determinante des Systems verschwindet:

$$D_1 = \begin{vmatrix} a_{11} & a_{12} & a_{13} & a_{14} & u_1 \\ a_{21} & a_{22} & a_{23} & a_{24} & u_2 \\ a_{31} & a_{32} & a_{33} & a_{34} & u_3 \\ a_{41} & a_{42} & a_{43} & a_{44} & u_4 \\ u_1 & u_2 & u_3 & u_4 & 0 \end{vmatrix} = 0.$$

Diese Determinante D_1 wird als *die einmal mit den u_i geränderte Determinante der $a_{\varkappa\lambda}$* bezeichnet. Wenn wir sie nach den u_i entwickeln, erhalten wir:

$$D_1 = A_{11} u_1^2 + A_{12} u_1 u_2 + A_{13} u_1 u_3 + A_{14} u_1 u_4$$
$$\cdots\cdots\cdots\cdots\cdots\cdots\cdots\cdots\cdots\cdots$$
$$+ A_{41} u_4 u_1 + A_{42} u_4 u_2 + A_{43} u_4 u_3 + A_{44} u_4^2 = \sum_{\varkappa\lambda} A_{\varkappa\lambda} u_\varkappa u_\lambda = 0;$$

hierbei bedeutet $A_{\varkappa\lambda}$ die mit dem richtigen Vorzeichen versehene Unterdeterminante des Elementes $a_{\varkappa\lambda}$ in der Determinante D der $a_{\varkappa\lambda}$. Diese Gleichung stellt die Bedingung dar, welche die Koordinaten u_i einer Ebene erfüllen müssen, wenn die Ebene die gegebene Fläche $\sum_{\varkappa\lambda} a_{\varkappa\lambda} x_\varkappa x_\lambda = 0$ berühren soll. Wenn wir den u_i der Reihe nach alle Werte zuteilen, die mit dieser Gleichung verträglich sind, erhalten wir die Gesamtheit der Tangentialebenen. Die Gleichung $D_1 = 0$ stellt somit *die gesuchte Gleichung der Klassenfläche* dar. Die zu einer nicht ausgearteten Fläche zweiter Ordnung gehörige Klassenfläche ist also ebenfalls von der zweiten Klasse[1]. Nach einem bekannten Satz der Determinantentheorie[2] ist

---

[1] Bei den Flächen höherer Ordnung findet eine derartige Übereinstimmung zwischen Ordnung und Klasse im allgemeinen nicht mehr statt.
[2] Vgl. etwa Kowalewski: *Einführung in die Determinantentheorie*, 2. Aufl., Leipzig 1925.

(bei einer n-gliedrigen Determinante) die aus den Unterdeterminanten $A_{\varkappa\lambda}$ gebildete Determinante gleich der $(n-1)$-ten Potenz der ursprünglichen Determinante; also:

$$\begin{vmatrix} A_{11} & A_{12} & A_{13} & A_{14} \\ \cdot & \cdot & \cdot & \cdot \\ A_{41} & A_{42} & A_{43} & A_{44} \end{vmatrix} = \begin{vmatrix} a_{11} & a_{12} & a_{13} & a_{14} \\ \cdot & \cdot & \cdot & \cdot \\ a_{41} & a_{42} & a_{43} & a_{44} \end{vmatrix}^3.$$

Hieraus folgt, daß, wenn die gegebene Fläche zweiter Ordnung nicht ausgeartet ist, die zugehörige Klassenfläche es ebenfalls nicht ist[1]).

Genau dieselbe Überlegung gilt nach sinngemäßer Abänderung für die Ebene. Die einmal geränderte Determinante, deren Verschwinden die zugehörige Klassenkurve ergibt, hat hier die Gestalt:

$$D_1 = \begin{vmatrix} a_{11} & a_{12} & a_{13} & u_1 \\ a_{21} & a_{22} & a_{23} & u_2 \\ a_{31} & a_{32} & a_{33} & u_3 \\ u_1 & u_2 & u_3 & 0 \end{vmatrix} = \sum_{\varkappa\lambda} A_{\varkappa\lambda} u_\varkappa u_\lambda = 0.$$

In der dualen Weise bestimmt sich die Ordnungsfläche, die zu einer nicht ausgearteten Klassenfläche:

$$\sum_{\varkappa\lambda} \alpha_{\varkappa\lambda} u_\varkappa u_\lambda = 0 \qquad (\varDelta = |\alpha_{\varkappa\lambda}| \neq 0)$$

gehört. Es sei x ein Punkt der Ordnungsfläche; er möge in der Ebene u der Klassenfläche liegen. Dann muß zunächst die Gleichung:

$$u_1 x_1 + u_2 x_2 + u_3 x_3 + u_4 x_4 = 0$$

erfüllt sein, da die Ebene den herausgegriffenen Punkt enthalten soll. Da ferner der Punkt x auf der zugehörigen Ordnungsfläche liegen soll, ist x der Pol der Ebene u. Es bestehen also die Beziehungen (S. 55):

$$\varrho x_i = \sum_\lambda \alpha_{i\lambda} u_\lambda. \qquad (i = 1, 2, 3, 4)$$

Aus diesen fünf Gleichungen eliminieren wir die vier Größen $\varrho, u_1:u_2:u_3:u_4$ in derselben Weise wie auf S. 59 und erhalten:

$$\varDelta_1 = \begin{vmatrix} \alpha_{11} & \alpha_{12} & \alpha_{13} & \alpha_{14} & x_1 \\ \alpha_{21} & \alpha_{22} & \alpha_{23} & \alpha_{24} & x_2 \\ \alpha_{31} & \alpha_{32} & \alpha_{33} & \alpha_{34} & x_3 \\ \alpha_{41} & \alpha_{42} & \alpha_{43} & \alpha_{44} & x_4 \\ x_1 & x_2 & x_3 & x_4 & 0 \end{vmatrix} = 0.$$

Diese Determinante wird als *die einmal mit den x_i geränderte Determinante der $\alpha_{\varkappa\lambda}$* bezeichnet. Wir können sie in der folgenden Summenform darstellen:

$$\varDelta_1 = \sum_{\varkappa\lambda} \overline{A}_{\varkappa\lambda} x_\varkappa x_\lambda,$$

---

[1]) Dieser Satz folgt aus dem S. 73 bewiesenen Satz ohne Benutzung der angegebenen Determinantenbeziehung.

wobei $\overline{A}_{\varkappa\lambda}$ die mit dem richtigen Vorzeichen versehene Unterdeterminante des Elementes $\alpha_{\varkappa\lambda}$ in der Determinante $\varDelta$ der $\alpha_{\varkappa\lambda}$ bedeutet. Die Gleichung $\varDelta_1 = 0$ stellt *die gesuchte Gleichung der Ordnungsfläche* dar.

Das angegebene Verfahren der Determinantenränderung können wir zweimal hintereinander ausführen, indem wir von einer *nicht ausgearteten* Ordnungsfläche zweiter Ordnung zu einer Klassenfläche und von dieser Klassenfläche wieder zu der zugehörigen Ordnungsfläche übergehen. Die geometrische Beziehung, die zwischen Ordnungs- und Klassenflächen besteht, legt die Vermutung nahe, daß wir hierbei auf die alte Ordnungsfläche zurückkommen; diese Vermutung ist in der Tat erfüllt, wie wir S. 73 analytisch beweisen werden. Bei den *ausgearteten* Gebilden treffen wir dagegen andere Verhältnisse an, wie im Falle des Raumes der Kegel und im Falle der Ebene das reelle Geradenpaar zeigt (vgl. die Schemata S. 74 und 75).

Die Gleichung eines Kegelschnittes in Geradenkoordinaten findet sich zuerst 1829 in *Plückers Analytisch-geometrischen Entwicklungen*. Der Begriff der Klassenkurve selbst war schon vorher bei den Dualitätsbetrachtungen der *Mongeschen Schule* aufgestellt worden. 1832 stellen *Plücker* und *Hesse* gleichzeitig die Klassengleichung einer Fläche zweiter Ordnung auf.

§ 3. Die Einteilung der Gebilde zweiter Ordnung.

A. Einteilung der Flächen zweiter Ordnung nach dem Rang der zugehörigen Determinante. Bis jetzt haben wir uns auf die Betrachtung derjenigen Ordnungsgebilde:

$$\sum a_{\varkappa\lambda} x_\varkappa x_\lambda = 0$$

beschränkt, bei denen die zugehörige Determinante nicht verschwindet. Wir nehmen nunmehr allgemeiner an, daß die $a_{\varkappa\lambda}$ irgendwelche *reellen oder komplexen* Werte besitzen, nur schließen wir das identisch verschwindende Wertsystem $\{0:0:0:\cdots:0\}$ aus. Hierdurch ergeben sich eine Reihe neuer Möglichkeiten, über die wir uns zunächst Klarheit verschaffen wollen. Wir geben die hierzu notwendigen Überlegungen nur für den Fall des Raumes an; die Übertragung in die anderen Dimensionen (vgl. Abschnitt D) bereitet keine Schwierigkeiten.

Nach S. 54 hat die Polarebene des Punktes y in den laufenden Koordinaten x_i die Gleichung:

$$x_1 \cdot \sum a_{1\varkappa} y_\varkappa + x_2 \cdot \sum a_{2\varkappa} y_\varkappa + x_3 \cdot \sum a_{3\varkappa} y_\varkappa + x_4 \cdot \sum a_{4\varkappa} y_\varkappa = 0.$$

Die Punkte y, für die die zugehörige Polarebene unbestimmt wird, sind durch die vier Gleichungen:

$$\sum a_{1\varkappa} y_\varkappa = 0, \quad \sum a_{2\varkappa} y_\varkappa = 0, \quad \sum a_{3\varkappa} y_\varkappa = 0, \quad \sum a_{4\varkappa} y_\varkappa = 0$$

festgelegt, in denen die $a_{\varkappa\lambda}$ fest gegebene Konstante und die $y_\varkappa$ die gesuchten Unbekannten sind. Nach der Theorie der linearen homogenen Gleichungen haben wir bei der Auflösung dieses Systems je nach dem Verhalten der zugehörigen Determinante:

$$D = \begin{vmatrix} a_{11} & a_{12} & a_{13} & a_{14} \\ a_{21} & a_{22} & a_{23} & a_{24} \\ a_{31} & a_{32} & a_{33} & a_{34} \\ a_{41} & a_{42} & a_{43} & a_{44} \end{vmatrix}$$

vier verschiedene Fälle zu unterscheiden:

1. Die Determinante D ist ungleich Null. In diesem Fall gibt es *überhaupt keinen Punkt*, dessen Koordinaten die vier Gleichungen erfüllen.

2. Die Determinante D verschwindet, es ist aber mindestens eine ihrer dreigliedrigen Unterdeterminanten ungleich Null. In diesem Fall gibt es *einen einzigen Punkt*, dessen Koordinaten die gegebenen Gleichungen erfüllen.

3. Die Determinante verschwindet und zugleich alle dreigliedrigen Unterdeterminanten, es ist aber mindestens eine ihrer zweigliedrigen Unterdeterminanten ungleich Null. In diesem Fall gibt es eine *ganze gerade Linie von Punkten*, deren Koordinaten die gegebenen Gleichungen erfüllen.

4. Die Determinante D verschwindet und zugleich alle zweigliedrigen Unterdeterminanten, es ist aber mindestens eine eingliedrige Unterdeterminante ungleich Null. In diesem Fall gibt es eine *ganze Ebene von Punkten*, deren Koordinaten die gegebenen Gleichungen erfüllen.

5. In dem fünften Fall, in dem auch alle eingliedrigen Unterdeterminanten verschwinden, erhalten wir für die Koeffizienten der Fläche das Wertsystem $0 : 0 : \cdots : 0$; diesen Fall haben wir aber ausgeschlossen, da er keine geometrische Bedeutung besitzt.

In der Gleichungstheorie bezeichnet man die Ordnung der höchsten nicht verschwindenden Unterdeterminante als *Rang* der zugehörigen Determinante. In den vier für uns in Betracht kommenden Fällen hat also die Determinante der zugehörigen Fläche der Reihe nach den Rang 4, 3, 2, 1. Mit Hilfe der Determinantentheorie kann man beweisen, *daß durch projektive Transformationen der Rang einer gegebenen Fläche nicht geändert werden kann*. Diesen Satz können wir geometrisch unmittelbar einsehen, da sich die den Rang charakterisierenden Ausartungen der Polarverwandtschaften nicht durch projektive Transformationen ineinander überführen lassen. Der Rang der Determinante ist somit eine charakteristische Zahl des betreffenden Gebildes, die den projektiven Transformationen gegenüber invariant ist.

Die ausgezeichneten Elemente, deren Polarebene unbestimmt wird, liegen auf der betrachteten Fläche selbst. Denn die Gleichung der Fläche können wir in der Form schreiben:

$$x_1 \cdot \sum a_{1\lambda} x_\lambda + x_2 \cdot \sum a_{2\lambda} x_\lambda + x_3 \cdot \sum a_{3\lambda} x_\lambda + x_4 \cdot \sum a_{4\lambda} x_\lambda = 0;$$

Die Einteilung der Gebilde zweiter Ordnung.

da nun für die ausgezeichneten Punkte die vier Summen verschwinden, ist die Gleichung der Fläche für diese Punkte ebenfalls erfüllt. *Ein Punkt, der nicht auf der Fläche liegt, besitzt somit stets eine bestimmte Polarebene.*

B. Beziehung der Flächen zweiter Ordnung auf ein Polartetraeder. Um die Gestalt der verschiedenen Flächenarten mit den Determinantenrängen 4, 3, 2 und 1 zu bestimmen, beziehen wir die Gleichung der Fläche zunächst auf ein Koordinatentetraeder, dessen einer Eckpunkt P_1 nicht auf der Fläche liegt und dessen gegenüberliegende Koordinatenebene E_1 die (nach dem obigen Satz stets existierende) Polarebene von P_1 ist (Abb. 36). Wir behaupten, daß für ein derartiges Koordinatensystem in der Gleichung der Fläche die Koeffizienten:

$$a_{12} = a_{21}, \quad a_{13} = a_{31}, \quad a_{14} = a_{41}$$

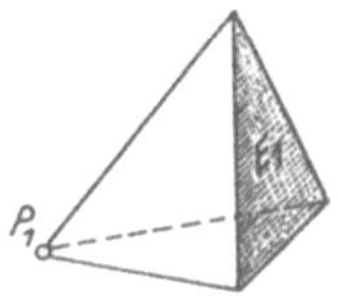

verschwinden, so daß die Koordinate x_1 nur noch in dem rein quadratischen Gliede $a_{11}x_1^2$ auftritt. In der Tat soll in dem betrachteten Koordinatensystem der Punkt P_1 mit den Koordinaten $1:0:0:0$ die Polarebene $x_1 = 0$ besitzen. Die Polarebene von P_1 hat aber in den laufenden Koordinaten x_i die Gestalt:

$$\sum a_{\varkappa\lambda} x_\varkappa y_\lambda = a_{11} x_1 + a_{12} x_2 + a_{13} x_3 + a_{14} x_4 = 0,$$

Abb. 36.

wie sich durch Einsetzen der Koordinaten von P_1 in die Polarengleichung ergibt. Da aber diese Gleichung die Gestalt $x_1 = 0$ besitzt, müssen die Koeffizienten a_{12}, a_{13}, a_{14} verschwinden, was zu beweisen war.

Wenn die Fläche in dem betrachteten Koordinatensystem die Gleichung:

$$a_{11} x_1^2 = 0 \qquad (a_{11} \neq 0)$$

besitzt und somit mit der doppelt zählenden Koordinatenebene E_1 zusammenfällt, formen wir die Gleichung nicht weiter um. Wenn dagegen in der Gleichung der Fläche noch andere Glieder auftreten, sie also die Form: $a_{11} x_1^2 + F(x_2, x_3, x_4) = 0$ besitzt, gibt es auf der Ebene E_1 sicher einen Punkt P_2, welcher der Fläche nicht angehört, da die Gleichung für $x_1 = 0$ nicht allgemein erfüllt ist. Wir führen nun ein neues Koordinatentetraeder ein, das P_1 und P_2 zu Eckpunkten und die zugehörigen Polarebenen E_1 und E_2 als gegenüberliegende Ebenen $x_1 = 0$ und $x_2 = 0$ besitzt (Abb. 37). Dies ist möglich, da nach dem Satz S. 57 die Polarebene E_1 den Punkt P_2 und die Polarebene E_2 den Punkt P_1 enthält. Durch

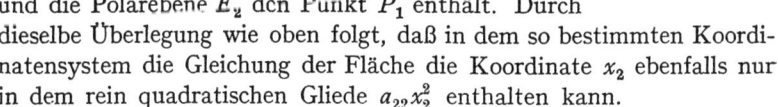

Abb. 37.

dieselbe Überlegung wie oben folgt, daß in dem so bestimmten Koordinatensystem die Gleichung der Fläche die Koordinate x_2 ebenfalls nur in dem rein quadratischen Gliede $a_{22} x_2^2$ enthalten kann.

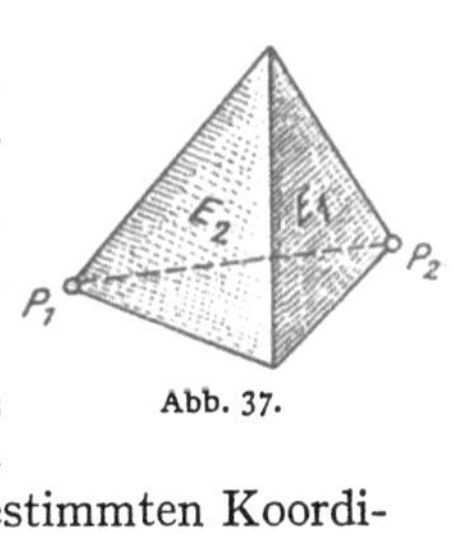

Die Gebilde zweiten Grades.

Wenn im besonderen die Gleichung die Gestalt annimmt:
$$a_{11}x_1^2 + a_{22}x_2^2 = 0, \qquad (a_{11} \neq 0, \quad a_{22} \neq 0)$$
besteht die Fläche aus zwei Ebenen, die sich in der Koordinatenkante $x_1 = 0$, $x_2 = 0$, also der Schnittgeraden der beiden Ebenen E_1 und E_2, durchschneiden. In diesem Fall formen wir die Gleichung nicht weiter um. Wenn dagegen in der Gleichung noch andere Glieder auftreten: $a_{11}x_1^2 + a_{22}x_2^2 + F(x_3, x_4) = 0$, gibt es auf der Koordinatenkante $x_1 = 0$, $x_2 = 0$ sicher einen Punkt P_3, welcher der Fläche nicht angehört. Wir führen nun ein neues Koordinatentetraeder ein, das P_1, P_2 und P_3 zu Eckpunkten und die zugehörigen Polarebenen E_1, E_2 und E_3 als gegenüberliegende Ebenen $x_1 = 0$ bzw. $x_2 = 0$, $x_3 = 0$ besitzt (Abb. 38). Aus diesen Annahmen folgt, daß auch der vierte Eckpunkt P_4 des Koordinatentetraeders der Pol der gegenüberliegenden Ebene E_4 sein muß. Für das so bestimmte Koordinatensystem treten in der Gleichung der Fläche die Koordinaten x_3 und x_4 ebenfalls nur noch rein quadratisch auf. Es ergibt sich also entweder die Gleichung:

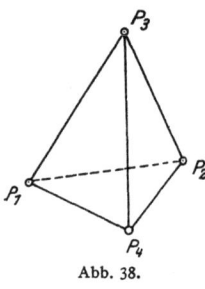

Abb. 38.

$$a_{11}x_1^2 + a_{22}x_2^2 + a_{33}x_3^2 = 0 \qquad (a_{11} \neq 0, \; a_{22} \neq 0, \; a_{33} \neq 0)$$
oder:
$$a_{11}x_1^2 + a_{22}x_2^2 + a_{33}x_3^2 + a_{44}x_4^2 = 0. \qquad (a_{11} \neq 0, \; a_{22} \neq 0, \; a_{33} \neq 0, \; a_{44} \neq 0)$$

Im ersten Fall erhalten wir einen Kegel mit der Spitze in dem Punkte $0:0:0:1$. Denn die Fläche hat mit der Ebene $x_4 = 0$ die Punkte:
$$x_4 = 0, \quad a_{11}x_1^2 + a_{22}x_2^2 + a_{33}x_3^2 = 0$$
gemeinsam. Wir greifen einen dieser Punkte $\bar{x}_1 : \bar{x}_2 : \bar{x}_3 : 0$ heraus, dessen Koordinaten somit die Gleichung:
$$a_{11}\bar{x}_1^2 + a_{22}\bar{x}_2^2 + a_{33}\bar{x}_3^2 = 0$$
erfüllen. Ein Punkt, der auf der Verbindungslinie der beiden Punkte $0:0:0:1$ und $\bar{x}_1 : \bar{x}_2 : \bar{x}_3 : 0$ liegt, hat die Koordinaten $\lambda\bar{x}_1 : \lambda\bar{x}_2 : \lambda\bar{x}_3 : 1$. Alle diese Koordinatenwerte erfüllen aber die Gleichung der betrachteten Fläche, die somit in der Tat einen Kegel darstellt. Die zweite der erhaltenen Gleichungen bestimmt eine nicht ausgeartete Fläche zweiter Ordnung, da die zugehörige Determinante nicht verschwindet, sondern den Wert $a_{11}a_{22}a_{33}a_{44} \neq 0$ besitzt.

Die Determinanten der betrachteten vier Arten von Flächen besitzen der Reihe nach den Rang 1, 2, 3 und 4:

$$\begin{vmatrix} a_{11} & 0 & 0 & 0 \\ 0 & 0 & 0 & 0 \\ 0 & 0 & 0 & 0 \\ 0 & 0 & 0 & 0 \end{vmatrix}, \quad \begin{vmatrix} a_{11} & 0 & 0 & 0 \\ 0 & a_{22} & 0 & 0 \\ 0 & 0 & 0 & 0 \\ 0 & 0 & 0 & 0 \end{vmatrix}, \quad \begin{vmatrix} a_{11} & 0 & 0 & 0 \\ 0 & a_{22} & 0 & 0 \\ 0 & 0 & a_{33} & 0 \\ 0 & 0 & 0 & 0 \end{vmatrix}, \quad \begin{vmatrix} a_{11} & 0 & 0 & 0 \\ 0 & a_{22} & 0 & 0 \\ 0 & 0 & a_{33} & 0 \\ 0 & 0 & 0 & a_{44} \end{vmatrix}.$$

Da der Rang der Determinante durch projektive Transformationen nicht geändert wird und andererseits die Gleichung einer jeden Fläche zweiter Ordnung in eine der obigen Formen überführt werden kann, erhalten wir den wichtigen Satz: *Durch Einführung eines geeigneten Koordinatentetraeders können wir die Gleichung einer beliebigen Fläche zweiter Ordnung*:

$$\sum \overline{a}_{\varkappa\lambda} x_\varkappa x_\lambda = 0$$

je nach dem Rang der zugehörigen Determinante auf eine und nur eine der vier folgenden „kanonischen Formen" transformieren:

Rang der Determinante	Kanonische Gleichungsform der Fläche	
4	$a_{11}x_1^2 + a_{22}x_2^2 + a_{33}x_3^2 + a_{44}x_4^2 = 0$	
3	$a_{11}x_1^2 + a_{22}x_2^2 + a_{33}x_3^2\phantom{+a_{44}x_4^2} = 0$	$a_{\varkappa\varkappa} \neq 0$
2	$a_{11}x_1^2 + a_{22}x_2^2\phantom{+a_{33}x_3^2+a_{44}x_4^2} = 0$	
1	$a_{11}x_1^2\phantom{+a_{22}x_2^2+a_{33}x_3^2+a_{44}x_4^2} = 0$	

Die zugehörigen Flächen sind der Reihe nach eine nicht ausgeartete Fläche zweiter Ordnung, ein Kegel zweiter Ordnung, ein Ebenenpaar und eine doppelt zählende Ebene. Durch diese Flächen wird jedem Punkt des Raumes eine bestimmte Polarebene zugeordnet mit alleiniger Ausnahme der Spitze des Kegels, den Punkten auf der Schnittgeraden des Ebenenpaares und schließlich den Punkten der doppelt zählenden Ebene selbst; für diese singulären Punkte wird die zugehörige Polarebene unbestimmt. Ein Koordinatentetraeder, in bezug auf das die Gleichung einer Fläche zweiter Ordnung die kanonische Gestalt annimmt, wird nach seiner Konstruktion als ein zu dieser Fläche gehöriges *Polartetraeder* bezeichnet.

Wir können nun weiter durch die (im allgemeinen imaginäre) Kollineation:

$$\sqrt{a_{11}}\,x_1 = \bar{x}_1, \quad \sqrt{a_{22}}\,x_2 = \bar{x}_2, \quad \sqrt{a_{33}}\,x_3 = \bar{x}_3, \quad \sqrt{a_{44}}\,x_4 = \bar{x}_4,$$

welche auf Einführung eines neuen Einheitspunktes herauskommt, die vier kanonischen Formen in reine Quadratsummen überführen:

$$\begin{aligned}\bar{x}_1^2 + \bar{x}_2^2 + \bar{x}_3^2 + \bar{x}_4^2 &= 0,\\ \bar{x}_1^2 + \bar{x}_2^2 + \bar{x}_3^2 &= 0,\\ \bar{x}_1^2 + \bar{x}_2^2 &= 0,\\ \bar{x}_1^2 &= 0.\end{aligned}$$

Zwei beliebige Flächen zweiter Ordnung, deren Determinanten den gleichen Rang besitzen, können somit stets durch projektive (im allgemeinen imaginäre) Kollineationen ineinander überführt werden; wenn die Determinanten dagegen verschiedenen Rang besitzen, ist dies unmöglich. Den projektiven *imaginären Transformationen gegenüber gibt es also nur vier wesentlich verschiedene Arten von Flächen zweiter Ordnung.*

C. Weitere Einteilung der Flächen zweiter Ordnung nach den Realitätseigenschaften. Die betrachtete Einteilung wollen wir verfeinern. Hierbei beschränken wir uns aber auf die *reellen Flächen* $\sum a_{\varkappa\lambda} x_\varkappa x_\lambda = 0$, bei denen also alle Koeffizienten $a_{\varkappa\lambda}$ reell sind. Aus den obigen Betrachtungen folgt, daß wir diese Flächen stets durch *reelle* Transformationen in die auf S. 65 angegebenen kanonischen Formen überführen können. Dagegen ist es im allgemeinen unmöglich, sie durch reelle Transformationen weiter in die Gestalt reiner Quadratsummen zu überführen; wir können sie aber durch derartige Transformationen ohne Schwierigkeiten in Gleichungen der folgenden Gestalt transformieren[1]):

$$\pm x_1^2 \pm x_2^2 \pm x_3^2 \pm x_4^2 = 0,$$
$$\pm x_1^2 \pm x_2^2 \pm x_3^2 = 0,$$
$$\pm x_1^2 \pm x_2^2 = 0,$$
$$\pm x_1^2 = 0.$$

Durch geeignete Einführung neuer Variabeln: $x_\varkappa = x'_\lambda$, die einfach auf eine Vertauschung der Indizes herauskommt, und nötigenfalls durch Multiplikation mit -1, können wir diese Gleichungen auf die folgenden 8 Fälle zurückführen:

$$x_1^2 + x_2^2 + x_3^2 + x_4^2 = 0, \quad x_1^2 + x_2^2 + x_3^2 = 0, \quad x_1^2 + x_2^2 = 0, \quad x_1^2 = 0.$$
$$x_1^2 + x_2^2 + x_3^2 - x_4^2 = 0, \quad x_1^2 + x_2^2 - x_3^2 = 0, \quad x_1^2 - x_2^2 = 0,$$
$$x_1^2 + x_2^2 - x_3^2 - x_4^2 = 0,$$

Wir werden auf S. 69 geometrisch beweisen, daß *die zugehörigen Flächen nicht durch reelle Kollineationen ineinander übergeführt werden können*. Die Gleichung einer gegebenen reellen Fläche zweiter Ordnung läßt sich also durch reelle homogene lineare Substitutionen in eine, aber auch *nur eine* der obigen 8 Gleichungen transformieren. Den absoluten Wert der Differenz zwischen den Anzahlen der positiven und negativen Quadrate bezeichnet man als den *Trägheitsindex* der betreffenden Fläche. Er ist beispielsweise in den Fällen:

$$x_1^2 + x_2^2 + x_3^2 + x_4^2 = 0,$$
$$x_1^2 + x_2^2 + x_3^2 - x_4^2 = 0,$$
$$x_1^2 + x_2^2 - x_3^2 - x_4^2 = 0$$

der Reihe nach gleich 4, 2 und 0. Da die Flächen mit verschiedenem Trägheitsindex sich nicht durch reelle Kollineationen ineinander transformieren lassen, ist diese Zahl gegenüber den *reellen* Kollineationen invariant, genau wie der Rang der Determinante bei den allgemeinen (evtl. imaginären) Kollineationen unverändert blieb.

---

[1]) Dabei sind alle möglichen Vorzeichenkombinationen zulässig.

Dieses Verhalten der Flächen zweiter Ordnung findet analytisch seinen Ausdruck in dem *Trägheitsgesetz der quadratischen Formen*[1]). *Dieses Gesetz sagt aus, daß zwei rein quadratische Formen von je n Variabeln*:
$$F_1 = \pm x_1^2 \pm x_2^2 \cdots \pm x_n^2, \quad F_2 = \pm x_1'^2 \pm x_2'^2 \cdots \pm x_n'^2$$
nur dann durch eine reelle homogene lineare Substitution $x_i = \sum_\varkappa c_{i\varkappa} x'_\varkappa$ *mit von 0 verschiedener Determinante ineinander überführbar sind, wenn die Anzahlen der positiven Glieder und somit auch die Anzahlen der negativen Glieder in beiden Formen übereinstimmen.* Somit läßt sich eine gegebene reelle quadratische Form $\sum a_{\varkappa\lambda} x_\varkappa x_\lambda$ von 4 Variabeln durch reelle homogene lineare Substitutionen stets in eine und nur eine der folgenden 14 Formen transformieren:

Rang = 4	Rang = 3	Rang = 2	Rang = 1
$x_1^2 + x_2^2 + x_3^2 + x_4^2$	$x_1^2 + x_2^2 + x_3^2$	$x_1^2 + x_2^2$	x_1^2
$x_1^2 + x_2^2 + x_3^2 - x_4^2$	$x_1^2 + x_2^2 - x_3^2$	$x_1^2 - x_2^2$	$-x_1^2$.
$x_1^2 + x_2^2 - x_3^2 - x_4^2$	$x_1^2 - x_2^2 - x_3^2$	$-x_1^2 - x_2^2$	
$x_1^2 - x_2^2 - x_3^2 - x_4^2$	$-x_1^2 - x_2^2 - x_3^2$		
$-x_1^2 - x_2^2 - x_3^2 - x_4^2$			

Eine nicht ausgeartete quadratische Form, die sich in eine Quadratsumme mit lauter positiven bzw. negativen Vorzeichen überführen läßt, ist *positiv bzw. negativ definit*, d. h. sie kann nur positive bzw. negative Werte annehmen, wenn die Variabeln reell und nicht sämtlich gleich Null sind. Die übrigen Formen sind *indefinit*. Wenn wir von den quadratischen Formen wieder zu den quadratischen Gleichungen übergehen, fallen bestimmte der bisher betrachteten Fälle zusammen, wie z. B.:
$$x_1^2 + x_2^2 + x_3^2 + x_4^2 = 0 \quad \text{und} \quad -x_1^2 - x_2^2 - x_3^2 - x_4^2 = 0,$$
so daß von den obigen 14 Fällen nur die 8 vorhin betrachteten übrig bleiben.

In der folgenden Tabelle haben wir die Flächen angegeben, welche den verschiedenen Gleichungsformen entsprechen. In der Tabelle ist ferner die weitere Unterteilung angegeben, welche vom Standpunkt der affinen Geometrie aus vorzunehmen ist; wir haben hierzu das Verhalten der verschiedenen Flächen gegenüber der unendlich fernen Ebene zu berücksichtigen. Der Leser möge die hierher gehörigen Überlegungen für sich selbst durchführen. Die Namen der verschiedenen Flächenarten werden wir gleich erklären.

---

[1]) Der Beweis des Trägheitsgesetzes findet sich in zahlreichen Lehrbüchern; vgl. etwa *Kowalewski: Einführung in die Determinantentheorie*, 2. Aufl., Leipzig 1925. Wir ziehen es vor, den Beweis für die uns hier allein interessierenden Gleichungen geometrisch zu führen (vgl. S. 69 und 80).

Die Gebilde zweiten Grades.

Einteilung der reellen Flächen zweiter Ordnung[1]).

I. *Rang der Determinante gleich 4: Eigentliche Flächen zweiter Ordnung.*
  1. $x_1^2 + x_2^2 + x_3^2 + x_4^2 = 0.$ *Nullteilige Flächen.*
  2. $x_1^2 + x_2^2 + x_3^2 - x_4^2 = 0.$ *Ovale Flächen.*
     a) Ellipsoide.
     b) Elliptische Paraboloide.
     c) Zweischalige Hyperboloide.
  3. $x_1^2 + x_2^2 - x_3^2 - x_4^2 = 0.$ *Ringartige Flächen.*
     a) Einschalige Hyperboloide.
     b) Hyperbolische Paraboloide.

II. *Rang der Determinante gleich 3: Kegelflächen zweiter Ordnung.*
  1. $x_1^2 + x_2^2 + x_3^2 = 0.$ *Nullteilige Kegel.*
     a) Nullteiliger Kegel.
     b) Nullteiliger Zylinder.
  2. $x_1^2 + x_2^2 - x_3^2 = 0.$ *Gewöhnliche Kegel.*
     a) Kegel.
     b) Elliptischer Zylinder.
     c) Parabolischer Zylinder.
     d) Hyperbolischer Zylinder.

III. *Rang der Determinante gleich 2: Ebenenpaare.*
  1. $x_1^2 + x_2^2 = 0.$ *Konjugiert imaginäre Ebenenpaare.*
     a) Sich schneidende imaginäre Ebenen.
     b) Parallele imaginäre Ebenen.
  2. $x_1^2 - x_2^2 = 0.$ *Reelle Ebenenpaare.*
     a) Sich schneidende Ebenen.
     b) Parallele Ebenen.
     c) Eine Ebene endlich, die andere unendlich fern, also für den affinen Standpunkt nicht vorhanden.

IV. *Rang der Determinante gleich 1: Doppelt zählende Ebenen.*
  1. $x_1^2 = 0.$
     a) Doppelt zählende endliche Ebene.
     b) Doppelt zählende unendlich ferne Ebene, in der affinen Geometrie nicht vorhanden.

In dieser Tabelle, die für die späteren Überlegungen grundlegend ist, haben wir die nichtausgearteten Flächen als nullteilig, oval und ringartig unterschieden. Der Name *nullteilig* bezieht sich darauf, daß diese Flächen keine reellen Flächenstücke enthalten; die allgemeinen nullteiligen Flächen besitzen überhaupt keine reellen Punkte, bei den nullteiligen Kegeln ist nur die Spitze reell, die bei der angegebenen

---

[1]) *Diese Einteilung umfaßt drei Rubriken:*
Römische Ziffern: Einteilung gegenüber den *imaginären Kollineationen;* invariante Eigenschaft der Fläche: *Rang der zugehörigen Determinante.*
Arabische Ziffern: Weitere Einteilung gegenüber den *reellen Kollineationen;* invariante Eigenschaft der Fläche: *Trägheitsindex.*
Lateinische Buchstaben: Weitere Einteilung gegenüber den *affinen Transformationen;* invariante Eigenschaft der Fläche: *Art des Schnittgebildes mit der unendlich fernen Ebene.*

Gleichungsform die Koordinaten 0 : 0 : 0 : 1 besitzt[1]). Die Bedeutung des Namens *ovale Flächen* tritt ohne weiteres hervor, wenn wir etwa an das hierher gehörige Ellipsoid denken. Die Bezeichnung *ringartige Flächen* soll schließlich darauf hinweisen, daß diese Flächen den Zusammenhang eines Ringes besitzen, wie wir an dem einschaligen Hyperboloid erklären wollen. Wenn wir diese Fläche längs der unendlich fernen Ebene aufschneiden, die beiden hierdurch entstandenen Ränder in das Endliche ziehen und sie nach geeigneter Verzerrung der Fläche in

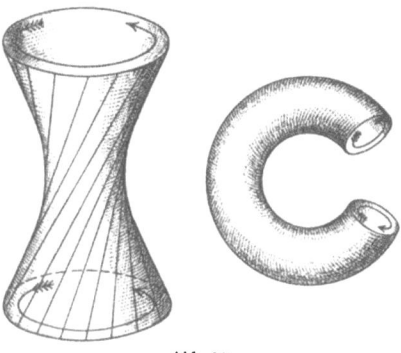

Abb. 39.

derselben Weise, in der sie vorher zusammenhingen, wieder aneinanderheften, erhalten wir nämlich in der Tat einen Ring (Abb. 39).

Wir haben nun noch *den wichtigen Beweis nachzuholen, daß die in der Tabelle angegebenen kanonischen Gleichungen nicht durch reelle lineare Substitutionen ineinander transformiert werden können*. Diese Behauptung ist geometrisch unmittelbar evident. Eine nicht ausgeartete nullteilige Fläche besitzt nämlich überhaupt keine reellen Punkte und kann somit auch nicht durch reelle Kollineationen in die ovalen oder ringförmigen Flächen überführt werden. Ferner gilt die Behauptung auch für die beiden letzten Flächen, da auf den ringartigen Flächen reelle Gerade verlaufen (vgl. § 5), auf den ovalen dagegen nicht. Entsprechend gehen wir bei den Kegeln und Ebenenpaaren vor, indem wir berücksichtigen, daß der nullteilige Kegel nur einen einzigen reellen Punkt und das konjugiert imaginäre Ebenenpaar nur eine einzige reelle Gerade enthält.

D. Die entsprechende Einteilung der Kurven und Punktsysteme zweiter Ordnung. In genau derselben Weise wie im Raum können wir die Gebilde zweiter Ordnung auch in der Ebene und auf der geraden Linie einteilen. Wir erhalten dadurch die beiden folgenden Tabellen:

---

[1]) Den Namen imaginäre Flächen können wir nicht verwenden, da wir hierunter nach S. 53 eine Fläche verstehen, deren Gleichung nicht in reeller Form geschrieben werden kann.

Einteilung der reellen Kurven zweiter Ordnung.

I. Rang der Determinante gleich 3: Eigentliche Kurven zweiter Ordnung.
1. $x_1^2 + x_2^2 + x_3^2 = 0$.   *Nullteilige Kegelschnitte.*
2. $x_1^2 + x_2^2 - x_3^2 = 0$.   *Ovale Kegelschnitte.*
   a) Ellipsen.
   b) Parabeln.
   c) Hyperbeln.

II. Rang der Determinante gleich 2: Geradenpaare.
1. $x_1^2 + x_2^2 = 0$.   *Konjugiert imaginäre Geradenpaare.*
   a) Sich schneidende imaginäre Geraden.
   b) Parallele imaginäre Geraden.
2. $x_1^2 - x_2^2 = 0$.   *Reelle Geradenpaare.*
   a) Sich schneidende Geraden.
   b) Parallele Geraden.
   c) Eine Gerade endlich, die andere unendlich fern, also für den affinen Standpunkt nicht vorhanden.

III. Rang der Determinante gleich 1: Doppelt zählende Geraden.
1. $x_1^2 = 0$.
   a) Doppelt zählende endliche Gerade.
   b) Doppelt zählende unendlich ferne Gerade, in der affinen Geometrie nicht vorhanden.

Einteilung der reellen Punktsysteme zweiter Ordnung.

I. Rang der Determinante gleich 2: Punktepaare.
1. $x_1^2 + x_2^2 = 0$.   *Konjugiert imaginäre Punktepaare.*
2. $x_1^2 - x_2^2 = 0$.   *Reelle Punktepaare.*
   a) Zwei endliche Punkte.
   b) Ein Punkt endlich, der andere unendlich fern, also für den affinen Standpunkt nicht vorhanden.

II. Rang der Determinante gleich 1: Doppelt zählende Punkte.
1. $x_1^2 = 0$.
   a) Doppelt zählender endlicher Punkt.
   b) Doppelt zählender unendlich ferner Punkt, in der affinen Geometrie nicht vorhanden.

E. Historisches zur Einteilung der Gebilde zweiter Ordnung.
Die Theorie der Gebilde zweiter Ordnung hat sich folgendermaßen entwickelt. Für den Fall der Ebene sind die Gleichungen zweiten Grades bereits von den Begründern der Koordinatenmethode diskutiert worden. Die entsprechenden Untersuchungen im Raum sind (unter Bezugnahme auf rechtwinklige Parallelkoordinaten) 1748 von *Euler* in seiner *Introductio in analysin infinitorum* durchgeführt worden. Die Bedeutung der Determinantentheorie für die Einteilung der Gebilde zweiten Grades haben zuerst *Cauchy* (1829), *Jacobi* (1833) und *Hesse* (1833) erkannt; die Einteilung der Flächen nach ihrem Range finden sich auch schon 1832 bei *Plücker*. 1842 transformiert *Plücker* eine Fläche zweiten Grades auf ein Polartetraeder; der Begriff des Polartetraeders selbst tritt schon in *Poncelets Traité* auf. 1846 teilt *Plücker* die Flächen zweiten Grades nach dem später so genannten Trägheitsgesetz ein, das *Sylvester* 1852 in allgemeiner Form aufstellt.

§ 4. Die Einteilung der Gebilde zweiter Klasse; Beziehungen zur Einteilung der Gebilde zweiter Ordnung.

A. Die Einteilung der Flächen zweiter Klasse. In genau derselben Weise wie die Flächen zweiter Ordnung wollen wir jetzt dual die Flächen zweiter Klasse:

$$\sum \alpha_{\varkappa\lambda} u_\varkappa u_\lambda = 0$$

einteilen. Bei der Polarverwandtschaft haben wir nach dem Rang der zugehörigen Determinante vier verschiedene Fälle zu unterscheiden: Wenn der Rang der Determinante gleich 4 ist, gibt es überhaupt keine Ebene, deren Pol unbestimmt wird; wenn der Rang gleich 3 ist, gibt es eine einzige derartige Ebene, wenn der Rang gleich 2 ist, ein ganzes Ebenenbüschel, und wenn schließlich der Rang gleich 1 ist, ein ganzes Ebenenbündel. Diese ausgezeichneten Ebenen gehören dabei der Klassenfläche selbst an. Durch Beziehung auf ein Polartetraeder können wir die Gleichungen der vier Flächenarten der Reihe nach auf die folgenden Formen bringen:

$$\alpha_{11} u_1^2 + \alpha_{22} u_2^2 + \alpha_{33} u_3^2 + \alpha_{44} u_4^2 = 0,$$
$$\alpha_{11} u_1^2 + \alpha_{22} u_2^2 + \alpha_{33} u_3^2 \hphantom{+ \alpha_{44} u_4^2} = 0,$$
$$\alpha_{11} u_1^2 + \alpha_{22} u_2^2 \hphantom{+ \alpha_{33} u_3^2 + \alpha_{44} u_4^2} = 0, \qquad (\alpha_{\varkappa\varkappa} \neq 0)$$
$$\alpha_{11} u_1^2 \hphantom{+ \alpha_{22} u_2^2 + \alpha_{33} u_3^2 + \alpha_{44} u_4^2} = 0.$$

Die erste dieser Gleichungen stellt eine *nichtausgeartete Fläche zweiter Klasse* dar, weil die zugehörige Determinante $\Delta = \alpha_{11} \alpha_{22} \alpha_{33} \alpha_{44}$ nicht verschwindet. Die zweite Gleichung ergibt die *Gesamtheit der Ebenen, welche einen in der Ebene* $u_1 : u_2 : u_3 : u_4 = 0 : 0 : 0 : 1$ *liegenden Kegelschnitt umhüllen.* Der Beweis läuft dual zu dem entsprechenden Beweis S. 64, in welchem wir zeigten, daß die Gleichung: $a_{11} x_1^2 + a_{22} x_2^2 + a_{33} x_3^2 = 0$ einen Kegel darstellt. Die Ebenen, welche die betrachtete Klassenfläche gemeinsam mit dem Ebenenbündel $u_4 = 0$ besitzt (das sind in Abb. 40 die Ebenen durch P_4), sind durch die Gleichungen:

$$u_4 = 0 \qquad \alpha_{11} u_1^2 + \alpha_{22} u_2^2 + \alpha_{33} u_3^2 = 0$$

bestimmt. Wir greifen eine dieser Ebenen $\bar{u}_1 : \bar{u}_2 : \bar{u}_3 : 0$ heraus, deren Koordinaten somit die Gleichung:

$$\alpha_{11} \bar{u}_1^2 + \alpha_{22} \bar{u}_2^2 + \alpha_{33} \bar{u}_3^2 = 0$$

erfüllen (etwa die Ebene, die in Abb. 40 in das Tetraeder eingezeichnet ist). Eine Ebene, die durch die Schnittgerade der beiden Ebenen $\bar{u}_1 : \bar{u}_2 : \bar{u}_3 : 0$ und $0 : 0 : 0 : 1$ geht (diese zweite Ebene ist in Abb. 40 mit $P_1 P_2 P_3$ bezeichnet), hat nun die Koordinaten $\lambda \bar{u}_1 : \lambda \bar{u}_2 : \lambda \bar{u}_3 : 1$. Alle diese Koordinatenwerte erfüllen die Gleichung der betrachteten Klassenfläche, die somit aus allen Ebenen besteht, welche durch bestimmte in der Ebene $0:0:0:1$ liegende Gerade laufen. Diese Geraden umhüllen einen nicht ausgearteten Kegelschnitt, womit unsere Behauptung bewiesen ist. Man pflegt dieses Gebilde einfach als *Kegelschnitt* zu be-

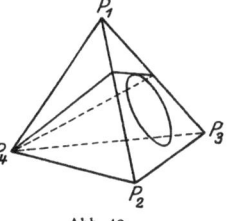

Abb. 40.

zeichnen, den man dabei als Gesamtheit aller Ebenen auffaßt, die durch je eine seiner Tangenten hindurchgehen.

Die dritte der erhaltenen Gleichungen: $\alpha_{11}u_1^2 + \alpha_{22}u_2^2 = 0$ stellt zwei Ebenenbündel dar: $\dfrac{u_1}{u_2} = \pm \sqrt{-\dfrac{\alpha_{22}}{\alpha_{11}}}$. Man bezeichnet dieses Gebilde als *Punktepaar*, wobei man jeden der beiden Punkte als die Gesamtheit aller Ebenen auffaßt, die durch ihn hindurchlaufen. Die vierte Gleichung: $\alpha_{11}u_1^2 = 0$ ergibt endlich ein doppelt zählendes Ebenenbündel oder, in anderer Ausdrucksweise, einen *doppelt zählenden Punkt*.

Die ausgezeichneten Ebenen, deren Pol unbestimmt ist, bestehen bei dem Kegelschnitt aus der Ebene des Kegelschnittes, bei dem Punktepaar aus dem Ebenenbüschel, das durch die Verbindungsgerade der beiden Punkte bestimmt wird, und bei dem doppelt zählenden Punkt aus dem Ebenenbündel, das durch eben diesen Punkt hindurchgeht.

Wir beschränken uns jetzt auf die reellen Klassenflächen und teilen diese weiter nach dem zugehörigen Trägheitsindex ein. Wir erhalten dadurch die folgende Tabelle, in der zugleich noch die weitere Unterteilung für die affine Geometrie angegeben ist.

Einteilung der reellen Flächen zweiter Klasse.

I. Rang der Determinante gleich 4: Eigentliche Flächen zweiter Klasse.
1. $u_1^2 + u_2^2 + u_3^2 + u_4^2 = 0$.   *Nullteilige Klassenflächen.*
2. $u_1^2 + u_2^2 + u_3^2 - u_4^2 = 0$.   *Ovale Klassenflächen.*
   a) Ellipsoide.
   b) Elliptische Paraboloide.
   c) Zweischalige Hyperboloide.
3. $u_1^2 + u_2^2 - u_3^2 - u_4^2 = 0$.   *Ringartige Klassenflächen.*
   a) Einschalige Hyperboloide.
   b) Hyperbolische Paraboloide.

II. Rang der Determinante gleich 3: Kurven zweiter Klasse.
1. $u_1^2 + u_2^2 + u_3^2 = 0$.   *Nullteilige Klassenkurven.*
   a) Die zugehörige Ordnungskurve liegt in einer endlichen Ebene.
   b) Die zugehörige Ordnungskurve liegt in der unendlich fernen Ebene.
2. $u_1^2 + u_2^2 - u_3^2 = 0$.   *Ovale Klassenkurven.*
   a) Die zugehörige Ordnungskurve liegt in der unendlich fernen Ebene.
   Die zugehörige Ordnungskurve liegt in einer endlichen Ebene und ist
   b) eine Ellipse,
   c) eine Parabel,
   d) eine Hyperbel.

III. Rang der Determinante gleich 2: Punktepaare.
1. $u_1^2 + u_2^2 = 0$.   *Konjugiert imaginäre Punktepaare.*
   a) Beide Punkte endlich.
   b) Beide Punkte liegen in der unendlich fernen Ebene.
2. $u_1^2 - u_2^2 = 0$.   *Reelle Punktepaare.*
   a) Beide Punkte endlich.
   b) Beide Punkte liegen in der unendlich fernen Ebene.
   c) Ein Punkt ist endlich, der andere unendlich fern.

IV. Rang der Determinante gleich 1: Doppelt zählende Punkte.
1. $u_1^2 = 0$.
   a) Doppelt zählender endlicher Punkt.
   b) Doppelt zählender unendlich ferner Punkt.

Die Einteilung der Gebilde zweiter Klasse.

Diese Tabelle ist in genau der gleichen Weise wie die entsprechende Tabelle für die reellen Ordnungsflächen S. 68 aufgebaut. Wir haben auch hier *drei Rubriken, die nacheinander die Einteilung gegenüber den imaginären Kollineationen, den reellen Kollineationen und schließlich den affinen Transformationen angeben.* In beiden Tabellen ist an allen Stellen die Zahl der möglichen Fallunterscheidungen gleich groß.

B. Die Beziehungen zwischen den verschiedenen Flächenarten zweiter Ordnung und Klasse. In der Tabelle ist die Behauptung enthalten, daß die nullteiligen, ovalen und ringartigen Flächen als Klassengebilde aufgefaßt denselben Trägheitsindex wie die zugehörigen Ordnungsgebilde besitzen. In der Tat enstpricht der Klassenfläche:

$$\alpha_{11}u_1^2 + \alpha_{22}u_2^2 + \alpha_{33}u_3^2 + \alpha_{44}u_4^2 = 0$$

nach S. 60 die Ordnungsfläche:

$$\begin{vmatrix} \alpha_{11} & 0 & 0 & 0 & x_1 \\ 0 & \alpha_{22} & 0 & 0 & x_2 \\ 0 & 0 & \alpha_{33} & 0 & x_3 \\ 0 & 0 & 0 & \alpha_{44} & x_4 \\ x_1 & x_2 & x_3 & x_4 & 0 \end{vmatrix} = \alpha_{22}\alpha_{33}\alpha_{44}x_1^2 + \alpha_{11}\alpha_{33}\alpha_{44}x_2^2 + \alpha_{11}\alpha_{22}\alpha_{44}x_3^2 + \alpha_{11}\alpha_{22}\alpha_{33}x_4^2 = 0.$$

Da wir augenblicklich die nichtausgearteten Flächen betrachten, also die Koeffizienten $\alpha_{11}, \alpha_{22}, \alpha_{33}, \alpha_{44}$ ungleich Null sind, können wir die obige Gleichung durch das Produkt dieser Größen dividieren:

$$\frac{x_1^2}{\alpha_{11}} + \frac{x_2^2}{\alpha_{22}} + \frac{x_3^2}{\alpha_{33}} + \frac{x_4^2}{\alpha_{44}} = 0.$$

Aus dieser Gleichung folgt unmittelbar, daß etwa der Klassenfläche $u_1^2 + u_2^2 + u_3^2 - u_4^2 = 0$ eine ovale Ordnungsfläche usw. entspricht, was zu beweisen war. Wenn wir von der obigen Ordnungsgleichung wieder zu der zugehörigen Klassengleichung übergehen, erhalten wir:

$$\begin{vmatrix} \alpha_{22}\alpha_{33}\alpha_{44} & 0 & 0 & 0 & u_1 \\ 0 & \alpha_{11}\alpha_{33}\alpha_{44} & 0 & 0 & u_2 \\ 0 & 0 & \alpha_{11}\alpha_{22}\alpha_{44} & 0 & u_3 \\ 0 & 0 & 0 & \alpha_{11}\alpha_{22}\alpha_{33} & u_4 \\ u_1 & u_2 & u_3 & u_4 & 0 \end{vmatrix} = \alpha_{11}^2\alpha_{22}^2\alpha_{33}^2\alpha_{44}^2 \cdot \{\alpha_{11}u_1^2 + \alpha_{22}u_2^2 + \alpha_{33}u_3^2 + \alpha_{44}u_4^2\} = 0,$$

also wieder die Klassengleichung, von der wir ausgegangen sind. Hiermit haben wir zugleich den auf S. 61 angegebenen Satz bewiesen.

Die *ausgearteten* Ordnungs- und Klassengebilde scheinen einander zunächst nicht nach derartig einfachen Gesetzen zugeordnet zu sein. Aus der oben aufgestellten Gleichung ergibt sich, daß den Klassenkurven (für die $\alpha_{44} = 0$ ist) als Ordnungsgebilde eine doppelt zählende Ebene $x_4^2 = 0$ entspricht; es ist dies gerade die Ebene, in welcher die zugehörige Kurve (als Gebilde ihrer Punkte betrachtet) enthalten ist. Für die Punktepaare und doppelt zählenden Punkte ergibt sich jedoch auf die gleiche Weise die Identität $0 = 0$; das zugehörige Ordnungsgebilde bleibt also in diesem Falle unbestimmt.

Wenn wir andererseits von den Ordnungsflächen ausgehen, entspricht den Kegeln der doppelt zählende Punkt $u_4^2 = 0$, der die Spitze des Kegels darstellt. Wir wollen besonders darauf hinweisen, daß das einem Kegel entsprechende Klassengebilde nicht etwa aus den Tangentialebenen des Kegels besteht, sondern aus den sämtlichen Ebenen, welche durch die Spitze des Kegels laufen (vgl. S. 88). Die Ebenenpaare und doppelt zählenden Ebenen ergeben als Klassengleichung wieder die Identität $0 = 0$.

Diese Verhältnisse lassen sich in der folgenden Weise zusammenfassen:

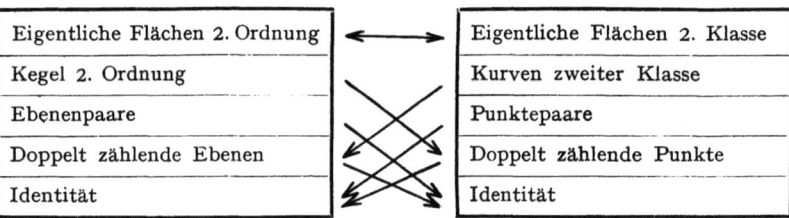

Bei den ausgearteten Flächen zweiter Ordnung und Klasse hört also die Eineindeutigkeit der Zuordnung auf: Das Klassengebilde, das einem bestimmten Ordnungsgebilde entspricht, führt umgekehrt nicht wieder auf das zugehörige Ordnungsgebilde, sondern auf die Identität. Diese Unvollkommenheit werden wir S. 85 ff. und 92 durch Einführung eines neuen Gesichtspunktes beseitigen.

C. **Entsprechende Betrachtungen für die Kurven zweiter Klasse.** Die Klassifikation der Gebilde zweiter Klasse läßt sich in anderen Dimensionen nach genau denselben Gesichtspunkten ausführen. Wir geben noch die Tabelle für die Kurven zweiter Klasse in der Ebene an. (Auf der geraden Linie fällt der Unterschied zwischen Ordnungs- und Klassengebilden fort.)

Einteilung der reellen Kurven zweiter Klasse.

I. Rang der Determinante gleich 3: *Eigentliche Kurven zweiter Klasse.*
  1. $u_1^2 + u_2^2 + u_3^2 = 0$.   *Nullteilige Klassenkurven.*
  2. $u_1^2 + u_2^2 - u_3^2 = 0$.   *Ovale Klassenkurven.*
     a) Ellipsen.
     b) Parabeln.
     c) Hyperbeln.
II. Rang der Determinante gleich 2: *Punktepaare.*
  1. $u_1^2 + u_2^2 = 0$.   *Konjugiert imaginäre Punktepaare.*
     a) Beide Punkte endlich.
     b) Beide Punkte liegen auf der unendlich fernen Geraden.
  2. $u_1^2 - u_2^2 = 0$.   *Reelle Punktepaare.*
     a) Beide Punkte endlich.
     b) Beide Punkte liegen in der unendlich fernen Geraden.
     c) Ein Punkt endlich, der andere unendlich fern.
III. Rang der Determinanten gleich 1: *Doppelt zählende Punkte.*
  1. $u_1^2 = 0$.
     a) Doppelt zählender endlicher Punkt.
     b) Doppelt zählender unendlich ferner Punkt.

Die geraden Linien auf den nicht ausgearteten Flächen zweiter Ordnung. 75

Die Zusammengehörigkeit der ebenen Ordnungs- und Klassenkurven zweiten Grades ist in der folgenden Tabelle enthalten.

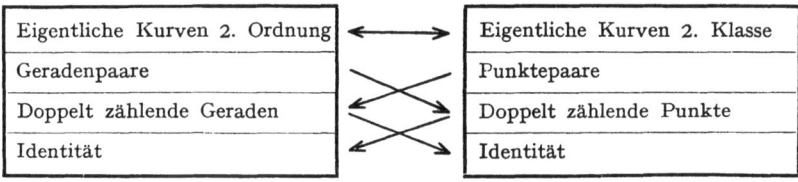

§ 5. Die geraden Linien auf den nicht ausgearteten Flächen zweiter Ordnung.

Auf den Flächen zweiter Ordnung verlaufen reelle und imaginäre gerade Linien, deren Theorie wir für die folgenden Untersuchungen entwickeln müssen. Wir beginnen mit den ringartigen Flächen, auf denen, wie auch schon aus der analytischen Geometrie bekannt sein wird, zwei Scharen von reellen Geraden verlaufen. Die Gleichung der ringartigen Flächen lautet, auf ein geeignetes reelles Polartetraeder bezogen:

$$x_1^2 + x_2^2 - x_3^2 - x_4^2 = 0.$$

Diese Gleichung können wir auch in der Form schreiben:

$$(x_1 + x_3)(x_1 - x_3) + (x_2 + x_4)(x_2 - x_4) = 0.$$

Wir führen nun durch die Substitution:

$$\varrho y_1 = x_1 + x_3, \quad \varrho y_2 = x_2 + x_4, \quad D = \begin{vmatrix} 1 & 0 & 1 & 0 \\ 0 & 1 & 0 & 1 \\ 1 & 0 & -1 & 0 \\ 0 & -1 & 0 & 1 \end{vmatrix} = -4$$
$$\varrho y_3 = x_1 - x_3, \quad \varrho y_4 = -x_2 + x_4,$$

ein neues reelles Koordinatentetraeder ein, in bezug auf das die Flächengleichung die einfache Gestalt:

$$y_1 y_3 - y_2 y_4 = 0$$

annimmt. Ein derartiges Koordinatentetraeder wird als ein zu der Fläche gehöriges *Tangentialtetraeder* bezeichnet. Zunächst ergibt sich, daß vier seiner Kanten, nämlich:

$$P_3 P_4: \begin{cases} y_1 = 0, \\ y_2 = 0, \end{cases} \quad P_2 P_3: \begin{cases} y_1 = 0, \\ y_4 = 0, \end{cases} \quad P_1 P_4: \begin{cases} y_2 = 0, \\ y_3 = 0, \end{cases} \quad P_1 P_2: \begin{cases} y_3 = 0 \\ y_4 = 0 \end{cases}$$

der Fläche angehören, weil die Gleichung der Fläche für diese Werte erfüllt ist. (Diese Kanten sind in Abb. 41 dick gezeichnet.) Ferner sind die vier Eckpunkte Pole der Tetraederflächen. Die Gleichung der Polarebene des Punktes y besitzt nämlich jetzt in den laufenden Koordinaten ξ_x (die sich auf das Tangentialtetraeder beziehen) die Gestalt:

$$y_3 \cdot \xi_1 - y_4 \cdot \xi_2 + y_1 \cdot \xi_3 - y_2 \cdot \xi_4 = 0,$$

und hieraus ergibt sich, daß etwa dem Eckpunkt $y_1:y_2:y_3:y_4=1:0:0:0$ die Polarebene $\xi_3 = 0$ entspricht usw. Da die Eckpunkte des Tetraeders auf der Fläche selbst liegen, sind somit seine Ebenen Tangentialebenen der betrachteten Fläche, und zwar berührt die Ebene $P_2P_3P_4$ in P_3, $P_1P_3P_4$ in P_4, $P_1P_2P_4$ in P_1 und $P_1P_2P_3$ in P_2. Hieraus folgt weiter, daß die beiden Kanten P_1P_3 und P_2P_4 konjugierte Polaren in bezug auf die Fläche sind (Abb. 41).

Die Gleichung der Fläche wird durch den Ansatz:
$$y_1 = \lambda y_4, \quad \lambda y_3 = y_2$$
erfüllt, welches auch der Wert von λ sein mag. Für festes λ stellt die erste Gleichung eine Ebene dar, die durch die Schnittgerade der beiden Ebenen $y_1 = 0$ und $y_4 = 0$, also die Kante P_2P_3 läuft. Genau so ergibt die

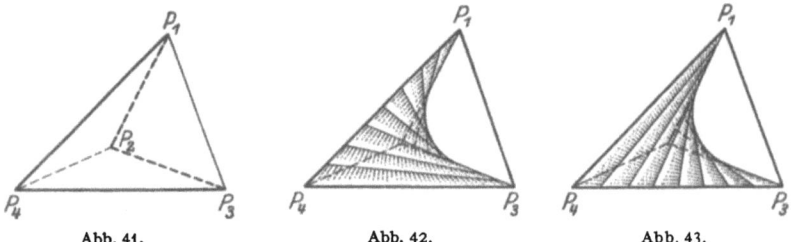

Abb. 41.   Abb. 42.   Abb. 43.

zweite Gleichung eine Ebene, die durch die Kante P_1P_4 hindurchgeht. Diese beiden Ebenen schneiden sich in einer Geraden, die sowohl die Kante P_2P_3, wie auch die Kante P_1P_4 trifft. Wenn wir λ alle reellen Werte von $-\infty$ bis $+\infty$ annehmen lassen, erhalten wir somit eine ganze Schar von reellen Geraden[1]), von denen jede der Fläche angehört und durch die beiden Kanten P_2P_3 und P_1P_4 hindurchgeht (Abb. 42). Wenn wir λ einen komplexen Wert geben, erhalten wir eine imaginäre Gerade mit denselben Eigenschaften.

Genau so wird die Gleichung unserer Fläche auch durch den Ansatz:
$$y_1 = \mu y_2, \quad \mu y_3 = y_4$$
erfüllt. Dieses Gleichungssystem gibt uns eine zweite Schar von geraden Linien, von denen jede auf der Fläche verläuft und durch die beiden Kanten P_3P_4 und P_1P_2 hindurchgeht (Abb. 43). Von den vier Kanten des Tetraeders, welche auf der Fläche liegen, gehören dabei zwei, nämlich P_1P_2 und P_3P_4, der ersten Schar von Geraden, und zwei, nämlich P_1P_4 und P_2P_3, der zweiten Schar an. Mit diesen beiden Scharen von geraden Linien sind alle Geraden erschöpft, die auf einer ringartigen Fläche verlaufen; denn man kann leicht zeigen, daß die Fläche in ein Ebenenpaar ausarten muß, wenn wir auf ihr noch weitere Gerade

---

[1]) Die geraden Linien, die auf einer Fläche zweiter Ordnung verlaufen, werden auch als die *Erzeugenden* dieser Fläche bezeichnet.

Die geraden Linien auf den nicht ausgearteten Flächen zweiter Ordnung.

annehmen. Die beiden Scharen besitzen die Eigenschaft, daß je zwei gerade Linien derselben Schar sich nicht treffen, während umgekehrt jede Gerade der ersten Schar jede Gerade der zweiten Schar schneidet. Durch jeden Punkt der Fläche geht je eine Gerade einer jeden Schar; für einen reellen Punkt sind die beiden Geraden reell, für einen imaginären Punkt imaginär; es handelt sich jedesmal um das Geradenpaar, das durch die Tangentialebene des betreffenden Flächenpunktes ausgeschnitten wird. Der Beweis dieser Behauptungen ist aus den Elementen der analytischen Geometrie des Raumes bekannt. Alle diese Verhältnisse treten an der Abb. 44 (einschaliges Hyperboloid) und Abb. 45 (hyperbolisches Paraboloid) deutlich hervor.

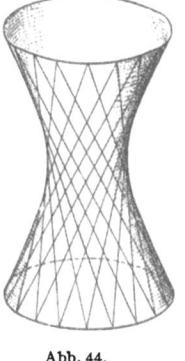
Abb. 44.

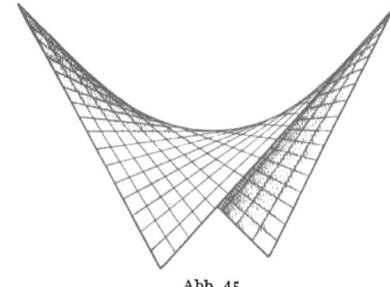
Abb. 45.

Auf den ovalen und nullteiligen Flächen verlaufen ebenfalls zwei Scharen von Geraden, welche dieselben Eigenschaften wie die Geradenscharen der ringartigen Flächen besitzen; es folgt dies unmittelbar daraus, daß sich die ovalen und nullteiligen Flächen durch imaginäre Kollineationen in die ringartigen Flächen überführen lassen. Allerdings sind diese Geraden nicht mehr reell, sondern sämtlich imaginär. Zur näheren Betrachtung beziehen wir die ovalen und nullteiligen Flächen auf ein geeignetes reelles Polartetraeder:

$$x_1^2 + x_2^2 + x_3^2 - x_4^2 = 0 \qquad | \qquad x_1^2 + x_2^2 + x_3^2 + x_4^2 = 0$$

und schreiben diese Gleichungen in der Form:

$$(x_1 + i x_3)(x_1 - i x_3) + (x_2 + x_4)(x_2 - x_4) = 0 \quad | \quad (x_1 + i x_3)(x_1 - i x_3) + (x_2 + i x_4)(x_2 - i x_4) = 0.$$

Sodann führen wir durch die Substitutionen:

$$\begin{aligned} \varrho y_1 &= x_1 + i x_3 \\ \varrho y_2 &= x_2 + x_4 \\ \varrho y_3 &= x_1 - i x_3 \\ \varrho y_4 &= -x_2 + x_4 \end{aligned} \quad D = -4i \quad \Big| \quad \begin{aligned} \varrho y_1 &= x_1 + i x_3 \\ \varrho y_2 &= x_2 + i x_4 \\ \varrho y_3 &= x_1 - i x_3 \\ \varrho y_4 &= -x_2 + i x_4 \end{aligned} \quad D = 4$$

ein neues, zum Teil imaginäres Koordinatentetraeder ein, in bezug auf das beide Flächenarten die Gleichung:

$$y_1 y_3 - y_2 y_4 = 0$$

annehmen. Aus dieser Gleichungsform können wir genau wie vorher ableiten, daß auf den zugehörigen Flächen zwei Geradenscharen mit den bekannten Eigenschaften verlaufen. Insbesondere wollen wir hervorheben, daß auf den ovalen Flächen durch jeden reellen Punkt zwei konjugiert imaginäre gerade Linien gehen, welche aus der Fläche durch die zugehörige Tangentialebene ausgeschnitten werden.

Um diese Verhältnisse anschaulich erfassen zu können, wollen wir uns eine bestimmtere Vorstellung von den Tangentialtetraedern bilden, auf welche wir die ovalen und nullteiligen Flächen durch die obigen Substitutionen bezogen haben. Bei den ovalen Flächen besteht das Tangentialtetraeder aus zwei reellen Ebenen $y_2 = 0$ und $y_4 = 0$ und zwei konjugiert imaginären Ebenen $y_1 = 0$ und $y_3 = 0$. Infolgedessen sind auch die beiden Kanten P_1P_3 und P_2P_4 reell, in denen sich die beiden Ebenenpaare schneiden; diese Kanten sind nach S. 76 konjugierte Polaren in bezug auf die Fläche. Ferner sind auch die beiden Eckpunkte P_2 und P_4 reell, in denen die reelle Kante P_2P_4 die beiden reellen Ebenen durchstößt; diese beiden Punkte liegen auf der Fläche selbst und sind die Berührungspunkte der beiden reellen Ebenen. Aus diesen Überlegungen folgt eine einfache Konstruktion des gesuchten Tetraeders. Wir wählen auf der ovalen Fläche zwei beliebige reelle Punkte P_2 und P_4 und bestimmen die zugehörigen reellen Tangentialebenen $y_4 = 0$ und $y_2 = 0$ (Abb. 46). Diese schneiden sich in der zweiten reellen Kante des Tetraeders P_1P_3. Um nun auch die imaginären Elemente des Tetraeders zu erhalten, nehmen wir das windschiefe Vierseit der beiden konjugiert imaginären Geradenpaare hinzu, welche auf der Fläche von den beiden reellen Punkten P_2 und P_4 auslaufen; es sind dies die Geradenpaare, die durch die Tangentialebenen $y_4 = 0$ und $y_2 = 0$ aus der Fläche ausgeschnitten werden. Je zwei dieser Geraden schneiden sich in den imaginären Punkten P_1 und P_3, welche auf der zweiten reellen Kante des Tetraeders liegen. Damit ist das gesuchte Tetraeder völlig bestimmt.

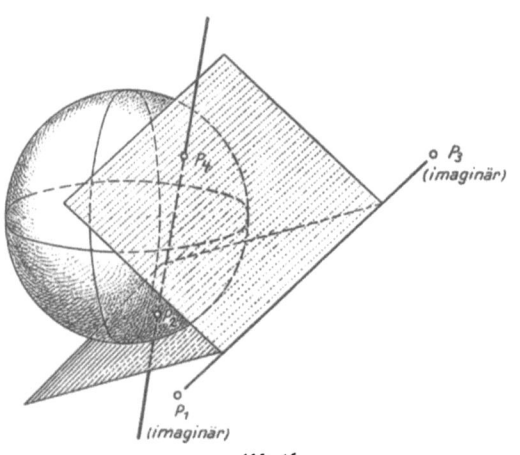

Abb. 46.

Bei den nullteiligen Flächen sind alle Ebenen des Tangentialtetraeders imaginär. Die beiden Kanten P_2P_4 und P_1P_3, in denen sich

Die geraden Linien auf den nicht ausgearteten Flächen zweiter Ordnung. 79

die beiden konjugiert imaginären Ebenenpaare schneiden, sind reell; diese Geraden sind konjugierte Polaren in bezug auf die Fläche. Die vier übrigen Kanten des Tetraeders und die sämtlichen Eckpunkte sind dagegen wieder imaginär, da sie auf der nullteiligen Fläche selbst liegen.

Wir wollen nun feststellen, welche Arten von Geraden auf den drei verschiedenen Flächen zweiten Grades vorhanden sind. Bei den ringartigen Flächen gehen durch jeden reellen Punkt zwei reelle Geraden. Aus den Gleichungen S. 76 ergibt sich, daß noch weitere, imaginäre Geraden vorhanden sein müssen. Da durch keinen Punkt mehr als zwei Geraden gehen können, besitzen diese imaginären Geraden keine reellen Punkte und müssen somit hoch-imaginär sein (vgl. S. 49). Schließlich müssen konjugierte hoch-imaginäre Geraden immer in derselben Schar liegen; denn Geraden verschiedener Scharen haben stets einen Schnittpunkt gemeinsam.

Auf den ovalen Flächen verlaufen durch jeden der ∞^2 reellen Punkte je zwei konjugierte, nieder-imaginäre Geraden. Damit sind, wie wir nicht beweisen wollen, die sämtlichen Geraden erschöpft; auf den ovalen Flächen verlaufen also weder reelle noch hoch-imaginäre Geraden. (Bei den ringartigen Flächen wurden durch die ∞^2 reellen Punkte nur zweimal ∞^1 Geraden bestimmt, so daß hier noch weitere Gerade vorhanden sein mußten.) Bei den ovalen Flächen liegen ferner konjugiert imaginäre Geraden in verschiedenen Scharen, da zwei Geraden derselben Schar keinen Schnittpunkt besitzen.

Auf den nullteiligen Flächen können schließlich nur hoch-imaginäre Geraden auftreten, da auf diesen Flächen keine reellen Punkte vorhanden sind. Ferner müssen aus denselben Gründen wie bei den ringartigen Flächen konjugiert imaginäre Geraden in derselben Schar liegen.

Diese Ergebnisse, die sich auch leicht durch analytische Rechnungen bestätigen lassen, haben wir in der folgenden Tabelle zusammengestellt:

	Reelle Gerade	Nieder-imaginäre Gerade	Hoch-imaginäre Gerade	Konjugiert imaginäre Geraden liegen in:
Ringartige Flächen . .	ja	—	ja	derselben Schar
Ovale ,, . .	—	ja	—	verschiedenen Scharen
Nullteilige ,, . .	—	—	ja	derselben Schar

Wir sehen aus dieser Tabelle, daß die ringartigen Flächen viel Gemeinsames mit den nullteiligen Flächen besitzen, während die ovalen Flächen für sich allein dastehen. Es liegt dies daran, daß die betrachteten Gleichungen der ovalen Flächen eine ungerade Zahl von negativen Vorzeichen besitzen, während die der anderen Flächen eine gerade Anzahl (nämlich zwei oder null) besitzen. Die verschiedenen Arten von imaginären Geraden auf Flächen zweiten Grades sind zuerst 1856 durch *von Staudt* untersucht worden[1]).

---

[1]) *Beiträge zur Geometrie der Lage.*

Dieselben Überlegungen lassen sich auch für Mannigfaltigkeiten höherer Dimensionenzahl durchführen[1]). Wenn die Dimensionenzahl n gerade ist: $n = 2q$, besitzen die höchstdimensionalen Grundgebilde[2]), die auf einer nicht ausgearteten Hyperfläche zweiten Grades liegen, die Dimensionenzahl $q-1$; diese Grundgebilde, die im besonderen auch imaginär sein können, bilden aber nur eine einzige Schar. Das allein unserer Anschauung zugängliche Beispiel dieser Art ist die Ebene $n = 2$, für die auf den Kegelschnitten eine einzige Schar von Punkten liegt. Wenn n dagegen ungerade ist: $n = 2q + 1$, so sind die höchstdimensionalen Grundgebilde der angegebenen Art von der Dimensionenzahl q; diese Grundgebilde ergeben aber zwei nicht miteinander zusammenhängende Scharen, so wie wir es bei den Flächen im dreidimensionalen Raum kennengelernt haben.

Wenn wir zu Realitätsbetrachtungen übergehen, finden wir, daß die Dimensionenzahlen der reellen Grundgebilde, die in einer Hyperfläche enthalten sind, gleich denjenigen ganzen Zahlen sind, welche sowohl kleiner als die Anzahl der positiven wie auch der negativen Vorzeichen sind, die in der zugehörigen kanonischen Form $\sum \pm x_i^2 = 0$ auftreten. So liegen z. B. auf den nullteiligen Flächen überhaupt keine reellen Grundgebilde, auf den ovalen Flächen reelle Punkte und auf den ringartigen Flächen sowohl reelle Punkte wie auch Gerade. Dieses Theorem ist das geometrische Äquivalent des Trägheitsgesetzes der quadratischen Formen, wie wir für den Raum schon S. 69 gesehen haben.

§ 6. Die geometrischen Übergänge zwischen den einzelnen Gebilden zweiten Grades; die Einteilung dieser Gebilde.

Die verschiedenen Gebilde zweiter Ordnung stehen nicht unvermittelt nebeneinander, sondern lassen sich in mannigfacher Weise ineinander überführen. So können wir z. B. von den ringartigen Flächen:

$$a_{11}x_1^2 + a_{22}x_2^2 - a_{33}x_3^2 - a_{44}x_4^2 = 0$$

(wobei alle a positive Größen sind) durch stetige Veränderung des Parameters a_{44} zu den eigentlichen Kegeln:

$$a_{11}x_1^2 + a_{22}x_2^2 - a_{33}x_3^2 = 0$$

und von dort durch weitere stetige Veränderung zu den ovalen Flächen:

$$a_{11}x_1^2 + a_{22}x_2^2 - a_{33}x_3^2 + a_{44}x_4^2 = 0$$

gelangen. Ferner können wir auch zwei Koeffizienten, etwa a_{22} und a_{44},

---
[1]) Vgl. Enzyklopädie, III C 7; *Segre:* Mehrdimensionale Räume, S. 851.
[2]) Die „Grundgebilde einer n-dimensionalen Mannigfaltigkeit" sind S. 31 definiert.

Geometrische Übergänge zwischen den einzelnen Gebilden zweiten Grades. 81

stetig in die Null überführen, und somit von den ringartigen Flächen zu dem reellen Ebenenpaar:
$$a_{11}x_1^2 - a_{33}x_3^2 = 0$$
und von dort wieder zu den ringartigen Flächen übergehen. Entsprechende Übergänge lassen sich auch von den bereits ausgearteten Gebilden aus vornehmen. Schließlich bestehen dieselben Möglichkeiten für die entsprechenden Gleichungen der Klassengebilde, wobei sich weitere neuartige Übergänge ergeben.

A. Die Übergänge auf der geraden Linie. Auf der geraden Linie ist nur ein einziger Übergang möglich, nämlich von dem reellen Punktepaar:
$$a_{11}x_1^2 - a_{22}x_2^2 = 0$$
über den doppelt zählenden Punkt:
$$a_{11}x_1^2 = 0$$
in das konjugiert imaginäre Punktepaar:
$$a_{11}x_1^2 + a_{22}x_2^2 = 0$$
(vgl. die Tabelle S. 70). Diesen Übergang haben wir in Abb. 47 angedeutet, wobei wir die beiden konjugiert imaginären Punkte in der

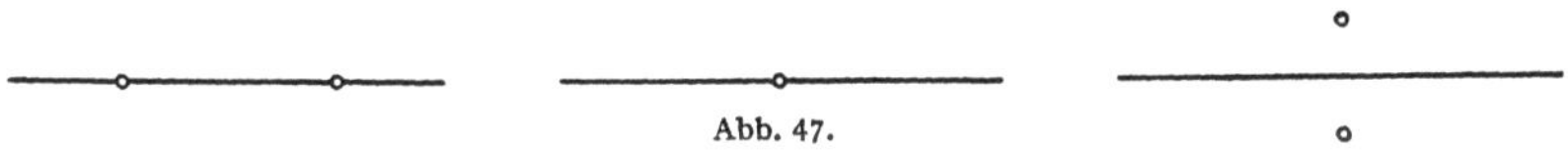

Abb. 47.

Gaußschen Zahlebene wiedergegeben haben. Denselben Übergang erhalten wir, wenn wir die Sekante eines Kreises über die Tangente in eine nicht reell schneidende Gerade überführen.

B. Die Übergänge in der Ebene. In der Ebene gehen wir zunächst von einem ovalen Kegelschnitt:
$$a_{11}x_1^2 + a_{22}x_2^2 - a_{33}x_3^2 = 0$$
aus und überführen ihn über ein reelles Geradenpaar:
$$a_{11}x_1^2 - a_{33}x_3^2 = 0$$
wieder in einen ovalen Kegelschnitt:
$$a_{11}x_1^2 - a_{22}x_2^2 - a_{33}x_3^2 = 0.$$

Dieser Übergang ist in Abb. 48 wiedergegeben. Wir können ihn in einfacher Weise dadurch erhalten, daß wir die Tangentialebene eines einschaligen Hyperboloides, die

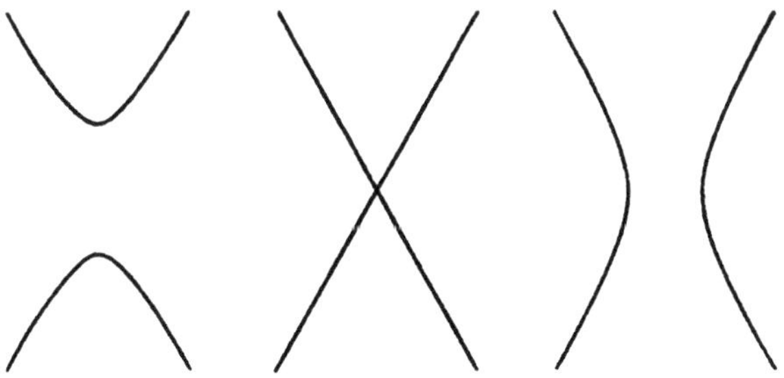

Abb. 48.

Klein, Nichteuklidische Geometrie.

82   Die Gebilde zweiten Grades.

bekannterweise zwei reelle Geraden mit der Fläche gemeinsam hat, ein wenig erst nach der einen und dann nach der anderen Seite aus ihrer Lage herausbewegen. Wir wollen weiter denselben Übergang ausführen, dabei aber die einzelnen Ordnungskurven als Klassengebilde auffassen. Aus Abb. 49 erkennen wir, daß bei dem ersten Übergang die reellen Geraden der ovalen Klassenkurve in den mit

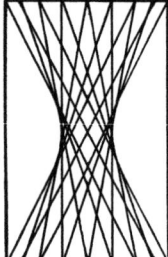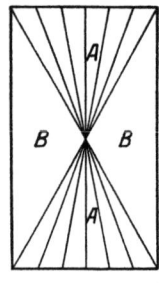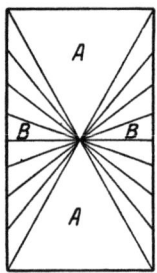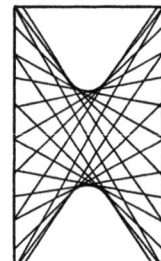

Abb. 49.

A bezeichneten Teil desjenigen Strahlbüschels übergehen, das zu dem Schnittpunkt des Geradenpaares gehört. Die ovale Klassenkurve besitzt auch imaginäre Geraden; diese klappen bei dem betrachteten Grenzübergang zum Teil in das Reelle zusammen und ergeben den Teil B des Strahlbüschels, der in unserer Abbildung getrennt von dem Teil A gezeichnet ist; zum andern Teil bleiben sie imaginär und ergeben den imaginären Teil C des Strahlbüschels. Dem reellen Geradenpaar entspricht also als Klassengebilde das ganze durch seinen Schnittpunkt gehende Strahlbüschel. Bei dem weiteren Übergang falten sich umgekehrt gerade die Teile A und C des Strahlbüschels in das Imaginäre auseinander, während Teil B in die reellen Geraden der ovalen Klassenkurve übergeht. Diese Überlegung zeigt uns deutlich den Vorteil, den die Verwendung imaginärer Elemente mit sich bringt; denn bei Beschränkung auf reelle Elemente würden wir ein völlig unverständliches Springen der geraden Linien von Teil A des Strahlbüschels nach Teil B erhalten.

Sodann betrachten wir den Übergang von einem ovalen Kegelschnitt:
$$a_{11}x_1^2 + a_{22}x_2^2 - a_{33}x_3^2 = 0$$
über ein konjugiert imaginäres Geradenpaar:
$$a_{11}x_1^2 + a_{22}x_2^2 = 0$$
in einen nullteiligen Kegelschnitt:
$$a_{11}x_1^2 + a_{22}x_2^2 + a_{33}x_3^2 = 0.$$
Der Übergang vollzieht sich in der Weise, daß sich der ovale Kegelschnitt auf einen Punkt zusammenzieht (Abb. 50); hierbei nähern sich die imaginären Teile der Kurve immer mehr zwei bestimmten

Geometrische Übergänge zwischen den einzelnen Gebilden zweiten Grades. 83

konjugiert imaginären Geraden, die durch diesen reellen Punkt laufen.
Bei Ausführung des Grenzüberganges geht somit die ovale Kurve in
dieses Geradenpaar über. Daraufhin wird
aus den beiden Geraden eine nullteilige
Kurve, wobei der reelle Punkt verschwindet. Den betrachteten Übergang können
wir auch erhalten, wenn wir eine Ebene, die eine Kugel reell schneidet,
zuerst in eine Tangentialebene und dann in eine nicht reell schneidende
Ebene überführen; die Tangentialebene hat dabei mit der Kugel die
beiden konjugiert imaginären Geraden gemeinsam, welche auf der
Fläche durch den Berührungspunkt laufen. Der Leser möge denselben
Übergang in den entsprechenden Klassengebilden durchdenken.

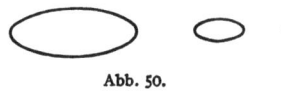
Abb. 50.

Bisher haben wir nur die Übergänge untersucht, die sich ergaben,
wenn wir die Koeffizienten der *Ordnungsgleichungen* kontinuierlich veränderten (dabei haben wir aber diese Übergänge sowohl für die Ordnungsgebilde, wie auch für die zugehörigen Klassengebilde betrachtet).
Nunmehr wollen wir die entsprechenden Übergänge für die *Klassen-
gleichungen* anstellen. Wir gehen zunächst von der ovalen Klassenkurve:

$$\alpha_{11}u_1^2 + \alpha_{22}u_2^2 - \alpha_{33}u_3^2 = 0$$

über das reelle Punktepaar:

$$\alpha_{11}u_1^2 - \alpha_{33}u_3^2 = 0$$

zu wieder einer ovalen Klassenkurve:

$$\alpha_{11}u_1^2 - \alpha_{22}u_2^2 - \alpha_{33}u_3^2 = 0.$$

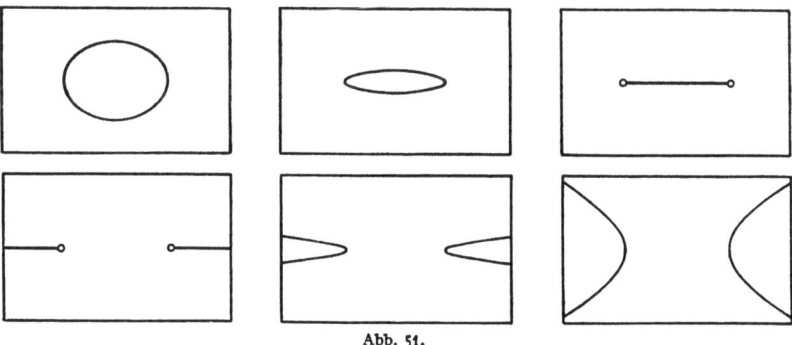
Abb. 51.

In Abb. 51 ist dieser Übergang für die entsprechenden Ordnungsgebilde
angegeben. Die ovale Kurve wird zuerst immer flacher, bis ihre reellen
Punkte in eine doppelt überdeckte Strecke übergehen, die wir mit A
bezeichnen wollen; die übrigen reellen Punkte der zugehörigen geraden
Linie (Teil B) sind die Grenzlage imaginärer Stücke dieser Kurve. Sodann verwandelt sich gerade der Teil B der Geraden in eine ovale

Kurve, während sich der Teil A ins Imaginäre auflöst. Die entsprechenden Klassenkurven sind in Abb. 52 wiedergegeben. Wir sehen

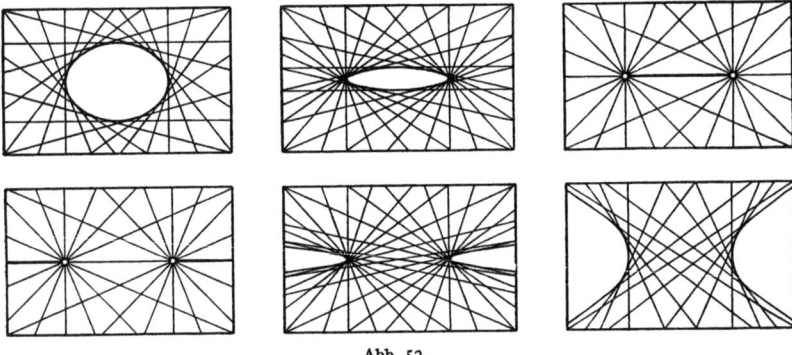

Abb. 52.

aus ihnen deutlich, wie die Klassenkurven bei dem Grenzübergang in zwei Strahlenbüschel ausarten.

Zuletzt betrachten wir den Übergang von der ovalen Klassenkurve:

$$\alpha_{11}u_1^2 + \alpha_{22}u_2^2 - \alpha_{33}u_3^2 = 0$$

über ein konjugiert imaginäres Punktepaar:

$$\alpha_{11}u_1^2 + \alpha_{22}u_2^2 = 0$$

in eine nullteilige Klassenkurve:

$$\alpha_{11}u_1^2 + \alpha_{22}u_2^2 + \alpha_{33}u_3^2 = 0.$$

Bei diesem Übergang schmiegt sich die zugehörige Ordnungskurve zunächst von beiden Seiten her immer mehr der doppelt zählenden reellen

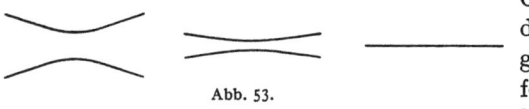

Abb. 53.

Geraden an, welche durch die beiden konjugiert imaginären Punkte festgelegt ist (Abb. 53), bis sie schließlich in diese Gerade übergeht. Sodann löst sich die doppelt zählende Gerade in der entsprechenden Weise in das Imaginäre auf. Die Umänderung der zugehörigen Klassenkurven verläuft entsprechend. *Dieser letzte Übergang ist für unsere späteren Überlegungen besonders wichtig, weil wir mit seiner Hilfe die beiden nichteuklidischen Geometrien kontinuierlich in die euklidische Geometrie überführen werden.*

C. Zusammenfassung der Kurven zweiter Ordnung und Klasse zu den Kurven zweiten Grades. Bei unseren Übergängen erhalten wir zu jedem ausgearteten Ordnungsgebilde ein ganz bestimmtes zugehöriges Klassengebilde und umgekehrt, während früher (S. 75) eine derartige

Zuordnung nicht in allen Fällen möglich war. So erhalten wir z. B. bei dem in Abb. 51 wiedergegebenen Übergang ein ausgeartetes Gebilde, das als Ordnungskurve aus einer geraden Linie besteht, während das zugehörige Klassengebilde zwei Strahlbüschel sind, deren Mittelpunkte auf der betrachteten Geraden liegen. Genau dieselben Verhältnisse treffen wir bei dem in Abb. 53 wiedergegebenen Übergang an, nur sind hier die Mittelpunkte der beiden Strahlbüschel konjugiert imaginär. Diese ausgearteten Gebilde werden wir kurz als gerade Linie mit zwei ausgezeichneten reellen bzw. konjugiert imaginären Punkten bezeichnen. Wir haben uns darauf beschränkt, nur Übergänge zu betrachten, bei denen *eine* Konstante verändert wird. Wenn wir in derselben Weise *zwei* Konstante variieren, können wir auch eine gerade Linie mit ausgezeichnetem doppelt zählenden Punkt erhalten. Hierzu müssen wir etwa in Abb. 48 den Übergang derart vornehmen, daß das Geradenpaar in eine einzige Gerade zusammenfällt.

Bis jetzt haben wir eine gegebene Kurve einmal als Ordnungsgebilde und dann als Klassengebilde betrachtet. Wir fassen nun diese beiden Entstehungsweisen zusammen, indem wir die Kurve sowohl durch ihre Punkte wie auch durch ihre Tangenten erzeugt denken, und bezeichnen dieses Gebilde als *Kurve zweiten Grades*. *Dann ist ein ausgeartetes Gebilde zweiten Grades in der Ebene erst dann eindeutig festgelegt, wenn feststeht, wie dieses Gebilde einerseits als Ordnungsgebilde und andererseits als Klassengebilde aufzufassen ist.* Wir erhalten alle möglichen Fälle, indem wir untersuchen, welche Ausartungen miteinander verträglich sind. Hierdurch kommen wir zu der folgenden Zusammenfassung der Kurven zweiter Ordnung und Klasse:

Einteilung der reellen Kurven zweiten Grades.

Allgemeine Kurve (5)
1. Nullteilige Kurve
2. Ovale Kurve

2 Gerade, 1 Punkt (4)	1 Gerade, 2 Punkte (4)
3. Geraden reell	5. Punkte reell
4. Geraden konjugiert imaginär	6. Punkte konjugiert imaginär

1 Gerade, 1 Punkt (3)
7. Alles reell

Dabei liegen die ausgezeichneten Punkte auf der zugehörigen Geraden und umgekehrt. Der Leser möge diese Einteilung mit den beiden Tabellen auf S. 70 und 74 vergleichen. Die weitere Unterteilung gegenüber der affinen Geometrie haben wir hier nicht angegeben, da für uns nur die projektiven Verhältnisse in Betracht kommen. Die Zahlen, welche der Tabelle in Klammern beigefügt sind, geben die Anzahl der Konstanten an, durch die das zugehörige Gebilde in der Ebene festgelegt werden kann. Die allgemeine Kurve zweiten Grades bezeichnen wir als *nicht ausgeartet*, die in der zweiten Reihe angegebenen Gebilde, die durch vier Konstante festgelegt sind, als *einmal ausgeartet*, und das letzte Gebilde als *zweimal ausgeartet*. Bei einem ausgearteten Gebilde besitzt die zugehörige Gleichung zwischen den Punktkoordinaten, wie auch die zwischen den Geradenkoordinaten (das sind also die Gleichungen, durch welche die betreffende Kurve als Ordnungsgebilde, bzw. als Klassengebilde festgelegt ist), eine verschwindende Determinante. Die hier eingeführten Bezeichnungen stehen also in Übereinstimmung mit den auf S. 55 und 56 angegebenen Definitionen der ausgearteten und nicht ausgearteten Gebilde.

Die allgemeine Kurve zweiten Grades ist eindeutig bestimmt, wenn wir entweder ihre Ordnungsgleichung oder ihre Klassengleichung kennen; denn aus der einen Gleichung können wir nach § 2 (vgl. auch S. 73) unmittelbar die andere berechnen. Bei den ausgearteten Gebilden treffen wir andere Verhältnisse. So ist beispielsweise das konjugiert imaginäre Punktepaar in der Ebene durch *eine einzige* Gleichung in Geradenkoordinaten:

$$u_1^2 + u_2^2 = 0$$

festgelegt, während wir bei Verwendung von Punktkoordinaten *zwei* Gleichungen benötigen:

$$x_1^2 + x_2^2 = 0; \quad x_3 = 0.$$

Das Punktepaar tritt hier also als Schnitt eines konjugiert imaginären Geradenpaares mit einer reellen Geraden auf. Die dualen Verhältnisse treffen wir bei dem Geradenpaar mit reellem Schnittpunkt. Zur Festlegung des zweimal ausgearteten Gebildes haben wir schließlich sowohl zwei Gleichungen in Punktkoordinaten, wie auch zwei Gleichungen in Geradenkoordinaten nötig.

Es entsteht die Aufgabe, das erhaltene gegenseitige Entsprechen von Ordnungs- und Klassenkurven auch auf analytischem Wege zu bestätigen. Denn wir haben auf S. 75 bei der Bestimmung des Klassengebildes, das etwa der doppelt zählenden Geraden entspricht, die triviale Gleichung $0 = 0$ und nicht die Gleichung eines reellen oder konjugiert imaginären Punktepaares oder schließlich des doppelt zählenden Punktes erhalten. Das frühere Resultat erklärt sich aber dadurch, daß wir damals keinen geeigneten Grenzübergang vorgenommen haben. Um die obige Zuordnung zu erhalten, gehen wir von der nicht ausgearteten Ordnungskurve:

$$a_{11}x_1^2 + a_{22}x_2^2 + a_{33}x_3^2 = 0$$

Geometrische Übergänge zwischen den einzelnen Gebilden zweiten Grades. 87

aus, wobei $a_{33} >$ oder < 0 sein möge; ihr entspricht, wie wir wissen, die Klassenkurve:
$$a_{22}a_{33}u_1^2 + a_{11}a_{33}u_2^2 + a_{11}a_{22}u_3^2 = 0.$$
Wir beschränken uns nun auf die Betrachtung der nicht ausgearteten Kurven: $a_{33} = \varkappa a_{22}$, $\varkappa \neq 0$. Ihre Gleichungen besitzen die Gestalt:
$$\varkappa a_{22}^2 u_1^2 + \varkappa a_{22}a_{11}u_2^2 + a_{11}a_{22}u_3^2 = 0$$
oder:
$$\varkappa a_{22}u_1^2 + \varkappa a_{11}u_2^2 + a_{11}u_3^2 = 0.$$
Wenn wir in dem System dieser Kurven zu der Grenze: $\lim a_{33} = \lim \varkappa a_{22} = 0$, $a_{11} \neq 0$ übergehen, erhalten wir:
$$\varkappa u_2^2 + u_3^2 = 0.$$
Dieses Punktepaar ist je nach der Art des Grenzüberganges, d. h. also je nach dem Wert von $\varkappa$ ein reelles oder konjugiert imaginäres Punktepaar, das auf der betrachteten doppelt zählenden Geraden selbst liegt. Wenn wir den doppelt zählenden Punkt erhalten wollen, gehen wir von den nicht ausgearteten Kurven mit $a_{33} = a_{22}^2$ aus:
$$a_{22}^3 u_1^2 + a_{11}a_{22}^2 u_2^2 + a_{11}a_{22}u_3^2 = 0$$
oder:
$$a_{22}^2 u_1^2 + a_{11}a_{22}u_2^2 + a_{11}u_3^2 = 0.$$
Wenn wir in dem System dieser Kurven den Grenzübergang $\lim a_{33} = \lim a_{22}^2 = 0$ vornehmen, ergibt sich:
$$u_3^2 = 0,$$
also ein doppelt zählender Punkt. Wir sehen also, daß man in der Tat aus der Ordnungsgleichung einer doppelt zählenden Geraden zu der Klassengleichung eines Punktepaares oder eines doppelt zählenden Punktes gelangen kann.

Genau die entsprechenden Überlegungen können wir auch für Klassenkurven anstellen und zeigen, daß dem doppelt zählenden Punkt ein Geradenpaar oder eine doppelt zählende Gerade entsprechen können, wobei die Geraden durch diesen Punkt hindurchlaufen.

Diese Ergebnisse lassen sich folgendermaßen zusammenfassen: *Wenn ein bestimmter, die Ausartung herbeiführender Grenzübergang gegeben ist, entspricht jeder ausgearteten Ordnungskurve eine Klassenkurve und umgekehrt; statt dessen können wir auch von vornherein mehrere Gleichungen ansetzen, durch die das Ordnungsgebilde und das entsprechende Klassengebilde, d. h. also die Kurve zweiten Grades, eindeutig festgelegt ist.*

D. Die Übergänge im Raum. Im Raum ist die Zahl der möglichen Übergänge bereits außerordentlich hoch. Wir beschränken uns auf drei Übergänge, die von den ringartigen Flächen ausgehen (bei ihnen können wir das Verhalten der beiden Geradenscharen im Reellen übersehen) und schließen dann noch einen weiteren Übergang an, der für unsere späteren Überlegungen von Wichtigkeit ist.

Wir gehen zunächst von den ringartigen Flächen:

$$a_{11}x_1^2 + a_{22}x_2^2 - a_{33}x_3^2 - a_{44}x_4^2 = 0$$

über den gewöhnlichen Kegel:

$$a_{11}x_1^2 + a_{22}x_2^2 - a_{33}x_3^2 = 0$$

zu den ovalen Flächen:

$$a_{11}x_1^2 + a_{22}x_2^2 - a_{33}x_3^2 + a_{44}x_4^2 = 0$$

über. Hierbei zieht sich zuerst die Kehlellipse der ringartigen Fläche auf einen Punkt, die Spitze des Kegels, zusammen, worauf der Kegel an der Spitze auseinanderfällt und zu einer ovalen Fläche wird (Abb. 54).

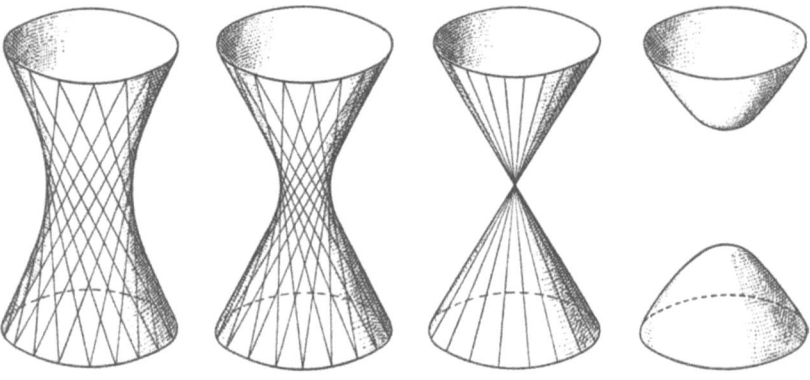

Abb. 54.

Die beiden Geradenscharen der ringartigen Fläche gehen hierbei in die Erzeugenden des Kegels über; dabei fallen je zwei Erzeugende der ringartigen Fläche, nämlich eine der ersten Schar und eine der zweiten Schar, in eine einzige Gerade des Kegels zusammen. Bei dem weiteren Übergang löst sich jede Gerade wieder in ein Geradenpaar auf, nur ist dieses Paar jetzt nicht mehr reell, sondern konjugiert imaginär.

Wenn wir denselben Übergang in den entsprechenden Klassengebilden vornehmen, erhalten wir aus der ringartigen Klassenfläche zunächst das gesamte Ebenenbündel, das durch die Spitze des zugehörigen Kegels geht; die reellen Ebenen ergeben dabei denjenigen Teil des Bündels, dessen Ebenen durch das Innere des Kegels laufen, während die imaginären Ebenen in den anderen reellen Teil des Bündels oder in die zugehörigen imaginären Ebenen übergehen; beim weiteren Übergang spaltet sich gerade der zweite reelle Teil des Bündels in die reellen Ebenen der ovalen Klassenfläche auf.

Bisher haben wir die Flächen nur als Gebilde ihrer Punkte und Tangentialebenen betrachtet; genau so gut können wir sie auch als

Gebilde ihrer Tangenten auffassen und untersuchen, wie sich diese bei dem angegebenen Übergang verhalten. Die anschauliche Betrachtung der Abb. 54 ergibt, daß hierbei aus dem Tangentengebilde der ringartigen Fläche einerseits die Gesamtheit der Tangenten des Kegels und andererseits das durch die Spitze des Kegels laufende Geradenbündel hervorgeht. Dieses Bündel bildet eine zweifache Mannigfaltigkeit, die anderen Tangenten eine dreifache; wir können die Geraden des Bündels als Tangenten in der Spitze des Kegels ansehen.

Als zweiten Übergang betrachten wir den folgenden: Wir gehen von den ringartigen Klassenflächen:

$$\alpha_{11} u_1^2 + \alpha_{22} u_2^2 - \alpha_{33} u_3^2 - \alpha_{44} u_4^2 = 0$$

über eine ebene Klassenkurve:

$$\alpha_{11} u_1^2 + \alpha_{22} u_2^2 - \alpha_{33} u_3^2 = 0$$

zu den ovalen Flächen über:

$$\alpha_{11} u_1^2 + \alpha_{22} u_2^2 - \alpha_{33} u_3^2 + \alpha_{44} u_4^2 = 0.$$

In Abb. 55 ist dieser Übergang in den zugehörigen Ordnungsgebilden wiedergegeben. Die ringartige Ordnungsfläche plattet sich immer mehr

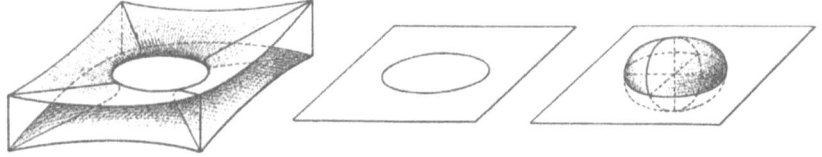

Abb. 55.

ab, bis ihre reellen Teile schließlich in das doppelt überdeckte Äußere einer ovalen Kurve übergehen. Im weiteren Verlauf spaltet sich dann gerade das Innere der ovalen Kurve zu dem reellen Teil einer ovalen Fläche auf. Die beiden Geradenscharen der ringartigen Fläche gehen bei diesem Übergang in die Tangenten der ebenen Kurve über; dabei fallen je zwei Gerade verschiedener Scharen in eine einzige Gerade zusammen. Bei dem weiteren Übergang zur ovalen Fläche spalten sich die einzelnen Geraden wieder auf, wobei aber die Geradenpaare konjugiert imaginär werden.

Wenn wir diesen Übergang in den zugehörigen Klassengebilden ausführen, erhalten wir aus der ringartigen Klassenfläche alle Ebenenbüschel, die durch je eine der Tangenten der ebenen Kurve hindurchlaufen. Das Tangentengebilde der ringartigen Fläche geht einerseits in die sämtlichen Treffgeraden der ovalen Kurve und außerdem alle geraden Linien über, die in der zugehörigen Ebene liegen.

Die Gebilde zweiten Grades.

Den dritten Übergang wollen wir zunächst anschaulich schildern. Wir gehen von einem einschaligen Hyperboloid aus; die eine Achse der Kehlellipse bleibt konstant, während wir die andere immer mehr abnehmen lassen (Abb. 56). Zugleich werden die beiden Hyperbelzweige, die in der Abbildung das einschalige Hyperboloid als Umriß begrenzen, immer schmaler, bis sie schließlich in zwei Geradenstücke zusammenfallen, welche in der rechten Figur der Abb. 56 auf der Schnittgeraden

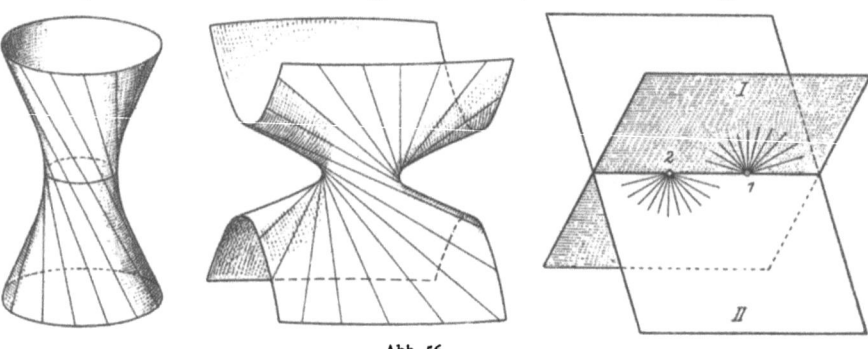

Abb. 56.

der beiden Ebenen liegen. Wir haben dadurch ein Ebenenpaar erhalten, auf dessen Schnittgeraden zwei Punkte, nämlich die beiden Scheitel der Kehlellipse, ausgezeichnet sind. Dieses geometrische Gebilde wollen wir als *Doppelpaar* bezeichnen. Der analytische Übergang von dem einschaligen Hyperboloid:

$$a_{11}x_1^2 + a_{22}x_2^2 - a_{33}x_3^2 - a_{44}x_4^2 = 0$$

zum Doppelpaar ergibt sich, indem wir zwei Koeffizienten der Null zustreben lassen:

$$a_{11}x_1^2 - a_{33}x_3^2 = 0.$$

Durch kontinuierliche Fortsetzung dieses Überganges erhalten wir dann wieder eine ringartige Fläche:

$$a_{11}x_1^2 - a_{22}x_2^2 - a_{33}x_3^2 + a_{44}x_4^2 = 0.$$

Das Doppelpaar ist durch seine Gleichung in Punktkoordinaten noch nicht eindeutig festgelegt, sondern erst dann, wenn wir die zugehörige Gleichung in Ebenenkoordinaten ebenfalls kennen. Bei dem Übergang der zugehörigen Klassengebilde erhalten wir nun die beiden Ebenenbündel durch die beiden ausgezeichneten Punkte der Schnittgeraden; unter diesen Ebenen befinden sich im besonderen die sämtlichen Ebenen, welche durch die Schnittgerade der beiden Ebenen hindurchlaufen. Das Doppelpaar ist also sowohl als Punkt- wie auch als Ebenengebilde noch nicht eindeutig bestimmt, sondern erst durch die Zusammenfassung dieser beiden Gebilde. Zu seiner Festlegung brauchen wir also sowohl eine Gleichung in Punktkoordinaten, wie auch eine in Ebenenkoordinaten. Als Liniengebilde stellt sich das Doppelpaar, wie man anschaulich ohne weiteres erkennt, als Gesamtheit der geraden Linien dar, welche durch die ausgezeichnete Gerade hindurchgehen.

Von besonderem Interesse ist noch das Gebilde, das bei diesem Übergang aus den beiden Geradenscharen der ringartigen Fläche hervorgeht. Solange die Fläche noch nicht ausgeartet ist, erscheinen die Erzeugenden in der Abb. 56 als Tangenten der Umrißhyperbel. Beim Übergang zum Doppelpaar erhalten wir hieraus vier Strahlenbüschel. Wenn wir die beiden Ebenen mit *I* und *II* und die beiden Punkte des Doppelpaares mit *1* und *2* bezeichnen, geht die in Abb. 56 angegebene eine Schar von Erzeugenden in die beiden Büschel *I 1* und *II 2* und die andere Schar in die Büschel *I 2* und *II 1* über. Derartige „*verschränkte Büschel*" spielen in liniengeometrischen Betrachtungen eine wichtige Rolle.

Für unsere späteren Überlegungen wird noch ein weiterer Übergang besonders wichtig sein, der eine ovale Fläche:

$$a_{11} u_1^2 + \alpha_{22} u_2^2 + \alpha_{33} u_3^2 - \alpha_{44} u_4^2 = 0$$

über einen nullteiligen Kegelschnitt:

$$\alpha_{11} u_1^2 + \alpha_{22} u_2^2 + \alpha_{33} u_3^2 = 0$$

in eine nullteilige Fläche:

$$\alpha_{11} u_1^2 + \alpha_{22} u_2^2 + \alpha_{33} u_3^2 + \alpha_{44} u_4^2 = 0$$

überführt. Die ovale Fläche, die wir uns als zweischaliges Hyperboloid denken, schmiegt sich dabei von beiden Seiten immer mehr der

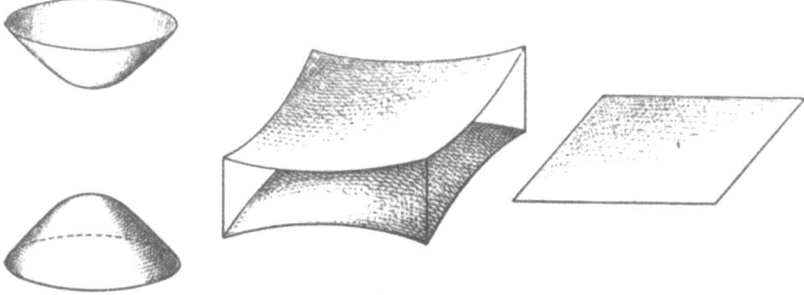

Abb. 57.

Ebene des nullteiligen Kegelschnittes an, bis sie in diese selbst übergeht (Abb. 57). Sodann weitet sich der Kegelschnitt in der entsprechenden Weise zu einer nullteiligen Fläche auf. Dieser Übergang ist ein imaginäres Abbild des in Abb. 55 dargestellten Überganges. *Mit seiner Hilfe werden wir später die nichteuklidischen Geometrien in die euklidische Geometrie überführen.*

92   Die Gebilde zweiten Grades.

E. Zusammenfassung der Flächen zweiter Ordnung und Klasse zu den Flächen zweiten Grades. Nach diesen Überlegungen werden wir entsprechend wie in der Ebene auch im Raum die Flächen zweiter Ordnung und Klasse und die zugehörigen Tangentengebilde zu den *Flächen zweiten Grades* zusammenfassen. Eine ausgeartete Fläche zweiten Grades ist somit erst dann als eindeutig festgelegt zu betrachten, wenn wir wissen, wie dieses Gebilde als Punkt-, Linien- und Ebenengebilde ausartet. Wir erhalten dadurch die folgende Einteilung der Gebilde zweiten Grades im Raum:

Einteilung der reellen Flächen zweiten Grades.

Allgemeine Fläche (9)
1. Nullteilige Fläche
2. Ovale Fläche
3. Ringartige Fläche

Kegel (8)	2 Ebenen, 1 Gerade, 2 Punkte (8)	Kegelschnitt (8)
4. Spitze reell, Kegel nullteilig	6. Ebenen reell, Punkte reell	10. Ebene reell, Kegelschnitt nullteilig
5. Spitze reell, Kegel reell	7. Ebenen reell, Punkte konjugiert imaginär	11. Ebene reell, Kegelschnitt oval
	8. Ebenen konjugiert imaginär, Punkte reell	
	9. Ebenen konjugiert imaginär, Punkte konjugiert imaginär	

2 Ebenen, 1 Gerade, 1 Punkt (7)	1 Ebene, 2 Geraden, 1 Punkt (7)	1 Ebene, 1 Gerade, 2 Punkte (7)
12. Ebenen reell	14. Geraden reell	16. Punkte reell
13. Ebenen konjugiert imaginär	15. Geraden konjugiert imaginär	17. Punkte konjugiert imaginär

1 Ebene, 1 Gerade, 1 Punkt (6)
18. Alles reell

Nach der ausführlichen Erläuterung der entsprechenden ebenen Verhältnisse wird diese Tabelle keiner weiteren Erklärung bedürfen. Wir heben nur hervor, daß die Gebilde, die durch 9, 8, 7 bzw. 6 Konstante festgelegt sind, als *nicht ausgeartet* bzw. *ein-, zwei- und dreimal ausgeartet* bezeichnet werden. Zur Festlegung der ausgearteten Gebilde bedürfen wir evtl. mehrerer Gleichungen; so hat z. B. der nullteilige Kegelschnitt des Raumes in Punkt- bzw. Ebenenkoordinaten die Gleichung:

$$x_1^2 + x_2^2 + x_3^2 = 0; \quad x_4 = 0 \qquad \text{bzw.} \qquad u_1^2 + u_2^2 + u_3^2 = 0.$$

Entsprechend verhalten sich die anderen ausgearteten Gebilde[1]).

Kapitel III.

Die Kollineationen, die ein Gebilde zweiten Grades in sich überführen.

In Kapitel VI werden wir auf jedes der Gebilde zweiten Grades, die in den drei Tabellen S. 70 (gerade Linie), S. 85 (Ebene) und S. 92 (Raum) angegeben sind, eine Maßbestimmung gründen. Unter diesen werden sich als Spezialfälle die euklidische und die nichteuklidischen Geometrien befinden. Die Kollineationen, die das betreffende Gebilde zweiten Grades in sich überführen, stellen hierbei (im allgemeinen) die starren Transformationen dieser Maßbestimmungen dar (vgl. S. 86). Wir wollen daher jetzt die Theorie dieser Kollineationen entwickeln, um sie später sogleich zur Hand zu haben.

§ 1. Der eindimensionale Fall.

A. Die komplexen Kollineationen, die ein nichtausgeartetes Gebilde in sich überführen. Wir untersuchen zunächst die Kollineationen, welche auf der geraden Linie das reelle bzw. konjugiert imaginäre Punktepaar:

$$x_1^2 - x_2^2 = 0 \qquad | \qquad x_1^2 + x_2^2 = 0$$

in sich selbst überführen; die Kollineationen dürfen reell oder auch imaginär sein. Die Formeln für die beiden Punktepaare wollen wir einander links und rechts gegenüberstellen, um beide Rechnungen gleichzeitig durchführen zu können.

Wir haben hierbei jedesmal zwei verschiedene Fälle zu unterscheiden, je nachdem wir jeden Punkt des Paares in sich selbst überführen oder die beiden Punkte miteinander vertauschen. Die

---

[1]) Die hier angegebene Einteilung der Gebilde zweiten Grades, die für die folgenden Überlegungen von besonderer Bedeutung ist, war im wesentlichen bereits *Clebsch* geläufig. (*Clebsch-Lindemann: Vorlesungen über Geometrie.*) Die vollständige Berücksichtigung aller Fälle findet sich bei *Sommerville: Classification of Geometries with Projektive Metric.* Proceedings of the Edinburgh Math. Soc. Bd. 2, 1910.

zugehörigen Arten von Kollineationen pflegt man als *eigentliche* und *uneigentliche Kollineationen* des betreffenden Punktepaares in sich zu bezeichnen[1]. Analytisch werden die Gleichungen der Punktepaare:

$$x_1^2 - x_2^2 = (x_1 + x_2)(x_1 - x_2) = 0 \quad | \quad x_1^2 + x_2^2 = (x_1 + ix_2)(x_1 - ix_2) = 0$$

im ersten Fall dadurch in sich selbst überführt, daß wir:

$x_1 + x_2 = 0$ und $x_1 - x_2 = 0$ | $x_1 + ix_2 = 0$ und $x_1 - ix_2 = 0$

je in sich selbst transformieren, während im zweiten Fall:

$x_1 + x_2 = 0$ in $x_1 - x_2 = 0$ | $x_1 + ix_2 = 0$ in $x_1 - ix_2 = 0$
und $x_1 - x_2 = 0$ in $x_1 + x_2 = 0$ | und $x_1 - ix_2 = 0$ in $x_1 + ix_2 = 0$

überführt wird. Durch elementare Rechnungen ergeben sich dann die folgenden Gleichungen:

Eigentliche Kollineationen des reellen Punktepaares in sich:

$\varrho x_1 = c_{11} x_1' + c_{21} x_2'$, $D = \begin{vmatrix} c_{11} & c_{21} \\ c_{21} & c_{11} \end{vmatrix} \neq 0$.
$\varrho x_2 = c_{21} x_1' + c_{11} x_2'$,

Eigentliche Kollineationen des konj. imag. Punktepaares in sich:

$\varrho x_1 = c_{11} x_1' - c_{21} x_2'$, $D = \begin{vmatrix} c_{11} & -c_{21} \\ c_{21} & c_{11} \end{vmatrix} \neq 0$.
$\varrho x_2 = c_{21} x_1' + c_{11} x_2'$,

Uneigentliche Kollineationen des reellen Punktepaares in sich:

$\varrho x_1 = c_{11} x_1' - c_{21} x_2'$, $D = \begin{vmatrix} c_{11} & -c_{21} \\ c_{21} & -c_{11} \end{vmatrix} \neq 0$.
$\varrho x_2 = c_{21} x_1' - c_{11} x_2'$,

Uneigentliche Kollineationen des konj. imag. Punktepaares in sich:

$\varrho x_1 = c_{11} x_1' + c_{21} x_2'$, $D = \begin{vmatrix} c_{11} & c_{21} \\ c_{21} & -c_{11} \end{vmatrix} \neq 0$.
$\varrho x_2 = c_{21} x_1' - c_{11} x_2'$,

Da es nur auf die Verhältnisse der $x_\varkappa$ und somit auch der $c_{\varkappa\lambda}$ ankommt, bilden sowohl die eigentlichen wie auch die uneigentlichen Kollineationen je eine einparametrige Schar. Die Gesamtheit der ersten Kollineationen ist eine Gruppe, die der zweiten jedoch nicht (da zwei uneigentliche Kollineationen hintereinander ausgeführt eine eigentliche Kollineation ergeben). Beide Arten von Kollineationen zusammengenommen bilden dagegen eine zweite Gruppe, welche die eigentlichen Kollineationen als Untergruppe enthält und wegen dieser Struktur als *gemischte Gruppe* bezeichnet wird.

Die uneigentlichen Kollineationen können wir dadurch aus den eigentlichen Kollineationen ableiten, daß wir die letzteren mit einer speziellen uneigentlichen Kollineation, etwa: $\varrho x_1' = x_1''$, $\varrho x_2' = -x_2''$ zusammensetzen. Daher können wir uns in vielen Fällen auf das Studium der eigentlichen Kollineationen beschränken.

B. Reelle Kollineationen. In den bisherigen Betrachtungen konnten alle Koeffizienten $c_{\varkappa\lambda}$ beliebige komplexe Werte annehmen. Wir wenden

---

[1] In Zukunft werden wir öfters einfach von eigentlichen und uneigentlichen Kollineationen sprechen; wir heben aber hervor, daß dieser Ausdruck nur in bezug auf ein gegebenes quadratisches Gebilde, das invariant bleiben soll, einen Sinn besitzt; der Unterschied zwischen Kollineationen von positiver und negativer Determinante (S. 23) ist ein ganz andersartiger.

Der eindimensionale Fall.

uns nun zu den *reellen Kollineationen*, nehmen also an, daß alle Koeffizienten $c_{\varkappa\lambda}$ reell sind. Dann besitzen im Falle des konjugiert imaginären Punktepaares die Determinanten der eigentlichen Kollineationen stets ein positives, die der uneigentlichen Kollineationen ein negatives Vorzeichen. Im Fall des reellen Punktepaares können dagegen sowohl die Determinanten der eigentlichen wie auch die der uneigentlichen Kollineationen größer oder kleiner als Null sein. Wir erhalten also im Fall des konjugiert imaginären Punktepaares zwei, im Falle des reellen Punktepaares dagegen vier verschiedene Arten von reellen Kollineationen.

Geometrisch unterscheiden sich diese Kollineationen, wie man leicht zeigen kann, in der folgenden Weise. *Im Falle des konjugiert imaginären Punktepaares* überführen die eigentlichen Kollineationen jede Strecke P in eine gleich gerichtete Strecke Q (Abb. 58a), während bei

Konjugiert imaginäres Punktepaar.

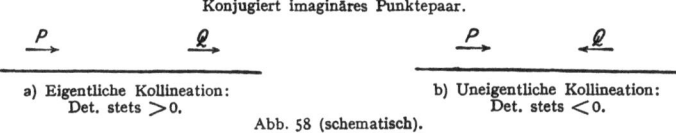

a) Eigentliche Kollineation:
Det. stets >0.

b) Uneigentliche Kollineation:
Det. stets <0.

Abb. 58 (schematisch).

den uneigentlichen Kollineationen eine Richtungsumkehr stattfindet (Abb. 58b). *Im Fall des reellen Punktepaares* wird die gerade Linie durch die beiden Fixpunkte in zwei Strecken eingeteilt, die vom Standpunkt der projektiven Geometrie aus gleichberechtigt sind. Bei den eigent-

Reelles Punktepaar.

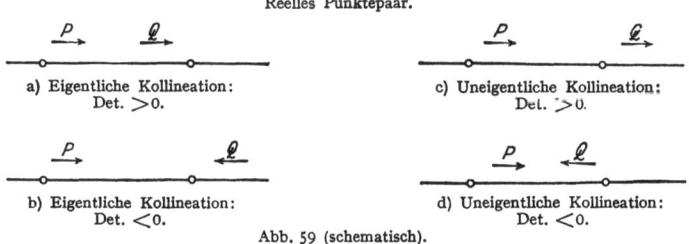

a) Eigentliche Kollineation:
Det. >0.

c) Uneigentliche Kollineation:
Det. >0.

b) Eigentliche Kollineation:
Det. <0.

d) Uneigentliche Kollineation:
Det. <0.

Abb. 59 (schematisch).

lichen Kollineationen von positiver Determinante wird jede dieser beiden Strecken in sich selbst überführt; die Richtung bleibt dabei erhalten (Abb. 59a). Bei den eigentlichen Kollineationen von negativer Determinante vertauschen sich die beiden Strecken miteinander, und der Richtungssinn wird umgekehrt (Abb. 59b). Bei den uneigentlichen Kollineationen von positiver Determinante werden die beiden Strecken ebenfalls miteinander vertauscht, aber der Richtungssinn bleibt erhalten (Abb. 59c). Bei den uneigentlichen Kollineationen mit negativer Determinante geht schließlich jede der beiden Strecken in sich selbst über; der Richtungssinn wird umgekehrt (Abb. 59d). Der Beweis dieser Sätze ergibt sich daraus, daß zunächst die Kollineationen von positiver bzw.

negativer Determinante die Richtung einer Strecke unverändert lassen bzw. umkehren (S. 24); ferner wissen wir, daß die eigentlichen Kollineationen jeden Fixpunkt in sich selbst überführen, während die uneigentlichen Kollineationen die beiden Fixpunkte miteinander vertauschen. Aus diesen Sätzen folgen durch Stetigkeitsbetrachtungen unmittelbar die oben angegebenen Resultate.

C. Die Kollineationen, die einen doppelt zählenden Punkt in sich überführen. In entsprechender Weise wollen wir noch die Kollineationen auf der geraden Linie untersuchen, die den doppelt zählenden (also reellen) Punkt:
$$x_1^2 = 0$$
in sich selbst überführen. Die allgemeine Kollineation:

$$\varrho x_1 = c_{11} x_1' + c_{12} x_2', \quad \begin{vmatrix} c_{11} & c_{12} \\ c_{21} & c_{22} \end{vmatrix} \neq 0$$
$$\varrho x_2 = c_{21} x_1' + c_{22} x_2',$$

transformiert dieses Gebilde in: $(c_{11} x_1' + c_{12} x_2')^2 = 0$. Damit der doppelt zählende Punkt invariant bleibt, muß also $c_{12} = 0$ sein:

Allgemeine Kollineation des doppelt zählenden Punktes in sich:

$$\varrho x_1 = c_{11} x_1', \quad \begin{vmatrix} c_{11} & 0 \\ c_{21} & c_{22} \end{vmatrix} \neq 0.$$
$$\varrho x_2 = c_{21} x_1' + c_{22} x_2',$$

Wir erhalten also in diesem Fall eine *zwei*parametrige Gruppe, während sich bei den beiden Punktepaaren nur *ein*parametrige Gruppen ergaben. *Wenn die Konstantenzahl des zugrunde gelegten quadratischen Gebildes* (vgl. S. 86 und 92) *um eine Einheit abnimmt, muß sich nämlich allgemein die Parameterzahl der zugehörigen Kollineationen gerade um eine Einheit erhöhen.*

Um von den Kollineationen, die den doppelt zählenden Punkt $x_1^2 = 0$ in sich selbst überführen, eine anschauliche Vorstellung zu gewinnen, legt man diesen Punkt am einfachsten in den unendlich fernen Punkt der Geraden und geht zu affinen Koordinaten $x = x_2 : x_1$ und $x' = x_2' : x_1'$ über. Die Gleichungen der betrachteten Transformationen nehmen dann die Gestalt an:

$$x = \frac{c_{21}}{c_{11}} + \frac{c_{22}}{c_{11}} x', \quad c_{11} c_{22} \neq 0.$$

Für $c_{11} = \pm c_{22}$ stellen diese Transformationen die gewöhnlichen euklidischen Bewegungen und Umlegungen der geraden Linie dar: Für $c_{11} = + c_{22}$ wird jeder Punkt um ein konstantes Stück verschoben, für $c_{11} = - c_{22}$ kommt noch eine Umklappung der geraden Linie hinzu. Wenn dagegen $c_{11} \neq \pm c_{22}$ ist, ergeben sich die Ähnlichkeitstransformationen, die außerdem jede Strecke um ein bestimmtes Vielfaches vergrößern bzw. verkleinern.

D. Der Übergang der verschiedenen Fälle ineinander. Die Formelsysteme, die wir für das reelle und das konjugiert imaginäre Punktepaar aufgestellt haben, lassen sich, wenn wir ε gleich -1 für das reelle Punktepaar und gleich $+1$ für das konjugiert imaginäre Punktepaar setzen, in eine einzige Formel zusammenfassen:

Eigentliche Kollineationen: *Uneigentliche Kollineationen:*

$\varrho x_1 = c_{11} x_1' - \varepsilon c_{21} x_2'$, $\varrho x_1 = c_{11} x_1' + \varepsilon c_{21} x_2'$,
$\varrho x_2 = c_{21} x_1' + c_{11} x_2'$. $\varrho x_2 = c_{21} x_1' - c_{11} x_2'$.

Diese Darstellung steht in Übereinstimmung damit, daß wir die Gleichungen der betrachteten Gebilde zweiten Grades in der gemeinsamen Gestalt:
$$x_1^2 + \varepsilon x_2^2 = 0$$
schreiben können, wobei ε dieselbe Bedeutung wie oben besitzt; man überzeugt sich unmittelbar davon, daß die angegebenen Kollineationen diese Gleichung invariant lassen. Wir können nun das reelle Punktepaar kontinuierlich über den doppelt zählenden Punkt in das konjugiert imaginäre Punktepaar überführen, indem wir ε von -1 allmählich in die Null und dann in $+1$ übergehen lassen (Abb. 47, S. 81). Hierbei gehen die zugehörigen Kollineationen ebenfalls kontinuierlich ineinander über. Für $\varepsilon = 0$ erhalten wir:

$\varrho x_1 = c_{11} x_1'$, $\varrho x_1 = c_{11} x_2'$,
$\varrho x_2 = c_{21} x_1' + c_{11} x_2'$, $\varrho x_2 = c_{21} x_1' - c_{11} x_2'$,

also nur eine *einparametrige Untergruppe* der S. 96 betrachteten zweiparametrigen Gruppe, welche den doppelt zählenden Punkt $x_1^2 = 0$ invariant läßt; wir können die erstere aus der allgemeinen Gruppe durch die Forderung $c_{11} = \pm c_{22}$ aussondern. Wir erhalten also beim Grenzübergang nur *einen Teil* der Kollineationen, die den doppelt zählenden Punkt in sich selbst überführen, nämlich die euklidischen Parallelverschiebungen und Umklappungen der geraden Linie, nicht aber die allgemeineren Ähnlichkeitstransformationen. Bei dem Grenzübergang vom reellen Punktepaar zum doppelt zählenden Punkt verschwinden dabei von den vier Arten von reellen Kollineationen zwei Arten, da die eine der beiden Strecken, in welche das reelle Punktepaar die Gerade eingeteilt hatte, jetzt fortgefallen ist. Bei dem weiteren Übergang zum konjugiert imaginären Punktepaar bleiben diese beiden Arten von Kollineationen erhalten.

§ 2. Der zweidimensionale Fall.

A. Die komplexen Kollineationen, die ein nichtausgeartetes Gebilde in sich überführen. Die ovalen und nullteiligen Kurven der Ebene besitzen, auf ein geeignetes reelles Polardreieck bezogen, (nach S. 70) die Gleichungen:

Ovale Kurve: | Nullteilige Kurve:

$x_1^2 + x_2^2 - x_3^2$
$= x_1^2 + (x_2 + x_3)(x_2 - x_3) = 0$, | $x_1^2 + x_2^2 + x_3^2$
$= x_1^2 + (x_2 + i x_3)(x_2 - i x_3) = 0$.

98 Die Kollineationen, die ein Gebilde zweiten Grades in sich überführen.

Die folgenden Rechnungen erhalten eine besonders einfache Gestalt, wenn wir diese Gleichungen durch die Transformationen:

$$\begin{aligned} \varrho y_1 &= x_2 + x_3, \\ \varrho y_2 &= x_1, \quad D = -2, \\ \varrho y_3 &= -x_2 + x_3, \end{aligned} \quad \Big| \quad \begin{aligned} \varrho y_1 &= x_2 + ix_3, \\ \varrho y_2 &= x_1 \quad D = -2i \\ \varrho y_3 &= -x_2 + ix_3, \end{aligned}$$

in die Form:
$$y_2^2 - y_1 y_3 = 0$$

überführen, die wir als *Tangentialgleichung* eines Kegelschnittes bezeichnen wollen.

Durch die angegebenen Transformationen werden nämlich die Kurven auf ein sog. *Tangentialdreieck* bezogen, das aus zwei Tangenten der Kurve und der Verbindungslinie der zugehörigen Berührungspunkte besteht (Abb. 60). In der Tat hat die Kurve mit der Geraden $y_1 = 0$ den doppelt zählenden Punkt $y_1 : y_2 : y_3 = 0 : 0 : 1$, und genau so mit der Geraden $y_3 = 0$ den doppelt zählenden Punkt

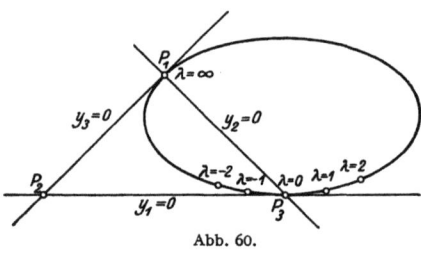

Abb. 60.

$y_1 : y_2 : y_3 = 1 : 0 : 0$ gemeinsam. Die beiden Geraden $y_1 = 0$ und $y_3 = 0$ sind also Tangenten der Kurve, während die Gerade $y_2 = 0$, wie behauptet, durch die beiden zugehörigen Berührungspunkte läuft. Im Fall der ovalen Kurve ist das so bestimmte Dreieck völlig reell (Abb. 60). Im Fall der nullteiligen Kurve besteht es aus einem reellen Punkt und einer nicht durch diesen Punkt laufenden reellen Geraden, die zueinander in bezug auf den nullteiligen Kegelschnitt in dem Verhältnis von Pol und Polare stehen; die beiden anderen Seiten und genau so die beiden anderen Punkte des Dreiecks sind je zueinander konjugiert imaginär (Abb. 61).

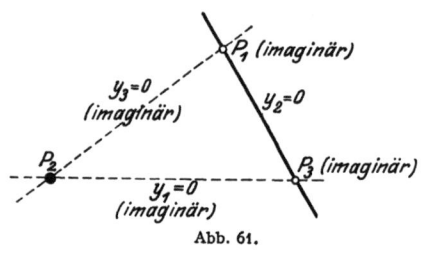

Abb. 61.

Um die Gleichungen der Kollineationen aufzustellen, die den Kegelschnitt: $y_2^2 - y_1 y_3 = 0$ in sich selbst überführen, schlagen wir das folgende Verfahren ein. Wir erfüllen zunächst die Gleichung: $y_2^2 - y_1 y_3 = 0$ durch den folgenden Ansatz:

$$\frac{y_1}{y_2} = \lambda = \frac{\lambda_1}{\lambda_2}, \quad \frac{y_2}{y_3} = \lambda = \frac{\lambda_1}{\lambda_2}$$

oder, übersichtlicher geschrieben:

$$\varrho y_1 = \lambda_1^2, \quad \varrho y_2 = \lambda_1 \lambda_2, \quad \varrho y_3 = \lambda_2^2.$$

Der zweidimensionale Fall.

Durch diese Parameterdarstellung wird jedem Punkte des Kegelschnittes umkehrbar eindeutig ein bestimmter Wert $\lambda = \lambda_1 : \lambda_2$ zugeordnet; wenn wir λ alle reellen und komplexen Werte zuteilen, durchlaufen wir alle Punkte des Kegelschnittes. Im Falle der ovalen Kurve erhalten wir im besonderen für reelle Parameterwerte die reellen Kurvenpunkte (Abb. 60).

Wenn wir den Kegelschnitt durch eine Kollineation in sich selbst überführen, wird jedem Parameterwert $\lambda = \lambda_1 : \lambda_2$ ein neuer Parameterwert $\lambda' = \lambda'_1 : \lambda'_2$ zugeordnet. Wir behaupten, *daß diese Zuordnung durch eine lineare Substitution*:

$$\lambda = \frac{\alpha \lambda' + \beta}{\gamma \lambda' + \delta}, \qquad (\alpha\delta - \beta\gamma \neq 0)$$

vermittelt wird. Den Beweis erbringen wir auf folgendem Wege. Durch die allgemeine Kollineation $\varrho y_\varkappa = \sum_\lambda c_{\varkappa\lambda} y'_\lambda$ wird die Kurve: $y_2^2 - y_1 y_3 = 0$ in:

$$(c_{21} y'_1 + c_{22} y'_2 + c_{23} y'_3)^2 - (c_{11} y'_1 + c_{12} y'_2 + c_{13} y'_3)(c_{31} y'_1 + c_{32} y'_2 + c_{33} y'_3) = 0$$

überführt. Die betrachtete Kurve bleibt also dann und nur dann invariant, d. h., die obige Gleichung nimmt dann und nur dann die Gestalt $y_2'^2 - y'_1 y'_3 = 0$ an, wenn die Koeffizienten $c_{\varkappa\lambda}$ der Kollineation die folgenden fünf Bedingungen erfüllen:

$$c_{21}^2 = c_{11} c_{31}, \qquad 2 c_{21} c_{22} = c_{11} c_{32} + c_{12} c_{31},$$
$$c_{23}^2 = c_{13} c_{33}, \qquad 2 c_{22} c_{23} = c_{12} c_{33} + c_{13} c_{32},$$
$$c_{22}^2 + 2 c_{21} c_{23} = c_{11} c_{33} + c_{12} c_{32} + c_{13} c_{31}.$$

Die Parameter $\lambda = \dfrac{\lambda_1}{\lambda_2}$ und $\lambda' = \dfrac{\lambda'_1}{\lambda'_2}$ sind nun durch die Gleichungen festgelegt:

$$\varrho y_1 = \lambda_1^2, \qquad \varrho y'_1 = \lambda_1'^2,$$
$$\varrho y_2 = \lambda_1 \lambda_2, \qquad \varrho y'_2 = \lambda'_1 \lambda'_2,$$
$$\varrho y_3 = \lambda_2^2, \qquad \varrho y'_3 = \lambda_2'^2$$

und erleiden somit bei der betrachteten Kollineation $\varrho y_\varkappa = \sum_\lambda c_{\varkappa\lambda} y'_\lambda$ des Kegelschnittes die Substitution:

$$\varrho \lambda_1^2 = c_{11} \lambda_1'^2 + c_{12} \lambda'_1 \lambda'_2 + c_{13} \lambda_2'^2,$$
$$\varrho \lambda_1 \lambda_2 = c_{21} \lambda_1'^2 + c_{22} \lambda'_1 \lambda'_2 + c_{23} \lambda_2'^2,$$
$$\varrho \lambda_2^2 = c_{31} \lambda_1'^2 + c_{32} \lambda'_1 \lambda'_2 + c_{33} \lambda_2'^2,$$

wobei die $c_{\varkappa\lambda}$ die oben angegebenen fünf Bedingungen erfüllen. Durch Division erhalten wir aus den beiden ersten Gleichungen:

$$\frac{\lambda_1}{\lambda_2} = \lambda = \frac{c_{11} \lambda'^2 + c_{12} \lambda' + c_{13}}{c_{21} \lambda'^2 + c_{22} \lambda' + c_{23}}.$$

Eine entsprechende Gleichung können wir durch Division aus den beiden letzten Gleichungen gewinnen; es ergibt sich unmittelbar, daß die beiden so gewonnenen Substitutionen von λ infolge der oben aufgestellten Koeffizientenbedingungen miteinander identisch sind. Wir denken uns nun Zähler und Nenner des obigen Bruches in Linearfaktoren zerspalten und nehmen zunächst an, daß sich kein Linearfaktor fortkürzen ließe. Dann würden aber die beiden Punkte λ', für welche die Linearfaktoren des Zählers verschwinden und für welche nach unserer Annahme der Nenner ungleich Null ist, dem Punkt $\lambda = 0$ zugeordnet sein. Dies ist jedoch unmöglich, da unsere Kollineation jedem Punkt λ einen und nur einen Punkt λ' zuordnet. Aus diesem Widerspruch folgt, daß sich ein Linearfaktor fortkürzen lassen muß, womit unsere Behauptung bewiesen ist[1]).

Die lineare Substitution:
$$\lambda = \frac{\alpha \lambda' + \beta}{\gamma \lambda' + \delta}, \qquad (\alpha\delta - \beta\gamma \neq 0)$$

können wir bei Verwendung der homogenen Koordinaten $\lambda = \lambda_1 : \lambda_2$ und $\lambda' = \lambda_1' : \lambda_2'$ in der Form schreiben:
$$\sigma\lambda_1 = \alpha\lambda_1' + \beta\lambda_2',$$
$$\sigma\lambda_2 = \gamma\lambda_1' + \delta\lambda_2'. \qquad (\alpha\delta - \beta\gamma \neq 0)$$

Wenn wir nun von den Parameterwerten λ und λ' durch die S. 99 angegebenen Formeln wieder zu den Punktkoordinaten $y_\varkappa$ und $y_\varkappa'$ übergehen, erhalten wir die folgenden Substitutionen:
$$\varrho\sigma^2 y_1 = \sigma^2\lambda_1^2 \;\;= (\alpha\lambda_1' + \beta\lambda_2')^2 \;\;\;\;\;\;\;\;\;\;\;\;= \varrho\{\;\alpha^2 y_1' + \;\;\;\;\;\;\;\;2\alpha\beta y_2' + \beta^2 y_3'\},$$
$$\varrho\sigma^2 y_2 = \sigma^2\lambda_1\lambda_2 = (\alpha\lambda_1' + \beta\lambda_2')(\gamma\lambda_1' + \delta\lambda_2') = \varrho\{\alpha\gamma y_1' + (\alpha\delta + \beta\gamma) y_2' + \beta\delta y_3'\},$$
$$\varrho\sigma^2 y_3 = \sigma^2\lambda_2^2 \;\;= (\gamma\lambda_1' + \delta\lambda_2')^2 \;\;\;\;\;\;\;\;\;\;\;\;= \varrho\{\;\gamma^2 y_1' + \;\;\;\;\;\;\;\;2\gamma\delta y_2' + \delta^2 y_3'\}.$$

Die hiermit aufgestellten Formeln ordnen jedem Punkt des Kegelschnittes: $y_2^2 - y_1 y_3 = 0$ einen zweiten Punkt desselben Kegelschnittes zu. Die Gesamtheit der Kollineationen, welche den Kegelschnitt $y_2^2 - y_1 y_3 = 0$ in sich selbst überführen, besitzt also die Gestalt:

Kollineationen des Kegelschnittes $y_2^2 - y_1 y_3 = 0$ in sich:
$$\varrho y_1 = \;\;\alpha^2 y_1' + \;\;\;\;\;\;\;\;2\alpha\beta y_2' + \beta^2 y_3',$$
$$\varrho y_2 = \alpha\gamma y_1' + (\alpha\delta + \beta\gamma) y_2' + \beta\delta y_3', \qquad (\alpha\delta - \beta\gamma \neq 0)$$
$$\varrho y_3 = \;\;\gamma^2 y_1' + \;\;\;\;\;\;\;\;2\gamma\delta y_2' + \delta^2 y_3'.$$

Da es nur auf die Verhältnisse $\alpha : \beta : \gamma : \delta$ ankommt, bilden diese Kollineationen eine Gruppe, die von 6 reellen oder 3 komplexen Parametern abhängt. Die Determinante dieser Substitutionen ist, wie eine einfache Ausrechnung ergibt, gleich $(\alpha\delta - \beta\gamma)^3$ und kann infolge der Beziehung: $\alpha\delta - \beta\gamma \neq 0$ nie verschwinden.

B. Reelle Kollineationen. Die bisherigen Überlegungen dieses Paragraphen behandelten reelle und imaginäre Elemente als gleichwertig.

---

[1]) Funktionentheoretisch läßt sich dieser Schluß kurz folgendermaßen fassen: Die Transformation ist für alle reellen und komplexen Werte von λ analytisch und eineindeutig, also linear.

Der zweidimensionale Fall.

Wenn wir weiter zur *Berücksichtigung der Realitätsunterschiede* übergehen, müssen wir ovale und nullteilige Kurven getrennt untersuchen. Wir stellen deshalb zunächst die Kollineationen auf, welche die ovale Kurve $x_1^2 + x_2^2 - x_3^2 = 0$ in sich selbst überführen. Indem wir von den $y_\varkappa$ durch die auf S. 98 angegebenen Substitutionen wieder zu den $x_\varkappa$ übergehen, erhalten wir die Transformationen:

$$\varrho(x_2 + x_3) = \alpha^2(x_2' + x_3') + 2\alpha\beta x_1' + \beta^2(-x_2' + x_3') \quad \text{usw.}$$

Hieraus ergibt sich durch geeignete Ordnung und Hineinziehen eines Faktors 2 in die Proportionalitätskonstante ϱ:

Kollineationen des ovalen Kegelschnittes $x_1^2 + x_2^2 - x_3^2 = 0$ in sich (erste Form):

$$\varrho x_1 = 2(\alpha\delta + \beta\gamma)x_1' + 2(\alpha\gamma - \beta\delta)x_2' + 2(\alpha\gamma + \beta\delta)x_3',$$
$$\varrho x_2 = 2(\alpha\beta - \gamma\delta)x_1' + (\alpha^2 - \beta^2 - \gamma^2 + \delta^2)x_2' + (\alpha^2 + \beta^2 - \gamma^2 - \delta^2)x_3',$$
$$\varrho x_3 = 2(\alpha\beta + \gamma\delta)x_1' + (\alpha^2 - \beta^2 + \gamma^2 - \delta^2)x_2' + (\alpha^2 + \beta^2 + \gamma^2 + \delta^2)x_3',$$
$$D = 8(\alpha\delta - \beta\gamma)^3 \neq 0.$$

Für spätere Untersuchungen (S. 109) benötigen wir noch eine andere Form dieser Gleichungen, welche sich durch die Substitution:

$$\alpha = d + c, \quad \beta = a - b, \quad \gamma = a + b, \quad \delta = d - c$$

(nach Fortkürzen von Faktoren 2) in der folgenden Gestalt ergibt:

Kollineationen des ovalen Kegelschnittes $x_1^2 + x_2^2 - x_3^2 = 0$ in sich (zweite Form):

$$\varrho x_1 = (a^2 - b^2 - c^2 + d^2)x_1' + 2(ac + bd)x_2' + 2(ad + bc)x_3',$$
$$\varrho x_2 = 2(ac - bd)x_1' + (-a^2 - b^2 + c^2 + d^2)x_2' + 2(-ab + cd)x_3',$$
$$\varrho x_3 = 2(ad - bc)x_1' + 2(ab + cd)x_2' + (a^2 + b^2 + c^2 + d^2)x_3',$$
$$D = (-a^2 + b^2 - c^2 + d^2)^3 \neq 0.$$

Für die nullteiligen Kurven erhalten wir durch dieselben Überlegungen oder, indem wir x_3 und x_3' durch ix_3 und ix_3' ersetzen:

$$\varrho x_1 = 2(\alpha\delta + \beta\gamma)x_1' + 2(\alpha\gamma - \beta\delta)x_2' + 2i(\alpha\gamma + \beta\delta)x_3',$$
$$\varrho x_2 = 2(\alpha\beta - \gamma\delta)x_1' + (\alpha^2 - \beta^2 - \gamma^2 + \delta^2)x_2' + i(\alpha^2 + \beta^2 - \gamma^2 - \delta^2)x_3',$$
$$\varrho x_3 = 2i(-\alpha\beta - \gamma\delta)x_1' + i(-\alpha^2 + \beta^2 - \gamma^2 + \delta^2)x_2' + (\alpha^2 + \beta^2 + \gamma^2 + \delta^2)x_3',$$

Die Determinante ist, wie man am einfachsten durch Vergleichen mit der Determinante der Kollineationen einer ovalen Kurve in sich feststellt: $D = 8(\alpha\delta - \beta\gamma)^3 \neq 0$. Wenn wir erreichen wollen, daß sich die reellen Kollineationen, die in den obigen Formeln enthalten sind, für reelle Parameterwerte ergeben, müssen wir eine geeignete Substitution:

$$\alpha = d - ic, \quad \beta = -b - ia, \quad \gamma = b - ia, \quad \delta = d + ic$$

vornehmen. Hierdurch ergibt sich nach Fortkürzen von Faktoren 2:

Die Kollineationen, die ein Gebilde zweiten Grades in sich überführen.

Kollineationen des nullteiligen Kegelschnittes $x_1^2 + x_2^2 + x_3^2 = 0$ in sich[1]):

$\varrho x_1 = (-a^2-b^2+c^2+d^2)x_1' + \quad 2(-ac+bd)x_2' + \quad\quad 2(ad+bc)x_3',$
$\varrho x_2 = \quad\quad 2(-ac-bd)x_1' + (a^2-b^2-c^2+d^2)x_2' + \quad\quad 2(-ab+cd)x_3',$
$\varrho x_3 = \quad\quad 2(-ad+bc)x_1' + \quad 2(-ab-cd)x_2' + (-a^2+b^2-c^2+d^2)x_3',$
$$D = (a^2+b^2+c^2+d^2)^3 \neq 0.$$

Wir haben damit das folgende Resultat erhalten: *Jeder nullteilige und jeder ovale Kegelschnitt der Ebene bestimmt je eine Gruppe von ∞^6 imaginären und ∞^3 reellen Kollineationen*[2]), *durch die er in sich selbst überführt wird. Die Gruppe der ∞^6 imaginären Kollineationen bildet in beiden Fällen eine einzige zusammenhängende Schar. Die ∞^3 reellen Kollineationen eines nullteiligen Kegelschnittes in sich besitzen dieselbe Eigenschaft* (da hier die Determinante für reelles a, b, c, d stets größer als Null ist), *während die ∞^3 reellen Kollineationen eines ovalen Kegelschnittes in sich in zwei getrennte Mannigfaltigkeiten*: $D = (-a^2+b^2-c^2+d^2)^3 > 0$ *und* < 0 *zerfallen*[3]).

Geometrisch können wir die beiden Arten von reellen Kollineationen eines ovalen Kegelschnittes folgendermaßen unterscheiden. Die projektive Ebene ist eine einseitige Fläche, auf welcher die Gruppe aller reellen Kollineationen eine einzige zusammenhängende Schar bildet (S. 24). Durch die Untergruppe derjenigen reellen Kollineationen, die einen ovalen Kegelschnitt invariant lassen, kann nun zunächst kein Punkt, der im Inneren des Kegelschnittes liegt, in das Äußere überführt werden; denn von einem innern Punkt gehen zwei konjugiert imaginäre Tangenten an den Kegelschnitt, von einem äußern Punkt zwei reelle, und diese Tangenten und somit auch die zugehörigen Punkte können nicht durch reelle Kollineationen der betrachteten Art ineinander transformiert werden. Das innere Gebiet eines ovalen Kegelschnittes ist aber ein einfach berandetes gewöhnliches Flächenstück, das nicht mehr wie die projektive Ebene einseitig ist[4]). Wir können hier genau wie auf der geraden Linie und im Raum zwischen zwei Arten von Kollineationen unterscheiden, da sich zwei entgegengesetzte Drehsinne nicht mehr kontinuierlich ineinander überführen lassen. Die so erhaltenen beiden Arten von Kollineationen werden wir später als *Bewegungen* und *Umlegungen* unterscheiden (vgl. S. 187), je nach-

---

[1]) Diese Substitutionen spielen in der Mathematik eine besonders wichtige Rolle; sie werden als *ternäre orthogonale Substitutionen* bezeichnet.

[2]) Das heißt nach S. 46, daß diese Kollineationen von 6 bzw. 3 *reellen* Parametern abhängen.

[3]) Die Determinanten D, deren Vorzeichen hier ausschlaggebend sind, beziehen sich auf die im Text angegebenen *speziellen* Parameterdarstellungen; wenn wir auch andersartige Parameterdarstellungen zulassen, wird das Vorzeichen der zu einer festen Kollineation gehörigen Determinante D in Übereinstimmung mit S. 23 unbestimmt.

[4]) Das Außengebiet ist genau wie die ganze projektive Ebene einseitig.

dem sich das durch die Kollineation erzeugte Abbild eines Drehsinnes in den alten Drehsinn überführen läßt oder nicht.

Durch einen nullteiligen Kegelschnitt wird im Gegensatz hierzu die reelle projektive Ebene nicht zerschnitten; die Einseitigkeit bleibt also in diesem Fall erhalten, und die zugehörigen Kollineationen bilden eine zusammenhängende Schar. Im Sinne der eben eingeführten Terminologie *ist also jede Kollineation eines nullteiligen Kegelschnittes in sich eine Bewegung;* Umlegungen existieren hier nicht.

C. Die invarianten Elemente. Zur anschaulichen Erfassung der Kollineationen, die einen Kegelschnitt in sich überführen, klassifizieren wir diese Transformationen zunächst nach den invarianten Elementen. Wir beginnen mit dem Beweis des Satzes:

Bei einer Kollineation eines Kegelschnittes in sich bleiben entweder alle oder zwei Punkte oder ein doppelt zählender Punkt des Kegelschnittes invariant. In der Tat erleiden die Kurvenpunkte, die wir durch den Parameter $\lambda = \lambda_1 : \lambda_2$ festgelegt haben, bei diesen Kollineationen eine lineare Substitution (vgl. S. 99):

$$\lambda = \frac{\alpha \lambda' + \beta}{\gamma \lambda' + \delta}, \qquad (\alpha\delta - \beta\gamma \neq 0)$$

so daß die gesuchten festbleibenden Punkte durch die Gleichung: $\lambda' = \lambda$ oder: $\gamma \lambda^2 - (\alpha - \delta)\lambda - \beta = 0$ bestimmt sind. Durch die Diskussion dieser Gleichung, die der Leser für sich durchführen möge, ergibt sich aber: *Die angegebene lineare Substitution bestimmt, wenn $(\alpha - \delta)^2 + 4\beta\gamma \neq 0$ ist, zwei verschiedene Werte λ, die in sich selbst überführt werden. Wenn $(\alpha - \delta)^2 + 4\beta\gamma = 0$, aber β oder $\gamma \neq 0$ ist, gibt es nur einen einzigen (doppelt zählenden) derartigen Wert. Wenn schließlich $\beta = \gamma = \alpha - \delta = 0$ ist, besteht die Substitution aus der Identität $\lambda = \lambda'$, die alle Werte λ in sich selbst überführt*[1]). Damit ist unser Satz bewiesen.

Wenn insbesondere die Kollineation, die einen ovalen oder nullteiligen Kegelschnitt in sich überführt, *reell* ist, müssen im Fall zweier invarianter Punkte auf dem Kegelschnitt diese entweder konjugiert imaginär oder beide reell sein, während ein doppelt zählender Punkt stets reell sein muß. Bei den ovalen Kurven, für die $\alpha, \beta, \gamma, \delta$ bei reellen Kollineationen ebenfalls reell sind, können alle drei Fälle eintreten. Bei den nullteiligen Kurven können dagegen keine reellen Fixpunkte (also auch kein doppelt zählender Fixpunkt) auftreten, da die nullteilige Kurve keine reellen Punkte besitzt. Wir fassen zusammen: *Eine reelle Kollineation eines ovalen Kegelschnittes in sich, die nicht die Identität ist, besitzt entweder zwei reelle oder zwei konjugiert imaginäre oder schließlich einen*

---

[1]) Wir heben hierbei hervor, daß im Falle $\gamma = 0$ der Wert $\lambda = \infty$ in sich selbst überführt wird; diesen Wert müssen wir mitzählen, da das Verhältnis $\lambda = \lambda_1 : \lambda_2 = 1 : 0$ einen Kurvenpunkt ergibt, der mit den anderen Kurvenpunkten gleichberechtigt ist.

104 Die Kollineationen, die ein Gebilde zweiten Grades in sich überführen.

doppelt zählenden reellen Fixpunkt auf dem invarianten Kegelschnitt. Bei einer reellen Kollineation eines nullteiligen Kegelschnittes, die nicht die Identität ist, treten dagegen stets zwei konjugiert imaginäre Fixpunkte auf. *Weitere Fixpunkte sind auf dem Kegelschnitt nicht vorhanden.*

Im allgemeinen Fall, in welchem zwei verschiedene Punkte der gegebenen Kurve fest bleiben, müssen die Tangenten dieser beiden Punkte und ihre Verbindungslinie in sich selbst überführt werden. Diese drei geraden Linien bestimmen das sog. *invariante Dreieck der Kollineation,* das zum Teil imaginäre Elemente enthalten kann[1]). Der Schnittpunkt der beiden Tangenten ist der dritte Fixpunkt, den eine Kollineation in der Ebene nach S. 29 im allgemeinen besitzen muß. Wenn bei der Kollineation ein doppelt zählender Fixpunkt auf dem Kegelschnitt fest bleibt, artet das invariante Dreieck in eine (dreifach zählende) gerade Linie mit einem auf ihr liegenden (dreifach zählenden) Punkte aus.

Bei den betrachteten Kollineationen *werden außer dem vorgelegten Kegelschnitt noch andere Kurven in sich selbst überführt.* Um diese zu bestimmen, führen wir projektive Koordinaten ein, die auf das invariante Dreieck bezogen sind, wobei wir voraussetzen, daß das Dreieck nicht ausgeartet ist. In diesem Koordinatensystem müssen unsere Kollineationen die einfache Gestalt annehmen:

$$\varrho y_1 = c_{11} y_1', \quad \varrho y_2 = c_{22} y_2', \quad \varrho y_3 = c_{33} y_3', \quad (D = c_{11} c_{22} c_{33} \neq 0)$$

da nur dann jede der drei Geraden $y_1 = 0$, $y_2 = 0$ und $y_3 = 0$ in sich selbst überführt wird. Durch Umkehrung des auf S. 98 angegebenen Beweises folgt, daß in dem angegebenen Koordinatensystem der invariante Kegelschnitt die Gleichung: $y_2^2 - \bar{k} y_1 y_3 = 0$ besitzen muß, wobei $\bar{k}$ eine bestimmte Konstante ist, die von der Wahl des Einheitspunktes abhängt. Durch die angegebene Kollineation wird diese Kurve in: $c_{22}^2 y_2'^2 - \bar{k} c_{11} c_{33} y_1' y_3' = 0$ überführt. Sie bleibt also dann und nur dann invariant, wenn die Koeffizienten der Kollineation noch die Bedingung: $c_{22}^2 - c_{11} c_{33} = 0$ erfüllen. Dann geht aber nicht nur die betrachtete Kurve: $y_2^2 - \bar{k} y_1 y_3 = 0$, sondern jede Kurve von der Gestalt: $y_2^2 - k y_1 y_3 = 0$ in sich selbst über. Alle diese Kegelschnitte berühren die beiden Koordinatengeraden in denselben Punkten, wie die invariante Kurve. Diese Kurvenschar besitzt je nach den Realitätsverhältnissen des invarianten Dreiecks ein sehr verschiedenes Aussehen (vgl. Abb. 62 und 63).

Wenn zunächst bei der ovalen Kurve die beiden auf dieser Kurve liegenden Fixpunkte reell sind, sind auch alle Bestandteile des invarianten Dreiecks reell (Abb. 62, in welcher der ovale Kegelschnitt und

---

[1]) Das invariante Dreieck einer Kollineation ist ein Tangentialdreieck des gegebenen Kegelschnittes, das aber bei den ovalen Kurven andere Realitätseigenschaften als die auf S. 98 betrachteten Tangentialdreiecke besitzen kann (vgl. S. 105).

das betrachtete invariante Dreieck dick ausgezeichnet sind). Die Kurvenschar verläuft folgendermaßen: Der invariante Kegelschnitt (hier als dick ausgezogene Ellipse wiedergegeben) weitet sich zunächst immer mehr auf und geht über eine Parabel in Hyperbeln über, die schließlich in ein Geradenpaar, eben das invariante Tangentenpaar der Kollineation, ausarten. Sodann erhalten wir in dem anderen Winkelraum des Geradenpaares weitere Hyperbeln, welche immer schmaler werden, bis ihre reellen Punkte in einen Teil der Verbindungsgeraden der beiden invarianten Kegelschnittspunkte zusammenfallen[1]). Darauf springen die Kurven auf den anderen Teil der geraden Linie über, der sich zu Ellipsen aufweitet, die schließlich wieder in den invarianten Kegelschnitt übergehen. Auf die Bedeutung der übrigen geraden Linien, die in Abb. 62 angegeben sind, werden wir in Abschnitt D eingehen.

Wenn die beiden Fixpunkte der ovalen Kurve konjugiert imaginär sind, erhalten wir das Bild der Abb. 63. In diesem Fall ist von dem invarianten Dreieck nur die Verbindungslinie der beiden konjugiert imaginären Fixpunkte auf dem Kegelschnitt und der gegenüberliegende Eckpunkt reell. (Diese beiden Elemente stehen dabei in dem Verhältnis von Pol und Polare.) Die betrachtete Kurvenschar besteht zunächst aus Ellipsen, die den Fixpunkt im Innern der fundamentalen Kurve umschließen; die Ellipsen gehen dann über eine Parabel in Hyperbeln über, die sich von beiden Seiten der reellen Verbindungsgeraden der bei-

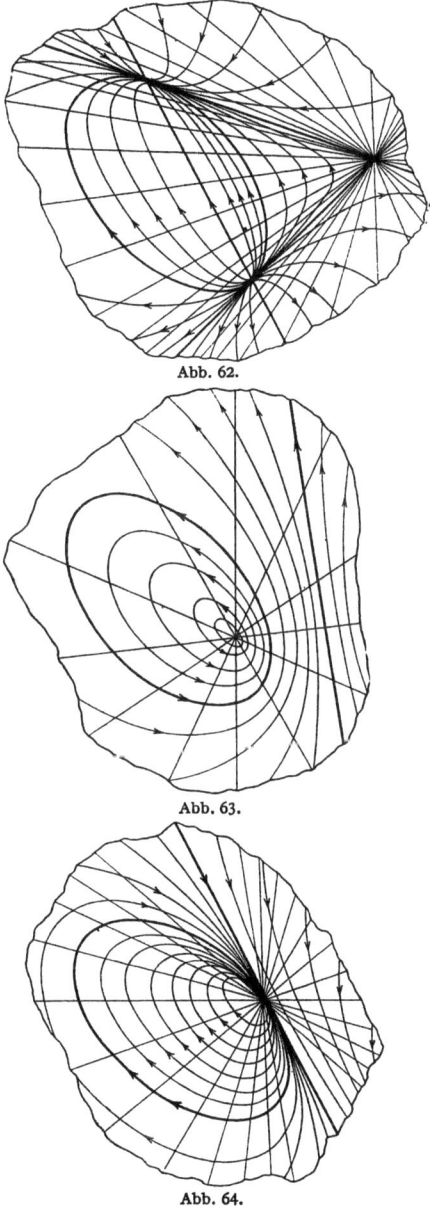

Abb. 62.

Abb. 63.

Abb. 64.

---

[1]) Die übrigen Teile der geraden Linie sind die Grenzlagen imaginärer Kurvenpunkte.

106 Die Kollineationen, die ein Gebilde zweiten Grades in sich überführen.

den Fixpunkte immer mehr anschmiegen und endlich in dieselbe übergehen.

Der Übergang zwischen zwei reellen und zwei konjugiert imaginären Fixpunkten wird durch einen doppelt zählenden Fixpunkt gebildet. Durch geeignete Abänderung der obigen Überlegungen kann man das Resultat ableiten, daß alle Kollineationen, die eine ovale Kurve mit doppelt zählenden Fixpunkt in sich selbst überführen, zugleich auch alle Kegelschnitte invariant lassen, welche die ovale Kurve in dem betrachteten Fixpunkt vierpunktig berühren. Diese Kurvenschar hat das in Abb. 64 angegebene Aussehen, das nach den früheren Überlegungen keiner Erläuterungen bedürfen wird. Wenn $y_2^2 - y_1 y_3 = 0$ die Gleichung des Kegelschnittes und 1, 0, 0 der doppelt zählende Fixpunkt ist, sind diese Kurven durch die Gleichung: $y_2^2 - y_1 y_3 + k y_3^2 = 0$ gegeben; denn der einzige Punkt, den eine dieser Kurven mit dem Kegelschnitt gemeinsam hat, ist der Punkt $y_3 = 0$, $y_2 = 0$.

Bei den reellen Kollineationen der nullteiligen Kurve in sich, die nicht mit der Identität zusammenfallen, sind nach S. 104 stets zwei konjugiert imaginäre Fixpunkte vorhanden. Die betrachtete Kurvenschar besitzt stets das in Abb. 63 angegebene Aussehen; nur ist jetzt im Reellen keine Kurve ausgezeichnet.

D. Die Auffassung der Kollineationen als Drehungen. Mit Hilfe der Überlegungen des vorigen Abschnitts können wir leicht eine anschauliche Vorstellung von den betrachteten Kollineationen gewinnen. Untersuchen wir zunächst die Kollineationen der ovalen Kurve mit zwei reellen Fixpunkten auf der Kurve! Die Gleichungen dieser Kollineationen haben, auf das zugehörige invariante Dreieck bezogen, die folgende Gestalt:

$$\varrho y_1 = c_{11} y_1', \quad \varrho y_2 = c_{22} y_2', \quad \varrho y_3 = c_{33} y_3'. \quad (D = c_{11} c_{22} c_{33} \neq 0, \ c_{22}^2 = c_{11} c_{33})$$

Bei allen diesen Kollineationen können wir ohne Einschränkung der Allgemeinheit $c_{22} = 1$ setzen. Dann ergibt sich für $c_{11} > 1$, $c_{33} = \dfrac{1}{c_{11}}$ eine Schar von Kollineationen, welche sich kontinuierlich an die Identität $c_{11} = 1$, $c_{33} = 1$ anschließen; genau so erhalten wir für $0 < c_{11} < 1$, $c_{33} = \dfrac{1}{c_{11}}$ eine zweite derartige Schar. Die Kollineationen, die sich für $c_{11} < 0$ ergeben, lassen sich dagegen nicht mehr kontinuierlich in die Identität überführen, da der Wert $c_{11} = 0$ ausgeschlossen werden muß. Die ersten beiden Arten von Kollineationen können wir erzeugen, indem wir von der Identität ausgehend die Punkte der Ebene auf den eben untersuchten Kurven kontinuierlich entweder in der Richtung der Pfeile (Abb. 62) oder in der entgegengesetzten Richtung bewegen, wobei wir in jedem Moment eine Kollineation der betrachteten Art vor uns haben. Für $c_{11} < 0$ erhalten wir dagegen die sog. Umlegungen (vgl. S. 102), die wir hier nicht näher betrachten wollen.

Um einen Überblick darüber zu gewinnen, um wieviel die einzelnen Punkte bei einer bestimmten Transformation wandern, ziehen wir durch den Schnittpunkt der beiden Tangenten eine gerade Linie und wenden auf sie immer wieder dieselbe Kollineation an. Wenn diese Gerade durch das Innere des Kegelschnittes läuft, nähert sie sich dabei (etwa in der Richtung der Pfeile, Abb. 62) unbegrenzt einer dieser beiden Tangenten, ohne sie je zu erreichen. (In der Abbildung sind diejenigen Linien, die zu nahe der Tangente verlaufen, nicht mehr eingezeichnet.) Wenn wir sodann die inverse Kollineation vornehmen, nähert sich die gerade Linie in derselben Weise allmählich der anderen Tangente. Bei den reellen Kollineationen kommen dabei die Punkte der geraden Linie nie aus dem angegebenen Winkelraum, in dem das Innere des ovalen Kegelschnittes liegt, in den anderen Winkelraum hinein. Um einen Überblick über die Transformationen der Punkte auch im zweiten Winkelraum zu erhalten, müssen wir in diesem eine zweite Gerade durch den Schnittpunkt der beiden Tangenten ziehen und auf diese Gerade dieselben Kollineationen wie vorhin erst nach der einen und dann der anderen Richtung hin anwenden, wobei sich wieder die Gerade immer mehr einer der beiden Tangenten des Fixpunktes nähert. Bei der betrachteten Kollineation wird nun jede dieser Geraden entweder in der Richtung der Pfeile oder in der entgegengesetzten Richtung in die nächstfolgende Gerade überführt, so daß wir uns auch von der Bewegung aller anderen Punkte der Ebene ein ungefähres Bild machen können.

Entsprechende Überlegungen lassen sich in den anderen Fällen durchführen. Die Resultate kann man ohne weiteres aus den Abb. 63 und 64 ablesen. Insbesondere heben wir hervor, daß bei der Kollineation mit doppelt zählendem reellen Fixpunkt (Abb. 64) nur eine einzige Tangente vorhanden ist, welche die Grenzlage der betrachteten Geraden bildet. Bei den Kollineationen mit konjugiert imaginären Fixpunkten (Abb. 63) erhalten wir dagegen als Grenzlage zwei konjugiert imaginäre Tangenten; hier wandern die reellen Punkte der Ebene auf geschlossenen Kurven, die sie bei steter Wiederholung der Kollineation beliebig oft durchlaufen. Man pflegt deshalb diese Kollineationen auch als *Drehungen* um den nicht auf der invarianten Kurve liegenden Fixpunkt zu bezeichnen. In übertragener Bedeutung pflegt man diese Bezeichnung auch auf die andern Kollineationen anzuwenden, obwohl diese zunächst keine Ähnlichkeit mit den euklidischen Drehungen zu besitzen scheinen (vgl. aber S. 144, Anm. 1). Nunmehr können wir unsere letzten Ergebnisse folgendermaßen zusammenfassen: *Eine reelle Kollineation eines ovalen Kegelschnittes in sich ist entweder eine Bewegung oder eine Umlegung; wir können drei verschiedene Arten von Bewegungen unterscheiden, je nachdem das Drehzentrum im Innern, auf dem Rande oder im Äußern des ovalen Kegelschnittes liegt. Eine reelle Kollineation*

108 Die Kollineationen, die ein Gebilde zweiten Grades in sich überführen.

eines nullteiligen Kegelschnittes in sich ist dagegen stets eine Bewegung, die wir als Drehung um den betrachteten reellen Fixpunkt der Kollineation auffassen können.

E. Die Kollineationen, die ein ausgeartetes Gebilde in sich überführen. Dieselben Überlegungen wie für die nicht ausgearteten Kegelschnitte lassen sich auch für die sämtlichen ausgearteten Gebilde zweiten Grades der Tabelle S. 85 anstellen. Wir wollen uns aber auf die Betrachtung des konjugiert imaginären Punktepaares:

$$u_1^2 + u_2^2 = 0 \quad \text{oder} \quad x_1^2 + x_2^2 = 0, \quad x_3 = 0$$

beschränken; denn die zugehörigen Kollineationen stehen, wie wir gleich zeigen werden, in einer merkwürdigen Beziehung zu der euklidischen Geometrie.

Die Kollineationen, welche das konjugiert imaginäre Punktepaar in sich selbst überführen, besitzen, wie man durch einen Vergleich mit den Formeln auf S. 94 feststellt, eine der beiden Gestalten:

Eigentliche Kollineationen des konj. imag. Punktepaares in sich:	*Uneigentliche Kollineationen des konj. imag. Punktepaares in sich:*
$\varrho x_1 = c_{11} x_1' - c_{21} x_2' + c_{13} x_3'$,	$\varrho x_1 = c_{11} x_1' + c_{21} x_2' + c_{13} x_3'$,
$\varrho x_2 = c_{21} x_1' + c_{11} x_2' + c_{23} x_3'$,	$\varrho x_2 = c_{21} x_1' - c_{11} x_2' + c_{23} x_3'$,
$\varrho x_3 = \phantom{c_{21} x_1' + c_{11} x_2' + {}} c_{33} x_3'$.	$\varrho x_3 = \phantom{c_{21} x_1' - c_{11} x_2' + {}} c_{33} x_3'$.

Wir erhalten also zwei vierparametrige Gruppen, entsprechend der Tatsache, daß das konjugiert imaginäre Punktepaar zu seiner Festlegung eine Konstante weniger benötigt als die nicht ausgearteten Kurven (vgl. S. 96).

Um eine anschauliche Vorstellung von diesen Kollineationen zu gewinnen, ist es vorteilhaft, zu einem affinen Koordinatensystem überzugehen, indem wir die Verbindungslinie der beiden konjugiert imaginären Punkte als unendlich ferne Gerade auszeichnen. Wenn wir sodann die Quotienten $x_1 : x_3$ und $x_2 : x_3$ bilden, die affinen Koordinaten $x = x_1 : x_3$ und $y = x_2 : x_3$ einführen und $c_{13} : c_{33} = m$, $c_{23} : c_{33} = n$ setzen, erhalten wir:

$x = \dfrac{c_{11}}{c_{33}} x' - \dfrac{c_{21}}{c_{33}} y' + m$,	$x = \dfrac{c_{11}}{c_{33}} x' + \dfrac{c_{21}}{c_{33}} y' + m$,
$y = \dfrac{c_{21}}{c_{33}} x' + \dfrac{c_{11}}{c_{33}} y' + n$.	$y = \dfrac{c_{21}}{c_{33}} x' - \dfrac{c_{11}}{c_{33}} y' + n$.

Die Determinante der Koeffizienten von x' und y' beträgt:

$D = \dfrac{c_{11}^2 + c_{21}^2}{c_{33}^2}$.	$D = -\dfrac{c_{11}^2 + c_{21}^2}{c_{33}^2}$.

Für reelle Parameterwerte ist somit die Determinante der eigentlichen Kollineationen stets positiv, die der uneigentlichen negativ. Wenn im

Der zweidimensionale Fall.

besonderen die Determinante der eigentlichen Kollineationen gleich
$+1$ bzw. die der uneigentlichen gleich -1 ist:

$$c_{33}^2 = c_{11}^2 + c_{21}^2, \qquad \qquad c_{33}^2 = c_{11}^2 + c_{21}^2,$$

erhalten wir bei Bezugnahme auf ein rechtwinkliges Koordinatensystem
x', y' die Bewegungen bzw. Umlegungen der euklidischen Geometrie.
Diese lassen sich auch folgendermaßen schreiben:

$$x = \cos\varphi \cdot x' - \sin\varphi \cdot y' + m, \qquad x = \cos\varphi \cdot x' + \sin\varphi \cdot y' + m,$$
$$y = \sin\varphi \cdot x' + \cos\varphi \cdot y' + n, \qquad y = \sin\varphi \cdot x' - \cos\varphi \cdot y' + n,$$

Formelsysteme, die, wie man unmittelbar erkennt, mit den obigen
Formeln äquivalent sind. Wenn die Determinanten D ungleich ± 1
sind, erhalten wir die Ähnlichkeitstransformationen der euklidischen
Ebene, welche den Winkel zweier Geraden unverändert lassen, aber
die Entfernung zweier Punkte mit einer für alle Punktepaare gleichen Konstanten $\sqrt{|D|}$ multiplizieren. *Die euklidischen Bewegungen und Umlegungen der Ebene haben also die Eigenschaft, das konjugiert imaginäre Punktepaar: $x_1^2 + x_2^2 = 0$, $x_3 = 0$ der unendlich fernen Geraden in sich selbst zu überführen. Die allgemeinsten Kollineationen, die diese Eigenschaft besitzen, sind die Ähnlichkeitstransformationen.* Wir werden später sehen, daß die Kollineationen der nicht ausgearteten Kegelschnitte in derselben Weise mit den Bewegungen der nichteuklidischen Geometrien identisch sind.

F. Der Übergang der verschiedenen Fälle ineinander. Nach
§ 6 des zweiten Kapitels können wir die ovalen Kurven über ein konjugiert imaginäres Punktepaar stetig in die nullteiligen Kurven überführen (Abb. 53), indem wir in der Gleichung $u_1^2 + u_2^2 + \varepsilon u_3^2 = 0$
oder, was auf dasselbe herauskommt, in der Gleichung $x_1^2 + x_2^2 + \frac{1}{\varepsilon} x_3^2 = 0$
den Parameter ε über Null von negativen zu positiven Werten überführen. Hierbei müssen auch die zugehörigen Kollineationen kontinuierlich ineinander übergehen. Zur analytischen Darstellung führen wir
in die Gleichungen der Kollineationen ebenfalls den Parameter ε ein, den
wir für die ovalen Kurven, das konjugiert imaginäre Punktepaar und
die nullteiligen Kurven zunächst gleich -1 bzw. 0 und $+1$ ansetzen.
Die Kollineationen der ovalen Kurven (zweite Form, S. 101) und die der
nullteiligen Kurven (S. 102) können wir dann in der folgenden Weise zusammenfassen:

$$\varrho x_1 = (-\varepsilon a^2 - b^2 + \varepsilon c^2 + d^2) x_1' + 2(-\varepsilon ac + bd) x_2' + 2(ad + bc) x_3',$$
$$\varrho x_2 = 2(-\varepsilon ac - bd) x_1' + (\varepsilon a^2 - b^2 - \varepsilon c^2 + d^2) x_2' + 2(-ab + cd) x_3',$$
$$\varrho x_3 = 2\varepsilon(-ad + bc) x_1' + 2\varepsilon(-ab - cd) x_2' + (-\varepsilon a^2 + b^2 - \varepsilon c^2 + d^2) x_3',$$
$$D = (\varepsilon a^2 + b^2 + \varepsilon c^2 + d^2)^3 \neq 0.$$

Nun führen die durch diese Gleichungen bestimmten Kollineationen

110 Die Kollineationen, die ein Gebilde zweiten Grades in sich überführen.

auch für beliebiges reelles $\varepsilon \neq 0$ den Kegelschnitt $x_1^2 + x_2^2 + \frac{1}{\varepsilon} x_3^2 = 0$ in sich über; denn man hat nur die Werte $a \cdot \sqrt{|\varepsilon|}$ durch a und $c \cdot \sqrt{|\varepsilon|}$ durch c zu ersetzen (die Bezeichnung der Parameter ist gleichgültig), um durch einen Vergleich mit den Formeln für die Kollineationen eines nullteiligen ($\varepsilon > 0$) bzw. ovalen ($\varepsilon < 0$) Kegelschnittes in sich (S. 102 bzw. 101) zu sehen, daß die so erhaltenen Substitutionen wirklich die Gleichung $x_1^2 + x_2^2 + \frac{1}{\varepsilon} x_3^2 = 0$ in sich transformieren.

Für $\varepsilon = 0$ ergeben sich die Kollineationen:
$$\varrho x_1 = (-b^2 + d^2) x_1' + \quad 2bd\, x_2' + 2(ad+bc) x_3',$$
$$\varrho x_2 = \quad -2bd\, x_1' + (-b^2 + d^2) x_2' + 2(-ab+cd) x_3', \quad D = (b^2+d^2)^3 \neq 0,$$
$$\varrho x_3 = \quad\quad\quad\quad\quad\quad\quad\quad\quad (b^2+d^2) x_3',$$

welche, wie man leicht erkennt, das konjugiert imaginäre Punktepaar $x_1^2 + x_2^2 = 0$, $x_3 = 0$ invariant lassen. In affinen Koordinaten lauten diese Gleichungen:
$$x = \frac{-b^2 + d^2}{b^2 + d^2} x' + \frac{2bd}{b^2 + d^2} y' + m,$$
$$y = -\frac{2bd}{b^2 + d^2} x' + \frac{-b^2 + d^2}{b^2 + d^2} y' + n$$

und dies sind die Bewegungen der euklidischen Geometrie bei Bezugnahme auf rechtwinklige Koordinaten x', y'. Damit haben wir zugleich eine rationale Darstellungsart der euklidischen Bewegungen kennengelernt.

Bei dem vorgenommenen Grenzübergang $\varepsilon \to 0$ ist zu beachten, daß für negative Werte von ε, die genügend nahe an Null liegen, die Determinante $D = (\varepsilon a^2 + b^2 + \varepsilon c^2 + d^2)^3$ stets größer als Null ist (wir setzen entweder b oder $d \neq 0$ voraus, damit die Kollineation beim Grenzübergang $\varepsilon \to 0$ nicht unbestimmt wird). Wir haben also die *Bewegungen* einer ovalen Kurve in sich mit den Kollineationen nullteiliger Kurven zusammengefaßt und können sie über die *Bewegungen der euklidischen Geometrie* stetig ineinander überführen.

Wenn wir in derselben Weise auch die Umlegungen der euklidischen Geometrie erhalten wollen, müssen wir die Kollineationen der ovalen und nullteiligen Kurven in der folgenden Form zusammenfassen:
$$\varrho x_1 = (-a^2 - \varepsilon b^2 + c^2 + \varepsilon d^2) x_1' + 2(-ac + \varepsilon bd) x_2' + 2(-ad - bc) x_3',$$
$$\varrho x_2 = 2(-ac - \varepsilon bd) x_1' + (a^2 - \varepsilon b^2 - c^2 + \varepsilon d^2) x_2' + 2(ab - cd) x_3',$$
$$\varrho x_3 = 2\varepsilon(ad - bc) x_1' + 2\varepsilon(ab + cd) x_2' + (-a^2 + \varepsilon b^2 - c^2 + \varepsilon d^2) x_3',$$
$$D = (a^2 + \varepsilon b^2 + c^2 + \varepsilon d^2)^3 \neq 0.$$

Für negatives ε erhalten wir hieraus die *Umlegungen* ovaler Kurven in sich (zweite Form), für $\varepsilon = 0$ die Umlegungen der euklidischen Geometrie und für positives ε die Kollineationen nullteiliger Kurven in sich.

Nur sind jetzt die Parameter anders als auf S. 101 und 102 bezeichnet; im ersten Fall ist nämlich ϱ durch $-\varrho$ ersetzt (wir erhalten also jetzt die Umlegungen für positive Determinanten) und im letzten Fall a und c durch $-a$ und $-c$.

§ 3. Der dreidimensionale Fall.

A. Die komplexen Kollineationen, die ein nichtausgeartetes Gebilde in sich überführen; die Schiebungen. Die Gleichungen der drei nichtausgearteten Flächen zweiten Grades nehmen bei Bezugnahme auf ein geeignetes Polartetraeder die folgende Gestalt an:

Ringartige Fläche:	*Ovale Fläche:*	*Nullteilige Fläche:*
$x_1^2 + x_2^2 - x_3^2 - x_4^2 = 0.$	$x_1^2 + x_2^2 + x_3^2 - x_4^2 = 0.$	$x_1^2 + x_2^2 + x_3^2 + x_4^2 = 0.$

Wir führen nun genau wie auf S. 75 und 77 die Transformationen aus:

$$\begin{array}{lll}
\varrho y_1 = x_1 + x_3, & \varrho y_1 = x_1 + i x_3, & \varrho y_1 = x_1 + i x_3, \\
\varrho y_2 = x_2 + x_4, & \varrho y_2 = x_2 + x_4, & \varrho y_2 = x_2 + i x_4, \\
\varrho y_3 = x_1 - x_3, & \varrho y_3 = x_1 - i x_3, & \varrho y_3 = x_1 - i x_3, \\
\varrho y_4 = -x_2 + x_4. & \varrho y_4 = -x_2 + x_4. & \varrho y_4 = -x_2 + i x_4.
\end{array}$$
$$D = -4 \qquad D = -4i \qquad D = 4$$

Hierdurch gewinnen die Gleichungen aller drei obigen Flächen die gemeinsame Gestalt:

$$y_1 y_3 - y_2 y_4 = 0.$$

Diese können wir durch die beiden folgenden Parameteransätze befriedigen:

$$\frac{y_1}{y_4} = \frac{\lambda_1}{\lambda_2} = \lambda, \quad \frac{y_2}{y_3} = \frac{\lambda_1}{\lambda_2} = \lambda,$$

und:

$$\frac{y_1}{y_2} = \frac{\mu_1}{\mu_2} = \mu, \quad \frac{y_4}{y_3} = \frac{\mu_1}{\mu_2} = \mu,$$

welche wir in der folgenden symmetrischen Weise zusammenfassen:

$$\varrho y_1 = \lambda_1 \mu_1, \quad \varrho y_2 = \lambda_1 \mu_2, \quad \varrho y_3 = \lambda_2 \mu_2, \quad \varrho y_4 = \lambda_2 \mu_1.$$

Geometrisch wird durch die Angabe der beiden Werte λ und μ je eine Erzeugende der ersten Schar und eine der zweiten Schar festgelegt. Diese beiden Geraden haben einen Schnittpunkt gemeinsam, der somit eindeutig durch die beiden Werte λ und μ bestimmt ist.

Wenn nun die betrachtete Fläche durch eine Kollineation in sich selbst transformiert werden soll, muß jede gerade Linie, die auf dieser Fläche verläuft, wieder in eine gerade Linie mit derselben Eigenschaft überführt werden. Da auf der Fläche zwei kontinuierliche Scharen von Geraden liegen, können wir von vornherein zwei verschiedene Arten von Kollineationen unterscheiden: Die „*eigentlichen Kollineationen*", welche jede der beiden Scharen von geraden Linien in sich selbst überführen, und die „*uneigentlichen Kollineationen*", welche die beiden Scharen

112 Die Kollineationen, die ein Gebilde zweiten Grades in sich überführen.

miteinander vertauschen[1]). Sowohl durch die eigentlichen wie auch die uneigentlichen Kollineationen wird nun jeder reellen oder imaginären Geraden λ der ersten Schar umkehrbar eindeutig eine Gerade λ' der ersten bzw. μ' der zweiten Schar zugeordnet. Durch eine entsprechende Überlegung wie in der Ebene (S. 99) ergibt sich, daß diese Werte durch eine lineare Funktion mit nicht verschwindender Determinante zusammenhängen. Wir erhalten somit:

Gleichung einer eigentlichen Kollineation:

$$\lambda = \frac{\alpha \lambda' + \beta}{\gamma \lambda' + \delta}, \quad \mu = \frac{a\mu' + b}{c\mu' + d}. \qquad \begin{array}{l}(\alpha\delta - \beta\gamma \neq 0)\\(ad - bc \neq 0)\end{array}$$

Gleichung einer uneigentlichen Kollineation:

$$\mu = \frac{\alpha \lambda' + \beta}{\gamma \lambda' + \delta}, \quad \lambda = \frac{a\mu' + b}{c\mu' + d}. \qquad \begin{array}{l}(\alpha\delta - \beta\gamma \neq 0)\\(ad - bc \neq 0)\end{array}$$

Auf S. 114 und 115 werden wir sehen, daß jede dieser Transformationen der Fläche in sich eindeutig eine zugehörige Kollineation des Raumes bestimmt.

Wir betrachten zunächst die eigentlichen Kollineationen. Jede derartige Kollineation können wir aus zwei besonders einfach gebauten Kollineationen der folgenden Gestalt zusammensetzen:

$$\lambda = \frac{\alpha \lambda' + \beta}{\gamma \lambda' + \delta}, \quad \mu = \mu' \quad \text{und:} \quad \lambda' = \lambda'', \quad \mu' = \frac{a\mu'' + b}{c\mu'' + d}.$$

Bei der ersten Kollineation gehen sämtliche Erzeugende der zweiten Schar in sich über, während die Erzeugenden der ersten Schar so verschoben werden, daß ihre Punkte auf den Erzeugenden der zweiten Schar wandern (vgl. Abb. 65, in der eine Erzeugende der ersten Schar und ihr Abbild wiedergegeben ist). Entsprechend wandern bei der zweiten Kollineation alle Punkte der Fläche auf den Erzeugenden der ersten Schar, deren sämtliche Gerade in sich selbst überführt werden

---

[1]) Auch hier besitzt die Unterscheidung zwischen eigentlichen und uneigentlichen Kollineationen nur einen Sinn in bezug auf ein gegebenes invariantes quadratisches Gebilde (vgl. die Anmerkung S. 94). Allgemein können wir in Mannigfaltigkeiten von ungerader Dimensionenzahl (z. B. gerade Linie und Raum) stets zwischen derartigen eigentlichen und uneigentlichen Kollineationen unterscheiden, während wir in Mannigfaltigkeiten von gerader Dimensionenzahl (z. B. der Ebene) im komplexen Gebiet nur eine einzige zusammenhängende Schar von Kollineationen eines quadratischen Gebildes in sich erhalten. Denn die höchstdimensionalen Grundgebilde, die auf einer nicht ausgearteten Hyperfläche zweiten Grades liegen, bilden in Mannigfaltigkeiten von gerader Dimensionenzahl eine einzige Schar, während sich bei ungerader Dimensionenzahl zwei verschiedene Scharen ergeben (vgl. S. 80); im letzten Fall können daher die beiden Scharen durch die betrachteten Kollineationen entweder vertauscht werden oder nicht, während bei gerader Dimensionenzahl diese Unterscheidungsmöglichkeit fortfällt.

Der dreidimensionale Fall. 113

(Abb. 66). Diese beiden Arten von Kollineationen wollen wir als *Schiebungen erster bzw. zweiter Art* bezeichnen. Jede eigentliche Kollineation läßt sich also durch eine Schiebung erster Art und eine nachfolgende Schiebung zweiter Art erzeugen.

Aus der Definition der Schiebungen folgt nun unmittelbar, daß die beiden Schiebungen, in der umgekehrten Reihenfolge ausgeführt, genau dasselbe Ergebnis liefern. Infolgedessen ist es gleichgültig, welche Schiebung wir zuerst vornehmen. Zwei Operationen, welche diese Eigenschaft besitzen, werden *miteinander vertauschbar* genannt. Im Gegensatz hierzu sind zwei Schiebungen derselben Art im allgemeinen nicht miteinander vertauschbar. Denn wenn wir die beiden Schiebungen:

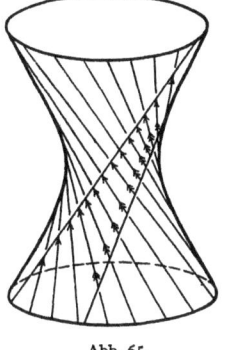
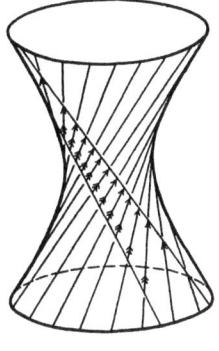

Abb. 65.   Abb. 66.

$$\lambda = \frac{\alpha \lambda' + \beta}{\gamma \lambda' + \delta}, \quad \lambda' = \frac{\alpha' \lambda'' + \beta'}{\gamma' \lambda'' + \delta'}$$

einmal in der angegebenen Reihenfolge und dann in der umgekehrten[1]) zusammensetzen, erhalten wir im allgemeinen verschiedene Ergebnisse.

Mit den uneigentlichen Kollineationen brauchen wir uns nicht näher zu beschäftigen, da wir sie unmittelbar auf die eigentlichen Kollineationen:

$$\lambda = \frac{a \lambda' + b}{c \lambda' + d}, \quad \mu = \frac{\alpha \mu' + \beta}{\gamma \mu' + \delta}$$

zurückführen können, indem wir diese mit einer speziellen uneigentlichen Kollineation, etwa:

$$\lambda' = \mu'', \quad \mu' = \lambda''$$

zusammensetzen.

Bis jetzt haben wir die Kollineationen einer nichtausgearteten Fläche in sich nur auf der Fläche selbst betrachtet. Die Erweiterung auf den Raum ergibt sich auf demselben Wege wie im Fall der Ebene (S. 100). Die eigentliche Kollineation:

$$\lambda = \frac{\alpha \lambda' + \beta}{\gamma \lambda' + \delta}, \quad \mu = \frac{a \mu' + b}{c \mu' + d} \qquad \begin{array}{l}(\alpha \delta - \beta \gamma \neq 0)\\(a d - b c \neq 0)\end{array}$$

---

[1]) Hierzu haben wir in der obigen Formel $\alpha : \beta : \gamma : \delta$ durch $\alpha' : \beta' : \gamma' : \delta'$ und umgekehrt zu ersetzen.

Klein, Nichteuklidische Geometrie. 8

114 Die Kollineationen, die ein Gebilde zweiten Grades in sich überführen.

besitzt in den homogenen Koordinaten $\lambda = \lambda_1 : \lambda_2$ und $\mu = \mu_1 : \mu_2$ die Gestalt:
$$\sigma\lambda_1 = \alpha\lambda'_1 + \beta\lambda'_2, \qquad \tau\mu_1 = a\mu'_1 + b\mu'_2,$$
$$\sigma\lambda_2 = \gamma\lambda'_1 + \delta\lambda'_2, \qquad \tau\mu_2 = c\mu'_1 + d\mu'_2.$$

Unter Benutzung der Formeln S. 111 ergibt sich hieraus:

Allgemeine eigentliche Kollineation der Fläche $y_1 y_3 - y_2 y_4 = 0$
in sich:
$$\varrho y_1 = \alpha a y'_1 + \alpha b y'_2 + \beta b y'_3 + \beta a y'_4,$$
$$\varrho y_2 = \alpha c y'_1 + \alpha d y'_2 + \beta d y'_3 + \beta c y'_4,$$
$$\varrho y_3 = \gamma c y'_1 + \gamma d y'_2 + \delta d y'_3 + \delta c y'_4,$$
$$\varrho y_4 = \gamma a y'_1 + \gamma b y'_2 + \delta b y'_3 + \delta a y'_4,$$
$$D = (\alpha\delta - \beta\gamma)^2 (ad - bc)^2 \neq 0.$$

Daß die Determinante die angegebene Gestalt besitzt, zeigt man am besten auf dem folgenden Wege. Bei einer Schiebung erster Art ist:
$$\mu = \mu', \quad \text{also} \quad b = c = 0, \quad a = d \neq 0.$$

Genau so ist bei einer Schiebung zweiter Art:
$$\lambda = \lambda', \quad \text{also} \quad \beta = \gamma = 0, \quad \alpha = \delta \neq 0.$$

Wenn wir diese speziellen Werte in die obige Gleichung einsetzen, erhalten wir:

Schiebung erster Art der Fläche $y_1 y_3 - y_2 y_4 = 0$ *in sich:*
$$\varrho y_1 = \alpha y'_1 + \beta y'_4,$$
$$\varrho y_2 = \alpha y'_2 + \beta y'_3,$$
$$\varrho y_3 = \gamma y'_2 + \delta y'_3,$$
$$\varrho y_4 = \gamma y'_1 + \delta y'_4,$$
$$D_1 = (\alpha\delta - \beta\gamma)^2 \neq 0.$$

Schiebung zweiter Art der Fläche $y_1 y_3 - y_2 y_4 = 0$ *in sich:*
$$\varrho y_1 = a y'_1 + b y'_2,$$
$$\varrho y_2 = c y'_1 + d y'_2,$$
$$\varrho y_3 = d y'_3 + c y'_4,$$
$$\varrho y_4 = b y'_3 + a y'_4,$$
$$D_2 = (ad - bc)^2 \neq 0.$$

Wenn wir die beiden Schiebungen hintereinander ausführen, müssen wir die oben angegebene allgemeine Kollineation erhalten. In der Tat berechnen sich die Koeffizienten der neuen Kollineation nach S. 18 dadurch, daß wir die Zeilen der ersten Transformationsdeterminante mit den Kolonnen der zweiten Transformationsdeterminante nach der Weise des Determinantenmultiplikationssatzes ausmultiplizieren:

$$D_1 \cdot D_2 = \begin{vmatrix} \alpha & 0 & 0 & \beta \\ 0 & \alpha & \beta & 0 \\ 0 & \gamma & \delta & 0 \\ \gamma & 0 & 0 & \delta \end{vmatrix} \cdot \begin{vmatrix} a & b & 0 & 0 \\ c & d & 0 & 0 \\ 0 & 0 & d & c \\ 0 & 0 & b & a \end{vmatrix} = \begin{vmatrix} \alpha a & \alpha b & \beta b & \beta a \\ \alpha c & \alpha d & \beta d & \beta c \\ \gamma c & \gamma d & \delta d & \delta c \\ \gamma a & \gamma b & \delta b & \delta a \end{vmatrix}.$$

Hieraus folgt aber, daß die Determinante der allgemeinen eigentlichen Kollineation die oben angegebene Gestalt besitzt.

Der dreidimensionale Fall.

In derselben Weise lassen sich die *Gleichungen der uneigentlichen Kollineationen in Punktkoordinaten* ableiten. Wir können sie aber auch dadurch gewinnen, daß wir die eigentlichen Kollineationen mit einer speziellen uneigentlichen Kollineation:

$$\sigma\lambda_1 = \mu_1', \quad \sigma\lambda_2 = \mu_2', \quad \tau\mu_1 = \lambda_1', \quad \tau\mu_2 = \lambda_2'$$

zusammensetzen. Nach dem gewohnten Verfahren nehmen diese Gleichungen in Punktkoordinaten die Gestalt an:

Spezielle uneigentliche Kollineation der Fläche: $y_1 y_3 - y_2 y_4 = 0$:

$$\varrho\sigma\tau y_1 = \sigma\lambda_1\mu_1 = \mu_1'\lambda_1' = \varrho y_1',$$
$$\varrho\sigma\tau y_2 = \sigma\lambda_1\mu_2 = \mu_1'\lambda_2' = \varrho y_4',$$
$$\varrho\sigma\tau y_3 = \sigma\lambda_2\mu_2 = \mu_2'\lambda_2' = \varrho y_3',$$
$$\varrho\sigma\tau y_4 = \sigma\lambda_2\mu_1 = \mu_2'\lambda_1' = \varrho y_2',$$

oder: $\quad \varrho y_1 = y_1', \quad \varrho y_2 = y_4', \quad \varrho y_3 = y_3', \quad \varrho y_4 = y_2'.$ $\quad D = -1$

Die wesentlichen Ergebnisse dieses Abschnittes lassen sich folgendermaßen zusammenfassen: *Jede nicht ausgeartete Fläche zweiten Grades bestimmt ∞^{12} eigentliche und ∞^{12} uneigentliche (im allgemeinen imaginäre) Kollineationen*[1]*, durch welche die Fläche in sich selbst überführt wird. Jede eigentliche Kollineation läßt sich auf eine und nur eine Weise in zwei Schiebungen zerspalten. Die uneigentlichen Kollineationen können wir durch Zusammensetzung einer eigentlichen Kollineation mit einer speziellen uneigentlichen Kollineation gewinnen.*

B. **Reelle Kollineationen.** Die bisherigen Rechnungen galten für beliebige komplexe Werte der Variabeln und Konstanten. Für die Untersuchungen im reellen Gebiet müssen wir darüber hinaus die *Realitätsunterschiede* der einzelnen Flächen zweiten Grades in Betracht ziehen. Wir wollen den Satz beweisen: *Die beiden Schiebungen, in die wir eine reelle eigentliche Kollineation (welche nicht die Identität ist) nach dem angegebenen Verfahren auflösen können, sind im Falle der ringartigen und nullteiligen Flächen stets reell, im Fall der ovalen Flächen dagegen stets konjugiert imaginär.*

Der Beweis ergibt sich aus der S. 79 festgestellten Tatsache, daß jede Erzeugendenschar einer nullteiligen oder ringartigen Fläche zu sich selbst konjugiert imaginär ist, während auf einer ovalen Fläche die beiden Scharen gegenseitig konjugiert imaginär sind. Aus der Definition der Schiebung folgt nämlich, daß diese zwischen den Geradenscharen bestehenden Beziehungen auch den beiden Schiebungsscharen einer Fläche zukommen. Es sei nun A eine aus den Schiebungen S_1 und S_2 erster bzw. zweiter Art zusammengesetzte Kollineation der Fläche in sich, also in symbolischer Schreibweise $A = S_1 S_2$. Dann

---

[1] D. h. die Kollineationen hängen von 12 (wesentlichen) reellen Parametern ab; in der Tat kommt es bei der Festlegung einer Kollineation nur auf die Verhältnisse $a:b:c:d$ und $\alpha:\beta:\gamma:\delta$ an, so daß die Kollineationen von zweimal 3 komplexen, also 12 reellen Parametern abhängig sind.

ist, wenn $\overline{A}$, $\overline{S}_1$, $\overline{S}_2$ die zu A, S_1, S_2 konjugiert imaginären Transformationen sind, $\overline{A} = \overline{S}_1 \overline{S}_2$.

Nun soll A eine *reelle* Kollineation sein; infolgedessen ist $A = \overline{A}$ und somit:
$$S_1 S_2 = \overline{S}_1 \overline{S}_2.$$

Wegen der *Eindeutigkeit* der Zerlegung von A folgt aber hieraus entweder:
$$S_1 = \overline{S}_1, \quad S_2 = \overline{S}_2, \quad \text{oder:} \quad S_1 = \overline{S}_2, \quad S_2 = \overline{S}_1.$$

Bei den nullteiligen und ovalen Flächen ist nun jede der beiden Schiebungsscharen zu sich selbst konjugiert imaginär, so daß hier der erste Fall eintreten muß, während bei den ovalen Flächen die beiden Schiebungsscharen gegenseitig konjugiert imaginär sind, also der zweite Fall eintritt, womit unsere Behauptung bewiesen ist.

Dieser Beweis läßt sich natürlich auch analytisch an Hand der früher (S. 114) für die Schiebungen aufgestellten Formeln durchführen. Hierbei ergeben sich aber unhandliche Formeln, auf die wir schon deshalb nicht eingehen wollen, weil wir später für die uns interessierenden Fälle weit einfachere Darstellungen kennenlernen werden (vgl. S. 238 ff. bzw. 253 und 308). Für die Durchführung dieser Überlegungen haben wir nur die Gleichungen für die beiden Schiebungsscharen im Fall der nullteiligen Flächen notwendig. Wir gehen hierzu (ganz entsprechend wie im Fall der Ebene) von den im Abschnitt A benutzten Koordinaten y_i durch die auf S. 111 angegebenen Substitutionen zu den x_i über und setzen nach geeigneter Ordnung etwa bei den Schiebungen erster Art:
$$a_1 = \alpha + \delta, \quad a_2 = \beta - \gamma, \quad a_3 = i(-\alpha + \delta), \quad a_4 = -i(\beta + \gamma).$$

Hierdurch ergibt sich[1]):

Kollineationen der nullteiligen Fläche $x_1^2 + x_2^2 + x_3^2 + x_4^2 = 0$ *in sich:*

Schiebungen erster Art.	Schiebungen zweiter Art.
$\varrho x_1 = a_1 x_1' - a_2 x_2' - a_3 x_3' - a_4 x_4'$,	$\varrho x_1 = a_1' x_1' - a_2' x_2' - a_3' x_3' - a_4' x_4'$,
$\varrho x_2 = a_2 x_1' + a_1 x_2' + a_4 x_3' - a_3 x_4'$,	$\varrho x_2 = a_2' x_1' + a_1' x_2' - a_4' x_3' + a_3' x_4'$,
$\varrho x_3 = a_3 x_1' - a_4 x_2' + a_1 x_3' + a_2 x_4'$,	$\varrho x_3 = a_3' x_1' + a_4' x_2' + a_1' x_3' - a_2' x_4'$,
$\varrho x_4 = a_4 x_1' + a_3 x_2' - a_2 x_3' + a_1 x_4'$,	$\varrho x_4 = a_4' x_1' - a_3' x_2' + a_2' x_3' + a_1' x_4'$,
$D = (a_1^2 + a_2^2 + a_3^2 + a_4^2)^2 \neq 0$.	$D = (a_1'^2 + a_2'^2 + a_3'^2 + a_4'^2)^2 \neq 0$.

Da es nur auf die Verhältnisse der x_i ankommt, ist jede der beiden Schiebungsscharen von drei Parametern abhängig, durch deren Zusammensetzung wir die ∞^6 reellen Kollineationen einer nullteiligen Fläche in sich erhalten.

---

[1]) Die Kollineationen einer nullteiligen Fläche in sich, die eine besondere Wichtigkeit besitzen, werden auch als *quaternäre orthogonale Substitutionen* bezeichnet (vgl. die Anmerkung 1 auf S. 102).

Die reellen uneigentlichen Kollineationen ergeben sich, wenn wir die reellen eigentlichen Kollineationen mit einer speziellen reellen uneigentlichen Kollineation (etwa der auf S. 115 angegebenen) zusammensetzen. Diese Kollineation ist stets reell; denn sie besitzt in den x_k in allen drei Fällen die Gleichungen:

Spezielle uneigentliche Kollineation der ringartigen, ovalen oder nullteiligen Fläche:
$$x_1^2 + x_2^2 \pm x_3^2 \pm x_4^2 = 0:$$
$$\varrho x_1 = x_1', \quad \varrho x_2 = -x_2', \quad \varrho x_3 = x_3', \quad \varrho x_4 = x_4'. \quad (D = -1)$$

Bei allen drei Flächenarten haben die reellen eigentlichen Kollineationen stets eine positive, die reellen uneigentlichen Kollineationen dagegen eine negative Determinante. Die ersteren werden wir später als *Bewegungen*, die anderen als *Umlegungen* bezeichnen. Bei den Kollineationen der *ovalen und nullteiligen Flächen* sind hiermit alle Einteilungsmöglichkeiten erschöpft. Insbesondere heben wir hervor, daß das Innere einer ovalen Fläche nie durch reelle Kollineationen in das Äußere überführt werden kann (vgl. den entsprechenden Beweis für die Ebene S. 102). Die *ringartigen Flächen* teilen dagegen den reellen projektiven Raum in zwei gleich berechtigte Teile; es gibt reelle Kollineationen der Fläche in sich, die jeden dieser Teile in sich überführen, und andere derartige Kollineationen, welche die beiden Teile miteinander vertauschen. Jede dieser Kollineationen kann entweder eine positive oder negative Determinante besitzen, wodurch sich (genau wie bei dem reellen Punktepaar auf der geraden Linie) im ganzen *vier verschiedene Arten von Kollineationen* ergeben. Die genaue Untersuchung dieser Verhältnisse würde uns jedoch zu weit führen.

C. Die invarianten Elemente. *In diesem Abschnitt beschränken wir uns auf die eigentlichen reellen Kollineationen,* bei denen also jede Schar von Erzeugenden in sich selbst überführt wird. Nach dem auf S. 103 angegebenen Satz können bei einer bestimmten Kollineation in jeder Schar entweder zwei oder eine[1]) oder schließlich alle Erzeugenden fest bleiben. *Wir wollen uns hier weiterhin auf den allgemeinen Fall beschränken, bei dem in jeder Schar zwei Erzeugende festbleiben.* Die übrigen Möglichkeiten können als Ausartungen dieses Falles behandelt werden.

In dem gekennzeichneten allgemeinen Fall bilden die vier festbleibenden Geraden auf der Fläche ein windschiefes Vierseit, welches wir zu einem Tetraeder ergänzen, indem wir die beiden Verbindungslinien gegenüberliegender Ecken hinzunehmen; diese Verbindungslinien sind dabei konjugierte Polaren in bezug auf die Fläche. Hierdurch haben wir ein *invariantes Tetraeder* erhalten, dessen Punkte, Geraden und Ebenen bei der betrachteten Kollineation je in sich selbst übergehen.

---
[1]) Dieser Fall kann aus Realitätsgründen nur bei den ringartigen Flächen eintreten.

118 Die Kollineationen, die ein Gebilde zweiten Grades in sich überführen.

Genau wie in der Ebene wollen wir die Gleichungen einer bestimmten eigentlichen Kollineation jetzt auf das zugehörige invariante Tetraeder beziehen. Zunächst erhält die betrachtete invariante Fläche in einem derartigen Koordinatensystem die Gleichung: $y_1 y_3 - \overline{k} y_2 y_4 = 0$, wobei $\overline{k}$ eine Konstante ist, deren Wert von der Wahl des Einheitspunktes abhängt. Eine Kollineation, die jede Ebene des angegebenen Tetraeders invariant lassen soll, muß die spezielle Form:

$$\varrho y_1 = c_{11} y_1', \quad \varrho y_2 = c_{22} y_2', \quad \varrho y_3 = c_{33} y_3', \quad \varrho y_4 = c_{44} y_4' \quad (D = c_{11} c_{22} c_{33} c_{44} \neq 0)$$

besitzen; denn nur in diesem Falle werden die Koordinatenebenen in sich selbst überführt. Durch den gleichen Schluß wie in der Ebene erkennen wir, daß diese Kollineationen die fundamentale Fläche dann und nur dann in sich selbst transformieren, wenn die Koeffizienten der Kollineation die Bedingung: $c_{11} c_{33} - c_{22} c_{44} = 0$ erfüllen. Diese Kollineationen überführen aber nicht nur die zugrunde gelegte Fläche, sondern alle Flächen: $y_1 y_3 - k y_2 y_4 = 0$ in sich.

Gehen wir jetzt zur Untersuchung der verschiedenen Möglichkeiten über! *Bei den ringartigen Flächen haben wir drei Fälle zu unterscheiden.* Denn bei den reellen Kollineationen können zunächst die beiden festbleibenden Erzeugenden sowohl der ersten wie auch der zweiten Schar reell sein; sodann können die Erzeugenden der einen Schar reell und die der anderen konjugiert imaginär sein; und schließlich können beide Paare von Erzeugenden konjugiert imaginär sein. Im ersten Fall sind alle Teile des

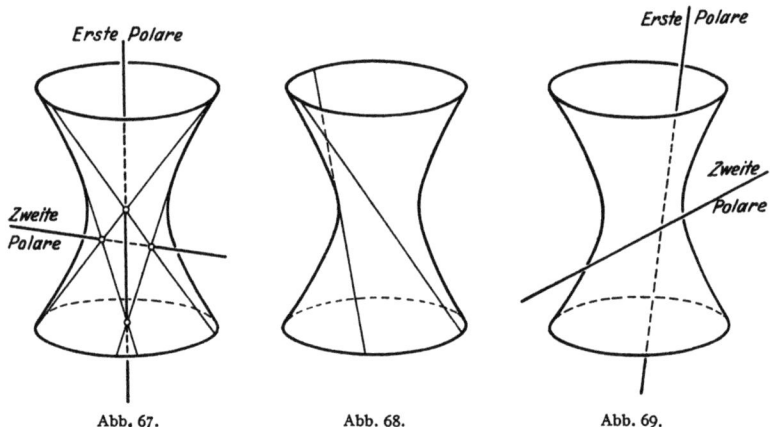

Abb. 67.   Abb. 68.   Abb. 69.

Die invarianten Tetraeder bei den Kollineationen einer ringartigen Fläche in sich.

zugehörigen Tetraeders reell (Abb. 67), im zweiten Fall nur die Erzeugenden der einen Schar (Abb. 68) und im dritten Fall nur die beiden konjugierten Polaren (Abb. 69). Das Aussehen der zugehörigen Flächenschar wollen

Der dreidimensionale Fall. 119

wir nur für den letzten Fall angeben (Abb. 70). Wir erhalten zunächst einschalige Hyperboloide, die sich den ersten Polaren dicht anschmiegen und dann aufweiten, bis sie über die fundamentale Fläche in ein elliptisches Paraboloid übergehen. An dieses schließen sich dann wieder einschalige Hyperboloide an, welche in Abb. 70 nicht eingezeichnet sind; wir können sie erhalten, indem wir die erste Polare mit den sie umgebenden Flächen derartig in die zweite Polare überführen, daß das elliptische Paraboloid in sich selbst übergeht. Die weiteren Flächen umgeben also die zweite Polare in genau derselben Weise wie die bisher betrachteten Flächen die erste Polare; die zugehörigen Hyperboloide verengern sich immer mehr, bis sie schließlich in die zweite Polare übergehen.

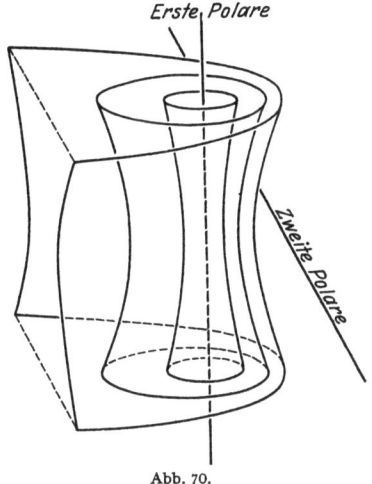

Abb. 70.

Im Fall der *ovalen Flächen* besitzen alle invarianten Tetraeder übereinstimmende Realitätseigenschaften; denn hier bleiben bei einer reellen Kollineation stets zwei imaginäre Gerade derselben Schar und die zugehörigen konjugiert imaginären Geraden fest, die nach S. 79 in der zweiten Schar liegen. Die Gestalt des zugehörigen invarianten Tetraeders haben wir schon S. 78 diskutiert; es besitzt zwei reelle Gerade, zwei reelle auf der Fläche liegende Punkte und zwei reelle Ebenen, welche Tangentialebenen an die Fläche in den betrachteten Punkten sind (Abb. 71). Das zugehörige Flächenbüschel hat die folgende Gestalt. Sämtliche Flächen berühren die beiden reellen Ebenen des invarianten Tetraeders in den beiden reellen

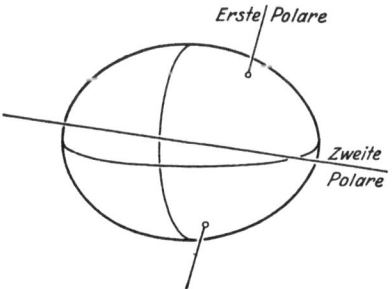

Abb. 71. Invariantes Tetraeder bei den Kollineationen einer ovalen Fläche in sich.

Fixpunkten der ersten Polaren. Im einzelnen ergibt sich folgender Verlauf. Das im Innern der Fläche liegende Stück der ersten Polaren weitet sich zu einem Ellipsoid auf, das allmählich in die fundamentale Fläche übergeht. Sodann rückt in Abb. 71 der hintere Teil des Ellipsoides weiter von dem Beschauer fort, bis wir schließlich ein elliptisches Paraboloid und dann zweischalige Hyperboloide erhalten. Diese gehen in das Ebenenpaar über, welches durch die zweite Polare und die

120 Die Kollineationen, die ein Gebilde zweiten Grades in sich überführen.

beiden reellen Fixpunkte auf der ersten Polaren bestimmt wird. Sodann erhalten wir wieder zweischalige Hyperboloide, die immer enger werden und schließlich in den zweiten Teil der ersten Polaren übergehen, der im Äußeren der fundamentalen Fläche liegt.

Das invariante Tetraeder der *nullteiligen Flächen* besitzt stets dieselben Realitätseigenschaften wie das Tetraeder beim dritten Fall der ringartigen Flächen; reell sind also nur die beiden konjugierten Polaren (Abb. 72). Die betrachtete Flächenschar besitzt dieselbe Gestalt wie in Abb. 70, nur hat jetzt die damals reelle invariante Fläche ihre ausgezeichnete Rolle verloren.

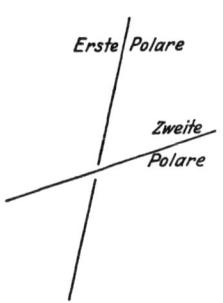

Abb. 72. Invariantes Tetraeder bei den Kollineationen einer nullteiligen Fläche in sich.

Im vorigen Abschnitt haben wir bewiesen, daß die beiden Schiebungen, in die wir eine reelle eigentliche Kollineation einer nicht ausgearteten Fläche auflösen können, bei den ringartigen und nullteiligen Flächen reell, bei den ovalen Flächen dagegen imaginär sind. Dies können wir jetzt auch geometrisch veranschaulichen. Bei einer Schiebung erster Art gehen sämtliche Erzeugende der zweiten Schar (S. 112) und im allgemeinen zwei Erzeugende der ersten Schar in sich selbst über (S. 117). Daraus folgt aber, daß diese beiden Erzeugenden punktweise festbleiben. Infolgedessen müssen bei dieser Schiebung alle Punkte des Raumes auf denjenigen Geraden wandern, die durch den betreffenden Punkt selbst und die beiden betrachteten Fixgeraden bestimmt werden[1]). Genau die entsprechenden Verhältnisse gelten für die Schiebungen zweiter Art. Man sieht nun unmittelbar, wie im Fall der ringartigen und nullteiligen Flächen auf den zugehörigen invarianten Flächenscharen (vgl. z. B. Abb. 70) derartige reelle Gerade verlaufen, was bei den ovalen Flächen (Abb. 71) nicht der Fall ist, so daß hier die Schiebungen auch nicht reell sein können. — Weiter folgt: Die betrachteten Kollineationen, die zu Abb. 70 gehören, können wir erhalten, indem wir die Punkte des Raumes zunächst längs der einen Erzeugendenschar und sodann längs der zweiten Erzeugendenschar der Flächen verschieben. Jede dieser Scharen von Geraden ist dadurch ausgezeichnet, daß sie alle reellen Geraden enthält, die durch zwei bestimmte konjugierte hochimaginäre Gerade des Raumes laufen.

D. Die Drehungen und Schraubungen. Die auf S. 118 angegebene eigentliche Kollineation der Fläche: $y_1 y_3 - \bar{k} y_2 y_4 = 0$ in sich können wir auch in der folgenden einfachen Form schreiben:

$$\varrho y_1 = e^{i\varphi} y_1', \quad \varrho y_2 = e^{i\psi} y_2', \quad \varrho y_3 = e^{-i\varphi} y_3', \quad \varrho y_4 = e^{-i\psi} y_4'.$$

---

[1]) In der Liniengeometrie wird die Gesamtheit dieser Treffgeraden als *lineare Kongruenz* bezeichnet; die beiden zugehörigen Fixgeraden nennt man die *Leitlinien dieser Kongruenz*.

Denn dann ist die Bedingung: $c_{11}c_{33} - c_{22}c_{44} = 0$, welche die Konstanten der Kollineation erfüllen müssen, befriedigt. Diese Kollineation läßt sich in zwei Schritten hintereinander erzeugen, indem wir zuerst nur φ verändern und $\psi = 0$ setzen und dann bei einer zweiten Kollineation ψ verändern und $\varphi = 0$ setzen:

$$\text{I.} \begin{cases} \varrho y_1 = e^{i\varphi} y_1', \\ \varrho y_2 = y_2', \\ \varrho y_3 = e^{-i\varphi} y_3', \\ \varrho y_4 = y_4', \end{cases} \qquad \text{II.} \begin{cases} \varrho y_1' = y_1'', \\ \varrho y_2' = e^{i\psi} y_2'', \\ \varrho y_3' = y_3'', \\ \varrho y_4' = e^{-i\psi} y_4''. \end{cases}$$

Denn einerseits ergeben diese beiden Kollineationen, hintereinander ausgeführt, die allgemeine eigentliche Kollineation, und andererseits überführt jede von ihnen unsere fundamentale Fläche in sich selbst.

Bei der Kollineation I wird jede Ebene $y_2 : y_4 = \lambda$ in $y_2' : y_4' = \lambda$, d. h. also in sich selbst überführt, so daß jeder Punkt in derjenigen Ebene bleibt, die durch ihn selbst und die Koordinatenachse P_1P_3, deren Gleichung $y_2 = 0$, $y_4 = 0$ lautet, festgelegt ist. Ferner bleibt die Gerade P_2P_4 punktweise fest. Diese Kollineationen sind in Abb. 73 schematisch angedeutet. Die Kollineationen, die dabei in den durch P_1P_3 gehenden Ebenen stattfinden, sind identisch mit den Kollineationen, die wir S. 107 Drehungen genannt haben; der Mittelpunkt

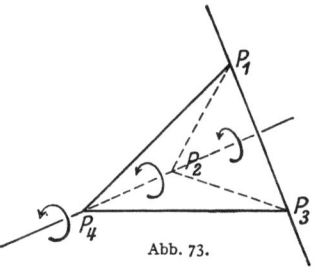

Abb. 73.

der Drehung ist dabei der zugehörige Schnittpunkt der Ebene mit der Geraden P_2P_4. Wir wollen deshalb die angegebene Kollineation als (räumliche) *Drehung oder Rotation um die Achse* P_2P_4 bezeichnen.

Bei der betrachteten Kollineation wird nun auch die Gerade P_1P_3 in sich selbst überführt. In der Nähe dieser Geraden scheinen die Punkte des Raumes, wenn wir für einen Augenblick euklidisch denken, ungefähr parallel zu dieser Geraden zu wandern. Man kann deshalb die Kollineation I statt als Drehung um P_2P_4 genau so gut auch als Translation längs P_1P_3 bezeichnen. In der Tat kennzeichnet jeder dieser beiden Namen die betrachtete Kollineation in zutreffender Weise; denn diese sieht in der Nähe von P_2P_4 wie eine Drehung, in der Nähe von P_1P_3 dagegen wie eine Translation aus.

In genau derselben Weise können wir die Kollineation II entweder als Rotation um die Gerade P_1P_3 oder als Translation längs der Geraden P_2P_4 bezeichnen.

Im Abschnitt A haben wir gezeigt, daß sich jede eigentliche Kollineation einer allgemeinen Fläche zweiten Grades mit nichtausgeartetem invarianten Tetraeder als Aufeinanderfolge zweier Schiebungen darstellen läßt, von denen die eine längs der beiden Geraden P_1P_2, P_3P_4

und die andere längs der beiden Geraden P_1P_4, P_2P_3 des invarianten Tetraeders stattfindet (Abb. 74); diese vier Geraden liegen dabei auf der fundamentalen Fläche selbst. Jetzt haben wir gefunden, daß wir dieselbe Kollineation auch erzeugen können, indem wir eine Drehung um die Gerade P_1P_3 (=Translation längs der Geraden P_2P_4) mit einer Drehung um die Gerade P_2P_4 (=Translation längs der Geraden P_1P_3) zusammensetzen; die beiden Geraden P_1P_3 und P_2P_4 sind dabei konjugierte Polaren in bezug auf die fundamentale Fläche.

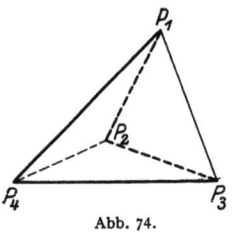

Abb. 74.

Die Auflösung einer eigentlichen Kollineation in zwei Drehungen ist genau wie die Auflösung in zwei Schiebungen nur im imaginären Gebiet ohne Einschränkung möglich. Wir gehen nun zur *Berücksichtigung der Realitätsverhältnisse* über und fragen, in welchen Fällen sich eine *reelle* Kollineation in zwei *reelle* Drehungen auflösen läßt. Nach S. 118ff. sind die beiden konjugierten Polaren des invarianten Tetraeders, welche Achsen der beiden Drehungen sind, bei den ringartigen Flächen im ersten und dritten Fall reell (Abb. 67 und 69), im zweiten Fall dagegen imaginär (Abb. 68); bei den ovalen und nullteiligen Flächen sind die beiden Achsen stets reell (Abb. 71 und 72). Man kann nun durch eine leichte Überlegung zeigen, daß die betrachteten Drehungen reell oder imaginär sind, je nachdem die zugehörigen Achsen reell oder imaginär sind. Wir erhalten also: *Bei den reellen Kollineationen der ringartigen Flächen in sich sind die beiden zugehörigen Drehungen je nach der Art der Kollineation entweder reell oder imaginär; bei den reellen Kollineationen der ovalen und nullteiligen Flächen sind sie dagegen stets reell.*

Die Bahnen, auf denen sich die Punkte des Raumes bei einer bestimmten Drehung bewegen, lassen sich leicht ermitteln. Wir wollen diese Betrachtung nur für die ovalen und nullteiligen Flächen durchführen. Bei einer bestimmten eigentlichen Kollineation einer ovalen Fläche in sich bleiben zwei konjugierte Polaren invariant (Abb. 71); dabei wollen wir nach S. 117 den Grenzfall ausschließen, daß diese die Fläche berühren. Dann gehen im Innern der ovalen Fläche bestimmte Ellipsoide in sich selbst über, welche die invariante Fläche in den beiden reellen Durchstoßpunkten der einen Polaren berühren (S. 119). Bei den Drehungen um diese Polare wandern nun die Punkte, wie in Abb. 75 angegeben, auf den Ellipsen, die auf den angegebenen Flächen durch die Ebenen ausgeschnitten werden, welche durch die zweite Polare laufen. Entsprechend bewegen sich die Punkte bei der Drehung um die zweite Polare auf den Ellipsen, die durch die Ebenen ausgeschnitten werden, welche durch die erste Polare gehen (Abb. 76); hierbei rücken die einzelnen Punkte unbeschränkt auf einen der beiden festbleibenden Punkte der ersten Polare zu, ohne ihn je zu erreichen. In dem betrachteten Raumteil besitzt die erste Drehung mehr den Typus der euklidischen Drehung, die zweite Drehung dagegen noch den Typus der euklidischen Parallelverschiebung.

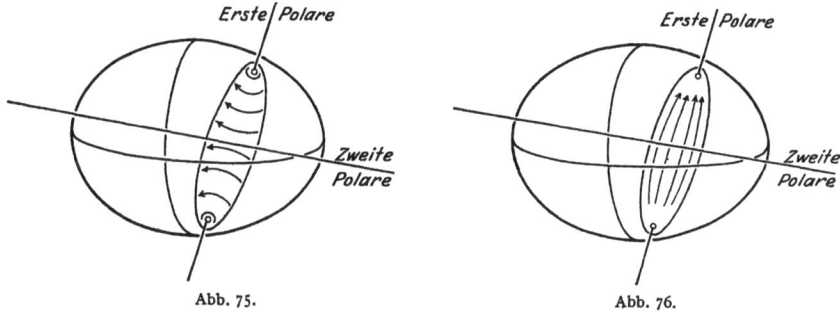

Abb. 75.   Abb. 76.

Entsprechende Verhältnisse ergeben sich bei den Kollineationen einer nullteiligen Fläche in sich. Bei den einzelnen Drehungen geht jede Fläche eines Büschels von der in Abb. 70 angegebenen Gestalt in sich über. Bei den Drehungen um die erste Polare bewegen sich die Punkte des Raumes auf denjenigen Kegelschnitten, welche von dem durch die zweite Polare bestimmten Ebenenbüschel aus den betrachteten Flächen ausgeschnitten werden. In der Nähe der ersten Polaren bewegen sich also die Punkte auf Ellipsen, die um diese Polare herumlaufen. Auf dem elliptischen Paraboloid ergeben sich Parabeln, auf den anschließenden Hyperboloiden dagegen Hyperbeln.

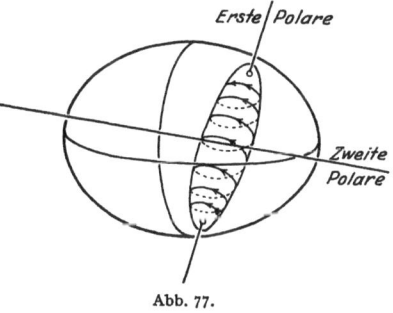

Abb. 77.

Schließlich erhalten wir die zweite Polare, die bei der betrachteten Drehung in sich selber überführt wird. Bei den Drehungen um die zweite Polare ergeben sich genau die umgekehrten Verhältnisse; die Punkte wandern in der Nähe der ersten Polaren auf Hyperbeln, in der Nähe der zweiten Polaren dagegen auf Ellipsen. Hierbei tritt besonders deutlich hervor, daß die betrachteten Drehungen in der Nähe der einen Polaren mehr den Typus einer euklidischen Drehung, in der Nähe der anderen Polaren dagegen mehr den Typus einer euklidischen Parallelverschiebung besitzen.

Diese Überlegungen können wir noch in der folgenden Weise weiterführen. Jede eigentliche Kollineation einer ovalen und nullteiligen Fläche läßt sich herstellen, indem wir zunächst eine Drehung um die erste und dann eine Drehung um die zweite Polare (= Translation längs der ersten Polaren) ausführen. Wir können dasselbe Resultat auch durch Überlagerung der beiden Rotationen erhalten, wodurch sich eine sog. *Schraubung* ergibt (genau so, wie in der euklidischen Geometrie die Zusammensetzung einer Drehung um eine Achse mit einer Parallelverschiebung längs dieser eine Schraubung liefert). Die einzelnen Punkte des Raumes wandern dabei auf Schraubenlinien, die auf den zugehörigen invarianten Flächen verlaufen. *Im Fall der ovalen Flächen* umkreisen diese Schraubenlinien die Ellipsoide nach beiden Seiten hin unendlich oft und nähern sich dabei unbeschränkt den beiden Fixpunkten der ersten Polaren, ohne sie je zu erreichen (Abb. 77). Man erkennt unmittelbar, wie diese Kurven durch Zusammensetzung der Kurven in Abb. 75 und 76 entstehen.

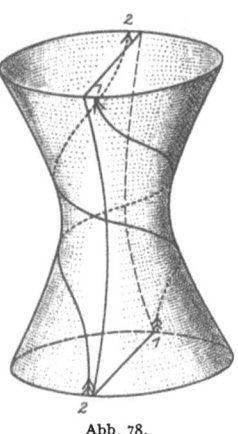

Abb. 78.

Im Fall der nullteiligen Fläche wandern die Punkte des Raumes entsprechend auf Schraubenlinien, die auf den ringartigen Flächen der Abb. 70 verlaufen. Die Schraubenlinien können jetzt im besonderen geschlossene Kurven sein, wie wir eine in Abb. 78 angegeben haben. Diese Schraubenlinie nähert sich dabei asymptotisch der eingezeichneten Hyperbel und bildet somit in der projektiven Geometrie eine in sich geschlossene Kurve. Auf diese Schraubenlinien werden wir auf S. 248 nochmals eingehen, wo wir ein bequemes Abbildungsverfahren kennenlernen werden.

E. Die Kollineationen, die ein ausgeartetes Gebilde in sich überführen. Auf S. 109 haben wir gesehen, daß die euklidischen Bewegungen der Ebene ein bestimmtes konjugiert imaginäres Punktepaar der unendlich fernen Geraden in sich selbst überführen. Genau so haben im Raum die euklidischen Bewegungen die Eigenschaft, einen bestimmten nullteiligen Kegelschnitt invariant zu lassen. Zum Beweis stellen wir diejenigen Kollineationen auf, die den nullteiligen Kegelschnitt:

$$x_1^2 + x_2^2 + x_3^2 = 0, \quad x_4 = 0 \quad \text{oder} \quad u_1^2 + u_2^2 + u_3^2 = 0$$

in sich selbst überführen. Durch einen Vergleich mit den zugehörigen Formeln für die Ebene (S. 102) erkennt man, daß diese Kollineationen die Gestalt besitzen[1]):

$$\varrho x_1 = (-a^2 - b^2 + c^2 + d^2)x_1' + 2(-ac + bd)x_2' + 2(ad + bc)x_3' + c_{14}x_4',$$
$$\varrho x_2 = 2(-ac - bd)x_1' + (a^2 - b^2 - c^2 + d^2)x_2' + 2(-ab + cd)x_3' + c_{24}x_4',$$
$$\varrho x_3 = 2(-ad + bc)x_1' + 2(-ab - cd)x_2' + (-a^2 + b^2 - c^2 + d^2)x_3' + c_{34}x_4',$$
$$\varrho x_4 = c_{44}x_4'.$$

---

[1]) Die 9 Koeffizienten von x_1', x_2' und x_3' bestimmen eine ternäre orthogonale Substitution.

Der dreidimensionale Fall.

Wenn wir zu affinen Koordinaten $x = x_1 : x_4$, $y = x_2 : x_4$, $z = x_3 : x_4$ übergehen und ferner $1 : c_{44} = p$ setzen (c_{44} ist stets $\neq 0$), erhalten diese Kollineationen die Gleichungen:

$x = p(-a^2 - b^2 + c^2 + d^2)x' + 2p(-ac + bd)y' + 2p(ad + bc)z' + \bar{c}_{14}$,
$y = 2p(-ac - bd)x' + p(a^2 - b^2 - c^2 + d^2)y' + 2p(-ab + cd)z' + \bar{c}_{24}$,
$z = 2p(-ad + bc)x' + 2p(-ab - cd)y' + p(-a^2 + b^2 - c^2 + d^2)z' + \bar{c}_{34}$.

Die Determinante der Koeffizienten von x', y' und z' beträgt:

$$D = p^3\{a^2 + b^2 + c^2 + d^2\}^3.$$

Wenn diese Determinante gleich $+1$ oder -1 ist:

$$p = \frac{1}{a^2 + b^2 + c^2 + d^2} \quad \text{bzw.} \quad p = \frac{-1}{a^2 + b^2 + c^2 + d^2},$$

ergeben die Transformationen bei Zugrundelegung eines rechtwinkligen Koordinatensystems x', y', z', wie man leicht erkennt, eine euklidische Bewegung bzw. Umlegung; wenn die Determinante einen beliebigen Wert besitzt, erhalten wir eine Ähnlichkeitstransformation.

Die euklidischen Bewegungen und Umlegungen des Raumes haben also die Eigenschaft, den nullteiligen Kegelschnitt $x_1^2 + x_2^2 + x_3^2 = 0$, $x_4 = 0$, der in der unendlich fernen Ebene liegt, in sich selbst zu überführen. Die allgemeinsten Kollineationen, die diese Eigenschaft besitzen, sind die Ähnlichkeitstransformationen. (Vgl. den entsprechenden Satz für die Ebene S. 109.)

In ganz entsprechender Weise kann man auch die Kollineationen untersuchen, die irgendein anderes der in der Tabelle S. 92 angegebenen ausgearteten Gebilde in sich selbst transformieren. Diese Untersuchungen besitzen aber für unsere späteren Überlegungen nur eine untergeordnete Bedeutung.

F. Der Übergang der verschiedenen Fälle ineinander. Auf S. 91 haben wir gesehen, daß wir die ovalen Flächen kontinuierlich über einen nullteiligen Kegelschnitt in die nullteiligen Flächen überführen können. In genau derselben Weise müssen auch die zugehörigen Kollineationen ineinander übergehen. Analytisch können wir dies in derselben Weise wie im Fall der Ebene (S. 109 f.) zeigen, indem wir alle zugehörigen Formeln durch Einführung eines Parameters ε in eine einzige Formel zusammenfassen. Wenn wir $\varepsilon = 0$ setzen, ergeben sich dabei wieder nur die Bewegungen und Umlegungen der euklidischen Geometrie, nicht aber die allgemeineren Ähnlichkeitstransformationen, die den zugehörigen nullteiligen Kegelschnitt ebenfalls in sich selbst überführen.

Es ist von Interesse, sich geometrisch klar zu machen, in welcher Weise die Kollineationen einer ovalen und nullteiligen Fläche in sich beim Grenzübergang zum Kegelschnitt in die Bewegungen und Umlegungen der euklidischen Geometrie übergehen; wir wollen dies für die

126 Die Kollineationen, die ein Gebilde zweiten Grades in sich überführen.

Bewegungen, welche zu den drei Gebilden gehören (vgl. S. 117 und 125), genauer ausführen. Die allgemeine eigentliche Kollineation der nullteiligen Fläche in sich können wir auf reellem Wege sowohl in zwei Verschiebungen, wie auch in zwei Drehungen zerspalten, während bei den ovalen Flächen nur die Zerlegung in zwei Drehungen möglich ist. Auch für die Bewegungen der euklidischen Geometrie besteht nur diese letzte Zerlegungsmöglichkeit. Wir können hier bekannterweise jede Bewegung des Raumes durch eine Schraubenbewegung erzeugen, d. h. durch eine Drehung um eine bestimmte Achse G und gleichzeitige Parallelverschiebung längs dieser Achse. Vom projektiven Standpunkt können wir die Parallelverschiebung auch als Drehung um diejenige in der unendlich fernen Ebene liegende Gerade G' auffassen, welche durch die zu G senkrechten Ebenen bestimmt wird. Diese beiden Geraden G und G' sind konjugierte Polaren in bezug auf den nullteiligen Kegelschnitt (d. h. der Punkt, in welchem die endliche Gerade G die unendlich ferne Ebene schneidet, ist der Pol der Geraden G' in bezug auf den nullteiligen Kegelschnitt). In Hinsicht auf diese beiden Achsen treffen wir genau dieselben Verhältnisse wie bei den nicht ausgearteten Flächen an: Die Drehung um die Gerade G können wir auch als Schiebung längs der unendlich fernen Achse G' und die Drehung längs der unendlich fernen Achse G' als Schiebung längs der endlichen Geraden G auffassen. Der einzige Unterschied gegen die nicht ausgearteten Flächen besteht darin, daß jetzt die eine Polare infolge der Ausartung des fundamentalen Gebildes immer in einer bestimmten Ebene liegt. Hierdurch wird bewirkt, daß die Gruppe der euklidischen Bewegungen eine einfachere Struktur als die entsprechenden Gruppen bei den nicht ausgearteten Flächen besitzt; jede der ∞^6 euklidischen Bewegungen zerfällt nämlich von vornherein in eine Drehung um einen Punkt und eine Parallelverschiebung, eine Eigenschaft, die den Kollineationen der nicht ausgearteten Flächen abgeht.

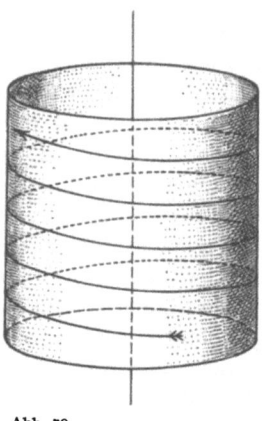

Abb. 79.

Bei den Schraubungen der euklidischen Geometrie wandern die Punkte des Raumes längs Schraubenlinien, welche auf Zylindern mit gemeinsamer Achse verlaufen. Zunächst wickeln sich die Bahnkurven sehr nahe um die Achse herum; für die weiteren Punkte besitzen sie eine immer größere Entfernung von ihr (Abb. 79). Eine deutlichere Vorstellung von dem Verhalten dieser Bewegung in

Nähe der unendlich fernen Ebene gewinnen wir, wenn wir eine Transformation vornehmen, welche die unendlich ferne Ebene in eine endliche Ebene überführt (Abb. 80). Die Schraubenlinien verlaufen jetzt auf bestimmten Kegeln, welche sich zuerst ganz eng um die Schraubenachse herumlegen, sich dann immer mehr aufweiten und dabei von beiden Seiten dem Abbild der unendlich fernen Ebene nähern, bis sie schließlich doppelt zählend in

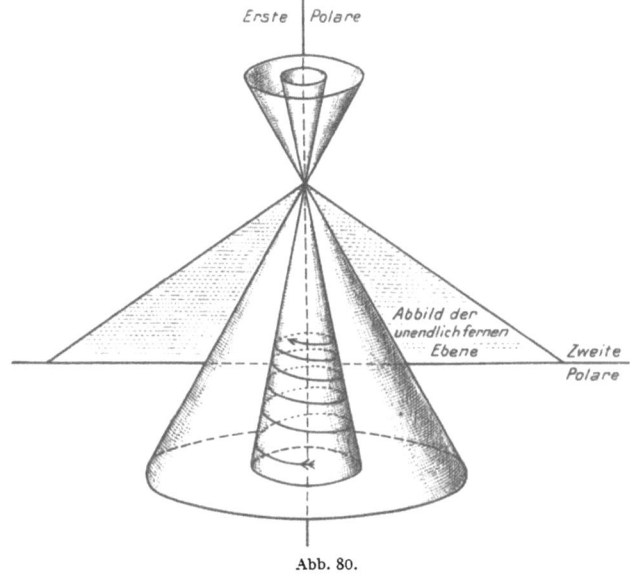

Abb. 80.

diese übergehen. Die einzelnen Schraubenlinien, die auf den Kegeln verlaufen, kommen der Spitze des Kegels unbeschränkt näher, ohne sie je zu erreichen.

Bei den reinen Parallelverschiebungen würden die Punkte auf den Erzeugenden der Kegel wandern (das sind die Kurven, welche von dem durch die erste Polare bestimmten Ebenenbüschel ausgeschnitten werden); bei den reinen Drehungen würden die Punkte auf geschlossenen Ellipsen wandern (nämlich den Ellipsen, welche von dem durch die zweite Polare bestimmten Ebenenbüschel ausgeschnitten werden). Wir erhalten also ganz die entsprechenden Verhältnisse wie bei den ovalen und nullteiligen Flächen. Der Leser möge die invarianten Ellipsoide in den Abb. 75—77 in zweischalige Hyperboloide transformieren und sich klarmachen, wie man diese Figuren allmählich in die Abb. 80 und die beiden entsprechenden Figuren überführen kann. Um denselben Übergang an Abb. 70 auszuführen, müssen wir uns die Kehlellipsen der links gezeichneten Hyperboloide auf einen Punkt, nämlich die Spitze des späteren Kegels zusammengezogen denken; dieser Übergang ist aber anschaulich nicht so leicht wie der vorige aufzufassen.

Zweiter Teil.

Die projektive Maßbestimmung.

Kapitel IV.

Die Einordnung der euklidischen Metrik in das projektive System.

§ 1. Die metrischen Grundformeln der euklidischen Geometrie.

In dem ersten Teil des Buches haben wir die Grundlagen der projektiven Geometrie entwickelt. In ihr treten die metrischen Begriffe, wie z. B die Länge oder der Winkel, nicht auf, weil sie den projektiven Transformationen gegenüber, die dort betrachtet wurden, nicht invariant sind. Das vorliegende Kapitel soll zeigen, wie sich die Vorstellungen der euklidischen Geometrie in das projektive System einordnen lassen. Wir beginnen damit, daß wir die verschiedenen metrischen Formeln aufstellen, die wir für unsere weiteren Untersuchungen brauchen.

A. Die Entfernungsformeln. Auf der geraden Linie führen wir affine Koordinaten ein, deren Einheitsstrecke gleich der Längeneinheit ist. Der Abstand zweier Punkte x und x' ist dann $r = x - x'$ oder, wenn wir homogene Koordinaten: $x = x_1 : x_2$ und $x' = x_1' : x_2'$ einführen:

$$r = \frac{x_1}{x_2} - \frac{x_1'}{x_2'} = \frac{x_1 x_2' - x_2 x_1'}{x_2 x_2'}.$$

In der Ebene und im Raum benutzen wir ein rechtwinkliges Parallelkoordinatensystem, dessen Einheitsstrecken auf allen Achsen gleich der Längeneinheit sind (vgl. S. 1). Der Abstand zweier Punkte x, y und x', y' der Ebene beträgt dann: $r = \pm \sqrt{(x-x')^2 + (y-y')^2}$. Durch Einführung homogener Koordinaten $x = x_1 : x_3$, $y = x_2 : x_3$ erhalten wir:

$$r = \frac{\pm \sqrt{(x_1 x_3' - x_3 x_1')^2 + (x_2 x_3' - x_3 x_2')^2}}{x_3 x_3'}.$$

Die metrischen Grundformeln der euklidischen Geometrie. 129

Genau so ergibt sich im Raum für den Abstand zweier Punkte x, y, z und x', y', z' der Ausdruck: $r = \pm \sqrt{(x-x')^2 + (y-y')^2 + (z-z')^2}$. Bei Verwendung homogener Koordinaten $x = x_1 : x_4$, $y = x_2 : x_4$, $z = x_3 : x_4$ erhalten wir hieraus:

$$r = \pm \frac{\sqrt{(x_1 x_4' - x_4 x_1')^2 + (x_2 x_4' - x_4 x_2')^2 + (x_3 x_4' - x_4 x_3')^2}}{x_4 x_4'}.$$

In der elementaren Geometrie sieht man r stets als positiv an. Diese Festlegung auf einen Wert der Wurzel läßt sich aber im imaginären Gebiet der Ebene und des Raumes, das wir gleich betrachten werden, nicht aufrecht erhalten, so daß wir in diesen Fällen r ausdrücklich als zweiwertige Funktion ansehen wollen.

B. Die Winkelformeln. In entsprechender Weise stellen wir die Formeln für den Winkel auf, den zwei Gerade in der Ebene bzw. zwei Ebenen im Raum bestimmen. Im Fall der Ebene legen wir die beiden Geraden durch die Gleichungen:

$$u_1 x + u_2 y + u_3 = 0 \quad \text{bzw.} \quad u_1' x + u_2' y + u_3' = 0$$

oder die Geradenkoordinaten:

$$u_1 : u_2 : u_3 \quad \text{bzw.} \quad u_1' : u_2' : u_3'$$

fest. Bei der Bestimmung des Winkels ω, den diese beiden Geraden miteinander bilden, müssen wir uns zunächst klar machen, daß wir es mit Vollgeraden und nicht mit Halbgeraden zu tun haben;

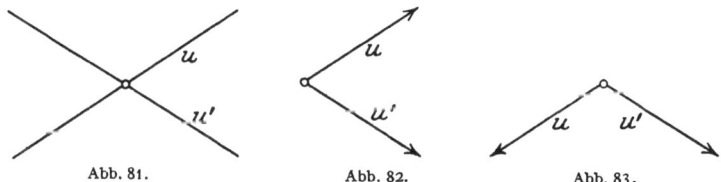

Abb. 81.   Abb. 82.   Abb. 83.

der Winkel zwischen den beiden Geraden besitzt also die Gestalt der Abb. 81, nicht aber die der Abb. 82 oder 83. Wir legen nun in der euklidischen Ebene den Drehsinn entgegengesetzt der Drehung des Uhrzeigers als positiv fest und definieren den Winkel, den die beiden Geraden u und u' miteinander bilden, als die Größe einer positiven Drehung, welche u mit u' zur Deckung bringt. Wenn wir die Gerade u nach Ausführung einer solchen Drehung noch um den Winkel π weiterdrehen, fallen die beiden Geraden abermals zusammen; der Winkel ist also nach unserer Definition nur bis auf ganzzahlige Multipla von π festgelegt. Der gesuchte Winkel ω ist nun gleich dem Winkel, den die beiden zugehörigen, durch den Koordinatenanfangspunkt laufenden Parallelen $u_1 x + u_2 y = 0$ und $u_1' x + u_2' y = 0$ miteinander bilden. In dem analytischen Ausdruck für den Winkel treten also die beiden Koordinaten

Klein, Nichteuklidische Geometrie. 9

130 Die Einordnung der euklidischen Metrik in das projektive System.

u_3 und u_3' nicht auf. Durch eine einfache Rechnung ergeben sich für die trigonometrischen Funktionen des Winkels die folgenden Werte:

$$\cos \omega = \pm \frac{u_1 u_1' + u_2 u_2'}{\sqrt{u_1^2 + u_2^2}\sqrt{u_1'^2 + u_2'^2}},$$

$$\sin \omega = \pm \frac{u_1 u_2' - u_2 u_1'}{\sqrt{u_1^2 + u_2^2}\sqrt{u_1'^2 + u_2'^2}},$$

$$\operatorname{tg} \omega = \frac{u_1 u_2' - u_2 u_1'}{u_1 u_1' + u_2 u_2'}.$$

In den Ausdrücken für $\cos \omega$ und $\sin \omega$ bleibt das Vorzeichen unbestimmt, da sonst der Winkel in Widerspruch zu unserer Definition bis auf ganze Vielfache von 2π festgelegt sein würde. Das Vorzeichen muß aber in $\cos \omega$ und $\sin \omega$ übereinstimmend gewählt werden; d. h. wenn ein bestimmtes Wertsystem $\cos \omega = p$, $\sin \omega = q$ gegeben ist, so soll außer diesem nur noch das Wertsystem $\cos \omega = -p$, $\sin \omega = -q$ zugelassen werden. Die hierdurch im Bereich $0 \leq \omega < 2\pi$ festgelegten beiden Werte von ω unterscheiden sich in Übereinstimmung mit unserer Winkeldefinition um π. Die beiden Wertsysteme $\cos \omega = -p$, $\sin \omega = q$ und $\cos \omega = p$, $\sin \omega = -q$ ergeben die Größe des Nebenwinkels. In dem Quotienten $\operatorname{tg} \omega$ hebt sich die Unbestimmtheit des Vorzeichens fort; in der Tat ist ω durch die Tangensfunktion nur bis auf Vielfache von π festgelegt.

In entsprechender Weise ergeben sich im Raum für den Winkel ω zwischen den beiden Ebenen $u_1 : u_2 : u_3 : u_4$ und $u_1' : u_2' : u_3' : u_4'$ die Beziehungen:

$$\cos \omega = \pm \frac{u_1 u_1' + u_2 u_2' + u_3 u_3'}{\sqrt{u_1^2 + u_2^2 + u_3^2}\sqrt{u_1'^2 + u_2'^2 + u_3'^2}},$$

$$\sin \omega = \pm \frac{\sqrt{(u_1 u_2' - u_2 u_1')^2 + (u_1 u_3' - u_3 u_1')^2 + (u_2 u_3' - u_3 u_2')^2}}{\sqrt{u_1^2 + u_2^2 + u_3^2}\sqrt{u_1'^2 + u_2'^2 + u_3'^2}},$$

$$\operatorname{tg} \omega = \pm \frac{\sqrt{(u_1 u_2' - u_2 u_1')^2 + (u_1 u_3' - u_3 u_1')^2 + (u_2 u_3' - u_3 u_2')^2}}{u_1 u_1' + u_2 u_2' + u_3 u_3'}.$$

In dem Ausdruck für $\operatorname{tg} \omega$ tritt eine Quadratwurzel auf, so daß wir hier auch dem tg ein doppeltes Vorzeichen geben müssen. Geometrisch entspricht dem, daß wir im Raum der Winkelberechnung keinen eindeutig bestimmten Drehsinn zugrunde legen können; denn wenn wir hierzu

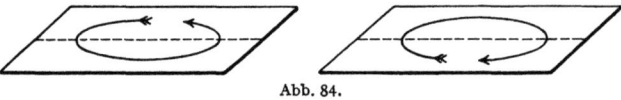

Abb. 84.

auf irgendeiner Ebene einen positiven Drehsinn festlegen würden (Abb. 84 links) und diese Ebene umklappen, so daß sie wieder mit sich selbst zur Deckung kommt (Abb. 84 rechts), so würde der Drehsinn bei der neuen Lage der Ebene dem Drehsinn bei der alten Lage genau entgegengesetzt sein. Bei der Bestimmung des Winkels zweier Ebenen müssen wir deshalb die beiden in Abb. 85 angedeuteten Drehsinne als gleichberechtigt betrachten, d. h. wir können nicht mehr zwischen Winkel und Nebenwinkel unterscheiden. Diese Unbestimmtheit entspricht aber gerade dem doppelten Vorzeichen von $\operatorname{tg}\omega$. Bei $\cos\omega$ und $\sin\omega$ können wir dementsprechend willkürlich über

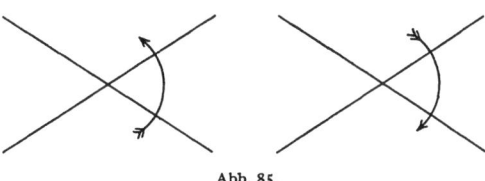

Abb. 85.

die Vorzeichen verfügen; wir erhalten also jetzt im Intervall $0 \leq \omega < 2\pi$ im allgemeinen vier verschiedene Werte von ω und nicht wie in der Ebene nur zwei.

Mit dem Abstand zweier Punkte und dem Winkel zweier Geraden oder Ebenen haben wir noch nicht alle metrischen Begriffe erschöpft. Als weitere Beispiele nennen wir etwa den Abstand eines Punktes von einer Geraden oder einer Ebene oder auch den Winkel zwischen einer Geraden und einer Ebene; allgemein läßt sich, wenn zwei beliebige Grundgebilde gegeben sind, immer ein zugehöriger metrischer Begriff bilden. Alle diese lassen sich aber auf die betrachteten metrischen Grundbegriffe zurückführen, so daß wir uns für unsere Zwecke auf die oben angegebenen Formeln beschränken können.

§ 2. Diskussion der metrischen Formeln; die beiden Kreispunkte und der Kugelkreis.

In der elementaren Geometrie beschränkt man sich bei der Diskussion der Entfernungen und Winkel auf reelle Elemente. Die Verallgemeinerung auf imaginäre Elemente, die wir jetzt vornehmen wollen, ergibt völlig neuartige Zusammenhänge; diese sind für uns von grundsätzlicher Bedeutung, da sich der Übergang zur nichteuklidischen Geometrie unter ihrer Benutzung besonders einfach ausführen läßt.

A. Diskussion der Entfernungsformeln. In der Ebene haben wir für den Abstand zweier Punkte erhalten:

$$r = \pm \frac{\sqrt{(x_1 x_3' - x_3 x_1')^2 + (x_2 x_3' - x_3 x_2')^2}}{x_3 x_3'}.$$

Der Zähler verschwindet, wenn $(x_1 x_3' - x_3 x_1')^2 + (x_2 x_3' - x_3 x_2')^2 = 0$ ist. Wir denken uns nun einen Punkt P mit den Koordinaten $x_1 : x_2 : x_3$ ($x_3 \neq 0$) fest gegeben. Dann besitzen alle diejenigen Punkte $x_1' : x_2' : x_3'$ ($x_3' \neq 0$) der Ebene einen verschwindenden Abstand von P, deren

Koordinaten die obige Gleichung erfüllen. Diese Gleichung zerfällt aber in:

$$\begin{cases} x_1 x_3' - x_3 x_1' = i\,(x_2 x_3' - x_3 x_2'), \\ x_1 x_3' - x_3 x_1' = -i\,(x_2 x_3' - x_3 x_2'), \end{cases} \text{oder:} \begin{cases} -x_3 x_1' + i x_3 x_2' + (x_1 - i x_2) x_3' = 0, \\ -x_3 x_1' - i x_3 x_2' + (x_1 + i x_2) x_3' = 0. \end{cases}$$

Da die Größen $x_1 : x_2 : x_3$ konstant sind, sind diese Gleichungen in den laufenden Koordinaten $x_1' : x_2' : x_3'$ linear und stellen je eine durch den Punkt P gehende gerade Linie dar. Wenn wir zu affinen Koordinaten $x' = x_1' : x_3'$ und $y' = x_2' : x_3'$ übergehen, nehmen die Gleichungen der beiden geraden Linien die Gestalt an:

$$- x' + i y' + \text{const} = 0, \qquad - x' - i y' + \text{const} = 0.$$

Diese Geraden werden als *isotrope Geraden* oder auch als *Minimalgeraden* bezeichnet[1]). In der Ebene gehen also durch jeden eigentlichen[2]) reellen oder imaginären Punkt P zwei ausgezeichnete imaginäre gerade Linien; alle eigentlichen Punkte derselben besitzen einen verschwindenden Abstand von dem Punkt P. Daraus folgt weiter, daß auch alle anderen eigentlichen Punktepaare einer Minimalgeraden einen verschwindenden Abstand besitzen, so daß eine Längenmessung auf diesen Geraden unmöglich ist.

Die Gesamtheit der Minimalgeraden zerfällt, wie aus den zugehörigen affinen Gleichungen hervorgeht, in zwei Scharen je untereinander paralleler Geraden. Vom projektiven Standpunkt aus können wir somit die beiden Scharen als zwei Büschel von Geraden ansehen, die durch je einen Punkt der unendlich fernen Geraden laufen. Diese beiden Punkte werden als *die beiden imaginären Kreispunkte der Ebene* bezeichnet[3]). Wir können sie am einfachsten als die Schnittpunkte der beiden Geraden $x + iy = 0$ und $x - iy = 0$ mit der unendlich fernen Geraden definieren. In homogenen Koordinaten $x = x_1 : x_3$, $y = x_2 : x_3$ lassen sie sich durch die Gleichungen:

$$x_1^2 + x_2^2 = 0, \quad x_3 = 0$$

oder durch die Koordinaten $1 : i : 0$ und $1 : -i : 0$ festlegen. Wir wollen besonders hervorheben, daß, wie aus der Entfernungsformel folgt, *alle eigentlichen Punkte der Ebene einen unbestimmten (nicht etwa einen unendlich großen) Abstand von den beiden Kreispunkten besitzen*. Es ist daher irreführend, wenn die Kreispunkte, wie es mehrfach in der Literatur geschehen ist, als die „unendlich fernen" Kreispunkte bezeichnet werden.

---

[1]) Der Name isotrop rührt davon her, daß die beiden Scharen dieser Geraden bei den Bewegungen der euklidischen Geometrie in sich selbst übergehen (vgl. S. 136), also ihre Richtung nicht ändern (ἴσος τρόπος = gleiche Richtung). Die zweite Bezeichnung Minimalgerade weist darauf hin, daß alle endlichen Strecken dieser Geraden die Länge Null besitzen.

[2]) Ein Punkt, eine Gerade und eine Ebene heißt *eigentlich*, wenn er bzw. sie nicht unendlich fern liegt (vgl. S. 2).

[3]) Wie wir S. 136 sehen werden, gehen nämlich alle Kreise der Ebene durch diese beiden Punkte hindurch.

Diskussion der metrischen Formeln; die beiden Kreispunkte, der Kugelkreis. 133

Die obige Definition der isotropen Geraden können wir jetzt folgendermaßen aussprechen: *Eine Gerade ist isotrop, wenn sie durch einen Kreispunkt hindurchgeht.* Im Sinne dieser Auffassung haben wir *die unendlich ferne Gerade ebenfalls als isotrop* anzusehen; sie ist vor den übrigen isotropen Geraden dadurch ausgezeichnet, daß sie nicht nur durch einen, sondern durch beide Kreispunkte hindurchläuft.

Im Raum treffen wir ähnliche Verhältnisse wie in der Ebene. Die Formel für den Abstand zweier Punkte lautet hier:

$$r = \pm \frac{\sqrt{(x_1 x_4' - x_4 x_1')^2 + (x_2 x_4' - x_4 x_2')^2 + (x_3 x_4' - x_4 x_3')^2}}{x_4 x_4'}.$$

Die Koordinaten der Punkte, die von einem festen eigentlichen Punkt $x_1 : x_2 : x_3 : x_4$ ($x_4 \neq 0$) einen verschwindenden Abstand besitzen, erfüllen die folgende Gleichung:

$$(x_1 x_4' - x_4 x_1')^2 + (x_2 x_4' - x_4 x_2')^2 + (x_3 x_4' - x_4 x_3')^2 = 0, \quad x_4 \neq 0, \quad x_4' \neq 0.$$

Diese lautet in affinen Koordinaten:

$$(x - x')^2 + (y - y')^2 + (z - z')^2 = 0,$$

stellt also einen nullteiligen Kegel dar, dessen Spitze in dem betrachteten festen Punkt liegt. *Im Raum gehen somit durch jeden eigentlichen Punkt nicht nur zwei, sondern einfach unendlich viele Minimalgeraden,* nämlich die Erzeugenden des angegebenen nullteiligen Kegels. Je zwei dieser Kegel, die von den verschiedenen Raumpunkten auslaufen, lassen sich durch eine Parallelverschiebung zur Deckung bringen. Sie schneiden daher sämtlich die unendlich ferne Ebene in demselben nullteiligen Kegelschnitt, der als *der imaginäre Kugelkreis des Raumes* bezeichnet wird[1]). Wir können ihn am einfachsten durch den Schnitt des Kegels $x^2 + y^2 + z^2 = 0$ mit der unendlichen fernen Ebene definieren. In homogenen Koordinaten besitzt er die Gleichung:

$$x_1^2 + x_2^2 + x_3^2 = 0, \quad x_4 = 0.$$

Genau wie in der Ebene hat auch im Raum jedes eigentliche Punktepaar einer Minimalgeraden einen verschwindenden Abstand, während alle Punkte des Kugelkreises einen unbestimmten Abstand von den eigentlichen Punkten besitzen. Im Sinne der projektiven Auffassung werden wir jetzt eine Gerade als isotrop bezeichnen, wenn sie mindestens einen Punkt mit dem Kugelkreis gemeinsam hat; so sind im besonderen alle unendlich fernen Geraden als isotrop anzusehen.

B. Diskussion der Winkelformen. In genau derselben Weise wie den Abstand wollen wir jetzt die Formeln für den Winkel disku-

---

[1]) Dieser nullteilige Kegelschnitt ist nämlich dadurch ausgezeichnet, daß alle Kugeln des Raumes durch ihn hindurchgehen (vgl. S. 136).

tieren. In der Ebene wird der Winkel ω zwischen den beiden Geraden $u_1 : u_2 : u_3$ und $u_1' : u_2' : u_3'$ durch die Formeln bestimmt:

$$\cos \omega = \pm \frac{u_1 u_1' + u_2 u_2'}{\sqrt{u_1^2 + u_2^2}\sqrt{u_1'^2 + u_2'^2}}, \quad \sin \omega = \pm \frac{u_1 u_2' - u_2 u_1'}{\sqrt{u_1^2 + u_2^2}\sqrt{u_1'^2 + u_2'^2}}.$$

Wenn der Zähler von $\cos \omega$ verschwindet, liegen die beiden Geraden, wie man leicht erkennt, harmonisch zu den beiden isotropen Geraden ihres Schnittpunktes. Wenn der Zähler von $\sin \omega$ verschwindet, gilt $u_1 : u_2 = u_1' : u_2'$, und die beiden Geraden sind parallel. Wenn schließlich der Nenner verschwindet, ist für den Fall $u_1^2 + u_2^2 = 0$ die Gerade u, und für den Fall $u_1'^2 + u_2'^2 = 0$ die Gerade u' isotrop. Denn nach S. 86 stellen die angegebenen Bedingungen die Gleichung des Kreispunktepaares in Geradenkoordinaten dar; diejenigen Geraden, deren Koordinaten diese Gleichung erfüllen, müssen somit durch einen der beiden Kreispunkte hindurchgehen, d. h. isotrop sein.

Die weitere Diskussion gestaltet sich etwas anders als bei der Abstandsformel, da die Größe ω des Winkels durch die zugehörigen trigonometrischen Funktionen gegeben ist. Wir beschränken uns auf den Fall, daß keine der beiden Geraden mit der unendlich fernen Geraden zusammenfällt. Wenn dann zunächst beide Geraden isotrop und parallel sind: $u_1 = \varepsilon i u_2$, $u_1' = \varepsilon i u_2'$, $\varepsilon = \pm 1$, wird sowohl Zähler wie Nenner von $\cos \omega$ und $\sin \omega$ gleich Null. *Parallele isotrope Gerade ergeben somit einen unbestimmten Winkel.* Wenn dagegen die beiden Geraden isotrop von verschiedener Art sind, d. h. also, wenn die eine Gerade durch den ersten, die andere durch den zweiten Kreispunkt geht: $u_1 = \varepsilon i u_2$, $u_1' = -\varepsilon i u_2'$, $\varepsilon = \pm 1$, ergibt sich $\cos \omega = \infty$, $\sin \omega = \infty$; aus funktionentheoretischen Überlegungen (wir dürfen uns hier nicht auf das Reelle beschränken), folgt hieraus $\omega = \infty$[1]). *Zwei nicht parallele isotrope (eigentliche) Geraden bestimmen somit einen unendlich großen Winkel.* In derselben Weise folgt: *Der Winkel zwischen einer (eigentlichen) isotropen Geraden und einer nicht isotropen Geraden ist unendlich groß. Wenn dagegen keine der beiden Geraden isotrop ist, erhalten wir stets einen endlichen Winkel. Im besonderen verschwindet der Winkel dann und nur dann, wenn die beiden Geraden parallel sind; ferner stehen die beiden Geraden senkrecht aufeinander, wenn sie zu den beiden isotropen Geraden durch ihren Schnittpunkt harmonisch liegen.*

Im Raume lautet die Formel für den Winkel zweier Ebenen:

$$\cos \omega = \pm \frac{u_1 u_1' + u_2 u_2' + u_3 u_3'}{\sqrt{u_1^2 + u_2^2 + u_3^2}\sqrt{u_1'^2 + u_2'^2 + u_3'^2}},$$

$$\sin \omega = \pm \frac{\sqrt{(u_1 u_2' - u_2 u_1')^2 + (u_1 u_3' - u_3 u_1')^2 + (u_2 u_3' - u_3 u_2')^2}}{\sqrt{u_1^2 + u_2^2 + u_3^2}\sqrt{u_1'^2 + u_2'^2 + u_3'^2}}.$$

---

[1]) $\cos \omega$ und $\sin \omega$ sind ganze transzendente Funktionen, die für keine endliche Zahl ω gleich ∞ werden; wenn daher $\cos \omega$ oder $\sin \omega$ bei einer gewissen Änderung von ω unbegrenzt wächst, so muß bei dieser das Argument ω gegen ∞ streben.

Diskussion der metrischen Formeln; die beiden Kreispunkte, der Kugelkreis. 135

Wenn der Zähler von $\cos\omega$ verschwindet, liegen die beiden betrachteten Ebenen harmonisch zu den beiden Ebenen, die sich durch ihre Schnittgerade tangential an den Kugelkreis legen lassen; denn die betreffende Gleichung entsteht durch Nullsetzen der polaren Form des Kugelkreises $u_1^2 + u_2^2 + u_3^2 = 0$ (vgl. S. 55). Wenn der Zähler von $\sin\omega$ verschwindet, schneiden sich die beiden Ebenen, falls sie nicht identisch sind, in einer isotropen Geraden. Der Beweis ergibt sich folgendermaßen. Wenn zunächst entweder u_1, u_2, u_3 oder u_1', u_2', u_3' gleichzeitig verschwinden, also eine der beiden Ebenen mit der unendlich fernen Ebene zusammenfällt, ist die Behauptung evident. Wenn dies nicht der Fall ist, ist die Schnittgerade der beiden betrachteten Ebenen parallel zu der Schnittgeraden der beiden durch den Koordinatenanfangspunkt gehenden Parallelebenen: $u_1 x_1 + u_2 x_2 + u_3 x_3 = 0$ und $u_1' x_1 + u_2' x_2 + u_3' x_3 = 0$. Diese beiden Ebenen können zunächst identisch sein; dann sind die beiden Ausgangsebenen parallel, schneiden sich also in einer unendlich fernen Geraden. Oder die angegebenen Parallelebenen haben eine endliche Gerade gemeinsam, für deren Punkte die Beziehung gilt:

$$x_1 : x_2 : x_3 = \begin{vmatrix} u_2 & u_3 \\ u_2' & u_3' \end{vmatrix} : - \begin{vmatrix} u_1 & u_3 \\ u_1' & u_3' \end{vmatrix} : \begin{vmatrix} u_1 & u_2 \\ u_1' & u_2' \end{vmatrix}.$$

Infolge des Verschwindens des Zählers von $\sin\omega$ ergibt sich hieraus: $x_1^2 + x_2^2 + x_3^2 = 0$, d. h. die Punkte der Schnittgeraden liegen auf einer isotropen Geraden. Wenn schließlich der Nenner von $\cos\omega$ oder $\sin\omega$ verschwindet, erfüllen die Koordinaten einer oder beider Ebenen die Gleichung des Kugelkreises. Die betreffende Ebene ist also entweder unendlich fern oder berührt den Kugelkreis; *derartige Ebenen werden als isotrop bezeichnet.*

Für die Größe ω ergeben sich hieraus die folgenden Sätze: *Zwei parallele isotrope (eigentliche) Ebenen ergeben einen unbestimmten Winkel. Nicht parallele isotrope (eigentliche) Ebenen und genau so eine isotrope (eigentliche) Ebene mit einer nicht isotropen Ebene bestimmen einen unendlich großen Winkel. Wenn dagegen keine der beiden Ebenen isotrop ist, erhalten wir stets einen festen endlichen Winkel. Im besonderen verschwindet der Winkel dann und nur dann, wenn sich die beiden Ebenen in einer isotropen Geraden schneiden, ohne selbst isotrop zu sein. Ferner stehen zwei Ebenen aufeinander senkrecht, wenn sie zu den beiden durch ihre Schnittgerade gehenden isotropen Ebenen harmonisch liegen.* An diesen Sätzen wollen wir besonders hervorheben, daß im imaginären Gebiet des Raumes das Verschwinden des Winkels kein Kriterium für den Parallelismus zweier Ebenen ist.

C. Die Kreispunkte und der Kugelkreis. Die vorstehenden Überlegungen haben gezeigt, *daß die euklidischen Abstandsformeln in der Ebene und im Raume in unmittelbarer Beziehung zu einem einmal ausgearteten* *quadratischen Gebilde stehen*, nämlich dem Kreispunktepaar bzw. dem imaginären Kugelkreis[1]). Auf der geraden Linie tritt entsprechend der (doppelt zu zählende) unendlich ferne Punkt auf, den wir ebenfalls als ausgeartetes quadratisches Gebilde anzusehen haben (vgl. die Tabelle S. 70). Diese sogenannten „*fundamentalen Gebilde*" sind grundlegend für die ganze euklidische Metrik. So ist uns z. B. bereits aus Kapitel III bekannt, daß bei den euklidischen Bewegungen und Ähnlichkeitstransformationen das jetzt als fundamental bezeichnete Gebilde invariant bleibt. Diesen Satz können wir uns nunmehr auf folgende, sehr einfache Weise klar machen. Da nämlich bei den Bewegungen und Umlegungen alle Längen ungeändert bleiben, muß bei ihnen die Gesamtheit der Minimalgeraden, auf denen ja jede endliche Strecke die Länge Null besitzt, in sich selbst überführt werden. Dasselbe gilt für die Ähnlichkeitstransformationen, bei denen jede Länge mit einem konstanten Faktor multipliziert wird. Dann müssen aber bei den betrachteten Transformationen auch diejenigen Elemente in sich selbst übergehen, die allen Minimalgeraden gemeinsam sind; das sind aber gerade die beiden Kreispunkte und der Kugelkreis.

Anschließend hieran müssen wir noch die Namen „die beiden imaginären Kreispunkte der Ebene" und „der imaginäre Kugelkreis des Raumes" erklären. In gewöhnlichen rechtwinkligen Parallelkoordinaten lautet die Gleichung eines Kreises bzw. einer Kugel:

Kreis: $x^2 + y^2 + 2Ax + 2By + C = 0$,
Kugel: $x^2 + y^2 + z^2 + 2Ax + 2By + 2Cz + D = 0$.

In homogenen Koordinaten nehmen diese Gleichungen die Gestalt an:

Kreis: $x_1^2 + x_2^2 + 2Ax_1x_3 + 2Bx_2x_3 + Cx_3^2 = 0$,
Kugel: $x_1^2 + x_2^2 + x_3^2 + 2Ax_1x_4 + 2Bx_2x_4 + 2Cx_3x_4 + Dx_4^2 = 0$.

Die Schnittpunkte eines Kreises mit der unendlich fernen Geraden $x_3 = 0$ bzw. die Schnittkurve einer Kugel mit der unendlich fernen Ebene $x_4 = 0$ sind durch die Gleichungen bestimmt:

$$x_3 = 0, \quad x_1^2 + x_2^2 = 0, \quad \text{bzw.} \quad x_4 = 0, \quad x_1^2 + x_2^2 + x_3^2 = 0.$$

Jeder Kreis der Ebene geht also durch die beiden Kreispunkte und jede Kugel des Raumes durch den Kugelkreis. Dieser Satz zeigt uns nochmals, daß die fundamentalen Gebilde von jedem eigentlichen Punkt einen unbestimmten Abstand besitzen; denn ob wir um den eigentlichen Punkt einen Kreis oder eine Kugel von 0,001 mm oder 1 cm oder 1 km Radius schlagen, immer enthalten diese Kurven bzw. Flächen gleichen Abstandes die fundamentalen Gebilde.

---

[1]) Der Leser möge nachprüfen, an welcher Stelle der Tabellen S. 85 und 92 sich diese quadratischen Gebilde finden.

Euklidische Metrik als projektive Beziehung zu den fundamentalen Gebilden. 137

Der angegebene Satz läßt sich dahin umkehren, daß jede Kurve zweiter Ordnung, die durch die beiden Kreispunkte geht, bzw. jede derartige Fläche, die den Kugelkreis enthält, ein Kreis bzw. eine Kugel ist. Denn eine leichte Überlegung ergibt, daß ihre Gleichung dann die oben angegebene Gestalt besitzen muß. Die Kreise bzw. Kugeln können dabei, wenn wir uns auf reelle Kurven und Flächen beschränken, in ein Paar konjugiert imaginärer Geraden bzw. einen nullteiligen Kegel ausarten, welche durch die ausgezeichneten Elemente hindurchgehen. Diese Gebilde, die nur einen einzigen reellen Punkt besitzen, lassen sich als Kreise und Kugeln vom Radius Null auffassen; man pflegt sie daher auch als *Punktkreise* bzw. *Punktkugeln* zu bezeichnen. Schließlich können wir auch noch die unendlich ferne Gerade bzw. Ebene erhalten (d. h. einen Kreis bzw. eine Kugel mit unendlich großem Radius).

§ 3. Die euklidische Metrik als projektive Beziehung zu den fundamentalen Gebilden.

Die Untersuchungen von § 2 zeigen, daß die metrischen Formeln auf projektive Beziehungen zu dem fundamentalen Gebilde herauslaufen. So bedeutet z. B. in dem Ausdruck für die Entfernung zweier Punkte in der Ebene:

$$r = \pm \frac{\sqrt{(x_1 x_3' - x_3 x_1')^2 + (x_2 x_3' - x_3 x_2')^2}}{x_3 x_3'}$$

das Verschwinden des Zählers, daß die beiden Punkte auf einer Geraden mit einem der beiden Kreispunkte liegen usw. Diese wichtige Eigenschaft der metrischen Formeln wollen wir noch mehr hervorheben, indem wir sie in einer Gestalt schreiben, welche diese Beziehungen unmittelbar hervortreten läßt.

A. Die Darstellung des euklidischen Winkels durch ein Doppelverhältnis. Wir beginnen mit der Umformung des Winkels zweier Geraden u und u' in der Ebene; die neue Darstellung wird die Grundlage der späteren Untersuchungen in der nichteuklidischen Geometrie sein. Wir ziehen durch den Schnittpunkt der gegebenen Geraden u und u' die zugehörigen Minimalgeraden J und J' und bestimmen das Doppelverhältnis der so bestimmten vier Strahlen. Nach S. 40 besitzt das Geradenbüschel durch den Schnittpunkt von u und u' in den laufenden Koordinaten x_r die Gestalt $\sum u_r x_r + \lambda \sum u_r' x_r = 0$. Die beiden Geraden dieses Büschels, die durch die beiden Kreispunkte $1 : i : 0$ und $1 : -i : 0$ gehen, sind durch die Beziehungen festgelegt:

$$u_1 \cdot 1 + u_2 \cdot i + u_3 \cdot 0 + \lambda_1 (u_1' \cdot 1 + u_2' \cdot i + u_3' \cdot 0) = 0$$

und:

$$u_1 \cdot 1 - u_2 \cdot i + u_3 \cdot 0 + \lambda_2 (u_1' \cdot 1 - u_2' \cdot i + u_3' \cdot 0) = 0.$$

Daraus folgt aber für das Doppelverhältnis der betrachteten vier geraden Linien:
$$DV\{uu'JJ'\} = \frac{\lambda_1}{\lambda_2} = \frac{u_1 + iu_2}{u_1' + iu_2'} \cdot \frac{u_1' - iu_2'}{u_1 - iu_2}.$$
Andererseits ergibt sich aus den S. 130 aufgestellten Formeln für den Winkel:
$$e^{-i\omega} = \cos\omega - i\cdot\sin\omega = \pm\frac{u_1 u_1' + u_2 u_2' - i(u_1 u_2' - u_2 u_1')}{\sqrt{u_1^2 + u_2^2}\cdot\sqrt{u_1'^2 + u_2'^2}}$$
$$= \pm\frac{(u_1 + iu_2)(u_1' - iu_2')}{\sqrt{u_1^2 + u_2^2}\cdot\sqrt{u_1'^2 + u_2'^2}} = \pm\frac{\sqrt{u_1 + iu_2}\cdot\sqrt{u_1' - iu_2'}}{\sqrt{u_1 - iu_2}\cdot\sqrt{u_1' + iu_2'}}.$$
Wir erhalten also: $e^{-2i\omega} = DV$ oder: $-2i\omega = \ln DV$ oder:
$$\omega = \frac{i}{2}\ln DV.$$

Der euklidische Winkel zwischen zwei Geraden der Ebene kann somit als der mit $\frac{i}{2}$ multiplizierte Logarithmus des Doppelverhältnisses aufgefaßt werden, welches die Schenkel des Winkels mit den beiden durch ihren Schnittpunkt hindurchgehenden isotropen Geraden bestimmen. Dieses schöne Resultat ist zuerst in einer Jugendarbeit *Laguerres* (1853) abgeleitet worden[1]). Es blieb aber lange unbeachtet, vermutlich weil sich die Geometer an den Gedanken gewöhnt hatten, daß Metrik und projektive Geometrie in keiner Beziehung zueinander ständen. Die Bedeutung des Laguerreschen Satzes besteht darin, daß sich mit seiner Hilfe die metrischen Begriffe der euklidischen Geometrie leicht zu denen der nichteuklidischen Geometrien verallgemeinern lassen (vgl. Kap. VI).

Das erhaltene Resultat wollen wir mit einigen bekannten Eigenschaften des Winkels vergleichen. Hierzu weisen wir zunächst nach, daß die erhaltene Formel für reelle Gerade stets einen reellen Winkel ergibt. In der Tat besitzt das Doppelverhältnis zweier reeller Elemente mit zwei konjugiert imaginären den absoluten Betrag 1. Wir können daher $DV = e^{i\varphi}$ setzen, wobei φ eine reelle Zahl ist. Daraus ergibt sich aber $\omega = \frac{i}{2}\ln(e^{i\varphi}) = -\frac{\varphi}{2}$, also eine reelle Zahl, wie zu beweisen war.

Ferner gibt die erhaltene Formel die Periode des Winkels richtig an. Denn der Logarithmus einer Zahl ist bis auf $2ki\pi$ unbestimmt $\omega = \frac{i}{2}\{\ln DV + 2ki\pi\}$, wobei k eine beliebige positive oder negative ganze Zahl bedeutet. Daraus folgt aber, daß ω selbst bis auf ganze Vielfache von π unbestimmt ist, wie zu beweisen war. Schließlich wollen

---
[1]) *Laguerre:* Note sur la théorie des foyers. Nouvelles Annales de Math., T. 12, S. 64.

Euklidische Metrik als projektive Beziehung zu den fundamentalen Gebilden. 139

wir noch nachweisen, daß die beiden Geraden aufeinander senkrecht stehen, wenn das betrachtete Doppelverhältnis gleich -1 ist. In der Tat ergibt sich dann $\omega = \frac{i}{2}\ln(-1) = \frac{i}{2}(2k+1)i\pi$, d. h. also $-\frac{\pi}{2}$, vermehrt um ein beliebiges ganzes Vielfaches von π.

Aus der abgeleiteten Darstellung des euklidischen Winkels ω ergibt sich unmittelbar, daß ω den euklidischen Bewegungen und Ähnlichkeitstransformationen gegenüber invariant ist. Denn bei diesen Transformationen werden die beiden Kreispunkte in sich übergeführt, so daß die betrachteten Minimalgeraden wieder in Minimalgerade übergehen. Wenn wir daher die Größe des Winkels, den zwei gegebene Geraden miteinander bilden, vor und nach der Transformation bestimmen, erhalten wir denselben Wert, da das Doppelverhältnis bei projektiven Transformationen ungeändert bleibt.

Genau dieselben Überlegungen wie für den Winkel zwischen zwei Geraden in der Ebene können wir auch für den Winkel zwischen zwei Ebenen im Raum anstellen. Es ergibt sich der Satz: *Der euklidische Winkel zwischen zwei Ebenen ist gleich dem mit $\frac{i}{2}$ multiplizierten Logarithmus des Doppelverhältnisses, welches die beiden Ebenen mit den durch ihre Schnittgerade hindurchgehenden isotropen Ebenen bestimmen.*

B. Die entsprechende Umformung der euklidischen Entfernung[1]).
Die Entfernungsformel der ebenen euklidischen Geometrie:

$$r = \pm \frac{\sqrt{(x_1 x_3' - x_3 x_1')^2 + (x_2 x_3' - x_3 x_2')^2}}{x_3 x_3'}$$

läßt sich nicht in derartig eleganter Weise wie die Winkelformel durch ein Doppelverhältnis darstellen. Um aber auch hier eine Schreibweise zu erhalten, welche die projektiven Beziehungen des Entfernungsbegriffes zu den beiden Kreispunkten klar hervortreten läßt, schlagen wir den folgenden Weg ein. Das Verschwinden des Zählers in der Entfernungsformel bedeutet, daß die beiden Punkte x und x' und einer der beiden Kreispunkte auf einer Geraden liegen. Da die Kreispunkte die homogenen Koordinaten $1:i:0$ und $1:-i:0$ besitzen, lassen sich diese Beziehungen auch in der Form:

$$\begin{vmatrix} x_1 & x_2 & x_3 \\ x_1' & x_2' & x_3' \\ 1 & i & 0 \end{vmatrix} = 0 \quad \text{und} \quad \begin{vmatrix} x_1 & x_2 & x_3 \\ x_1' & x_2' & x_3' \\ 1 & -i & 0 \end{vmatrix} = 0$$

schreiben. Genau so bedeutet das Verschwinden des Nenners, daß ein Punkt oder beide Punkte auf der unendlich fernen Geraden, also der Ver-

---
[1]) Für den Aufbau der nichteuklidischen Geometrie ist dieser Abschnitt entbehrlich.

140 Die Einordnung der euklidischen Metrik in das projektive System.

bindungsgeraden der beiden Kreispunkte, liegen. Diese Bedingungen können wir auch in der Form schreiben:

$$\begin{vmatrix} x_1 & x_2 & x_3 \\ 1 & i & 0 \\ 1 & -i & 0 \end{vmatrix} = 0 \quad \text{und:} \quad \begin{vmatrix} x'_1 & x'_2 & x'_3 \\ 1 & i & 0 \\ 1 & -i & 0 \end{vmatrix} = 0.$$

Da das Verschwinden dieser Ausdrücke denselben Sinn hat wie das Verschwinden von Zähler und Nenner in der Abstandsformel, liegt es nahe, die Abstandsformel in der folgenden Weise anzusetzen:

$$r = \pm c \frac{\sqrt{\begin{vmatrix} x_1 & x_2 & x_3 \\ x'_1 & x'_2 & x'_3 \\ 1 & i & 0 \end{vmatrix} \cdot \begin{vmatrix} x_1 & x_2 & x_3 \\ x'_1 & x'_2 & x'_3 \\ 1 & -i & 0 \end{vmatrix}}}{\begin{vmatrix} x_1 & x_2 & x_3 \\ 1 & i & 0 \\ 1 & -i & 0 \end{vmatrix} \cdot \begin{vmatrix} x'_1 & x'_2 & x'_3 \\ 1 & i & 0 \\ 1 & -i & 0 \end{vmatrix}}.$$

Durch Ausmultiplizieren der Determinanten und Vergleichen mit der alten Abstandsformel ergibt sich die Richtigkeit dieses Ansatzes; hierbei erkennt man weiter, daß der zunächst unbekannte Faktor c den Wert -4 besitzt.

Der so gewonnene Ausdruck ist aber den homogenen Koordinaten noch nicht voll angepaßt. Denn wenn wir die Koordinaten der Kreispunkte in der der früheren gleichberechtigten Form $k_1 : i\,k_1 : 0$ und $k_2 : -i\,k_2 : 0$ angesetzt hätten, würden wir statt des Faktors -4 eine andere Zahl erhalten haben. Der Grund hierfür liegt darin, daß in dem Ausdruck für r die Koordinaten der Kreispunkte nicht in nullter Dimension (wie etwa die Koordinaten $x_1 : x_2 : x_3$ und $x'_1 : x'_2 : x'_3$) auftreten. Um diesen Faktor zu bestimmen, bezeichnen wir die Koordinaten der Kreispunkte mit $\xi_1 : \xi_2 : \xi_3$ und $\xi'_1 : \xi'_2 : \xi'_3$ und setzen die Abstandsformel wieder in der eben abgeleiteten Form an:

$$r = \pm c \frac{\sqrt{(x\,x'\,\xi) \cdot (x\,x'\,\xi')}}{(x\,\xi\,\xi') \cdot (x'\,\xi\,\xi')},$$

wobei wir die Determinante:

$$\begin{vmatrix} \alpha_1 & \alpha_2 & \alpha_3 \\ \beta_1 & \beta_2 & \beta_3 \\ \gamma_1 & \gamma_2 & \gamma_3 \end{vmatrix} = (\alpha\,\beta\,\gamma)$$

gesetzt haben. Weiter betrachten wir zwei Punkte $a_1 : a_2 : a_3$ und $a'_1 : a'_2 : a'_3$, welche den festen Abstand 1 besitzen sollen. Dann ergibt sich:

$$1 = \pm c \frac{\sqrt{(a\,a'\,\xi) \cdot (a\,a'\,\xi')}}{(a\,\xi\,\xi') \cdot (a'\,\xi\,\xi')}.$$

Durch Einsetzen des sich hieraus für c ergebenden Wertes erhalten wir die endgültige Formel:

$$r = \pm \frac{\sqrt{(x\,x'\,\xi) \cdot (x\,x'\,\xi')} \cdot (a\,\xi\,\xi')\,(a'\,\xi\,\xi')}{\sqrt{(a\,a'\,\xi) \cdot (a\,a'\,\xi')} \cdot (x\,\xi\,\xi')\,(x'\,\xi\,\xi')}.$$

In diesem Ausdruck treten jetzt alle Variabelnreihen in der nullten Dimension auf, so daß die verschiedenen gleichberechtigten Wertsysteme dieselbe Zahl für den Abstand r ergeben.

Wenn wir eine beliebige projektive Transformation ausführen, multiplizieren sich in dem Ausdruck für r alle Determinanten mit der Substitutionsdeterminante der zugehörigen Substitution als Faktor (S. 21). Diese Faktoren heben sich aber gegenseitig fort, so daß der erhaltene Ausdruck beliebigen projektiven Transformationen gegenüber invariant bleibt. Geometrisch bedeutet dieses Resultat folgendes: Unseren Überlegungen liegen sechs Punkte zugrunde: Einmal die beiden Kreispunkte, dann die beiden Punkte, welche die Einheitsstrecke begrenzen, und schließlich die beiden Punkte, deren Entfernung bestimmt werden soll. Bei einer beliebigen Kollineation werden diese Punkte im allgemeinen in irgendwelche andere sechs Punkte übergeführt. Wenn wir den erhaltenen Ausdruck r einmal für die ersten sechs Punkte und dann für die zweiten sechs Punkte bilden, erhalten wir infolge der Invarianz des obigen Ausdrucks stets denselben Wert von r. Besonders einfache Verhältnisse ergeben sich, wenn wir uns auf diejenigen Kollineationen beschränken, welche die beiden Kreispunkte invariant lassen, und uns vor und nach der Transformation auf dieses Punktepaar als fundamentales Gebilde beziehen. Wir erkennen unmittelbar, daß wir hierbei im allgemeinen Fall eine Ähnlichkeitstransformation erhalten (die Einheitsstrecke wird in eine beliebige andere Strecke überführt); wenn wir dagegen verlangen, daß auch noch die Einheitsstrecke in eine Strecke derselben Länge übergeht, ergeben sich die Bewegungen und Umlegungen der euklidischen Geometrie.

§ 4. Die Ersetzung der Kreispunkte und des Kugelkreises durch reelle Gebilde.

In der euklidischen Geometrie können wir die merkwürdigen Maßverhältnisse, die in bezug auf die isotropen Elemente herrschen, bis jetzt nicht anschaulich übersehen, da diese Gebilde imaginär sind. Um uns die hier auftretenden Verhältnisse trotzdem anschaulich zu machen, führen wir in der Ebene bzw. im Raum die folgende imaginäre Kollineation aus:

$x_1 = x'_1,\ x_2 = i x'_2,\ x_3 = x'_3$ bzw. $x_1 = x'_1,\ x_2 = x'_2,\ x_3 = i x'_3,\ x_4 = x'_4$;

in affinen Koordinaten besitzt sie die Gestalt:

$$x = x',\ y = i y' \text{ bzw. } x = x',\ y = y',\ z = i z'.$$

142 Die Einordnung der euklidischen Metrik in das projektive System.

Durch diese Kollineation werden die beiden Kreispunkte $x_1^2 + x_2^2 = 0$, $x_3 = 0$ in das reelle Punktepaar: $x_1^2 - x_2^2 = 0$, $x_3 = 0$ bzw. der imaginäre Kugelkreis $x_1^2 + x_2^2 + x_3^2 = 0$, $x_4 = 0$ in die ovale Kurve $x_1^2 + x_2^2 - x_3^2 = 0$, $x_4 = 0$ überführt. Die isotropen Geraden und Ebenen der euklidischen Geometrie werden also (zum Teil) auf reelle Geraden und Ebenen abgebildet, so daß wir die in bezug auf sie herrschenden Maßverhältnisse anschaulich übersehen können. Das betrachtete imaginäre Abbild der euklidischen Geometrie, welches im Reellen eine völlig neuartige Metrik bestimmt, wird als *pseudoeuklidische Geometrie* bezeichnet; diese hat durch ihre Verwendung in der speziellen Relativitätstheorie eine besondere Bedeutung erhalten (vgl. S. 318).

Wir beschäftigen uns zunächst mit der *ebenen pseudoeuklidischen Geometrie*. Hierzu führen wir ein rechtwinkliges Koordinatensystem x, y ein; statt dessen werden wir auch zum Teil die homogenen Koordinaten $x = x_1 : x_3$, $y = x_2 : x_3$ benutzen.

Die Abstandsformel in der euklidischen Geometrie lautet:

$$r = \pm \sqrt{(x - x')^2 + (y - y')^2}.$$

Durch die angegebene Transformation erhalten wir hieraus als Abstandsformel der pseudoeuklidischen Geometrie:

$$r = \pm \sqrt{(x - x')^2 - (y - y')^2}.$$

Genau dasselbe Ergebnis erhalten wir, wenn wir in der Abstandsformel, die wir auf S. 140 abgeleitet haben, für die Kreispunkte die Koordinaten $\xi_1 : \xi_2 : \xi_3 = 1 : 1 : 0$ und $\xi_1' : \xi_2' : \xi_3' = -1 : 1 : 0$ einsetzen. Aus der angegebenen Abstandsformel folgt (auf entsprechendem Wege wie in der euklidischen Geometrie), daß durch jeden eigentlichen reellen Punkt der Ebene zwei *reelle* isotrope Gerade gehen, auf denen sämtliche eigentliche Punktepaare einen verschwindenden Abstand besitzen. Die Gesamtheit der isotropen Geraden besteht aus den beiden Geradenscharen, die parallel zu den Winkelhalbierenden der beiden Achsen sind. Projektiv können wir diese Geradenscharen als zwei Geradenbüschel durch die fundamentalen Punkte $1 : 1 : 0$ und $1 : -1 : 0$ auffassen.

Die Punkte der Ebene, die in der pseudoeuklidischen Geometrie konstanten Abstand vom Koordinatenanfangspunkt besitzen, haben die Gleichung $x^2 - y^2 = $ const und sind somit gleichseitige Hyperbeln (Abb. 86). Die Ebene wird durch die beiden isotropen Geraden des Koordinatenanfangspunktes und die unendlich ferne Gerade in vier Felder geteilt, die wir in der Abb. 86 mit *I, II, III* und *IV* bezeichnet haben. Die Punkte in den Feldern *I* und *II* haben einen reellen Abstand von dem Koordinatenanfangspunkt (da hier $x > y$ ist), die Punkte in den Feldern *III* und *IV* dagegen einen rein imaginären Abstand (da hier $x < y$ ist). Den Übergang zwischen diesen Feldern bilden die beiden isotropen Geraden durch den Koordinatenanfangspunkt. Auf ihnen

Ersetzung der Kreispunkte und des Kugelkreises durch reelle Gebilde. 143

ist die Entfernung aller endlichen Punkte von Koordinatenanfangspunkt gleich Null. In der Tat schmiegen sich die Hyperbeln, je kleiner wir den absoluten Wert des Abstandes r wählen (sei er reell oder rein imaginär), immer mehr den beiden isotropen Geraden an.

Die *eigentlichen* Transformationen, welche jeden der beiden Fundamentalpunkte der pseudoeuklidischen Geometrie in sich selbst überführen, besitzen in affinen Koordinaten, wie man durch einen Vergleich mit den Formeln S. 94 erkennt, die folgenden Gleichungen:

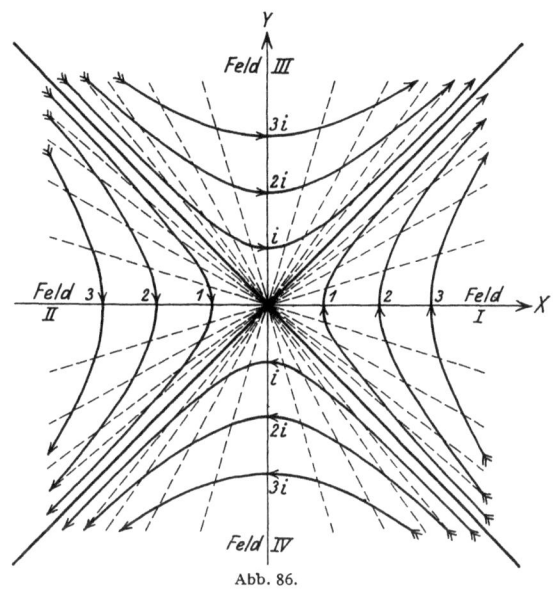

Abb. 86.

$$x = c_{11}x' + c_{21}y' + p,$$
$$y = c_{21}x' + c_{11}y' + q, \qquad c_{11}^2 - c_{21}^2 \neq 0.$$

Wir beschäftigen uns hier nur mit den zugehörigen zentro-affinen Transformationen, die den Koordinatenanfangspunkt in sich selbst überführen, setzen also die Parallelverschiebungen p und q gleich Null. Die so erhaltenen Transformationen sind im allgemeinen Ähnlichkeitstransformationen; wenn wir die starren Transformationen erhalten wollen, muß die Determinante gleich $+1$ oder -1 gesetzt werden. Diese eigentlichen Kollineationen von der Determinante $+1$ bezeichnet man als *Drehungen;* sie haben die Gleichungen:

$$x = c_{11}x' + c_{21}y',$$
$$y = c_{21}x' + c_{11}y', \qquad c_{11}^2 - c_{21}^2 = 1.$$

In der Literatur zur Relativitätstheorie wird die Wurzeldarstellung:

$$x = \frac{1}{\sqrt{1-u^2}}x' + \frac{u}{\sqrt{1-u^2}}y',$$
$$y = \frac{u}{\sqrt{1-u^2}}x' + \frac{1}{\sqrt{1-u^2}}y'$$

bevorzugt; man bezeichnet dort diese Kollineationen als *Lorentztransformationen* (vgl. S. 318).

144 Die Einordnung der euklidischen Metrik in das projektive System.

Geometrisch ergeben die so definierten Drehungen das folgende Bild. Die einzelnen Punkte der Ebene wandern auf den in Abb. 86 eingezeichneten Hyperbeln. Bei einer bestimmten Drehung geht dabei jede der in der Abbildung angegebenen Geraden etwa in Richtung der Pfeile in die nächstfolgende Gerade über. Diese Geraden häufen sich um so mehr, je näher wir an die beiden isotropen Geraden kommen und sind deshalb in der Nähe dieser Geraden nicht mehr eingezeichnet. Wir ersehen hieraus deutlich, daß die Drehungen der euklidischen Geometrie in der Nähe der isotropen Geraden den Charakter der reellen Drehungen völlig verlieren; denn wie weit wir auch drehen mögen, wir kommen nie über eine bestimmte Grenzlage, eben die isotropen Geraden, heraus[1]). Ein Punkt aus den Feldern *I* oder *II* (Abb. 86) kann somit bei den betrachteten Drehungen nicht in Feld *III* oder *IV* gelangen.

Aus diesen Überlegungen ergibt sich auch deutlich, daß eine isotrope Gerade mit einer nichtisotropen Geraden einen unendlich großen Winkel bildet; denn wir können in der Tat eine Drehung um den Schnittpunkt beliebig weit fortführen, ohne daß eine nichtisotrope Gerade in eine isotrope Gerade übergeht. Ferner sehen wir, daß der Winkel zwischen zwei parallelen isotropen Geraden unbestimmt sein muß; denn zwei derartige Gerade können wir durch eine jede Drehung, verbunden mit einer geeigneten Parallelverschiebung, ineinander überführen.

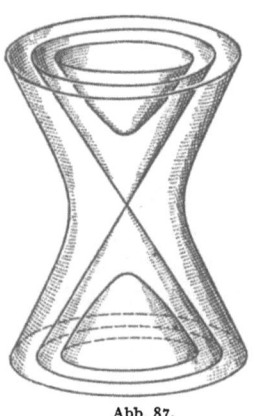

Abb. 87.

In genau derselben Weise läßt sich auch die räumliche pseudoeuklidische Geometrie diskutieren. Von jedem endlichen Punkte läuft hier ein ganzer reeller Kegel von isotropen Geraden aus. Die Flächen konstanten Abstandes von einem Punkte bestehen im Innern des zugehörigen isotropen Kegels aus zweischaligen Hyperboloiden, im Äußern dagegen aus einschaligen (Abb. 87). Der isotrope Kegel teilt den Raum zusammen mit der unendlich fernen Ebene in drei Gebiete (im Fall der Ebene hatten wir vier Gebiete erhalten). Die Punkte im Innern des Kegels besitzen einen rein imaginären Abstand von der Spitze des Kegels, die Punkte im Äußern dagegen einen reellen. Diese beiden Gebiete lassen sich somit nicht durch reelle Drehungen um die Spitze des Kegels ineinander überführen.

---

[1]) Auf S. 107 haben wir die Kollineationen, die einen ovalen Kegelschnitt der Ebene invariant lassen, auch dann als Drehungen bezeichnet, wenn zwei reelle Fixpunkte auf dem Kegelschnitt vorhanden sind, obwohl diese Drehungen zunächst keine Ähnlichkeit mit den euklidischen Drehungen zu haben schienen. Jetzt sehen wir aber, daß die euklidischen Drehungen im imaginären Gebiet ein ähnliches Verhalten zeigen, so daß die obige Bezeichnung gerechtfertigt erscheint.

§ 5. Die Metrik im Strahl- und Ebenenbündel; die sphärische und die elliptische Geometrie.

A. Die Metrik im Bündel. Für unsere späteren Untersuchungen spielen die metrischen Verhältnisse, die in dem Strahl- und Ebenenbündel auftreten, eine wichtige Rolle. Wir gehen von einem gewöhnlichen rechtwinkligen Parallelkoordinatensystem x_1, x_2, x_3 aus und betrachten die Gesamtheit der Ebenen und Geraden, die durch den Koordinatenanfangspunkt laufen. Zwei derartige Ebenen $u_1 : u_2 : u_3 : 0$ und $u_1' : u_2' : u_3' : 0$ bestimmen nach S. 130 einen Winkel ω, für den:

$$\cos\omega = \pm \frac{u_1 u_1' + u_2 u_2' + u_3 u_3'}{\sqrt{u_1^2 + u_2^2 + u_3^2}\sqrt{u_1'^2 + u_2'^2 + u_3'^2}},$$

$$\sin\omega = \pm \frac{\sqrt{(u_1 u_2' - u_2 u_1')^2 + (u_1 u_3' - u_3 u_1')^2 + (u_2 u_3' - u_3 u_2')^2}}{\sqrt{u_1^2 + u_2^2 + u_3^2}\sqrt{u_1'^2 + u_2'^2 + u_3'^2}}$$

ist. Für die folgenden Überlegungen haben wir außerdem noch den Winkel zu berechnen, den zwei durch den Nullpunkt laufende Gerade miteinander bilden. Eine gerade Linie dieser Art können wir am einfachsten durch die Angabe der Koordinaten x_1, x_2, x_3 festlegen, die ein beliebiger auf ihr liegender Punkt besitzt; denn nach S. 9 sind die Verhältnisse dieser Punktkoordinaten als homogene Koordinaten der betrachteten Geraden verwendbar. Nun ist der Winkel, den zwei Geraden $x_1 : x_2 : x_3$ und $x_1' : x_2' : x_3'$ bilden, gleich dem Winkel, den die beiden auf diesen Geraden im Koordinatenanfangspunkt senkrecht stehenden Ebenen bestimmen. Aus den Elementen der analytischen Geometrie ist bekannt, daß diese beiden Ebenen die Ebenenkoordinaten $u_1 : u_2 : u_3 : u_4 = x_1 : x_2 : x_3 : 0$ und $u_1 : u_2 : u_3 : u_4 = x_1' : x_2' : x_3' : 0$ besitzen. Der gesuchte Winkel zwischen den beiden Geraden $x_1 : x_2 : x_3$ und $x_1' : x_2' : x_3'$ beträgt also:

$$\cos\omega = \pm \frac{x_1 x_1' + x_2 x_2' + x_3 x_3'}{\sqrt{x_1^2 + x_2^2 + x_3^2}\sqrt{x_1'^2 + x_2'^2 + x_3'^2}},$$

$$\sin\omega = \pm \frac{\sqrt{(x_1 x_2' - x_2 x_1')^2 + (x_1 x_3' - x_3 x_1')^2 + (x_2 x_3' - x_3 x_2')^2}}{\sqrt{x_1^2 + x_2^2 + x_3^2}\sqrt{x_1'^2 + x_2'^2 + x_3'^2}}.$$

Die so erhaltenen Formeln können wir in gewohnter Weise diskutieren, was wir dem Leser überlassen wollen. Nach der früheren Definition (S. 135) haben wir hierbei diejenigen Ebenen des Bündels als isotrop zu bezeichnen, welche den imaginären Kugelkreis des euklidischen Raumes berühren; ferner werden nach S. 133 diejenigen Geraden isotrop genannt, welche die Punkte des Kugelkreises vom Zentrum des Bündels aus projizieren.

146 Die Einordnung der euklidischen Metrik in das projektive System.

Der fundamentale Kegelschnitt des euklidischen Raumes wird in der Geometrie des Bündels durch denjenigen nullteiligen Kegel wiedergegeben, der vom Zentrum des Bündels nach dem Kegelschnitt hinläuft; er besitzt in den angegebenen rechtwinkligen Parallelkoordinaten die Gleichung:
$$x_1^2 + x_2^2 + x_3^2 = 0.$$

Diesen nullteiligen Kegel werden wir als das fundamentale Gebilde der Metrik im Bündel bezeichnen. Man erkennt, daß er bei allen euklidischen Bewegungen des Bündels um seinen Mittelpunkt in sich selbst übergeht. In bezug auf den fundamentalen Kegel können wir den Winkel zwischen zwei Ebenen bzw. zwei Geraden des Bündels in entsprechender Weise wie in der euklidischen Geometrie der Ebene und des Raumes (vgl. S. 138 und 139) durch ein Doppelverhältnis festlegen. Es gelten nämlich die Sätze:

Im Bündel ist der Winkel zwischen zwei Ebenen gleich $\frac{i}{2}$ mal dem Logarithmus des Doppelverhältnisses, welches die beiden betrachteten Ebenen mit den durch ihre Schnittgerade gehenden isotropen Ebenen bestimmen.	Im Bündel ist der Winkel zwischen zwei Geraden gleich $\frac{i}{2}$ mal dem Logarithmus des Doppelverhältnisses, welches die beiden betrachteten Geraden mit den in ihrer Verbindungsebene liegenden isotropen Geraden bestimmen.

An den abgeleiteten Formeln und Sätzen fällt sofort die Symmetrie auf. Sie ist die Folge des im Bündel geltenden Dualitätsprinzipes, nach dem, wie man leicht erkennt, (im Bündel) die gerade Linie zur Ebene dual ist. *Während aber das Dualitätsgesetz in der euklidischen Metrik der Ebene und des Raumes seine Gültigkeit verliert, bleibt es in der euklidischen Metrik des Bündels erhalten.* Der innere Grund hierfür liegt darin, daß sich die Metrik in den beiden ersten Fällen auf ein undualistisch ausgeartetes fundamentales Gebilde gründet[1]), während das fundamentale Gebilde der Metrik im Bündel überhaupt nicht ausgeartet ist (für die Geometrie im Bündel ist der Kegel das allgemeinste quadratische Gebilde; für die Geometrie des Raumes ist er dagegen einmal ausgeartet).

B. Beziehungen zur Geometrie auf der Kugel. In der Elementargeometrie pflegt man die Geraden eines Bündels in anderer Weise, als es in Abschnitt A geschehen ist, festzulegen. Man beschreibt hierzu um das Zentrum des Bündels eine Kugel vom Radius 1 und be-

---

[1]) Die beiden Kreispunkte bzw. der Kugelkreis werden durch *eine* Gleichung in Geraden bzw. Ebenenkoordinaten, aber durch *zwei* Gleichungen in Punktkoordinaten dargestellt (vgl. S. 86 und 93). Hieraus folgt unmittelbar, daß diese Gebilde nicht zu sich selbst dual sind. In der Tat würde in der Ebene den beiden Kreispunkten dual ein Geradenpaar bzw. im Raum dem Kugelkreis ein Kegel entsprechen.

Metrik im Strahl- und Ebenenbündel; sphärische und elliptische Geometrie. 147

stimmt die Geraden und Ebenen des Bündels durch die zugehörigen Punkte und größten Kreise der Kugel. Die Metrik im Bündel wird so durch die Maßbestimmung auf der Kugel, d. h. also die *sphärische Geometrie*, und durch die sphärische Trigonometrie ersetzt. Bei dieser Abbildung entsprechen jeder Geraden des Bündels zwei Punkte der Kugel, während umgekehrt jedem Punkt der Kugel eine und nur eine Gerade entspricht. Die Abbildung der Geraden auf die Kugelpunkte ist also keine ein-eindeutige, sondern eine ein-zweideutige Beziehung, während die Abbildung der Ebenen des Bündels auf die größten Kreise der Kugel ein-eindeutig ist.

Infolge dieser Verhältnisse wird in der sphärischen Geometrie der Winkel zwischen zwei zum Mittelpunkt der Kugel gehenden Geraden anders festgelegt wie in der Geometrie im Bündel. Denn bei den Festsetzungen der sphärischen Geometrie haben wir es mit Halbgeraden (Abb. 89) und nicht, wie bei der Geometrie im Bündel, mit Vollgeraden (Abb. 88) zu tun; der Winkel ω zwischen zwei Halbgeraden ist aber nicht bis auf das Vorzeichen und Vielfache von π bestimmt: $\pm \omega + n\pi$, son-

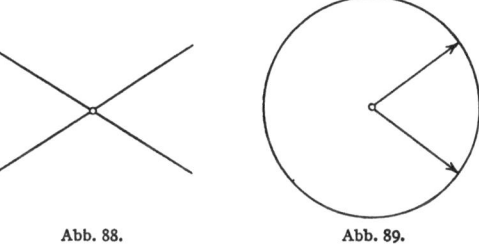

Abb. 88.   Abb. 89.

dern bis auf das Vorzeichen und Vielfache von 2π, also: $\pm \omega + 2n\pi$. Der Winkel zwischen zwei Ebenen bleibt dagegen bis auf das Vorzeichen und Vielfache von π unbestimmt: $\pm \omega + n\pi$, da die Normale einer Ebene eine Vollgerade und keine Halbgerade ist. Die andersartige Festlegung des Winkels zwischen zwei Halbgeraden kommt analytisch dadurch zum Ausdruck, daß für die Kugelpunkte $x_1^2 + x_2^2 + x_3^2 = 1$ ist. Infolgedessen nimmt die für den Winkel zwischen zwei Geraden auf S. 145 angegebene Formel jetzt die Gestalt an:

$$\cos \omega = \pm (x_1 x_1' + x_2 x_2' + x_3 x_3'),$$
$$\sin \omega = \pm \sqrt{(x_1 x_2' - x_2 x_1')^2 + (x_1 x_3' - x_3 x_1')^2 + (x_2 x_3' - x_3 x_2')^2}.$$

In $\cos \omega$ müssen wir uns entweder für das positive oder das negative Vorzeichen entscheiden. Aus der Betrachtung des speziellen Falles, in dem die beiden Halbgeraden $x_1 : x_2 : x_3$ und $x_1' : x_2' : x_3'$ zusammenfallen: $\cos \omega = \pm (x_1^2 + x_2^2 + x_3^2) = \pm 1$, folgt, daß wir das positive Vorzeichen zu wählen haben. In $\sin \omega$ bleibt dagegen eine Quadratwurzel stehen, so daß wir hier das Vorzeichen nicht festlegen können. Aus diesen Formeln ist aber ω bis auf das Vorzeichen und Vielfache von 2π bestimmt: $\pm \omega + 2n\pi$, was zu beweisen war.

10*

148 Die Einordnung der euklidischen Metrik in das projektive System.

C. Die elliptische Geometrie. Die Geraden und Ebenen des Bündels können wir statt durch den Schnitt mit einer konzentrischen Kugel auch durch den Schnitt mit einer projektiven Ebene E festlegen, die nicht durch den Mittelpunkt des Bündels hindurchgeht. Dann bestimmt jede Gerade des Bündels einen und nur einen Punkt auf E und genau so jede Ebene des Bündels eine und nur eine Gerade auf E, so daß wir hier in beiden Fällen eine ein-eindeutige Beziehung vor uns haben. Wir wollen nun (entsprechend wie in der sphärischen Geometrie) unter dem Abstand zweier Punkte auf E die Größe des Winkels verstehen, den die beiden zugehörigen Geraden des Bündels bestimmen. Genau so bezeichnen wir als Winkel zweier Geraden auf E den Winkel, den die beiden zugehörigen Ebenen des Bündels bilden. Dadurch wird in der Ebene E eine neuartige Metrik festgelegt, die ganz andere Gesetze als die euklidische Metrik der Ebene befolgt. Aus Gründen, die wir erst später kennenlernen werden, bezeichnet man diese Metrik als die *elliptische Geometrie auf der Ebene*.

Dieser einfachen Abbildung können wir bereits eine ganze Reihe von Sätzen über die elliptische Geometrie entnehmen, die für spätere Untersuchungen von großer Bedeutung sind. Zunächst zeigt sie, daß es in der elliptischen Geometrie *keine unendlich fernen Punkte* gibt; denn alle reellen Punkte der projektiven Ebene E besitzen eine endliche Entfernung voneinander, da die entsprechenden Geraden im Bündel einen endlichen Winkel bilden. Ferner folgt, daß es in der elliptischen Geometrie *keine Parallelen*, d. h. einander nicht schneidende Geraden gibt; denn zwei gerade Linien haben ebenso wie in der projektiven Geometrie stets einen Punkt gemeinsam. Sodann besitzt die elliptische Ebene dieselben Zusammenhangsverhältnisse wie die projektive Ebene und *ist somit eine einseitige Fläche*. *Die geraden Linien werden zu geschlossenen Kurven*, deren Länge bei einmaligem Umlauf den Wert π besitzt (nicht etwa 2π, d. h. die Länge der größten Kreise auf der Kugel). Wir stellen die beiden Sätze nebeneinander:

In der elliptischen Geometrie ist die Länge des Weges, den ein Punkt auf der Geraden zurücklegen muß, um wieder mit seiner Ausgangslage zur Deckung zu kommen, gleich π.	In der elliptischen Geometrie ist die Größe der Drehung, die eine gerade Linie ausführen muß, um wieder mit ihrer Ausgangslage zur Deckung zu kommen, gleich π.

Die Länge einer Strecke ist also in der elliptischen Geometrie nur bis auf das Vorzeichen und ganzzahlige Vielfache von π bestimmt, genau wie die Größe eines Winkels.

Um die Entfernungs- und Winkelformeln der elliptischen Geometrie aufzustellen, gehen wir von einem räumlichen rechtwinkligen Parallelkoordinatensystem x_1, x_2, x_3 aus, dessen Anfangspunkt mit dem Zentrum des

Metrik im Strahl- und Ebenenbündel; sphärische und elliptische Geometrie. 149

Bündels zusammenfallen möge. Die Schnittebene, in der wir die elliptische Geometrie konstruieren, soll die Gleichung $x_3 = 1$ besitzen. Einen Punkt dieser Ebene legen wir durch affine Koordinaten $\bar{x}_1$ und $\bar{x}_2$ fest, die mit den zugehörigen beiden ersten räumlichen Koordinaten x_1 und x_2 desselben Punktes übereinstimmen mögen: $\bar{x}_1 = x_1$, $\bar{x}_2 = x_2$ (Abb. 90). Daraus folgt, daß zwei Punkte $\bar{x}_1, \bar{x}_2$ und $\bar{x}'_1, \bar{x}'_2$ der elliptischen Geometrie den Abstand:

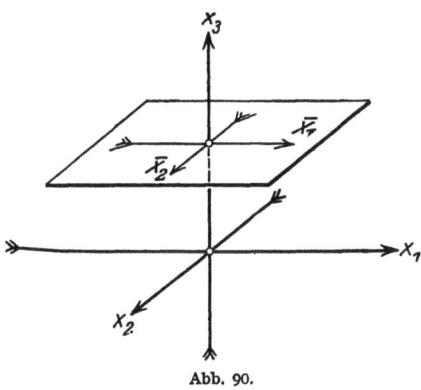

Abb. 90.

$$\cos \omega = \pm \frac{\bar{x}_1 \bar{x}'_1 + \bar{x}_2 \bar{x}'_2 + 1}{\sqrt{\bar{x}_1^2 + \bar{x}_2^2 + 1}\sqrt{\bar{x}'^2_1 + \bar{x}'^2_2 + 1}},$$

$$\sin \omega = \pm \frac{\sqrt{(\bar{x}_1 \bar{x}'_2 - \bar{x}_2 \bar{x}'_1)^2 + (\bar{x}_1 - \bar{x}'_1)^2 + (\bar{x}_2 - \bar{x}'_2)^2}}{\sqrt{\bar{x}_1^2 + \bar{x}_2^2 + 1}\sqrt{\bar{x}'^2_1 + \bar{x}'^2_2 + 1}}$$

besitzen. Wenn wir nun zu homogenen Koordinaten übergehen, um alle Punkte der projektiven Ebene zu umfassen, erhalten wir gerade wieder die alten Formeln. Es folgt somit, wenn wir die Querstriche fortlassen:

Abstand zweier Punkte $x_1 : x_2 : x_3$ und $x'_1 : x'_2 : x'_3$ in der ebenen elliptischen Geometrie:

$$\cos \omega = \pm \frac{x_1 x'_1 + x_2 x'_2 + x_3 x'_3}{\sqrt{x_1^2 + x_2^2 + x_3^2}\sqrt{x'^2_1 + x'^2_2 + x'^2_3}},$$

$$\sin \omega = \pm \frac{\sqrt{(x_1 x'_2 - x_2 x'_1)^2 + (x_1 x'_3 - x_3 x'_1)^2 + (x_2 x'_3 - x_3 x'_2)^2}}{\sqrt{x_1^2 + x_2^2 + x_3^2}\sqrt{x'^2_1 + x'^2_2 + x'^2_3}}.$$

Auf entsprechendem Wege ergibt sich:

Winkel zweier Geraden $u_1 : u_2 : u_3$ und $u'_1 : u'_2 : u'_3$ in der ebenen elliptischen Geometrie:

$$\cos \omega = \pm \frac{u_1 u'_1 + u_2 u'_2 + u_3 u'_3}{\sqrt{u_1^2 + u_2^2 + u_3^2}\sqrt{u'^2_1 + u'^2_2 + u'^2_3}},$$

$$\sin \omega = \pm \frac{\sqrt{(u_1 u'_2 - u_2 u'_1)^2 + (u_1 u'_3 - u_3 u'_1)^2 + (u_2 u'_3 - u_3 u'_2)^2}}{\sqrt{u_1^2 + u_2^2 + u_3^2}\sqrt{u'^2_1 + u'^2_2 + u'^2_3}}.$$

Bei der Abbildung des Bündels auf die elliptische Ebene wird der fundamentale Kegel $x_1^2 + x_2^2 + x_3^2 = 0$ des Bündels (wobei x_1, x_2, x_3 rechtwinklige Parallelkoordinaten sind) auf den nullteiligen Kegelschnitt $\bar{x}_1^2 + \bar{x}_2^2 + 1 = 0$ der Ebene abgebildet. Wenn wir zu homogenen Koor-

150 Die Einordnung der euklidischen Metrik in das projektive System.

dinaten $\bar{x}_1 = x'_1 : x'_3$ und $\bar{x}_2 = x'_2 : x'_3$ übergehen, erhält er die Gleichung $x'^2_1 + x'^2_2 + x'^2_3 = 0$. *Das fundamentale Gebilde der ebenen elliptischen Geometrie ist also der nullteilige Kegelschnitt* $x^2_1 + x^2_2 + x^2_3 = 0$. Eine Gerade der elliptischen Ebene haben wir als isotrop zu bezeichnen, wenn sie den nullteiligen Kegelschnitt berührt, einen Punkt, wenn er auf dem nullteiligen Kegelschnitt selbst liegt. Denn diese Geraden und Punkte sind die Bilder der isotropen Ebenen bzw. Geraden des Bündels. Durch unmittelbare Übertragung aus der euklidischen Geometrie ergeben sich die Sätze:

In der elliptischen Geometrie verschwindet der Abstand zweier verschiedener Punkte dann und nur dann, wenn beide Punkte auf einer isotropen Geraden liegen, aber keiner der beiden Punkte selbst isotrop ist.	In der elliptischen Geometrie verschwindet der Winkel zwischen zwei verschiedenen Geraden dann und nur dann, wenn sich beide Geraden in einem isotropen Punkte schneiden, aber keine der beiden Geraden selbst isotrop ist.

Die euklidischen Bewegungen des Bündels um seinen Mittelpunkt bilden sich auf die *Bewegungen der elliptischen Geometrie* ab; diese besitzen die Eigenschaft, alle elliptisch gemessenen Entfernungen und Winkel der Ebene invariant zu lassen. Ferner führen diese Bewegungen den fundamentalen Kegelschnitt in sich über, genau wie die euklidischen Bewegungen des Bündels den nullteiligen Kegel invariant lassen.

Da der fundamentale Kegelschnitt der elliptischen Geometrie, als Gebilde der Ebene betrachtet, eine nicht ausgeartete Kurve zweiten Grades darstellt und zu sich selbst dual ist, muß die elliptische Metrik ebenfalls in sich selbst dual sein, wie auch schon aus der Betrachtung der aufgestellten Formeln hervorgeht (vgl. S. 146 und 184 ff.). Infolgedessen können wir in der elliptischen Geometrie nicht nur von aufeinander senkrecht stehenden Geraden, sondern auch dual von Punkten mit senkrechtem Abstand reden. Derartige Punkte entsprechen aufeinander senkrecht stehenden Geraden des Bündels; sie besitzen somit die Entfernung $\frac{\pi}{2}$ und teilen die geschlossene Gerade in zwei gleiche Strecken. Man kann leicht den Satz ableiten (vgl. S. 135):

Punkte mit senkrechtem Abstand liegen harmonisch zu den beiden Schnittpunkten, die ihre Verbindungsgerade mit dem fundamentalen Kegelschnitt bestimmt.	Geraden mit senkrechtem Winkel liegen harmonisch zu den beiden Tangenten, die ihr Schnittpunkt mit dem fundamentalen Kegelschnitt bestimmt.

Durch einen Vergleich mit den entsprechenden Sätzen aus der Geometrie des Bündels (S. 146) erkennen wir, daß sich in der elliptischen Geometrie der Winkel zwischen zwei Geraden und der Abstand zweier Punkte folgendermaßen durch Doppelverhältnisse darstellen lassen:

Metrik im Strahl- und Ebenenbündel; sphärische und elliptische Geometrie.

In der elliptischen Geometrie ist der Abstand zweier Punkte gleich $\frac{i}{2}$ mal dem Logarithmus des Doppelverhältnisses, welches die Punkte mit den beiden isotropen Punkten ihrer Verbindungsgeraden bestimmen.	In der elliptischen Geometrie ist der Winkel zweier Geraden gleich $\frac{i}{2}$ mal dem Logarithmus des Doppelverhältnisses, welches die Geraden mit den beiden isotropen Geraden durch ihren Schnittpunkt bestimmen.

Auf Grund dieser Beziehungen können wir jetzt die elliptische Geometrie in abstrakter Weise definieren, indem wir in einem rechtwinkligen ebenen Parallelkoordinatensystem $x = x_1 : x_3$, $y = x_2 : x_3$ den nullteiligen Kegelschnitt:

$$x_1^2 + x_2^2 + x_3^2 = 0$$

als fundamental auszeichnen und den Winkel zwischen zwei Geraden bzw. den Abstand zweier Punkte in der oben angegebenen Weise durch das zugehörige Doppelverhältnis festlegen. Die Verallgemeinerung dieses Verfahrens auf beliebige quadratische Gebilde wird uns in Kapitel VI zu den allgemeinen projektiven Maßbestimmungen führen.

Wir wollen zum Schluß nochmals hervorheben, daß wir die elliptische Geometrie durch elementare Überlegungen aus der euklidischen Geometrie des Raumes abgeleitet haben. Dieser Zusammenhang zwischen den beiden Geometrien kommt dadurch zustande, daß die elliptische Geometrie die Maßverhältnisse in der unendlich fernen Ebene der euklidischen Geometrie wiedergibt. Denn während jede eigentliche Ebene der euklidischen Geometrie zwei Punkte mit dem imaginären Kugelkreis des Raumes gemeinsam hat, nämlich die beiden zugehörigen Kreispunkte, enthält die unendlich ferne Ebene den ganzen Kugelkreis, so daß das fundamentale Gebilde dieser Ebene aus einem nullteiligen Kegelschnitt besteht, der eine elliptische Geometrie definiert. Da man nun in der euklidischen Geometrie nicht mit unendlich fernen Punkten zu operieren pflegt, legt man hier einen bestimmten, unendlich fernen Punkt durch eine vom Koordinatenanfangspunkt ausgehende Richtung fest, geht also von der elliptischen Geometrie zu der Metrik im Bündel über.

D. Die Beziehungen zwischen der elliptischen und sphärischen Geometrie. Die sphärische Geometrie auf der Kugel und die elliptische Geometrie auf der Ebene müssen in einem nahen Zusammenhang stehen, da beide Abbilder der Metrik im Bündel sind. In der Tat können wir aus der sphärischen Geometrie der Kugel die elliptische Geometrie der Ebene gewinnen, wenn wir die Kugel von ihrem Mittelpunkt aus auf die Ebene projizieren (Abb. 91). Zwei diametral gegenüberliegenden Punkten der Kugel entspricht dabei ein und nur ein Punkt der Ebene, entsprechend dem Umstand, daß die Abbildung der Geraden des Bündels

152 Die Einordnung der euklidischen Metrik in das projektive System.

auf die Punkte der Kugel ein-zweideutig, auf die Punkte der Ebene dagegen ein-eindeutig ist. Um umgekehrt aus der elliptischen Geometrie der Ebene die sphärische Geometrie auf der Kugel zu erhalten, müssen wir zunächst die einseitige elliptische Ebene mit einer zweiseitigen Fläche bekleiden (vgl. S. 16). Diese Fläche denken wir uns aus zwei untereinander zusammenhängenden Blättern bestehend, von denen das eine unmittelbar oberhalb und das andere unmittelbar unterhalb der elliptischen Ebene verläuft. Die so gewonnene zweiseitige Fläche können wir dann ohne Schwierigkeiten ein-eindeutig auf die Kugel zurückabbilden. In anderer Weise können wir diese Abbildung der elliptischen Geometrie auf die Kugel erhalten, indem wir je zwei sich diametral gegenüberliegende Punkte der Kugel als identisch ansehen. Einfacher können wir uns auch auf die untere Kugelhälfte beschränken und sie dadurch zu einer geschlossenen Fläche machen, daß wir gegenüberliegende Randpunkte als identisch betrachten (vgl. Abb. 7, S. 14).

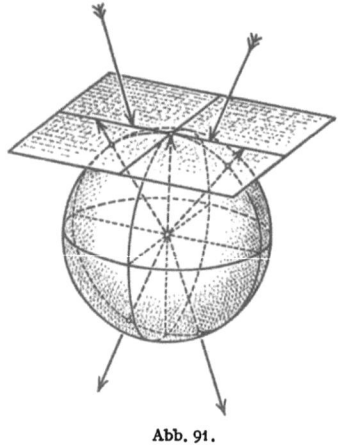

Abb. 91.

Ein wesentlicher Unterschied zwischen der elliptischen und der sphärischen Geometrie besteht in folgendem. In der sphärischen Geometrie auf der Kugel schneiden sich zwei größte Kreise stets in *zwei Punkten*; entsprechend haben zwei gerade Linien in der doppelt überdeckten elliptischen Ebene ebenfalls zwei Punkte gemeinsam, von denen der eine im oberen und der andere im unteren Blatt der doppelt bedeckten Ebene liegt (Abb. 92). In der elliptischen Geometrie der Ebene fallen dagegen diese beiden Punkte in einen einzigen Punkt zusammen, so daß in der elliptischen Geometrie zwei gerade Linien (genau wie in der projektiven Geometrie) stets *einen und nur einen Punkt* gemeinsam haben. Weiter hängt mit dem angegebenen Unterschied zusammen, daß in der sphärischen Geometrie die Kugel von einer geschlossenen Linie *in zwei Teile zerschnitten wird*, während es in der elliptischen Geometrie geschlossene Linien, z. B. die Geraden, gibt, die die Ebene nicht zerlegen. In der Tat hängen auf der Halbkugel mit zugeordneten Randpunkten die beiden Flächenteile, die zu beiden Seiten des Halbkreises verlaufen, über die Randpunkte miteinander zusammen (Abb. 93). Dasselbe findet in der in sich geschlossenen elliptischen Ebene statt. Bei der doppelt überdeckten projektiven Ebene tritt dagegen wieder eine Zerfällung ein (Abb. 94). Die doppelt zu durchlaufende, zerschneidende Ge-

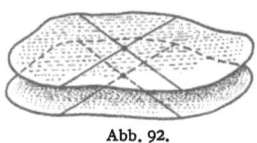

Abb. 92.

rade verläuft hier zum Teil in dem oberen und zum Teil direkt darunter
im unteren Blatt; durch diesen Schnitt erhalten wir zwei Teile: einmal

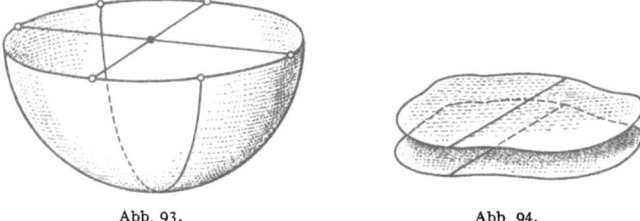

Abb. 93.   Abb. 94.

die rechte Seite des oberen Blattes, die mit der linken Seite des unteren
Blattes zusammenhängt, und dann die linke Seite des oberen Blattes,
die mit der rechten Seite des unteren Blattes zusammenhängt (vgl.
Abb. 94). Über diese Unterschiede herrschte früher Unklarheit; es sind
daher in der Literatur mehrfach falsche Sätze aufgestellt worden.

Kapitel V.
Die von der euklidischen Geometrie unabhängige Einführung der projektiven Koordinaten.

Auf S. 151 haben wir die elliptische Geometrie definiert, indem
wir einen nullteiligen Kegelschnitt auszeichneten und in bezug auf ihn
eine Maßbestimmung einführten. Bevor wir dieses Verfahren verallgemeinern, müssen wir auf folgende Schwierigkeit eingehen. Bei der
Festlegung eines nullteiligen Kegelschnittes und der Einführung der
auf ihn gegründeten Maßbestimmung haben wir uns der Koordinaten
bedient. Diese Koordinaten sind aber in Kapitel I mit Hilfe der
euklidischen Geometrie definiert worden, so daß sich die elliptische Geometrie bei der angegebenen Einführung auf der euklidischen Geometrie aufbaut. Um diese Abhängigkeit zu beseitigen, wollen wir zunächst zeigen, *daß sich die projektiven Koordinaten unabhängig von der
euklidischen Metrik rein projektiv definieren lassen.*

Besonderen Wert legen wir dabei auf die Tatsache, *daß wir zur
Koordinateneinführung nicht den gesamten projektiven Raum benötigen,
sondern daß wir uns bei allen Betrachtungen auf ein geeignetes endliches
Stück des Raumes, etwa auf unser Studierzimmer, beschränken können.*
Eine solche Beschränkung besitzt vor allem deswegen prinzipielles
Interesse, weil sie der Vorstellung Rechnung trägt, daß wir bei der
Anwendung der Geometrie auf den Raum der empirischen Anschauung

154 Neue Einführung der projektiven Koordinaten.

nicht berechtigt sind, Aussagen über beliebig weit entfernte Raumteile zu machen; im besonderen haben Streitigkeiten über Existenz oder Nichtexistenz der Parallelen (vgl. S. 207) von vornherein keinen Sinn.

§ 1. Die Konstruktion der vierten harmonischen Elemente.

Zur Durchführung der angegebenen Aufgabe benötigen wir die sogenannte *Vierseitskonstruktion*. Wir gehen von drei gegebenen Geraden A, B und C eines Büschels aus, nehmen auf der Geraden C (die vor A und B ausgezeichnet sein muß) willkürlich einen Punkt P an und legen durch ihn zwei weitere Geraden α und β (Abb. 95).

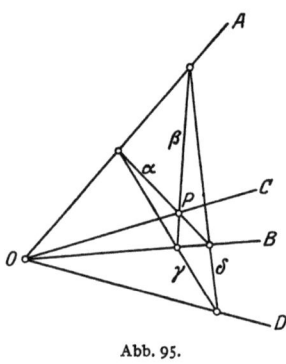

Abb. 95.

Diese Geraden bestimmen mit A und B vier Schnittpunkte: $\alpha A, \beta A, \alpha B, \beta B$, von denen wir αA mit βB durch die Gerade γ und genau so αB mit βA durch die Gerade δ verbinden. Der Schnittpunkt $\gamma \delta$ bestimmt dann mit dem Mittelpunkt O des gegebenen Büschels A, B, C eine Gerade D, die wir als *vierte harmonische Gerade zu C in bezug auf A und B* bezeichnen[1]). Die Behauptung lautet, daß D durch die Lage der drei Geraden A, B, C eindeutig bestimmt wird und somit von der besonderen Durchführung der Konstruktion unabhängig ist.

Man erkennt zunächst, daß sich diese Konstruktion völlig im Innern eines endlichen Raumstückes durchführen läßt, wenn nur O innerhalb dieses Bereiches liegt. Der Leser möge sich überzeugen, daß der folgende Beweis auch nur uns erreichbare Elemente benutzt. Wir denken uns in der gegebenen Ebene zwei verschiedene Konstruktionen des vierten harmonischen Strahles ausgeführt: $O\,A\,B\,C\,P\,\alpha\,\beta\,\gamma\,\delta\,D$ und $O\,A\,B\,C\,P'\,\alpha'\,\beta'\,\gamma'\,\delta'\,D'$ (Abb. 96). Es ist zu beweisen, daß D stets mit D' zusammenfällt. Hierzu nehmen wir zunächst an, daß die beiden Konstruktionen sich nicht überdecken, sondern, wie in Abb. 96 angegeben, nebeneinander liegen. Die Anordnung der beiden Konstruktionen wählen wir so, daß P zwischen O und P' liegt. Auf einer durch O gehenden Geraden G, die nicht in die Ebene A, B, C fallen möge, nehmen wir sodann zwei Punkte S und S' derartig an, daß S' zwischen O und S liegt, und projizieren die erste Konstruktion des vierten harmonischen Strahles von S aus und genau so die zweite Konstruktion von S' aus. Die hierbei entstehenden Ebenen bezeichnen wir in derselben Weise

---

[1]) Die harmonischen Elemente haben wir in § 7 des ersten Kapitels analytisch definiert; man kann aber leicht zeigen, daß die dort gegebene Definition die hier verwendeten Eigenschaften besitzt, so daß die beiden Definitionen übereinstimmen.

Die Konstruktion der vierten harmonischen Elemente. 155

wie die zugehörigen Geraden mit $\alpha\beta\gamma\delta$ und $\alpha'\beta'\gamma'\delta'$. Infolge unserer Annahmen über die Lage von P, P', S, S' durchkreuzen sich die projizierenden Geraden und Ebenen innerhalb des Raumes zwischen der

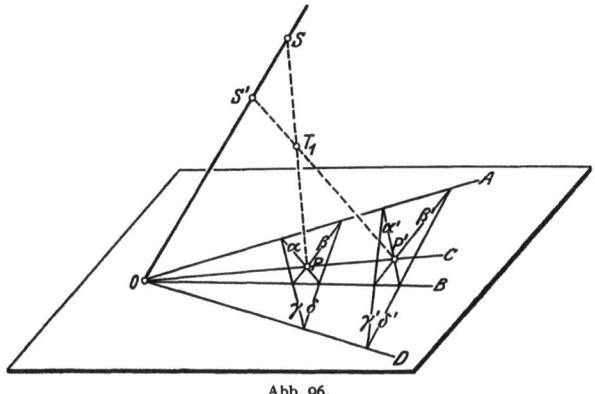

Abb. 96.

Geraden G und der Ebene A, B, C. Durch diesen Kunstgriff, der (in allerdings etwas anderer Form) von *Reyes y Prosper*[1]) angegeben ist, wird erreicht, daß alle folgenden Elemente unseres Beweises innerhalb des uns zur Verfügung stehenden Raumes liegen.

Die beiden Geraden SP und $S'P'$ haben einen im Innern unseres Zimmers liegenden Punkt T_1 gemeinsam. Durch diesen Punkt gehen die vier Ebenen $\alpha\beta\alpha'\beta'$. Infolgedessen müssen sich auch die beiden geraden Linien $\alpha\alpha'$ und $\beta\beta'$ in T_1 schneiden. In entsprechender Weise erkennen wir, daß sich auch die folgenden vier Geradenpaare in je einem Punkte schneiden müssen: $\alpha\alpha'$ und $\gamma\gamma'$ in T_2, $\alpha\alpha'$ und $\delta\delta'$ in T_3, $\beta\beta'$ und $\gamma\gamma'$ in T_4, $\beta\beta'$ und $\delta\delta'$ in T_5. Ob sich auch $\gamma\gamma'$ und $\delta\delta'$ in einem Punkte schneiden, wissen wir noch nicht. Die drei Punkte T_1, T_2, T_3 liegen nun auf der Geraden $\alpha\alpha'$ und genau so die drei Punkte T_1, T_4, T_5 auf der Geraden $\beta\beta'$. Diese fünf Punkte liegen also in einer Ebene, die durch den Punkt T_1 hindurchgeht und somit erreichbar ist. In derselben Ebene verlaufen auch die vier Geraden $\alpha\alpha'$, $\beta\beta'$, $\gamma\gamma'$, $\delta\delta'$, die ein Vierseit bilden. Hieraus folgt, daß wir die erste Konstruktion des vierten harmonischen Strahles als Projektion dieses Vierseites von S aus auffassen können und genau so die zweite Konstruktion als Projektion desselben Vierseites von S' aus. Daraus ergibt sich aber sofort, daß sich auch die Geraden $\gamma\delta$ und $\gamma'\delta'$ in einem Punkte schneiden müssen und daß somit, wie behauptet, die beiden Geraden D und D' miteinander identisch sind.

Unser Satz ist zunächst nur für den Fall bewiesen, daß die beiden Konstruktionen K und K' in dem angegebenen Bereich nicht

---

[1]) Math. Annalen, Bd. 29, S. 154: Sur la géométrie non-Euclidienne.

156   Neue Einführung der projektiven Koordinaten.

übereinandergreifen. Wenn dies jedoch der Fall sein sollte, projizieren wir die eine Konstruktion K' von einem nicht in der Ebene A, B, C liegenden Punkte S aus, schneiden das Projektionsbündel durch eine weitere Ebene und projizieren schließlich die durch diesen Schnitt entstehende Figur von einem neuen Punkte S' auf die Ausgangsebene zurück, wodurch wir die Konstruktion K'' erhalten mögen. Durch geeignete Wahl von S und S' können wir stets erreichen, daß sich die beiden in der Ebene A, B, C liegenden Figuren K und K'' nicht mehr überdecken. Dann gilt der obige Beweis für die beiden Konstruktionen K und K'', woraus folgt, daß unsere Behauptung auch für die Konstruktionen K und K' erfüllt sein muß. Damit ist unser Satz allgemein bewiesen.

In entsprechender Weise können wir zeigen, daß sich zu drei Ebenen A, B, C eines Büschels eindeutig eine *vierte harmonische Ebene* konstruieren läßt. Wir haben hierzu die auf S. 154 angegebene Konstruktion von einem nicht in der Ausgangsebene liegenden Punkte zu projizieren. Auch der Beweis läßt sich unmittelbar auf diesem Wege übertragen.

Schließlich wollen wir noch einen entsprechenden Satz für die gerade Punktreihe formulieren. Es seien drei auf einer Geraden O liegende Punkte A, B, C gegeben. Wir legen durch C eine beliebige gerade Linie (Abb. 97) und nehmen auf ihr zwei weitere Punkte α und β an. Diese Punkte bestimmen mit A und B vier gerade Linien $\alpha A, \beta A, \alpha B$ und βB, von denen sich αA und βB in dem Punkte γ und genau so αB und βA in dem Punkte δ schneiden mögen. Die Verbindungsgerade $\gamma \delta$ bestimmt dann mit O einen Punkt D, den wir als *vierten harmonischen Punkt zu C in bezug auf A und B* bezeichnen[1]). D ist unabhängig von der besonderen Durchführung der Konstruktion, also allein von der Lage der drei Punkte A, B, C abhängig. Es ist hervorzuheben, daß der vierte harmonische Punkt eventuell außerhalb des von uns zugelassenen endlichen Bereiches liegen kann, ein Nachteil, der bei den entsprechenden Konstruktionen im Geraden- und Ebenenbüschel nicht vorhanden ist.

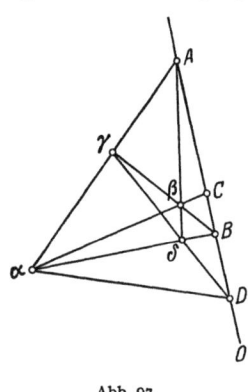

Abb. 97.

Aus unseren Überlegungen folgt weiter: Vier harmonische Punkte einer Geraden ergeben bei der Projektion von einem nicht auf der Geraden liegenden Punkt bzw. von einer die erste Gerade nicht treffenden Achse vier harmonische Elemente des zugehörigen Geraden-

---

[1]) Vgl. die Anmerkung auf S. 154.

bzw. Ebenenbüschels. Denn die Abb. 95 (Konstruktion der vierten harmonischen Geraden) ist mit der Abb. 97 (Konstruktion des vierten harmonischen Punktes) identisch.

Für unsere weiteren Überlegungen ist noch die Tatsache wesentlich, daß die beiden einander zugehörigen Elemente A und B durch die beiden anderen Elemente C und D getrennt werden.

Zum Beweis unserer drei Sätze haben wir in allen Fällen die räumlichen Verhältnisse herangezogen. Es ist nicht möglich, den Satz über den vierten harmonischen Punkt oder die vierte harmonische Gerade allein mit Hilfe der ebenen projektiven Axiome zu beweisen; das Herausgehen in den Raum ist also kein Kunstgriff, sondern zur Führung des Beweises unbedingt erforderlich. Auf diese merkwürdige Tatsache hat zuerst *Klein* 1873 aufmerksam gemacht[1]); besonders hervorgehoben wurde sie 1899 von *Hilbert*[2]).

§ 2. Die Koordinateneinführung im eindimensionalen Gebiet.

In der euklidischen Geometrie konstruiert man eine Maßskala, d. h. eine Folge äquidistanter Punkte auf einer Geraden, indem man eine feste Strecke in den Zirkel nimmt und die verlangte Skala durch immer wiederholtes Abtragen dieser Strecke herstellt. Dasselbe Ergebnis können wir, wie die in Abb. 98 angedeutete Konstruktion zeigt, auch durch alleiniges Ziehen von Parallellinien erhalten; metrische Vorstellungen sind also zu der Herstellung eines solchen Maßstabes nicht erforderlich. Um weiter auch noch die Verwendung von Parallelen zu vermeiden, die Konstruktion also rein projektiv zu gestalten, bilden

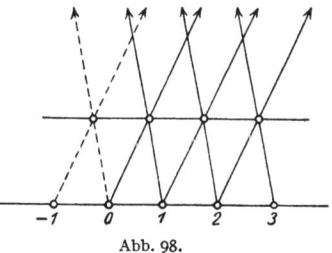

Abb. 98.

wir Fig. 98 projektiv ab. Hierzu greifen wir auf einer geraden Linie drei, etwa im Innern unseres Zimmers liegende Punkte heraus, denen wir die Werte 0, 1 und ∞ derartig zuteilen, daß der Punkt mit dem Wert 1 zwischen den beiden anderen Punkten liegt (Abb. 99). Durch den Punkt ∞ legen wir eine weitere Gerade, welche das Abbild der unendlich fernen Geraden von Fig. 98 sein soll; auf dieser Geraden müssen sich somit die Abbilder der in Fig. 98 dort parallelen Geraden schneiden. Ferner legen wir durch den Punkt ∞ noch eine dritte Gerade, die der oberen horizontalen Geraden in Abb. 98 entspricht. Die übrige Konstruktion der Abb. 99 ergibt sich, indem wir immer erst eine Gerade

---

[1]) *Klein:* Über die sogenannte nichteuklidische Geometrie. Math. Annalen Bd. 6, S. 136; wieder abgedruckt in Klein: Ges. Abh. Bd. 1, S. 334.
[2]) *Hilbert: Grundlagen der Geometrie.* 5. Aufl., 1923, S. 88.

158   Neue Einführung der projektiven Koordinaten.

durch P und dann eine durch Q ziehen. Auf diesem Wege können wir jeder ganzen positiven Zahl einen Punkt zwischen den beiden Ausgangspunkten 0 und ∞ zuteilen; diese Punkte drängen

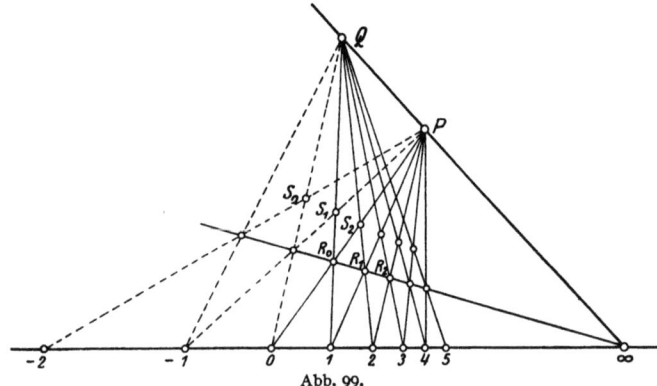
Abb. 99.

sich um so mehr zusammen, je näher wir dem Punkte ∞ kommen. Wenn wir die entsprechende Konstruktion auch nach der anderen Seite der Geraden hin fortsetzen, was in den Abb. 98 und 99 mit Hilfe der gestrichelten Linien durchgeführt ist, werden in derselben Weise auch den ganzen negativen Zahlen Punkte zugeordnet. Dieses Verfahren muß aber bei der Beschränkung auf ein gegebenes Raumstück nach einiger Zeit abgebrochen werden, weil sich die zugehörigen Geraden nicht mehr innerhalb des uns zur Verfügung stehenden Raumes schneiden; so ist z. B. in Abb. 99 bereits der Punkt -3 nicht mehr erreichbar. Der Leser möge eine derartige Konstruktion selbst ausführen, damit er das allmähliche Entstehen der projektiven Punktskala verfolgen kann.

Wir behaupten, daß die angegebene Konstruktion der Skalenpunkte nur von der Lage der drei Ausgangspunkte 0, 1 und ∞ abhängt, nicht aber von der besonderen Durchführung der Nebenkonstruktionen. In der Tat ist der Skalenpunkt $n+2$ der vierte harmonische Punkt zu n in bezug auf die beiden Punkte $n+1$ und ∞, wie sich ohne weiteres durch einen Vergleich der drei Abb. 99, 100 und 97 ergibt. Wir können infolgedessen folgendermaßen schließen: 2 ist der vierte harmonische Punkt zu 0 in bezug auf 1 und ∞; also ist der Punkt 2

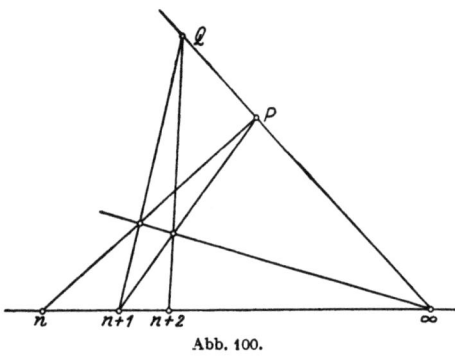
Abb. 100.

Die Koordinateneinführung im eindimensionalen Gebiet. 159

von der Art der Nebenkonstruktion unabhängig. 3 ist der vierte harmonische Punkt zu 1 in bezug auf 2 und ∞ und somit ebenfalls von der Art der Nebenkonstruktion unabhängig usw. Ein entsprechendes Schlußverfahren können wir auch auf die Punkte anwenden, denen ganze negative Zahlen zugeordnet sind. Aus dieser Überlegung können wir weiter den Schluß ziehen, daß die Punkte 0, 1, 2 ... auf der betrachteten Geraden nicht ungeordnet durcheinander liegen, sondern in genau der Reihenfolge, in welcher die zugehörigen Zahlen der Größe nach aufeinander folgen (vgl. den Satz S. 157 über die Anordnung der harmonischen Elemente).

In der Abb. 99 ist durch unsere Konstruktion ein Netz von Maschen entstanden. Die erste Reihe von Kreuzungspunkten liegt auf der Geraden $R_0 R_1 R_2$, die durch den Punkt ∞ hindurchgeht. Wir behaupten, daß die weiteren Kreuzungspunkte, wie etwa $S_0 S_1 S_2 \ldots$, ebenfalls auf derartigen Geraden liegen[1]). Wenn wir nämlich einen dieser Kreuzungspunkte mit dem Punkt ∞ durch eine Gerade verbinden, bestimmen die Schnittpunkte dieser geraden Linie mit den in Abb. 99 eingezeichneten Geraden durch P in derselben Weise wie auf der ursprünglichen Skala eine Reihe aufeinanderfolgender harmonischer Punkte. Dieselbe Eigenschaft besitzen aber auch die Geraden der Abb. 99, die durch Q laufen. Daraus folgt, daß sich diese Geraden durch P und Q auf der betrachteten Linie schneiden müssen, was zu beweisen war. In unserer Abb. 99 liegen noch zahlreiche weitere Punkte auf geraden Linien; alle diese Inzidenzen können auf entsprechendem Wege bewiesen werden.

Die Zählskala, die wir auf der geraden Linie konstruiert haben, besitzt den Nachteil, daß sie sich nicht beliebig weit fortsetzen läßt, weil nicht alle Punkte der Geraden für uns erreichbar sind. Diese Unannehmlichkeit können wir vermeiden, wenn wir zu einem Geradenbüschel übergehen, indem wir etwa unsere Punktskala von einem beliebigen Punkte des uns zur Verfügung stehenden Raumes aus projizieren. Wir erhalten dadurch in diesem Geradenbüschel ebenfalls eine harmonische Skala, da die zugehörigen Konstruktionen identisch sind. Im Geradenbüschel können wir aber die Konstruktion der vierten harmonischen Geraden unter Benutzung der weiteren auftretenden Inzidenzen auch für die ganzen negativen Zahlen beliebig fortsetzen und damit jeder ganzen positiven oder negativen Zahl eine Gerade des Büschel zuordnen (Abb. 101). Wir sehen, wie sich die geraden Linien beim Wachsen der zugehörigen Zahl immer mehr der Geraden ∞ nähern. In Abb. 101 ist diese Konstruktion sodann auf die gerade Punktreihe zurück übertragen, wobei die Punkte mit großen negativen Zahlen wieder in das uns erreichbare Gebiet fallen. Die

---
[1]) Der Leser möge die entsprechenden Linien in Abb. 98 aufsuchen.

160 Neue Einführung der projektiven Koordinaten.

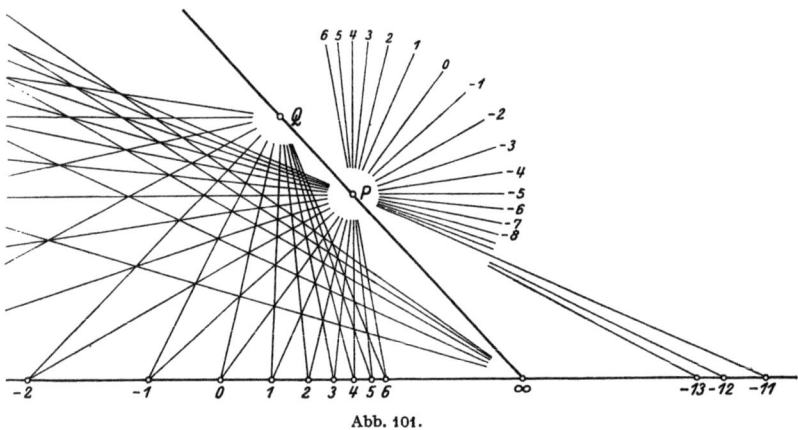

Abb. 101.

entsprechenden Überlegungen lassen sich auch für das Ebenenbüschel anstellen.

Es entsteht nun weiter die Aufgabe, nicht nur jeder ganzen, sondern jeder beliebigen reellen Zahl umkehrbar eindeutig ein Element unserer Skalen zuzuordnen. Hierbei wollen wir uns zunächst auf die gerade Punktreihe beschränken. Wir beginnen damit, daß wir die Strecken zwischen den beiden Zahlen n und $n+1$ durch das in Abb. 102 angegebenen Verfahren „halbieren". Der Punkt $n + \frac{1}{2}$ ist dabei der vierte harmonische Punkt zu n und $n+1$ in bezug auf ∞, wobei n eine ganze Zahl ist[1]). Aus dem Satz S. 157 folgt, daß der Punkt $n + \frac{1}{2}$ zwischen den beiden Punkten n und $n+1$ liegt. In derselben Weise können wir dann die Strecke zwischen n und $n + \frac{1}{2}$ und genau so die Strecke zwischen $n + \frac{1}{2}$ und $n+1$ „halbieren" (Abb. 102) und dadurch die Punkte $n + \frac{1}{4}$ und $n + \frac{3}{4}$ gewinnen. Wenn wir dieses Verfahren

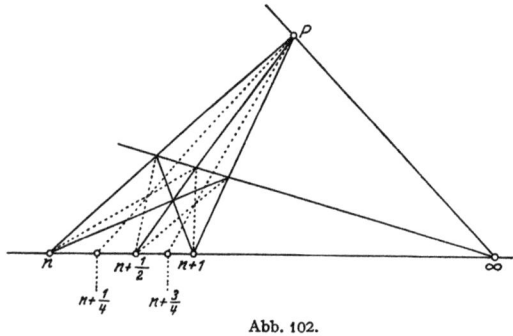

Abb. 102.

immer weiter fortsetzen, können wir schließlich innerhalb eines bestimmten Intervalles jedem Bruch, in dessen Nenner eine Potenz von 2 steht: $\frac{p}{2^n}$, wobei p und n ganze Zahlen sind, einen bestimmten Punkt unserer Zahlgeraden zuordnen. Diese Brüche nennen wir *Dualbrüche*.

---

[1]) Der Leser möge die entsprechende Konstruktion an Abb. 98 vornehmen.

Die Koordinateneinführung in der Ebene und im Raum. 161

Nunmehr bereitet es keine Schwierigkeiten, unsere Zuordnung auch auf alle anderen reellen Zahlen auszudehnen. Es sei eine bestimmte reelle Zahl x gegeben, die weder eine ganze Zahl, noch ein Dualbruch ist. Wir gehen zunächst von den beiden ganzen Zahlen aus, zwischen denen x liegt; sodann halbieren wir dieses Intervall und bestimmen, welchem der beiden neuen dadurch entstandenen Intervalle x angehört. Wenn wir dieses Verfahren immer weiter fortsetzen, erhalten wir zwei unendliche Folgen von Dualbrüchen, die sich der gegebenen Zahl x von oben bzw. von unten immer mehr annähern und ihr dabei beliebig nahe kommen. Nunmehr bestimmen wir auf unserer Zahlgeraden die beiden unendlichen Folgen von Punkten, welche den obigen Zahlfolgen entsprechen. Diese beiden Punktfolgen konvergieren beide gegen denselben Punkt[1]), welchem wir naturgemäß die Koordinate x zuordnen.

Durch unser Verfahren, das in drei aufeinanderfolgenden Schritten durchgeführt wird (ganze Zahlen, Dualbrüche, beliebige reelle Zahlen), haben wir auf der geraden Linie ein Koordinatensystem eingeführt. Man erkennt, daß wir dasselbe Verfahren auch im Geraden- und Ebenenbüschel anwenden können. Alle diese Koordinatenbestimmungen sind eindeutig festgelegt, sobald wir die drei Elemente kennen, denen die Zahlen 0, 1 und ∞ zugeteilt sind[2]).

§ 3. Die Koordinateneinführung in der Ebene und im Raum.

Die entsprechende Koordinatenbestimmung in der Ebene und im Raum läßt sich jetzt in bekannter Weise durchführen. In der Ebene legen wir durch einen Punkt P (den Nullpunkt des Koordinatensystems) zwei Gerade (die X- und die Y-Achse) und nehmen auf jeder dieser Geraden einen Punkt ∞ an (Abb. 103). Schließlich wählen wir im Innern des hierdurch entstandenen Dreiecks einen Punkt E als Einheitspunkt aus, der durch seine Verbindungsgeraden mit den beiden Punkten ∞ die Einheitspunkte der Achsen bestimmt, und führen auf den beiden Achsen die im vorigen Paragraphen angegebene Konstruktion einer Maßskala durch. Einen beliebigen Punkt, der im Innern des Dreiecks liegen möge, bestimmen wir dann durch die Koordinatenwerte x und y, welche auf den Achsen durch die beiden zugehörigen Verbindungsgeraden mit den Unendlichkeitspunkten fest-

---

[1]) Die Identität dieser beiden Grenzpunkte ist eine Folge der Stetigkeitsaxiome der Geometrie; wir wollen hier auf die Möglichkeiten nicht eingehen, die sich aus einem Verzicht auf diese Axiome bzw. die eindeutige Bestimmtheit des Grenzpunktes ergeben.

[2]) Die Konstruktionen, die wir in diesem Paragraphen durchgeführt haben, stehen in unmittelbarer Beziehung zu den sogenannten *Moebiusschen Netzen*. (*Moebius, Der barycentrische Calcul*, 1827.)

162   Neue Einführung der projektiven Koordinaten.

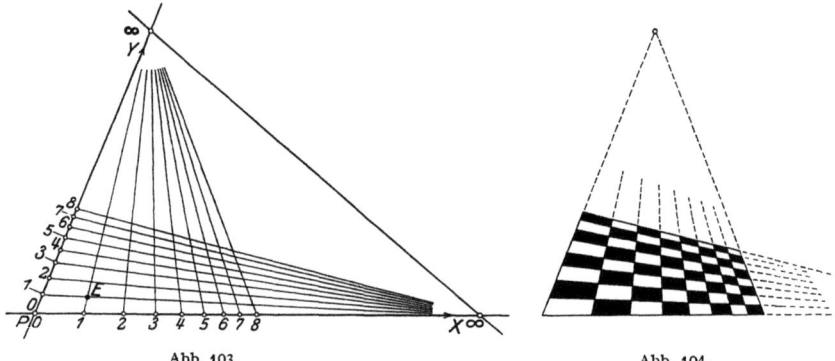

Abb. 103.   Abb. 104.

gelegt werden. Wir wollen hervorheben, daß Abb. 103 die projektive Abbildung eines quadratischen Gitters, also etwa eines Schachbrettes, darstellt, wie besonders deutlich wird, wenn wir die einzelnen Felder schwarz und weiß ausfärben (Abb. 104).

In der entsprechenden Weise gehen wir im Raume vor, indem wir uns auf ein Tetraeder mit einem in seinem Innern gelegenen Ein-

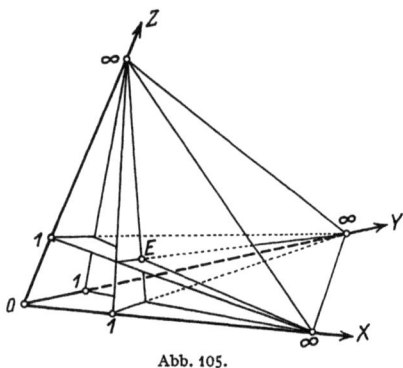

Abb. 105.

heitspunkt beziehen und die einzelnen Punkte des Raumes durch die Koordinatenwerte festlegen, welche die durch diesen Punkt und je zwei Unendlichkeitspunkte gehenden Ebenen auf den Achsen bestimmen (Abb. 105).

Die hiermit eingeführten Koordinaten besitzen die Eigenschaft, *daß die Koordinaten der Punkte, die auf einer geraden Linie der Ebene bzw. auf einer Ebene des Raumes liegen, eine lineare Gleichung erfüllen.* Dieser Nachweis läßt sich ohne besondere Schwierigkeiten erbringen und soll daher hier übergangen werden. Infolge dieser Eigenschaft *sind die neuen Koordinaten mit den früher betrachteten projektiven Koordinaten identisch.*

Mit Hilfe dieser Untersuchungen können wir jetzt unsere Geometrie über den vorgegebenen endlichen Bereich, etwa unser Zimmer, zu der allgemeinen projektiven Geometrie erweitern, wie wir für den Fall der Ebene näher ausführen wollen. Wir bezeichnen hierzu zwei Koordinatenwerte, denen kein Punkt im Innern unseres Zimmers entspricht, als „idealen Punkt". Ferner ordnen wir zwei geraden Linien, die sich nicht innerhalb unseres Bereiches schneiden, denjenigen idealen Punkt als Schnittpunkt zu, dessen Koordinaten sich durch Elimination aus den Gleichungen der beiden Geraden ergeben. Eine lineare Gleichung schließlich, die durch die Koordinaten keines Punktes innerhalb unseres Zimmers erfüllt wird, bezeichnen wir als ideale Gerade usw. Wenn wir homogene Koordinaten einführen, erhalten wir hierdurch die projektive Geometrie, die sich stetig an die geometrischen Verhältnisse in unserm Zimmer anschließt.

Zum Schluß wollen wir noch einmal als Hauptergebnis unserer Überlegungen hervorheben, *daß wir unsere Koordinatenbestimmung ohne Benutzung von metrischen Vorstellungen und unabhängig von dem Parallelenaxiom eingeführt haben.* Dieser prinzipiell äußerst wichtige Schritt ist durch *von Staudt* in der *Geometrie der Lage* vorbereitet worden. Aber obwohl in diesem Werk alle Hilfsmittel zu der rein projektiven Einführung der Koordinaten zusammengestellt sind, greift von Staudt dennoch bei der Definition der Koordinaten auf metrische Vorstellungen zurück. Die endgültige rein projektive Einführung geschieht erst durch *Klein* im Jahre 1871; allerdings war Klein damals der Meinung, nichts Neuartiges geleistet zu haben, da er alle Materialien bei von Staudt vorfand und somit annahm, dieser hätte bereits den entscheidenden Schritt getan, was sich später als unrichtig herausstellte[1]).

Kapitel VI.
Die projektiven Maßbestimmungen[2].
§ 1. Die nichtausgearteten Maßbestimmungen.

Der projektiven Geometrie, die wir uns nach dem Vorbild des vorigen Kapitels aufgebaut denken, können wir eine euklidische Maßbestimmung aufprägen, indem wir in der Ebene ein nullteiliges Punktepaar: $x_1^2 + x_2^2 = 0, x_3 = 0$ bzw. im Raum einen nullteiligen Kegelschnitt: $x_1^2 + x_2^2 + x_3^2 = 0, x_4 = 0$ auszeichnen und die metrischen Begriffe nach Kapitel IV in bezug auf dieses Gebilde festlegen[3]).

---

[1]) Vgl. *Klein*, Ges. Abh., Bd. I, S. 241; ferner S. 251, 303, 306, 330.

[2]) Als Literatur zu diesem Kapitel nennen wir die Arbeit *Kleins: Über die sog. nichteuklidische Geometrie.* Math. Ann. Bd. 4, 1871; wieder abgedruckt in Kleins Ges. Math. Abh. Bd. I, S. 254. Eine kurze Darstellung der geschichtlichen Entwicklung der projektiven Metrik findet sich S. 303 f.; vgl. hierüber auch *Klein*, Ges. Math. Abh. Bd. I, S. 50.

[3]) Hierbei erhalten wir allerdings im allgemeinen nur ein projektives Abbild der uns gewohnten euklidischen Geometrie, d. h. derjenigen euklidischen Geometrie, die dem Verhalten der Gegenstände in der Außenwelt entspricht. Da aber dieses projektive Bild die eigentliche euklidische Geometrie umkehrbar eindeutig wiedergibt, bezeichnen wir die durch unser Verfahren festgelegte Maßbestimmung ebenfalls als euklidisch. — Weiter wollen wir nochmals darauf hinweisen, daß bei dieser Begründung der euklidischen Maßbestimmung die Benutzung des Imaginären nur ein analytisches Hilfsmittel ist. Denn es wird etwa zwei reellen Punkten eine reelle Entfernung zugeordnet, die nur durch eine durch das Imaginäre laufende Rechnung ermittelt wird (vgl. S. 46).

Es liegt nun nahe, in genau der gleichen Weise eine Metrik auf ein *beliebiges* Gebilde zweiten Grades aufzubauen, das im besonderen auch ausgeartet sein kann. *Wir erhalten dadurch eine große Zahl neuartiger Maßbestimmungen, die je nach der Art des zugrunde gelegten quadratischen Gebildes, des „fundamentalen Gebildes", als ausgeartet oder nicht ausgeartet bezeichnet werden.* Alle diese Maßbestimmungen stellen sich vom logischen Standpunkte aus gleichberechtigt neben die euklidische Geometrie. Wir wollen sie aber zunächst ausdrücklich als *Maßbestimmungen* und nicht als Geometrien bezeichnen, da sie zum Teil nicht für Messungen in der Außenwelt verwendbar sind. Später werden wir dann diejenigen Maßbestimmungen als Geometrien aussondern, die praktisch verwendbar sind; wir folgen hierbei dem ursprünglichen Sprachgebrauch, nach dem Geometrie Erdmessung bedeutet. Der analytische Aufbau der Geometrie tritt jetzt deutlich hervor: *Die rein projektiven Eigenschaften kommen auf das Studium linearer Beziehungen heraus, während sich die darauf folgende Einführung irgendeiner Metrik als Auszeichnung einer quadratischen Form darstellt.*

A. Die Festlegung der Entfernungen und Winkel durch Doppelverhältnisse. *Auf der geraden Linie* besteht ein nicht ausgeartetes quadratisches Gebilde nach S. 70 aus einem Punktepaar, das wir somit der Maßbestimmung auf der geraden Linie als fundamentales Gebilde zugrunde legen. Zwei Punkte P_1 und P_2, deren Entfernung festgelegt werden soll, bestimmen mit den beiden fundamentalen Punkten ein Doppelverhältnis DV. Entsprechend den Feststellungen S. 138 und S. 151 werden wir die Entfernung E der beiden Punkte P_1 und P_2 als den Logarithmus dieses Doppelverhältnisses, multipliziert mit einer Konstanten c, definieren:

$$E = c \cdot \ln DV.$$

Die „*Entfernungskonstante*" c ist bei ein und derselben Maßbestimmung für alle Punktepaare die gleiche.

Wir überzeugen uns davon, daß aus dieser Definition die uns bekannten Eigenschaften der Entfernung folgen. Zunächst ist das Vorzeichen der Entfernung durch die angegebene Definition nicht festgelegt. Denn das Doppelverhältnis von zwei Punktepaaren kann nach S. 41 außer dem Werte $\dfrac{\lambda}{\mu}$ noch den reziproken Wert $\dfrac{\mu}{\lambda}$ annehmen; $\ln \dfrac{\mu}{\lambda}$ ist aber gleich $-\ln \dfrac{\lambda}{\mu}$. Da ferner der Logarithmus einer Zahl nur bis auf ganze Vielfache von $2\pi i$ bestimmt ist, besitzt unsere Entfernung die Periode $2c\pi i$, eine Vieldeutigkeit, die uns bereits von dem euklidischen Winkel her vertraut ist. Weiter ergibt sich, daß die Länge der Strecke $\overline{12}$ vermehrt um die Länge der Strecke $\overline{23}$ gleich der Länge $\overline{13}$ ist: $\overline{12} + \overline{23} = \overline{13}$; denn es ist, wie man leicht be-

Abb. 106.

Die nichtausgearteten Maßbestimmungen.

stätigen kann: $DV\{P_1P_2AB\} \cdot DV\{P_2P_3AB\} = DV\{P_1P_3AB\}$, wobei wir die beiden fundamentalen Punkte mit A und B bezeichnet haben (vgl. Abb. 106). Sodann ist die Entfernung eines Punktes von sich selbst (im allgemeinen) gleich Null: $\overline{11} = 0$, da $DV(P_1P_1AB) = 1$ wird, wenn P_1 weder mit A noch B zusammenfällt. Schließlich bestätigen wir noch, daß $\overline{12} = -\overline{21}$ ist, weil die Beziehung $DV\{P_1P_2AB\} = 1 : DV\{P_2P_1AB\}$ gilt. In diesen Sätzen ist das Vorzeichen der Entfernung durch die angegebene Reihenfolge der Punkte festgelegt; die Periode geht in derselben Weise wie beim euklidischen Winkel ein.

Das betrachtete Doppelverhältnis der vier Punkte besitzt die Eigenschaft, beliebigen projektiven Transformationen gegenüber invariant zu bleiben. Im besonderen bleibt es also ungeändert, wenn wir uns auf diejenigen Kollineationen beschränken, die das fundamentale Gebilde in sich überführen. Diese Kollineationen werden als die „starren" Transformationen der betrachteten Maßbestimmung bezeichnet, da bei ihnen alle Längen ungeändert bleiben und die Fundamentalpunkte in sich selbst übergeführt werden. In der Existenz dieser ∞^1 starren Transformationen ist im wesentlichen der Grund zu erblicken, daß unsere neue Maßbestimmung in gewissem Sinne gleichberechtigt neben der euklidischen Geometrie steht.

Dieselben Überlegungen können wir *für das Geraden- und Ebenenbüschel* anstellen. Auch hier zeichnen wir zwei Elemente des Büschels als fundamental aus. Zwei andere Elemente, deren Winkel bestimmt werden soll, legen mit diesen beiden fundamentalen Elementen ein Doppelverhältnis DV fest. Als den Winkel W der beiden betrachteten Elemente bezeichnen wir dann den Logarithmus dieses Doppelverhältnisses, multipliziert mit einer Konstanten c':

$$W = c' \cdot \ln DV.$$

Die „*Winkelkonstante*" c' ist wieder für ein und dieselbe Maßbestimmung unveränderlich.

In der Ebene haben wir als fundamentales Gebilde einen Kegelschnitt zu benutzen, den wir zunächst als nichtausgeartet annehmen. Die Ent-

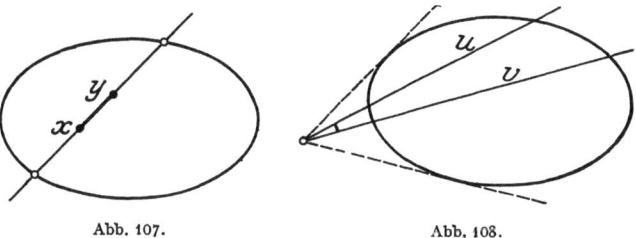

Abb. 107.　　　　　Abb. 108.

fernung zweier Punkte x, y bestimmen wir, indem wir die beiden Schnittpunkte der Verbindungsgeraden mit dem fundamentalen Gebilde aufsuchen (Abb. 107). Den Fall, daß die Verbindungsgerade den Kegelschnitt berührt — diese wird dann als „isotrop" bezeichnet —, schließen wir zunächst aus. Wir betrachten nun die beiden Schnittpunkte als fundamental und legen die Entfernung der Ausgangspunkte ebenso wie vorhin durch den Logarithmus des hierdurch bestimmten Doppelverhältnisses fest. Die Entfernungskonstante c, die vor dem Logarithmus auftritt, soll dabei für ein und dieselbe Maßbestimmung auf allen geraden Linien übereinstimmen

Dual bestimmen wir den Winkel zwischen zwei Geraden u, v, indem wir von dem zugehörigen Schnittpunkt die beiden Tangenten an den Kegelschnitt legen (Abb. 108). Den Fall, daß der Schnittpunkt auf dem Kegelschnitt selbst liegt — er wird dann als isotrop bezeichnet —, schließen wir wieder zunächst aus. Indem wir die beiden Tangenten als fundamental auszeichnen, können wir den Winkel der beiden Ausgangsgeraden ebenso wie oben durch den Logarithmus eines Doppelverhältnisses festlegen. Die Winkelkonstante c', die vor dem Logarithmus auftritt, soll bei ein und derselben Maßbestimmung in allen Geradenbüscheln gleich groß sein; von der Konstanten c, die in der Formel für die Entfernung auftritt, ist sie vollkommen unabhängig.

Diese Definitionen stehen mit den auf S. 151 abgeleiteten Sätzen über die elliptische Geometrie der Ebene im Einklang.

Im Raum haben wir als fundamentales Gebilde eine nichtausgeartete Fläche zweiten Grades zugrunde zu legen. Den Abstand zweier Punkte bestimmen wir, indem wir die Verbindungsgerade mit der fundamentalen Fläche zum Schnitt bringen und die Entfernung nach der hierdurch auf der Verbindungsgeraden festgelegten Maßbestimmung definieren. Entsprechend bestimmen wir den Winkel zwischen zwei Ebenen, indem wir durch die zugehörige Schnittgerade die beiden Tangentialebenen an die fundamentale Fläche legen und den Winkel nach der hierdurch in dem Ebenenbüschel festgelegten Maßbestimmung definieren. Den Fall, daß die Verbindungsgerade der beiden Punkte, bzw. die Schnittgerade der beiden Ebenen die fundamentale Fläche berührt, schließen wir zunächst aus.

Nach demselben Verfahren ergeben sich die nicht ausgearteten projektiven Maßbestimmungen in den Mannigfaltigkeiten von beliebiger Dimensionenzahl.

Unter diesen Maßbestimmungen befindet sich die euklidische Geometrie nicht. In der Tat haben wir S. 135 f. gesehen, daß ihr fundamentales Gebilde einmal ausgeartet ist; wir werden daher erst im nächsten Paragraphen auf sie eingehen. Von Interesse ist aber schon hier der folgende Gesichtspunkt: Das fundamentale Gebilde der ebenen euklidischen Geometrie besteht als Gebilde zweiter Ordnung aus *einer* doppelt zählenden Geraden, als Gebilde zweiter Klasse dagegen aus einem Punkte*paar*. Infolgedessen ist der euklidische Winkel in derselben Weise wie bei den nichtausgearteten Maßbestimmungen definiert, da von jedem (eigentlichen) Punkt *zwei* fundamentale Gerade ausgehen, während

Die nichtausgearteten Maßbestimmungen.

der Ausdruck für die Entfernung eine völlig andersartige Gestalt gewonnen hat, entsprechend dem Umstand, daß auf jeder (eigentlichen) geraden Linie nur *ein einziger* fundamentaler Punkt liegt. Analoge Ausartungen treten bei der räumlichen euklidischen Geometrie und, wie man aus den Tabellen S. 85 und 92 erkennt, auch bei allen anderen ausgearteten Maßbestimmungen auf.

B. Die analytischen Ausdrücke für die Entfernungen und Winkel. Es handelt sich jetzt darum, die angegebene Definition der Entfernungen und Winkel durch die Koordinaten der zugehörigen Punkte bzw. Geraden und Ebenen auszudrücken. Wir beginnen mit der *geraden Linie*, auf der wir nach Kapitel V projektive Koordinaten $x_1 : x_2$ einführen und ein nichtausgeartetes Gebilde zweiten Grades:

$$\Omega_{xx} = \sum a_{\varkappa\lambda} x_\varkappa x_\lambda = a_{11} x_1^2 + 2 a_{12} x_1 x_2 + a_{22} x_2^2 = 0, \quad (D = |a_{\varkappa\lambda}| \neq 0)$$

als Fundamentalgebilde festlegen, wobei $a_{\varkappa\lambda} = a_{\lambda\varkappa}$ ist. Diese Gleichung bestimmt ein Punktepaar, das die folgenden Koordinaten $x_1' : x_2'$ und $x_1'' : x_2''$ besitzt:

$$\frac{x_1'}{x_2'} = -\frac{a_{12}}{a_{11}} + \frac{1}{a_{11}} \sqrt{a_{12}^2 - a_{11} a_{22}}, \quad \frac{x_1''}{x_2''} = -\frac{a_{12}}{a_{11}} - \frac{1}{a_{11}} \sqrt{a_{12}^2 - a_{11} a_{22}}.$$

Die beiden Punkte, deren Entfernung berechnet werden soll, mögen die Koordinaten $y_1 : y_2$ und $z_1 : z_2$ haben. Ihre Entfernung in bezug auf das angegebene fundamentale Gebilde beträgt dann nach S. 164:

$$E(y, z) = c \ln DV\{y, z, x', x''\} = c \ln DV\{x', x'', y, z\}.$$

Um den Wert des angegebenen Doppelverhältnisses zu bestimmen, gehen wir dabei vorteilhafterweise von dem zuletzt angegebenen Doppelverhältnis aus, das nach S. 41 denselben Wert wie das erste besitzt. Wir legen nun die Punkte der geraden Linie durch die Koordinaten $\varrho x_i = y_i + \mu z_i$ fest. Die beiden Werte μ' und μ'', die zu den fundamentalen Punkten x' und x'' gehören, ergeben sich dann durch Einsetzen in die fundamentale Gleichung:

$$\sum a_{\varkappa\lambda}(y_\varkappa + \mu z_\varkappa)(y_\lambda + \mu z_\lambda)$$
$$= a_{11}(y_1 + \mu z_1)^2 + 2 a_{12}(y_1 + \mu z_1)(y_2 + \mu z_2) + a_{22}(y_2 + \mu z_2)^2 = 0.$$

Wenn wir nach Potenzen von μ ordnen, erhalten wir wie auf S. 53:

$$\sum a_{\varkappa\lambda} y_\varkappa y_\lambda + 2\mu \sum a_{\varkappa\lambda} y_\varkappa z_\lambda + \mu^2 \sum a_{\varkappa\lambda} z_\varkappa z_\lambda = 0.$$

Diese Gleichung können wir auch in der Gestalt:

$$\Omega_{yy} + 2\mu \Omega_{yz} + \mu^2 \Omega_{zz} = 0$$

schreiben; die Größen Ω sind konstant, da die $a_{\varkappa\lambda}$ und die y_i und z_i fest gegeben sind. Wenn wir die beiden Wurzeln μ' und μ'' der obigen Gleichung berechnen und ihren Quotienten $\mu' : \mu''$ bilden, der nach S. 42 gleich dem gesuchten Doppelverhältnis ist, erhalten wir:

$$E(y, z) = c \cdot \ln DV = c \cdot \ln \frac{\mu'}{\mu''} = c \cdot \ln \frac{\Omega_{yz} + \sqrt{\Omega_{yz}^2 - \Omega_{yy} \Omega_{zz}}}{\Omega_{yz} - \sqrt{\Omega_{yz}^2 - \Omega_{yy} \Omega_{zz}}}.$$

Wenn wir μ' und μ'' den beiden Wurzeln in der umgekehrten Reihenfolge zugeordnet hätten, würde das Doppelverhältnis den reziproken Wert und somit die Entfernung den negativen Wert angenommen haben. Die in dem Doppelverhältnis auftretende Wurzel können wir für den Fall der geraden Linie auf die einfache Gestalt:

$$\Omega_{yz}^2 - \Omega_{yy}\Omega_{zz} = (y_1 z_2 - z_1 y_2)^2 (a_{12}^2 - a_{11} a_{22})$$

bringen, von der wir auf S. 179 Gebrauch machen werden.

Dieselben Überlegungen wie für die gerade Linie können wir auch für das *Geraden- und Ebenenbüschel* anstellen. Wenn die Gleichung der beiden fundamentalen Geraden oder Ebenen die Gestalt:

$$\Phi_{uu} = \sum \alpha_{\varkappa \lambda} u_\varkappa u_\lambda = \alpha_{11} u_1^2 + 2\alpha_{12} u_1 u_2 + \alpha_{22} u_2^2 = 0 \qquad (\Delta = |\alpha_{\varkappa \lambda}| \neq 0)$$

besitzt, wird der Winkel zwischen den beiden Elementen v und w durch die Beziehung bestimmt:

$$W(v, w) = c' \cdot \ln \frac{\Phi_{vw}^2 + \sqrt{\Phi_{vw}^2 - \Phi_{vv}\Phi_{ww}}}{\Phi_{vw}^2 - \sqrt{\Phi_{vw}^2 - \Phi_{vv}\Phi_{ww}}}.$$

Im Fall der Ebene erhalten wir dieselben Formeln wie für die gerade Linie bzw. wie für das Geradenbüschel. Wir führen auch hier projektive Koordinaten $x_1 : x_2 : x_3$ ein und legen einen bestimmten nichtausgearteten Kegelschnitt:

$$\Omega_{xx} = \sum a_{\varkappa \lambda} x_\varkappa x_\lambda = 0 \qquad (D = |a_{\varkappa \lambda}| \neq 0)$$

als fundamentales Gebilde fest. Die Punkte, deren Entfernung bestimmt werden soll, mögen die Koordinaten y_i und z_i besitzen. Die Punkte der Verbindungsgeraden haben dann die Koordinaten $y_i + \mu z_i$. Die entsprechenden Überlegungen wie vorhin ergeben für die Entfernung der beiden Punkte y und z wieder den Ausdruck:

$$E(y, z) = c \cdot \ln \frac{\Omega_{yz} + \sqrt{\Omega_{yz}^2 - \Omega_{yy}\Omega_{zz}}}{\Omega_{yz} - \sqrt{\Omega_{yz}^2 - \Omega_{yy}\Omega_{zz}}};$$

Wenn die Verbindungsgerade der beiden Punkte isotrop ist, d. h., wenn sie den fundamentalen Kegelschnitt berührt, wird: $\Omega_{yz}^2 - \Omega_{yy}\Omega_{zz} = 0$ (da in diesem Fall $\mu' = \mu''$ ist), so daß sich $E(y, z) = c \cdot \ln \frac{\Omega_{yz}}{\Omega_{yz}}$ ergibt. Die Entfernung zweier Punkte, die auf einer isotropen Geraden liegen, ist also gleich $c \cdot \ln 1 = 0$, wenn keiner der beiden Punkte y oder z mit dem Berührungspunkt zusammenfällt; wenn dies dagegen der Fall ist, also Ω_{yz} verschwindet, wird die Entfernung unbestimmt.

Die Formeln für den Winkel zweier Geraden ergeben sich auf dem dualen Wege. Die Gleichung des fundamentalen Kegelschnittes in Geradenkoordinaten sei:

$$\Phi_{uu} = \sum \alpha_{\varkappa \lambda} u_\varkappa u_\lambda = 0.$$

Dann erhalten wir für den Winkel zwischen den beiden Geraden v und w die folgende Formel:

$$W(v, w) = c' \cdot \ln \frac{\Phi_{vw} + \sqrt{\Phi_{vw}^2 - \Phi_{vv} \Phi_{ww}}}{\Phi_{vw} - \sqrt{\Phi_{vw}^2 - \Phi_{vv} \Phi_{ww}}}.$$

Wenn sich die beiden Geraden auf dem fundamentalen Kegelschnitt selbst schneiden, verschwindet der Winkel zwischen ihnen, vorausgesetzt, daß keine der beiden Geraden selbst isotrop ist.

Auch *im Raum* ergeben sich für die Entfernung zweier Punkte bzw. für den Winkel zwischen zwei Ebenen genau dieselben Formeln, nur laufen jetzt alle Indizes von 1 bis 4.

Die abgeleiteten Formeln können wir auch noch in anderer Form schreiben. Bekanntlich besteht die Beziehung:

$$\ln a = 2i \arccos \frac{a+1}{2\sqrt{a}}.$$

Aus ihr folgt:

$$E(y, z) = 2ic \cdot \arccos \frac{\Omega_{yz}}{\sqrt{\Omega_{yy} \Omega_{zz}}},$$

wie man leicht verifizieren kann. Schließlich können wir die Entfernung auch noch in Form eines arc sin schreiben:

$$E(y, z) = 2ic \cdot \arcsin \frac{\sqrt{-\Omega_{yz}^2 + \Omega_{yy} \Omega_{zz}}}{\sqrt{\Omega_{yy} \Omega_{zz}}}.$$

Dieselben Umformungen können wir auch bei den Winkelformeln vornehmen[1]).

In zahlreichen Fällen werden wir weiter die Gleichungen der fundamentalen Gebilde nicht in der allgemeinen Gestalt: $\sum a_{\varkappa\lambda} x_\varkappa x_\lambda = 0$, sondern als Summen von reinen Quadraten ansetzen (S. 66—70). Dann vereinfachen sich die abgeleiteten Formeln außerordentlich. Im Fall der geraden Linie lautet diese Gleichungsform des konjugiert imaginären bzw. des reellen Punktepaares:

$$x_1^2 + \varepsilon x_2^2 = 0. \qquad (\varepsilon = \pm 1)$$

Dann wird:

$$\Omega_{yy} = y_1^2 + \varepsilon y_2^2, \quad \Omega_{yz} = y_1 z_1 + \varepsilon y_2 z_2, \quad \Omega_{zz} = z_1^2 + \varepsilon z_2^2,$$

so daß wir für die Entfernung zweier Punkte die folgenden Formeln erhalten:

$$E(y, z) = 2ic \arccos \frac{y_1 z_1 + \varepsilon y_2 z_2}{\sqrt{(y_1^2 + \varepsilon y_2^2)(z_1^2 + \varepsilon z_2^2)}},$$

$$= 2ic \arcsin \frac{(y_1 z_2 - z_1 y_2)\sqrt{\varepsilon}}{\sqrt{(y_1^2 + \varepsilon y_2^2)(z_1^2 + \varepsilon z_2^2)}}.$$

---

[1]) Der Leser möge sich davon überzeugen, daß diese Formeln die Entfernung bzw. den Winkel ebenfalls nur bis auf das Vorzeichen und Vielfache von $2c\pi i$ festlegen (vgl. S. 164).

Entsprechend besitzt im Fall der Ebene die nullteilige bzw. ovale Kurve die Gleichungsform:
$$x_1^2 + x_2^2 + \varepsilon x_3^2 = 0 \, . \qquad (\varepsilon = \pm 1)$$
Dann nimmt beispielsweise die arc-cos-Gleichung die Form an:
$$E(y, z) = 2ic \cdot \arccos \frac{y_1 z_1 + y_2 z_2 + \varepsilon y_3 z_3}{\sqrt{(y_1^2 + y_2^2 + \varepsilon y_3^2)(z_1^2 + z_2^2 + \varepsilon z_3^2)}} \, .$$
Wir heben hervor, daß diese Formeln dieselbe Struktur besitzen wie die in Kapitel IV betrachteten Ausdrücke für den euklidischen Winkel zwischen zwei Geraden bzw. Ebenen. Ferner machen wir auf die Übereinstimmung mit der Formel für den Abstand zweier Punkte x, x' in der ebenen elliptischen Geometrie (S. 149) aufmerksam, wenn wir $2ic = 1$ setzen.

C. **Die elliptische und hyperbolische Maßbestimmung auf der Geraden.** Wir wenden uns jetzt der *anschaulichen Betrachtung* der festgelegten Maßbestimmungen zu. Dabei haben wir von vornherein die *Realitätsverhältnisse der fundamentalen Gebilde* zu berücksichtigen. Die Maßbestimmung auf der geraden Linie bezeichnet man, je nachdem ihr ein konjugiert imaginäres oder ein reelles Punktepaar zugrunde liegt, als *elliptisch oder hyperbolisch*[1]). Der Übergang zwischen diesen beiden Maßbestimmungen, bei dem ein doppelt zählender Punkt als fundamentales Gebilde auftritt, wird entsprechend als *parabolisch* bezeichnet; diese ausgeartete Maßbestimmung werden wir erst auf S. 179 betrachten.

Wir beginnen mit der näheren Betrachtung der *elliptischen Maß-bestimmung*, deren Fundamentalpunkte konjugiert imaginär sind. Das Doppelverhältnis von zwei reellen Punkten zu den beiden konjugiert imaginären Fundamentalpunkten besitzt, wie man leicht nachrechnet, den absoluten Betrag 1, so daß der zugehörige Logarithmus rein imaginär ist[2]). Wenn wir daher erreichen wollen, daß reelle Punkte eine reelle Entfernung besitzen, müssen wir der Konstanten *c einen rein imaginären Wert* ic_e zuteilen, wobei c_e eine reelle, nicht verschwindende Zahl bedeutet. Dann besitzen alle reellen Punkte der projektiven Geraden eine reelle endliche Entfernung voneinander. Der Abstand zweier

---

[1]) Diese von *Klein* eingeführte Bezeichnungsweise schließt sich dem in der Geometrie üblichen Sprachgebrauch an. So bezeichnet man z. B. die Punkte einer Fläche als hyperbolisch oder elliptisch oder parabolisch, je nachdem die zugehörigen Haupttangenten reell oder imaginär sind oder zusammenfallen. In derselben Weise klassifiziert Steiner die Involutionen nach den Realitätsverhältnissen der Doppelpunkte usw. *Klein,* Ges. Math. Abh. Bd. I, S. 258.

[2]) Denn der Logarithmus ist für komplexe Werte durch die Formel: $\log(x+iy) = \log|r| + i\varphi$ definiert, wobei der absolute Betrag $|x+iy| = \sqrt{x^2 + y^2} = r$ und das Argument $\arg(x+iy) = \arctan \frac{y}{x} = \varphi$ gesetzt ist.

Die nichtausgearteten Maßbestimmungen. 171

Punkte ist dabei nur bis auf das Vorzeichen und ganze Vielfache von $2i\pi c = -2\pi c_e$ bestimmt; diese Periode gibt gerade die Gesamtlänge der geraden Linie bei einmaligem Durchlaufen, womit die Vieldeutigkeit der Entfernung in der elliptischen Geometrie erklärt ist.

Die entsprechenden zweidimensionalen Verhältnisse haben wir bereits in Kapitel IV betrachtet, in welchem wir die elliptische Geometrie der Ebene durch Projektion aus der euklidischen Geometrie des Bündels oder der sphärischen Geometrie auf der Kugel ableiteten. Genau so können wir die elliptische Geometrie auf der Geraden gewinnen, indem wir einen Kreis vom Radius $r = 2c_e$ von seinem Mittelpunkt aus auf die Gerade projizieren und als Länge irgend zweier Punkte auf der Geraden die euklidische Länge des zugehörigen Kreisbogenstückes ansehen. In Abb. 109 haben wir nach diesem einfachen Verfahren eine Skala von äquidistanten Punkten auf der elliptisch ausgemessenen Geraden konstruiert. Man sieht deutlich, daß die Länge der geschlossenen Geraden bei einmaligem Umlauf gerade $r\pi = 2\pi c_e$ beträgt.

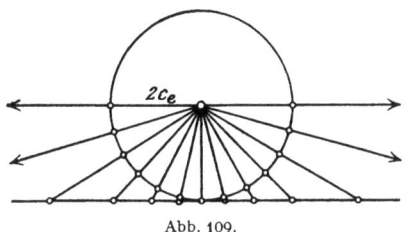

Abb. 109.

Bei der *hyperbolischen Maßbestimmung* sind die beiden Fundamentalpunkte, die wir mit A und B bezeichnen wollen, reell. Zwei reelle Punkte Y und Z haben dann in bezug auf diese beiden Punkte stets ein reelles Doppelverhältnis, und zwar ist das Doppelverhältnis positiv oder negativ, je nachdem das Punktepaar YZ durch das Punktepaar AB nicht getrennt wird (Abb. 110) oder getrennt wird (Abb. 111). Im ersten Fall ist der Logarithmus des Doppelverhältnisses bis auf imaginäre Perioden reell, im zweiten Fall dagegen komplex. Wenn also die Entfernung zweier Punkte der Geraden, die in derselben Strecke AB liegen (Abb. 110), reell sein soll, müssen wir die vor dem Logarithmus stehende Konstante c ebenfalls *reell* wählen: $c = c_h$, wobei c_h eine reelle nicht verschwindende Zahl ist. Zwei verschiedene reelle Punkte Y und Z, die mit keinem der beiden Fundamentalpunkte zusammenfallen, besitzen dann eine reelle oder eine komplexe Entfernung, je nachdem sie in derselben Strecke AB (Abb. 110) oder in verschiedenen Strecken (Abb. 111) liegen.

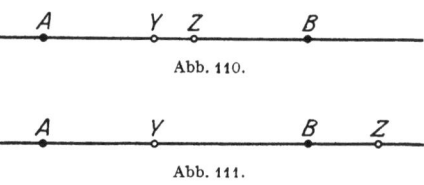

Wenn wir von einem beliebigen reellen Punkt P der geraden Linie, der mit keinem der beiden Fundamentalpunkte zusammenfällt, nach beiden Seiten hin im Sinne der hyperbolischen Maßbestimmung immer wieder dieselbe Strecke antragen, erhalten wir die untere Skala der Abb. 112. Da derartige im Sinn der hyperbolischen Geometrie äquidistante Punktreihen häufiger auftreten, ist in Abb. 112 die zugehörige

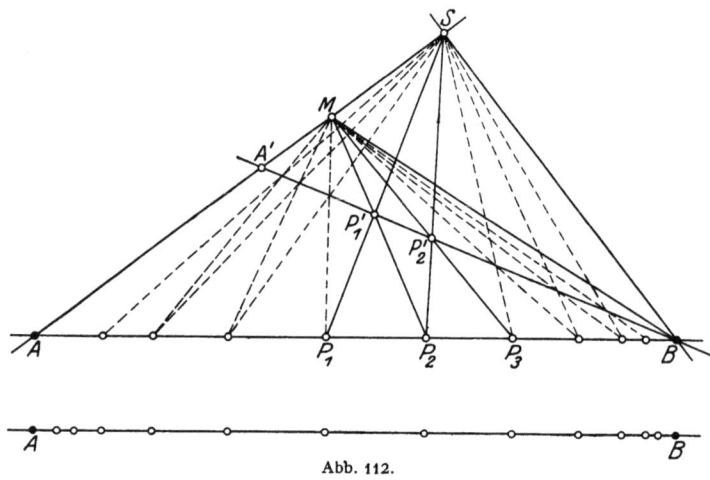

Abb. 112.

elementare Konstruktion angegeben. A und B sind die beiden Fundamentalpunkte der Maßbestimmung; P_1 und P_2 sind die Endpunkte der gegebenen Strecke. Wir legen durch einen der Fundamentalpunkte, etwa B, eine gerade Linie (in der Abbildung mit $A'B$ bezeichnet) und projizieren die vier gegebenen Punkte von einem beliebigen Punkte S auf diese Gerade; dann ist: $DV\{P_1 P_2 AB\} = DV\{P'_1 P'_2 A'B\}$ (vgl. Abb. 112). Die Verbindungsgerade $P_2 P'_1$ möge die Gerade AS im Punkte M schneiden. Wir projizieren nunmehr die erhaltenen vier Punkte von M aus auf die Ausgangsgerade zurück. Dann ergibt sich:

$$DV\{P_1 P'_2 A'B\} = DV\{P_2 P_3 AB\}$$

und somit:

$$DV\{P_1 P_2 AB\} = DV\{P_2 P_3 AB\},$$

woraus unmittelbar folgt, daß die Strecken $P_1 P_2$ und $P_2 P_3$ im Sinne der betrachteten hyperbolischen Maßbestimmung kongruent sind. Die weiteren Punkte sind auf dieselbe Weise in gestrichelten Linien konstruiert.

Aus diesem Verfahren ergibt sich, daß die einzelnen (hyperbolisch kongruenten) Strecken im Sinne der euklidischen Geometrie nach den beiden Fundamentalpunkten A und B hin unbeschränkt kleiner werden und diese Punkte nie erreichen. Die Fundamentalpunkte haben daher von dem Ausgangspunkt P im Sinne der hyperbolischen Maßbestimmung eine unendlich große Entfernung. Alle Punkte, die außerhalb der betrachteten Strecke AB liegen, besitzen eine komplexe Entfernung

Die nichtausgearteten Maßbestimmungen. 173

von P. Wenn wir auf der Geraden in der Zeiteinheit immer die gleiche Weglänge im Sinne der hyperbolischen Maßbestimmung zurücklegen, *können wir nie über die beiden Fundamentalpunkte herauskommen. Alle Punkte außerhalb der betrachteten Strecke sind daher als unerreichbare oder uneigentliche Punkte anzusehen.* Wir heben hierbei nochmals hervor, daß zwei uneigentliche Punkte, wenn keiner von ihnen mit einem der Fundamentalpunkte zusammenfällt, einen reellen endlichen Abstand besitzen. Weiter ist in der hyperbolischen Maßbestimmung der *reelle* Abstand zweier eigentlicher Punkte (im Gegensatz zu der elliptischen Geometrie) bis auf das Vorzeichen eindeutig bestimmt. Denn die Periode der Entfernung beträgt jetzt ganzzahlige Vielfache von $2i\pi c_h$, so daß wir nur einen einzigen reellen Wert erhalten.

Die hyperbolische Maßbestimmung auf einer Geraden können wir uns ähnlich wie die elliptische (Abb. 109) auf folgende Weise veranschaulichen, deren Richtigkeit man analytisch leicht bestätigt. Wir projizieren eine Hyperbel von ihrem Mittelpunkt M aus auf die Gerade G (Abb. 113) und sehen als hyperbolisch gemessene Länge der Strecke PQ auf G den euklidisch gemessenen *Inhalt* des Dreieckes $MP'Q'$ an (in der Abb. 113 schraffiert). Die beiden fundamentalen Punkte der hyperbolischen Maßbestimmung werden hierbei durch die Asymptoten der Hyperbel bestimmt. In der elliptischen Geometrie konnten wir bei der entsprechenden Veranschaulichung auch von der *Bogenlänge* eines Kreises ausgehen, die bis auf einen Faktor mit dem zugehörigen Inhalt übereinstimmt; die Veranschaulichung durch die Bogenlänge läßt sich aber nicht in der angegebenen Weise auf die hyperbolische Maßbestimmung übertragen.

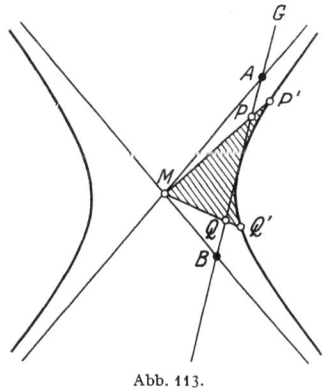

Abb. 113.

Zum Schluß wollen wir nochmals darauf hinweisen, daß die elliptische und hyperbolische Maßbestimmung trotz der im Reellen zwischen ihnen bestehenden Unterschiede vom *algebraischen* Standpunkt aus identisch sind. Wir haben in der elliptischen Maßbestimmung $c = i c_e$ und in der hyperbolischen Maßbestimmung $c = c_h$ mit reellen c_e und c_h gesetzt; die beiden Konstanten sind also durch die Beziehung:
$$c_e = -i c_h$$
miteinander verbunden.

D. Die elliptische und hyperbolische Maßbestimmung im Geraden- und Ebenenbüschel. Auch hier werden die Maßbestimmungen als elliptisch oder hyperbolisch bezeichnet, je nachdem die beiden fundamentalen Elemente konjugiert imaginär oder reell sind. Diese Maßbestimmungen sind dabei eine unmittelbare Projektion der entsprechenden Maßbestimmungen auf der geraden Linie (Abb. 109, elliptische Maßbestimmung; Abb. 114, hyperbolische Maßbestimmung). Im Fall der elliptischen Maßbestimmung können wir dabei, indem wir immer wieder Winkel derselben Größe aneinander antragen, den Mittelpunkt des Büschels (im reellen Gebiet) beliebig oft umkreisen, während wir uns bei der hyperbolischen Maßbestimmung immer mehr zwei bestimmten Geraden,

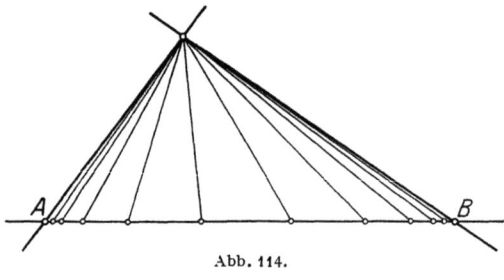

Abb. 114.

nämlich den fundamentalen Geraden, nähern. Wenn wir von einem rechtwinkligen Koordinatensystem ausgehen und die Gleichung der fundamentalen Elemente in der Form $u_1^2 + u_2^2 = 0$ ansetzen, erhalten wir für $c' = \dfrac{i}{2}$ gerade die euklidische Messung der Winkel.

E. Die elliptische und hyperbolische Maßbestimmung in der Ebene. Eine nichtausgeartete Maßbestimmung in der Ebene wird, je nachdem der zugehörige fundamentale Kegelschnitt nullteilig oder oval ist, als *elliptisch* oder *hyperbolisch* bezeichnet. Die euklidische Maßbestimmung werden wir erst später betrachten, da sie ein ausgeartetes fundamentales Gebilde besitzt.

Wir beginnen mit der *ebenen elliptischen Maßbestimmung*, bei welcher der fundamentale Kegelschnitt nullteilig ist. In diesem Fall werden wir c und c' rein imaginäre Werte erteilen, damit reelle Punkte und reelle Gerade eine reelle Entfernung bzw. einen reellen Winkel bestimmen (vgl. S. 170). Im besondern setzen wir die Entfernungskonstante $c = i c_e$; die Winkelkonstante werden wir dagegen bei den späteren Betrachtungen stets gleich $\dfrac{i}{2}$ wählen, da dann die Winkelmessung mit der euklidischen übereinstimmt. Sämtliche Entfernungen zwischen reellen Punkten der projektiven Ebene sind dann reell und endlich, so daß im reellen Gebiet keine unendlich fernen Elemente auftreten. Alle diese Verhältnisse haben wir bereits in § 5 des IV. Kapitels kennengelernt.

Wenn dagegen der fundamentale Kegelschnitt oval ist, erhalten wir die *ebene hyperbolische Maßbestimmung*, mit der wir uns bis jetzt noch nicht beschäftigt haben. Die ovale Kurve teilt die reelle projektive Ebene in zwei verschiedene Gebiete, die wir als Äußeres und Inneres zu unterscheiden pflegen; dabei definiert man das Äußere als dasjenige Ge-

Die nichtausgearteten Maßbestimmungen. 175

biet, von dessen sämtlichen Punkten zwei reelle Tangenten an den Kegelschnitt gehen, während die Tangenten von den Punkten des inneren Gebietes konjugiert imaginär sind. Auf den geraden Linien der Ebene ergibt sich nun eine elliptische, eine ausgeartete oder schließlich eine hyperbolische Maßbestimmung, je nachdem die betreffende gerade Punktreihe keinen, einen oder zwei reelle Punkte mit dem fundamentalen Kegelschnitt gemeinsam hat. Die Konstante c wählen wir genau wie in der hyperbolischen Maßbestimmung auf der geraden Linie reell: $c = c_h$. Wenn wir uns im Innern des Kegelschnittes befinden, können wir auf einer geraden Linie im Sinne unserer Maßbestimmung noch so viele unter sich gleiche Strecken aneinander abtragen, ohne über das Innere des Kegelschnittes hinaus zu gelangen. Die Punkte des fundamentalen Kegelschnittes sind also bei endlicher Geschwindigkeit unerreichbar (vgl. S. 173) und übernehmen somit die Rolle, welche die unendlich fernen Punkte in der ebenen euklidischen Geometrie spielen. Die Punkte im Äußern des fundamentalen Kegelschnittes besitzen von den Punkten im Innern einen komplexen Abstand und sind somit ebenfalls als ideale Punkte anzusehen. Wir wollen hervorheben, daß zwei ideale Punkte im Äußern einen reellen Abstand besitzen können. Wenn wir uns in diesem Gebiet befinden, müssen wir umgekehrt die Punkte im Innern und auf dem Rand des Kegelschnitts als ideal ansehen; im folgenden *werden wir uns aber im allgemeinen auf den Fall beschränken, daß wir uns in dem innern Gebiet befinden*, da dieser, wie sich zeigen wird, für die Anwendungen allein wesentlich ist.

Es seien nun zwei gerade Linien u und v gegeben, die durch das Innere des ovalen Kegelschnittes hindurchgehen. Die Winkelmessung in dem hierdurch bestimmten Büschel ist dann elliptisch, ausgeartet oder hyperbolisch, je nachdem der zugehörige Mittelpunkt M im Innern

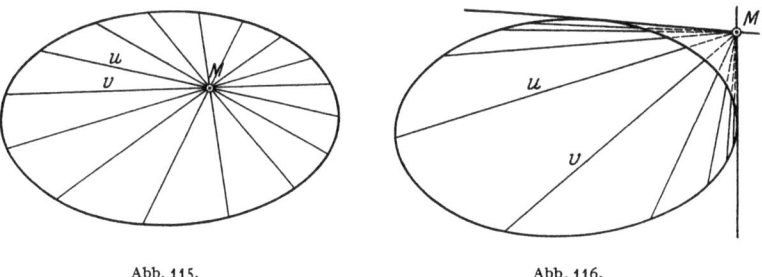

Abb. 115.   Abb. 116.

oder auf dem Kegelschnitt selbst oder schließlich im Äußern liegt. Im ersten Fall können wir, wenn wir genügend oft gleich große Winkel aneinander antragen, den Mittelpunkt des Büschels umkreisen (Abb. 115, in welcher der Winkel zwischen den beiden Geraden u und v gleich $\pi/8$ angenommen ist, so daß wir nach achtmaligem Antragen desselben Winkels auf die erste Gerade zurückkommen). Im letzten Fall nähern sich die geraden Linien dagegen immer mehr den zugehörigen Tangenten an den fundamentalen Kegelschnitt (Abb. 116; die Geraden in unmittelbarer Nähe der Tangenten sind nicht mehr eingezeichnet); alle diese geraden Linien laufen dabei durch das uns erreichbare Gebiet. In dem Grenzfall schließlich, in welchem der Schnittpunkt M der geraden Linien auf dem Kegelschnitt selbst liegt, ist der zugehörige Winkel stets gleich Null (vgl. S. 169 und ferner den entsprechenden Beweis S. 168 für zwei Punkte, die auf einer isotropen Geraden liegen; unbestimmt kann der Winkel nicht werden, da wir vorausgesetzt haben, daß die beiden Geraden durch das Innere des Kegelschnittes hindurchgehen). Da in diesem Fall auch alle anderen (im Sinne der hyperbolischen Geometrie eigentlichen) Geraden durch M miteinander den Winkel Null bestimmen, läßt sich hier die analoge Konstruktion wie in den beiden anderen Fällen nicht durchführen (bei Zugrundelegung von Bewegungen ist dies dagegen möglich; vgl. Abb. 118). Wenn wir uns im Äußern des fundamentalen Kegelschnittes befinden, treffen wir entsprechende Verhältnisse; der Leser möge diesen Fall für sich selbst durchdenken. Um zu erreichen, daß zwei Gerade, die sich im Innern des Kegelschnittes schneiden, einen reellen Winkel bilden, müssen wir die Winkelkonstante rein imaginär wählen; bei den späteren Betrachtungen werden wir sie wieder in Übereinstimmung mit der euklidischen Winkelmessung gleich $i/2$ setzen.

Einen besonders klaren Überblick über die besprochenen Maßbestimmungen gewinnen wir, wenn wir die *Kurven konstanten Abstandes von einem bestimmten Punkte z* zeichnen; diese Kurven haben wir als die *Kreise* der vorliegenden Maßbestimmung anzusehen. Da die Entfernung zwischen den beiden Punkten y und z nach der arc-cos-Formel S. 169 nur von dem Ausdruck $\Omega_{yz} : \sqrt{\Omega_{yy}\Omega_{zz}}$ abhängt, erhalten wir die Gleichung der Kreise, indem wir diesen Ausdruck gleich einer Konstanten k setzen:

$$\Omega_{yz}^2 = k^2\, \Omega_{yy}\, \Omega_{zz}, \qquad (\Omega_{zz} \neq 0)$$

wobei wir die z_i als konstant, die y_i als variabel anzunehmen haben. Wenn wir den durch diese Gleichung festgelegten Kegelschnitt mit dem fundamentalen Kegelschnitt $\Omega_{yy} = 0$ (y_i variabel) zum Schnitt bringen, erhalten wir $\Omega_{yz}^2 = 0$. Dies ist die Gleichung der doppelt gezählten Polaren von z in bezug auf den fundamentalen Kegelschnitt. Von den vier Schnittpunkten, die zwei Kegelschnitte im allgemeinen besitzen, fallen also in diesem Fall je zwei zusammen; die angegebenen Kreise um z berühren den fundamentalen Kegelschnitt in je zwei Punkten, nämlich in den Schnittpunkten mit der Polaren von z (vgl. Abb. 119, bei der die Schnittpunkte reell sind).

Bei dieser Überlegung haben wir angenommen, daß z nicht auf dem fundamentalen Kegelschnitt selbst liegt; denn dann würde $\Omega_{zz} = 0$ sein, so daß *alle* Punkte der Ebene, die nicht gerade auf der Tangente von z liegen, von dem Punkte z *dieselbe*, nämlich eine unendlich große Entfernung besitzen. In diesem Fall erweitern wir die Definition eines Kreises, der im allgemeinen als Kurve konstanten Abstandes von einem Punkte festgelegt ist, auf folgendem Wege. Wir können die oben betrachtete Kreisgleichung $\Omega_{yz}^2 = k^2 \Omega_{yy} \Omega_{zz}$ wegen der Konstanz der z_i auch in der Form $\Omega_{yz}^2 = k_1^2 \Omega_{yy}$ schreiben, und diese Gleichungen stellen auch für $\Omega_{zz} = 0$ Kurvenscharen dar. Wir setzen daher fest, daß eine Kurve mit der Gleichung:

$$\Omega_{yz}^2 = k_1^2 \Omega_{yy}$$

in jedem Fall ein „Kreis mit dem Mittelpunkt z" heißen soll. Wenn im besondern $\Omega_{zz} = 0$ ist, so gehört zu einem solchen z, wie zu jedem andern, ebenfalls eine einparametrige Kreisschar. Die beiden Berührungspunkte, die ein Kreis im allgemeinen mit der fundamentalen Kurve gemeinsam hat, fallen dabei in einen einzigen Punkt, nämlich z, zusammen (vgl. Abb. 118).

Die anschauliche Gestalt der betrachteten Kurvenscharen haben wir schon auf S. 105 untersucht. In der *elliptischen Maßbestimmung* besitzen die konzentrischen Kreise um einen Punkt stets die

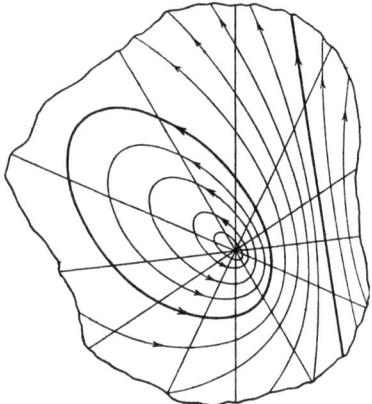

Abb. 117. Kreise in der elliptischen Geometrie. Eigentliche Kreise in der hyperbolischen Geometrie.

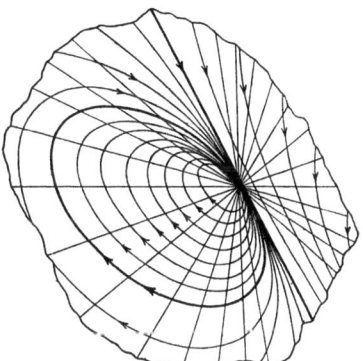

Abb. 118. Grenzkreise in der hyperbolischen Geometrie.

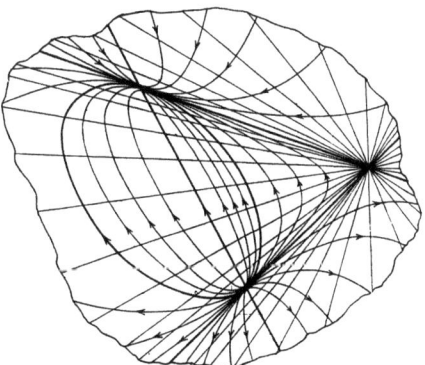

Abb. 119. Überkreise in der hyperbolischen Geometrie.

178   Die projektiven Maßbestimmungen.

in Abb. 117 wiedergegebene Gestalt, nur daß der dort dick ausgezogene Kegelschnitt keine besondere Bedeutung besitzt[1]). In der *hyperbolischen Maßbestimmung* besitzen die konzentrischen Kreise dagegen ein verschiedenes Aussehen, je nachdem der zugehörige Mittelpunkt im Innern (Abb. 117), auf dem fundamentalen Kegelschnitt selbst (Abb. 118) oder in dessen Äußern liegt (Abb. 119); die ersten Kurven sind Kreise um einen eigentlichen, die beiden anderen Kreise um einen uneigentlichen Punkt. Man pflegt diese drei Kreisarten der hyperbolischen Maßbestimmung als *eigentliche Kreise* (Abb. 117), als *Grenzkreise oder Horozyklen* (Abb. 118) und als *Überkreise oder Hyperzyklen* (Abb. 119) zu unterscheiden. Die Gestalt der Grenzkreise (Abb. 118) ergibt sich durch einen anschaulichen Grenzübergang aus den Abb. 117 und 119, indem wir den Mittelpunkt allmählich auf die fundamentale Kurve zuwandern lassen.

Unter den betrachteten Kreisen befindet sich in jedem Fall eine gerade Linie, nämlich die Polare des zugehörigen Mittelpunktes, die wir für den Wert $k = 0$ bzw. $k_1 = 0$ erhalten. Da nach der arc-cos-Formel S. 169 der durch die Konstante k festgelegte Kreis den Radius $2ic \arccos k$ besitzt, ergibt sich im Fall $\Omega_{zz} \neq 0$ für den Radius dieser ausgezeichneten Kreise der Wert $i\pi c$ (bei den von uns gemachten Festsetzungen haben sie also in der elliptischen Geometrie den reellen Radius πc_e, in der hyperbolischen Geometrie dagegen den imaginären Radius $i\pi c_h$). Wenn wir in der Gleichung der betrachteten Kreise $k = 1$ setzen, erhalten wir einen sog. Punktkreis (vgl. S. 137), d. h. den geometrischen Ort der Punkte, die von z den Abstand Null besitzen; er besteht aus den beiden von z ausgehenden konjugiert imaginären oder auch reellen Geraden, die den Kegelschnitt berühren und somit isotrop sind. Ferner erhalten wir für $k = \infty$ einen Kreis mit unendlich großem Radius, nämlich den fundamentalen Kegelschnitt selbst (vgl. die Anm. S. 134).

Auf weitere geometrische Sätze aus der ebenen elliptischen und hyperbolischen Geometrie werden wir in Kapitel VIII eingehen.

F. Die elliptische und hyperbolische Maßbestimmung im Raum.
Im Raum haben wir bei den nichtausgearteten Maßbestimmungen drei verschiedene Fälle zu unterscheiden, je nachdem die fundamentale Fläche nullteilig, oval oder ringartig ist. Im ersten Fall erhalten wir die *elliptische Geometrie des Raumes*, in der alle Punkte des projektiven Raumes einen endlichen Abstand voneinander besitzen. Im zweiten Fall erhalten wir die *hyperbolische Geometrie*, bei der wir uns im allgemeinen im Innern der ovalen Fläche befindlich denken; die Punkte auf dieser Fläche selbst und die Punkte in ihrem Äußern sind dann als ideale, d. h. nicht erreichbare Punkte zu betrachten. Im dritten

---

[1]) Der Kegelschnitt ist dick ausgezeichnet, da uns dann dieselbe Figur gleichzeitig auch die in der hyperbolischen Maßbestimmung auftretenden Verhältnisse veranschaulichen kann.

Fall erhalten wir endlich eine weitere Maßbestimmung, die keinen besonderen Namen besitzt und für unsere späteren Überlegungen nur von untergeordneter Bedeutung ist.

Durch dieselben Überlegungen wie im Fall der Ebene erkennt man, daß es in der elliptischen Geometrie des Raumes nur eine einzige Art von Kugeln gibt. In der hyperbolischen Geometrie haben wir dagegen drei verschiedene Arten zu unterscheiden, je nachdem der Mittelpunkt im Innern der fundamentalen Fläche, auf ihr selbst oder schließlich in ihrem Äußern liegt; diese drei Arten werden als *eigentliche Kugeln*, als *Grenzkugeln oder Horosphären* und als *Überkugeln oder Hypersphären* bezeichnet.

§ 2. Die ausgearteten Maßbestimmungen.

In derselben Weise wie auf ein nichtausgeartetes Gebilde können wir auch auf ein beliebiges der ausgearteten Gebilde, die in den drei Tabellen S. 70 (gerade Linie), S. 85 (Ebene) und S. 92 (Raum) aufgezählt sind, eine projektive Maßbestimmung gründen. Wenn wir die nicht ausgearteten Maßbestimmungen mitzählen und die Realitätsunterschiede berücksichtigen, *erhalten wir somit auf der geraden Linie 3, in der Ebene 7 und im Raum 18 verschiedene Maßbestimmungen*[1]).

A. Die gerade Linie. Auf der geraden Linie gibt es nach der Tabelle S. 70 nur ein einziges ausgeartetes Gebilde, nämlich den doppelt zählenden Punkt, den wir somit als fundamentales Gebilde zugrunde legen. Da in diesem Fall die verschwindende Determinante der Gleichung:

$$\Omega_{xx} = a_{11} x_1^2 + 2 a_{12} x_1 x_2 + a_{22} x_2^2 = 0$$

die Gestalt: $D = a_{11} a_{22} - a_{12}^2 = 0$ besitzt, wird nach S. 168 $\Omega_{yz}^2 - \Omega_{yy} \Omega_{zz} = 0$. Der Ausdruck, den wir auf S. 167 für die Entfernung aufgestellt hatten, nimmt daher im allgemeinen den Wert $c \cdot \ln 1 = 0$ an. Trotzdem können wir auch in diesem Fall eine brauchbare Maßbestimmung erhalten. Wir knüpfen hierzu an die Maßbestimmung an, die sich auf ein Punktepaar $\Omega_{xx} = \sum a_{\varkappa\lambda} x_\varkappa x_\lambda = 0$, $D = |a_{\varkappa\lambda}| \neq 0$ gründet; in diesem Falle läßt sich nach S. 169 der Ausdruck für die Entfernung zweier Punkte y und z in der Form schreiben:

$$E(y, z) = 2 i c \arcsin \frac{(y_1 z_2 - z_1 y_2) \sqrt{a_{11} a_{22} - a_{12}^2}}{\sqrt{\Omega_{yy} \Omega_{zz}}}.$$

---

[1]) Eine genaue Klassifizierung aller dieser Maßbestimmungen, auch für den Fall einer n-dimensionalen Mannigfaltigkeit, findet man in der Arbeit von *Sommerville: Classification of Geometries with Projektive Metric*, Proceedings of the Edinburgh Mathematical Society, Vol. 2, 1910. Indem *Sommerville* weiter die möglichen Einteilungen in eigentliche und uneigentliche Gebiete usw. berücksichtigt, erhält er in einer n-dimensionalen Mannigfaltigkeit gerade 3^n verschiedene Maßbestimmungen.

180 Die projektiven Maßbestimmungen.

Wir lassen nun die beiden Fundamentalpunkte zusammenrücken, indem wir a_{12}^2 immer mehr dem Werte $a_{11} \cdot a_{22}$ annähern. Dann geht $\Omega_{xx} = a_{11} x_1^2 + 2 a_{12} x_1 x_2 + a_{22} x_2^2$ in das Quadrat des linearen Ausdrucks $\sqrt{a_{11}} \cdot x_1 + \sqrt{a_{22}} \cdot x_2$ über, so daß:

$$\sqrt{\Omega_{yy}} = \sqrt{a_{11}} \cdot y_1 + \sqrt{a_{22}} \cdot y_2 \quad \text{und} \quad \sqrt{\Omega_{zz}} = \sqrt{a_{11}} \cdot z_1 + \sqrt{a_{22}} \cdot z_2$$

wird. Da ferner bei dem Grenzübergang das Argument des arc sin beliebig klein wird, können wir den arc sin durch sein Argument selbst ersetzen. Wir erhalten somit:

$$E(y, z) = 2 i c \sqrt{a_{11} a_{22} - a_{12}^2} \cdot \frac{y_1 z_2 - z_1 y_2}{(\sqrt{a_{11}} \cdot y_1 + \sqrt{a_{22}} \cdot y_2)(\sqrt{a_{11}} \cdot z_1 + \sqrt{a_{22}} \cdot z_2)}.$$

Den gegen Null rückenden Faktor $2 i \sqrt{a_{11} a_{22} - a_{12}^2}$ vereinigen wir mit c, dem wir immer größere Werte beilegen, zu einer neuen endlichen Konstanten k. Dadurch erhalten wir für die Entfernung die Formel:

$$E(y, z) = k \frac{y_1 z_2 - z_1 y_2}{(\sqrt{a_{11}} \cdot y_1 + \sqrt{a_{22}} \cdot y_2)(\sqrt{a_{11}} \cdot z_1 + \sqrt{a_{22}} \cdot z_2)}.$$

Der doppelt zählende Punkt, auf den sich diese Maßbestimmung gründet, ist dabei durch die Gleichung: $\Omega_{xx} = \{\sqrt{a_{11}} \cdot x_1 + \sqrt{a_{22}} \cdot x_2\}^2 = 0$ festgelegt und besitzt somit die Koordinaten: $x_1 : x_2 = -\sqrt{a_{22}} : \sqrt{a_{11}}$.

Wenn wir den fundamentalen Punkt in den unendlich fernen Punkt unserer Geraden legen, d. h. $a_{11} = 0$ setzen, erhalten wir:

$$E(y, z) = \frac{k}{a_{22}} \cdot \frac{y_1 z_2 - z_1 y_2}{y_2 z_2},$$

also gerade den Ausdruck, durch den nach S. 128 die Entfernung in der euklidischen Geometrie bestimmt wird[1]).

B. Das Geraden- und Ebenenbüschel. Dieselben Überlegungen wie für die gerade Linie können wir auch für das Geraden- und Ebenenbüschel durchführen und dadurch in diesen eine parabolische Maßbestimmung festlegen. Wenn wir im Sinne dieser Maßbestimmung in einem Geradenbüschel immer wieder Winkel derselben Größe aneinander antragen, nähern wir uns immer mehr der fundamentalen Geraden, die in diesem Fall ja stets reell ist (Abb. 120, die durch Übertragung der euklidischen Maßbestimmung einer Geraden G auf das Geradenbüschel durch S entstanden ist). Die entsprechenden Verhältnisse treten in den Ebenenbüscheln auf. Wir erkennen jetzt den inneren

---

[1]) Dieses Resultat hätten wir bei Verwendung der kanonischen Gleichungsform für das fundamentale Gebilde auch unmittelbar aus der arc-sin-Formel S. 169 ableiten können, indem wir ε gegen Null gehen lassen (der Leser möge beachten, daß dann der Punkt $x_1^2 = 0$ als fundamentales Gebilde gewählt ist, hier dagegen der Punkt $x_2^2 = 0$). Wir haben an dieser Stelle die allgemeine Überlegung gewählt, um die Formel für ein beliebiges fundamentales Gebilde zu gewinnen.

Die ausgearteten Maßbestimmungen. 181

Grund dafür, *daß sich in der euklidischen Geometrie die Entfernungen durch algebraische, die Winkel dagegen durch transzendente Ausdrücke darstellen.* Die Maßbestimmung für die Entfernung ist nämlich aus-

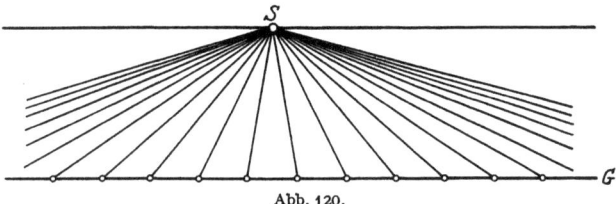
Abb. 120.

geartet, die für die Winkel dagegen nicht; durch den im ersten Fall vorzunehmenden Grenzübergang wird die Transzendenz beseitigt.

C. Die Ebene. In der Ebene gibt es nach der Tabelle S. 85 sieben verschiedene quadratische Gebilde; wir wollen die zugehörigen Maßbestimmungen der Reihe nach diskutieren.

Die Fälle 1 und 2 der Tabelle (*nullteilige und ovale Kurve*) haben wir bereits eingehend untersucht.

In Fall 3 besteht das fundamentale Gebilde aus *zwei reellen Geraden und dem zugehörigen Schnittpunkt S* (Abb. 121). Auf allen reellen Geraden der Ebene, die nicht durch S hindurchgehen, ergibt sich eine hyperbolische Maßbestimmung. Die Geraden durch S sind als isotrop anzusehen; in der Tat wird das fundamentale Gebilde in Geradenkoordinaten durch die Gleichung dieses Büschels dargestellt. Wenn wir uns in dem Winkelraum A des fundamentalen Geradenpaares befinden (Abb. 121),

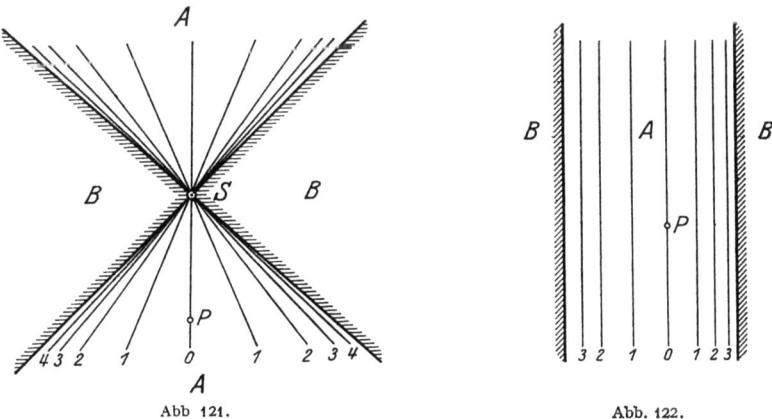
Abb. 121.   Abb. 122.

sind die Punkte des Winkelraumes B für uns unerreichbar; sie besitzen von den Punkten in A eine komplexe Entfernung. Die Punkte der beiden Fundamentalgeraden selbst sind von den Punkten in A und

B unendlich weit entfernt. Für alle Geradenbüschel der Ebene mit Ausnahme des Büschels durch S ergibt sich eine parabolische Maßbestimmung; das fundamentale Element wird durch die Verbindungsgerade des Mittelpunktes mit S bestimmt. Die Schar der konzentrischen Kreise um einen Punkt P (Abb. 121) artet in das Geradenbüschel durch S aus. Die Punkte der Geraden PS haben im besonderen einen verschwindenden Abstand von P, mit alleiniger Ausnahme des Punktes S, für welchen der Abstand PS unbestimmt wird. In Abb. 121 sind die Kreise um P mit den Radien 0, 1, 2, 3, 4 eingezeichnet; die Kreise mit größerem Radius drängen sich (euklidisch gesprochen) immer dichter an den beiden fundamentalen Geraden zusammen. Interessant ist auch das Bild, welches sich ergibt, wenn wir den Punkt S in einen unendlich fernen Punkt der affinen Ebene legen. Wir erhalten dann eine Maßbestimmung im Innern eines Parallelstreifens (Abb. 122); die Punkte am Rande und außerhalb dieses Streifens sind für uns unerreichbar. In Abb. 122 sind ebenfalls die konzentrischen Kreise um einen Punkt P mit den Radien 0, 1, 2, 3 eingezeichnet.

Im Fall 4 haben wir *zwei konjugiert imaginäre Gerade mit einem reellen Schnittpunkt S*. Die zugehörige Maßbestimmung umfaßt alle reellen Punkte der projektiven Ebene mit alleiniger Ausnahme von S. Auf allen reellen Geraden, die nicht durch S gehen, gilt eine elliptische Maßbestimmung; die Geraden durch S selbst sind als isotrop anzusehen. Für die Geradenbüschel der Ebene mit Ausnahme des Büschels durch S gilt eine parabolische Maßbestimmung; das fundamentale Element wird durch die Verbindungsgerade des Mittelpunktes mit S bestimmt. Diese Maßbestimmung ist deshalb besonders bemerkenswert, weil sie das *duale Abbild der euklidischen Geometrie* darstellt; in der Tat müssen in diesem dualen Abbild alle Geraden eine endliche Länge besitzen, während alle Winkel um einen Punkt herum unendlich groß sind. Durch Dualisierung der euklidischen Lehrsätze können wir diese Maßbestimmung unmittelbar entwickeln. So ist in der euklidischen Geometrie der Kreis als der geometrische Ort aller Punkte definiert, die von einem gegebenen Punkt denselben Abstand besitzen. Das duale Gebilde würde eine Kurve zweiter Klasse sein, die als der geometrische Ort aller Geraden definiert ist, welche mit einer gegebenen Geraden denselben Winkel bestimmen. In der euklidischen Geometrie ist das erste Gebilde ein Kreis, während das zweite Gebilde zu einer Kurve *erster* Klasse, d. h. also einem Geradenbüschel ausgeartet ist, dessen Mittelpunkt auf der unendlich fernen Geraden liegt. In dem hier betrachteten dualen Abbild der euklidischen Geometrie müssen umgekehrt gerade die „*Entfernungskreise*" ausarten; sie werden zu denjenigen Kurven erster Ordnung, d. h. geraden Linien, die durch den reellen Schnittpunkt S der beiden konjugiert imaginären Funda-

Die ausgearteten Maßbestimmungen.

mentalgeraden laufen (Abb. 123). Die „*Winkelkreise*" sind dagegen nicht ausgeartet und besitzen das in Abb. 124 angegebene Aussehen; wir haben dabei die Klassenkurven durch die zugehörigen Ordnungskurven wiedergegeben.

Betrachten wir zunächst Abb. 123 genauer! Die Punkte der Geraden PS haben (mit alleiniger Ausnahme von S) eine verschwindende Entfernung von P. Wenn wir aus der Geraden PS herausgehen, nimmt die Entfernung von P zu, um auf einer anderen in der Abb. 123 ebenfalls

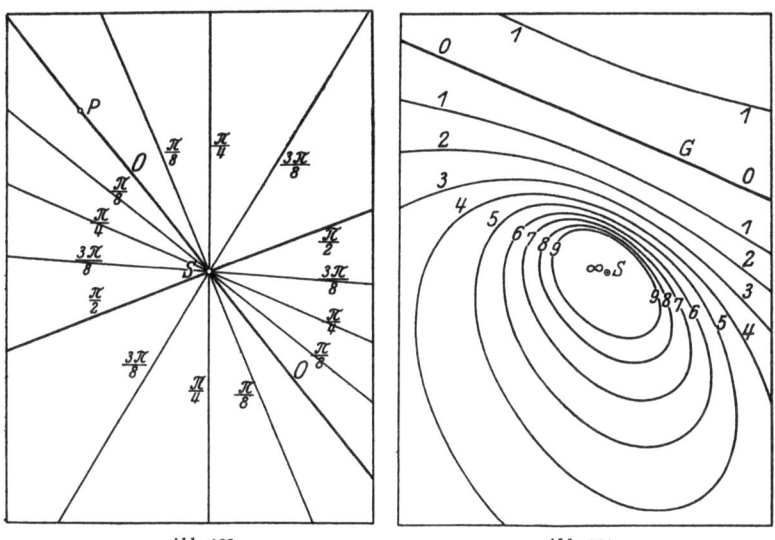

Abb. 123.   Abb. 124.

stärker ausgezogenen Geraden den maximalen Wert $\frac{\pi}{2}$ anzunehmen.

Bei den Winkelkreisen treffen wir ein anderes Verhalten. In Abb. 124 sind die Winkelkreise gezeichnet, die zu der Geraden G gehören. Der Geraden G selbst entspricht der Winkel Null. Wenn wir den Winkel größer werden lassen, erhalten wir zunächst Hyperbeln, die dann über eine Parabel in Ellipsen übergehen und den fundamentalen Punkt S immer dichter umschließen. Die Geraden durch S selbst bestimmen einen unendlich großen Winkel mit G. Man kann analytisch leicht bestätigen, daß Abb. 124 das projektive Abbild einer Schar von konzentrischen euklidischen Kreisen ist. Der Leser möge sich klarmachen, daß alle diese Verhältnisse gerade die Übertragung der euklidischen Geometrie in das Duale darstellen.

In Fall 5 besteht das fundamentale Gebilde aus *einer reellen Geraden mit zwei auf ihr liegenden reellen Punkten*. Auf allen Geraden der Ebene mit Ausnahme der fundamentalen Geraden selbst gilt dann eine parabolische Maßbestimmung, während die Winkel im allgemeinen

184   Die projektiven Maßbestimmungen.

hyperbolisch gemessen werden. Diese Maßbestimmung haben wir bereits in § 4 des vierten Kapitels eingehend betrachtet und als *pseudoeuklidische Geometrie* bezeichnet; im besonderen haben wir dort das System der zugehörigen Kreise eingehend untersucht (Abb. 86, S. 143).

Im Fall 6 gehen wir von *einer reellen Geraden mit zwei auf ihr liegenden konjugiert imaginären Punkten* aus. Wir erhalten die *euklidische Geometrie*, bei der die Längenmessung im allgemeinen parabolisch, die Winkelmessung dagegen elliptisch ist.

Im siebenten Fall endlich haben wir *eine reelle Gerade und einen auf ihr liegenden reellen Punkt*. Wir erhalten somit sowohl auf den Geraden wie auch in den Strahlbüscheln im allgemeinen eine parabolische Maßbestimmung.

D. Der Raum; abschließende Bemerkungen. Die entsprechenden Überlegungen wie in der Ebene können wir auch im Raum anstellen. Das Hineindenken in diese Maßbestimmungen wollen wir aber dem Leser überlassen. Denn für die Untersuchungen dieses Buches kommt von all den zahlreichen ausgearteten Maßbestimmungen nur eine einzige in Betracht, nämlich gerade die uns wohlbekannte euklidische Geometrie (vgl. S. 189). Für weitergehende Untersuchungen, die auf Verallgemeinerungen der Riemannschen Geometrien (vgl. Kap. X, § 5) herauskommen, hat dagegen das Studium der ausgearteten projektiven Maßbestimmungen ein ganz besonderes Interesse; es ist aber unmöglich, im Rahmen des vorliegenden Buches auf diese Untersuchungen einzugehen.

§ 3. Die Dualität.

In der projektiven Geometrie ist das Dualitätsprinzip ohne Einschränkung gültig. Wir wissen, daß es bei Einführung einer euklidischen Maßbestimmung seine Gültigkeit verliert, während es in der speziellen elliptischen Geometrie, die wir in Kapitel IV betrachtet haben, erhalten bleibt (vgl. S. 150). Wie steht es hiermit bei den übrigen projektiven Maßbestimmungen?

Betrachten wir zunächst noch einmal die elliptische Maßbestimmung die sich auf einen in der projektiven Ebene gegebenen nullteiligen Kegelschnitt gründet. Um volle Dualität zu erhalten, müssen wir dabei die Streckenkonstante $c = ic_e$ gleich der Winkelkonstanten $c' = i/2$ (vgl. S. 174) wählen[1]); denn sonst würde die Formel für die Entfernung zwischen zwei Punkten nicht der Formel für den Winkel zwischen zwei Geraden dual entsprechen können. Da sich nun die Ausdrücke für Winkel und Entfernungen in völlig dualer Weise aus dem fundamentalen Kegelschnitt ableiten, ergibt sich ohne weiteres, *daß das Dualitätsprinzip*

---

[1]) In Kapitel IV, S. 148 hatten wir den Radius $r = 2c_e$ der Kugel, aus der wir die elliptische Geometrie ableiteten, gleich 1 angenommen, also in der Tat $c_e = 1/2$ gesetzt.

Die Dualität.

in der elliptischen Maßbestimmung ebenso wie in der projektiven Geometrie uneingeschränkt gültig sein muß. Besonders übersichtliche Verhältnisse erhalten wir, wenn wir ein projektives Koordinatensystem derart einführen, daß der fundamentale Kegelschnitt die Gleichung $x_1^2 + x_2^2 + x_3^2 = 0$ gewinnt. In diesem Fall ergibt sich nämlich die entsprechende Klassengleichung einfach dadurch, daß wir die x_i durch die u_i ersetzen, eine Beziehung, die bei Verwendung eines andersartigen Koordinatensystemes nicht besteht. Infolgedessen können wir bei Benutzung des angegebenen ausgezeichneten Koordinatensystems etwa aus der Entfernungsformel die Winkelformel gewinnen, indem wir die x_i durch die u_i ersetzen, während wir bei Verwendung eines andersartigen Koordinatensystems erst die Ordnungsgleichung des fundamentalen Kegelschnittes (nach S. 60) in die zugehörige Klassengleichung übertragen müssen (vgl. die Entfernungs- und Winkelformeln S. 168 u. 169).

In der hyperbolischen Maßbestimmung treffen wir im imaginären Gebiet genau dieselben Dualitätsverhältnisse wie in der elliptischen Maßbestimmung an, da die beiden Maßbestimmungen im Imaginären miteinander identisch sind. Wenn wir uns auf das reelle Gebiet beschränken, erhalten wir dagegen weitreichende Unterschiede. Denn jetzt können wir die Streckenkonstante c nicht mehr gleich der Winkelkonstanten c' wählen, da wir hier $c = c_h$ und $c' = i/2$ gesetzt haben (S. 175 u. 176). Hierdurch wird *die Dualität in der hyperbolischen Metrik völlig zerstört*. Denn setzen wir etwa den fundamentalen Kegelschnitt in der Form $x_1^2 + x_2^2 - x_3^2 = 0$ bzw. $u_1^2 + u_2^2 - u_3^2 = 0$ an und wählen $c_h = \frac{1}{2}$, so erhalten wir für die Entfernung E zwischen zwei Punkten y und z bzw. für den Winkel W zwischen zwei Geraden v und w (vgl. S. 170) die Ausdrücke:

$$\cos(iE) = \frac{y_1 z_1 + y_2 z_2 - y_3 z_3}{\sqrt{y_1^2 + y_2^2 - y_3^2}\sqrt{z_1^2 + z_2^2 - z_3^2}} = Ch\,E\,{}^1),$$

$$\cos W = \frac{v_1 w_1 + v_2 w_2 - v_3 w_3}{\sqrt{v_1^2 + v_2^2 - v_3^2}\sqrt{w_1^2 + w_2^2 - w_3^2}};$$

hieraus ergeben sich aber völlig verschiedene Werte von E und W, auch wenn $y_i = v_i$ und $z_i = w_i$ ist.

In der euklidischen Geometrie ist bereits das fundamentale Gebilde in sich undualistisch, da es in Punktkoordinaten durch zwei Gleichungen, in Geradenkoordinaten dagegen durch eine Gleichung wiedergegeben wird, etwa im Fall der Ebene durch:

$$x_1^2 + x_2^2 = 0, \quad x_3 = 0, \quad \text{bzw.} \quad u_1^2 + u_2^2 = 0.$$

Somit muß auch die hierauf gegründete Metrik von vornherein undualistisch sein. Durch Dualisierung der euklidischen Geometrie er-

---

[1]) Die Definition von $Ch\,E$ findet sich S. 196.

halten wir vielmehr eine andere Maßbestimmung, die sich auf das duale Analogon des konjugiert imaginären Punktepaares, nämlich ein konjugiert imaginäres Geradenpaar, gründet, wie wir bereits auf S. 182 näher ausgeführt haben.

Entsprechende Überlegungen lassen sich auch für alle anderen Maßbestimmungen anstellen. Zusammenfassend können wir sagen: *Damit eine Maßbestimmung in sich dual ist, muß erstens ihr fundamentales Gebilde in sich selbst dual sein und zweitens ihre Entfernungskonstante mit ihrer Winkelkonstanten übereinstimmen. Wenn dies nicht der Fall ist, gibt es eine andere Maßbestimmung, welche der betrachteten dual entspricht.*

§ 4. Die starren Transformationen.

A. Die starren Transformationen und die Ähnlichkeitstransformationen. Durch unsere bisherigen Überlegungen haben wir eine große Anzahl von Maßbestimmungen kennengelernt. Es entsteht nun die Aufgabe, die *starren Transformationen* dieser Maßbestimmungen zu bestimmen, d. h. also diejenigen Transformationen, bei denen alle Maßverhältnisse ungeändert bleiben. Diese Transformationen müssen zunächst gerade Linien wieder in gerade Linien und Ebenen wieder in Ebenen überführen, also Kollineationen sein. Da weiter alle für die betreffende Maßbestimmung unendlich fernen Punkte wieder in derartige Punkte überführt werden sollen, *stellen sich die starren Transformationen als Kollineationen des fundamentalen Gebildes in sich dar*. Der Leser erkennt jetzt den Grund der ausführlichen Betrachtung dieser Kollineationen in Kapitel III; durch die nunmehr erfolgte Einführung der Maßbegriffe gewinnen die damaligen Untersuchungen erheblich an Lebendigkeit und Anschaulichkeit.

Bei der weiteren Untersuchung ergibt sich ein wesentlicher Unterschied in dem Verhalten der ausgearteten und nichtausgearteten Maßbestimmungen. Bei den nichtausgearteten Maßbestimmungen ist nämlich *jede* Kollineation, die das fundamentale Gebilde in sich überführt, eine starre Transformation; denn bei diesen Maßbestimmungen sind die Entfernungen und Winkel durch Doppelverhältnisse definiert, die gegenüber den Kollineationen invariant bleiben. Bei den ausgearteten Maßbestimmungen gibt es dagegen noch andersartige Kollineationen des fundamentalen Gebildes in sich, bei denen sich die Längen oder Winkel mit einer bestimmten Konstanten multiplizieren. Diese weiteren Transformationen, die uns von der euklidischen Geometrie her wohlbekannt sind, werden als *Ähnlichkeitstransformationen* bezeichnet. Nach S. 96 wächst die Parameterzahl der Kollineationen eines ausgearteten quadratischen Gebildes in sich um eine Einheit, wenn das Gebilde einmal weiter ausartet; die hierdurch hinzukommenden Transformationen sind, wie wir nicht näher beweisen wollen, gerade die eben genannten Ähnlichkeitstransformationen. Infolgedessen stimmt die Parameterzahl aller starren Transformationen in den verschiedenen Maßbestimmungen derselben Dimensionenzahl überein. Auf der geraden Linie erhalten wir somit ∞^1, in der Ebene ∞^3 und im Raume ∞^6 starre Transformationen; in einer n-dimensionalen Mannigfaltigkeit beträgt die Parameteranzahl $\dfrac{n(n+1)}{2}$, wie man durch eine geeignete Abzählung bestätigen kann.

B. Die Bewegungen und Umlegungen. Bei der genaueren Untersuchung der starren Transformationen haben wir zwischen den *Bewegungen* und *Umlegungen* zu unterscheiden: Die Bewegungen lassen sich durch kontinuierliche Veränderung aus der Identität erzeugen, die Umlegungen dagegen nicht. Im Anschluß an die Betrachtungen des III. Kapitels können wir die folgenden Sätze aussprechen, wobei wir uns auf das reelle Gebiet beschränken:

In der elliptischen Maßbestimmung auf der geraden Linie und im Raume existieren ∞^1 bzw. ∞^6 Bewegungen und genau so viele Umlegungen. In der ebenen elliptischen Maßbestimmung gibt es dagegen ∞^3 Bewegungen, aber keine Umlegungen. Allgemein tritt der erste Fall bei ungerader Dimensionenzahl, der zweite bei gerader Dimensionenzahl auf. Auf das Fehlen der Umlegungen in der ebenen elliptischen Maßbestimmung hat zuerst *Study* hingewiesen[1]).

In der hyperbolischen Maßbestimmung auf der geraden Linie treten nach S. 95 vier verschiedene Arten von Transformationen auf. Wenn wir uns auf diejenigen Transformationen beschränken, welche eigentliche Punkte wieder in eigentliche Punkte überführen, bleiben hiervon nur noch zwei Arten übrig, eben die Bewegungen und Umlegungen der (eigentlichen) hyperbolischen Maßbestimmung auf der Geraden. In der hyperbolischen Maßbestimmung der Ebene und des Raumes gibt es von vornherein nur ∞^3 bzw. ∞^6 Bewegungen und genau so viele Umlegungen.

Auf die dritte im Raum mögliche nichtausgeartete Maßbestimmung, die sich auf eine ringartige Fläche als fundamentales Gebilde gründet, wollen wir an dieser Stelle nicht eingehen.

Als Beispiel für die Verhältnisse, die in den ausgearteten Maßbestimmungen auftreten, sei auf die euklidische Geometrie hingewiesen (vgl. Kapitel III, S. 96, 108 und 124). Die Ausscheidung der Bewegungen und Umlegungen aus den allgemeinen Ähnlichkeitstransformationen ergibt sich bei der affinen Schreibweise, indem wir bestimmte Determinanten gleich $+1$ bzw. -1 setzen. Entsprechende Verhältnisse treffen wir bei den übrigen einmal ausgearteten Maß-

---

[1]) Math. Ann. Bd. 39, 1891. Vgl. *Klein*: Ges. Abh. Bd. I, S. 282.

bestimmungen an. Wenn das fundamentale Gebilde höher ausgeartet ist, treten nicht nur eine, sondern mehrere derartige Gleichungen auf.

C. Erzeugung der Bewegungen durch spezielle Transformationen. Aus Kapitel III sind uns weiter die folgenden Sätze über Bewegungen bekannt:

Jede Bewegung der ebenen elliptischen Maßbestimmung ist eine Drehung. Ferner kann auch jede Bewegung der ebenen hyperbolischen Maßbestimmung als Drehung angesehen werden; nur haben wir jetzt drei verschiedene Fälle zu unterscheiden, je nachdem das Zentrum der Drehung im Innern des fundamentalen Kegelschnittes oder auf dem Kegelschnitt selbst oder im Äußeren liegt. In allen Fällen wandern die Punkte der Ebene auf Kreisen (Abb. 117—119, S. 177).

Jede Bewegung der räumlichen elliptischen Maßbestimmung läßt sich durch zwei aufeinander folgende Schiebungen erzeugen; diese Auflösung in Schiebungen ist eindeutig bestimmt. Ferner können wir jede Bewegung durch zwei aufeinanderfolgende Drehungen um zwei Geraden G_1 und G_2 erzeugen, die konjugierte Polaren in bezug auf die fundamentale Fläche sind; diese Drehungen lassen sich auch als Translationen längs G_2 bzw. G_1 auffassen. Schließlich können wir auch noch jede Bewegung als Schraubung längs G_1 oder G_2 betrachten. In der räumlichen hyperbolischen Maßbestimmung treffen wir dieselben Verhältnisse an, nur ist dort die Zerlegung einer Bewegung in zwei (reelle) Schiebungen unmöglich.

Auf weitere Sätze über starre Transformationen werden wir in Kapitel VIII eingehen.

Kapitel VII.

Die Beziehungen zwischen der elliptischen, euklidischen und hyperbolischen Geometrie.

§ 1. Die Sonderstellung der drei Geometrien.

Im vorigen Kapitel haben wir eine Anzahl von Maßbestimmungen kennengelernt, die sich *logisch gleichberechtigt* neben die euklidische Geometrie stellen. Der größte Teil dieser Maßbestimmungen besitzt aber eine Struktur, die sie *für praktische Anwendungen in der Außenwelt ungeeignet* macht. In der Tat werden wir verlangen, daß die Bewegungen einer in der Außenwelt anwendbaren Maßbestimmung mit den uns wohlbekannten Bewegungen der

Die Sonderstellung der drei Geometrien.

starren Körper übereinstimmen. Wir denken uns einen derartigen Körper, der von zwei sich schneidenden Ebenen begrenzt ist, also etwa einen Holzkeil, in einer bestimmten Ruhelage, die in Abb. 125 schraffiert ist. Sodann drehen wir den Körper um die Schnittgerade der beiden begrenzenden Ebenen, so daß die zweite Ebene in die Lage kommt, in der sich die erste Ebene vor der Drehung befunden hat. Die Erfahrung zeigt uns, daß wir stets durch eine endliche Anzahl derartiger Drehungen in die Nähe der Ausgangslage zurückkommen, ja sogar über sie hinausgelangen können. Diese Eigenschaft ist aber bei der hyperbolischen und parabolischen Messung von Winkeln nicht vorhanden, da wir dort durch die entsprechende Abtragung untereinander kongruenter Winkel nie über bestimmte Grenzlagen herauskommen können (vgl. die Abb. 114 und 120). *In einer Maßbestimmung, die in der Außenwelt anwendbar ist, muß also sowohl die räumliche, wie auch die ebene Winkelmessung elliptisch sein.* Diese Forderung ist aber nur in drei Maß-

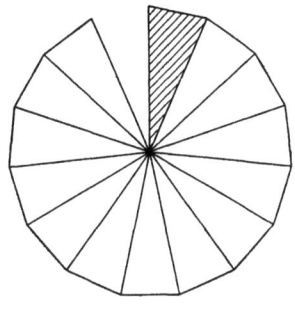

Abb. 125.

bestimmungen erfüllt, die wir in den bisherigen Untersuchungen als *elliptisch, parabolisch oder euklidisch und hyperbolisch* bezeichnet haben; dabei müssen wir uns in der hyperbolischen Maßbestimmung auf das *Innere* der Fundamentalkurve bzw. -fläche und in der parabolischen Maßbestimmung auf diejenigen Punkte beschränken, welche nicht dem Fundamentalgebilde selbst angehören.

Infolge der angegebenen Auszeichnung pflegt man die elliptische und die hyperbolische Maßbestimmung der euklidischen Geometrie als *nichteuklidische Maßbestimmungen* gegenüberzustellen. Da diese drei Maßbestimmungen die weitaus wichtigste Rolle spielen, werden wir uns im folgenden auf ihre Untersuchung beschränken. In diesem Kapitel wollen wir die allgemeinen Beziehungen besprechen, welche die drei Maßbestimmungen miteinander verbinden; in Kapitel VIII werden wir sodann die Eigenschaften der elliptischen und hyperbolischen Maßbestimmung getrennt für sich untersuchen.

Auf die weitere Frage, welche von den drei in dieser Weise ausgezeichneten Maßbestimmungen „in der Außenwelt gilt", werden wir in § 6 dieses Kapitels eingehen. Die Antwort wird lauten, daß eine Entscheidung dieser Frage mit den uns bis heute zur Verfügung stehenden Hilfsmitteln nicht gegeben werden kann. Die Messungen in der Außenwelt sind nämlich mit den nichteuklidischen Maßbestimmungen genau so verträglich wie mit der euklidischen Geometrie. Infolgedessen können wir im Sinne von S. 164 die nichteuklidischen Maßbestimmungen auch als nichteuklidische *Geometrien* bezeichnen.

190 Die Beziehungen zwischen der ellipt., eukl. und hyperb. Geometrie.

§ 2. Der Übergang von der elliptischen über die euklidische zur hyperbolischen Geometrie.

Die quadratischen Gebilde, auf die wir eine projektive Maßbestimmung gegründet haben, lassen sich nach § 6 des zweiten Kapitels kontinuierlich ineinander überführen. Dann müssen aber die zugehörigen Maßbestimmungen dieselbe Eigenschaft besitzen. Wir beschränken uns auf die Untersuchung des Überganges, welcher die ebene elliptische Geometrie über die euklidische in die hyperbolische Geometrie überführt. Hierzu gehen wir von einem nullteiligen Kegelschnitt: $u_1^2 + u_2^2 + \alpha_{33} u_3^2 = 0$ oder $x_1^2 + x_2^2 + \dfrac{1}{\alpha_{33}} x_3^2 = 0$ aus und überführen ihn über ein konjugiert imaginäres Punktepaar: $u_1^2 + u_2^2 = 0$ oder $x_1^2 + x_2^2 = 0$; $x_3 = 0$ in einen ovalen Kegelschnitt: $u_1^2 + u_2^2 - \alpha_{33} u_3^2 = 0$ oder: $x_1^2 + x_2^2 - \dfrac{1}{\alpha_{33}} x_3^2 = 0$ (vgl. S. 84, Abb. 53).

Um die Maßbestimmungen eindeutig festzulegen, müssen wir außer dem fundamentalen Gebilde auch noch die zugehörige Entfernungskonstante c und die Winkelkonstante c' kennen, welche vor den Logarithmen der Doppelverhältnisse auftreten. In der elliptischen Maßbestimmung ist die Entfernungskonstante c rein imaginär, nämlich gleich ic_e (S. 174), in der euklidischen Geometrie unendlich groß (S. 180) und in der hyperbolischen Maßbestimmung reell, nämlich gleich c_h (S. 175). Wenn wir also im Grenzübergang die Konstante α_{33} von positiven Werten der Null zustreben und sie dann einen negativen Wert annehmen lassen, müssen wir gleichzeitig die Entfernungskonstante c von rein imaginären Werten über einen unendlich großen Wert in eine reelle Zahl überführen. Das können wir am einfachsten erreichen, indem wir $2c = \dfrac{1}{\sqrt{-\alpha_{33}}}$ oder $\alpha_{33} = \dfrac{-1}{4c^2}$ setzen. In der Tat ergibt sich dann für positives bzw. negatives α_{33} ein imaginäres bzw. reelles c, während wir für $\alpha_{33} = 0$ ein unendlich großes c erhalten. Die Hinzufügung der Konstanten 2 empfiehlt sich aus anderen Gründen, die wir gleich kennenlernen werden (S. 193).

Bei der Winkelkonstanten c' treten derartige Schwierigkeiten nicht auf, da sie in allen Fällen rein imaginär ist. Wir können daher c' konstant wählen; besonders geeignet ist der Wert $c' = \dfrac{i}{2}$, da dann die Winkelsumme in allen Strahlbüscheln 2π beträgt. Dieser Unterschied zwischen den beiden Konstanten c und c' hängt damit zusammen, daß das Zwischengebilde ein verschiedenes Verhalten zeigt, je nachdem wir es als Ordnungsgebilde oder als Klassengebilde auffassen. Im ersten Fall besteht es nämlich aus *einer* doppelt zählenden Geraden, im zweiten Fall aus *zwei* konjugiert imaginären Punkten. Infolgedessen artet beim

Übergang die Maßbestimmung für die Entfernung aus (d. h. sie wird parabolisch), während die Maßbestimmung für Winkel elliptisch bleibt.

Da sich die euklidische Geometrie auf dem angegebenen Wege kontinuierlich in die elliptische und die hyperbolische Maßbestimmung überführen läßt, *bilden die Sätze der euklidischen Geometrie gerade den Übergang zwischen den Sätzen der beiden anderen Maßbestimmungen*, wofür wir bereits mehrere Beispiele kennengelernt haben. So gibt es z. B. in der reellen elliptischen Geometrie nur eine einzige Art von Punkten, in der euklidischen Geometrie zwei Arten (nämlich die eigentlichen und die unendlich fernen Punkte) und in der hyperbolischen Maßbestimmung drei Arten (nämlich die Punkte, die im Innern des fundamentalen Kegelschnittes, auf ihm selbst und in seinem Äußern liegen). Dementsprechend gibt es in den drei Maßbestimmungen der Reihe nach nur eine, zwei bzw. drei Arten von Kreisen, die sich je nach der Art der zugehörigen Mittelpunkte unterscheiden (S. 177f.). In der euklidischen Geometrie bestehen diese zwei Arten aus den Kreisen mit endlichen bzw. unendlich großem Radius; im letzten Fall erhalten wir eine gerade Linie, d. h. einen Kreis, dessen Mittelpunkt unendlich fern liegt. Weitere derartige Satzgruppen, aus denen sich die Mittelstellung der euklidischen Geometrie zwischen der elliptischen und hyperbolischen Maßbestimmung ergibt, werden wir bald kennen lernen.

§ 3. Die Darstellung der elliptischen und hyperbolischen Geometrie auf der euklidischen Kugel von reellem und imaginärem Radius.

Die elliptische Maßbestimmung der Ebene steht, wie wir schon S. 148 sahen, in unmittelbarer Beziehung zu der Geometrie auf der Kugel; denn wenn wir die Punkte einer Kugel vom Radius $2c_e$ und die auf ihr herrschenden Maßverhältnisse vom Mittelpunkt aus auf eine Tangentialebene projizieren (vgl. Abb. 91, S. 152), erhalten wir eine elliptische Maßbestimmung, deren Entfernungskonstante gleich $i c_e$ und deren Winkelkonstante gleich $\dfrac{i}{2}$ ist. Da wir in der elliptischen Geometrie die Winkelkonstante allgemein gleich $\dfrac{i}{2}$ gesetzt haben, ist die elliptische Geometrie durch die Angabe der Größe $2c_e$, die man infolge des angegebenen Zusammenhanges als *Krümmungsradius der betreffenden elliptischen Maßbestimmung* bezeichnet, eindeutig festgelegt.

Nun sind die elliptische und hyperbolische Maßbestimmung für den algebraischen Standpunkt identisch. Die Entfernungskonstanten c_e und c_h der elliptischen bzw. hyperbolischen Geometrie sind dabei durch die Beziehung $c_e = -i c_h$ mit einander verbunden (S. 173 ff.). Infolgedessen liegt die Vermutung nahe, *daß die hyperbolische Maß-*

bestimmung, deren Streckenkonstante gleich c_h ist, mit der Geometrie auf einer euklidisch ausgemessenen Kugel von dem imaginären Radius $-2ic_h$ identisch ist.

Diese Vermutung bestätigt sich in der Tat. Die imaginäre Kugel möge die Gleichung:
$$x^2 + y^2 + z^2 = -4 c_h^2$$
besitzen. Wir projizieren sie von ihrem Mittelpunkt aus auf die Tangentialebene:
$$z = +2ic_h.$$

Das fundamentale Gebilde der euklidischen Geometrie im Bündel, auf das sich die Metrik der Kugel gründet, ist der von dem Kugelmittelpunkt ausgehende isotrope Kegel $x^2 + y^2 + z^2 = 0$. Dieser schneidet die Tangentialebene in dem fundamentalen Kreis $x^2 + y^2 = 4c_h^2$, der den Radius $2c_h$ besitzt. Nun ist die sphärische Entfernung zwischen zwei Punkten P_1 und P_2 der imaginären Kugel gleich dem Winkel ε, unter dem diese Punkte vom Kugelmittelpunkt O aus erscheinen, multipliziert mit dem Radius $-2ic_h$ der Kugel (vgl. die schematische

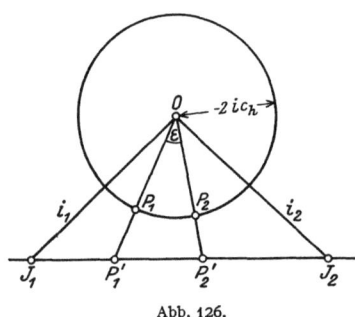

Abb. 126.

Abb. 126, welche den Schnitt unserer Anordnung mit einer Ebene E durch die drei Punkte O, P_1 und P_2 darstellt; die imaginären Elemente sind dabei reell angedeutet; die horizontale Gerade ist der Schnitt von E mit der Tangentialebene der Kugel). Der betrachtete Winkel ε, der ja euklidisch gemessen wird, ist gleich $\frac{i}{2} \ln DV$, wobei unter DV das Doppelverhältnis der beiden vom Kugelmittelpunkt ausgehenden Geraden OP_1 und OP_2 mit den beiden isotropen Geraden i_1 und i_2 zu verstehen ist, welche durch die zugehörige Ebene E aus dem isotropen Kegel ausgeschnitten werden. Nun ist aber das Doppelverhältnis dieser vier Geraden gleich dem Doppelverhältnis, welches die beiden in der Tangentialebene liegenden Bildpunkte P_1', P_2' von P_1 und P_2 mit den beiden isotropen Punkten J_1, J_2 bestimmen, die durch die Verbindungsgerade der beiden Bildpunkte aus dem oben berechneten fundamentalen Kreise ausgeschnitten werden. Die auf der Kugel gemessene Entfernung $-2ic_h \cdot \frac{i}{2} \ln DV = + c_h \ln DV$ der beiden Punkte P_1 und P_2 ist also, wie behauptet, identisch mit der Entfernung der beiden Bildpunkte P_1', P_2', die sich ergibt, wenn wir auf den fundamentalen Kreis $x^2 + y^2 = 4c_h^2$ eine hyperbolische Maßbestimmung mit der Entfernungskonstanten c_h gründen.

Darstellung der ellipt. und hyperb. Geometrie auf der eukl. Kugel.

Es wird nützlich sein, diese Verhältnisse durch ein reelles Bild anschaulicher zu gestalten. Zu diesem Zwecke führen wir eine Koordinatentransformation $z = i\bar{z}$ aus und betrachten das sich hierdurch ergebende Bild der eben untersuchten Projektion. Die Kugel wird jetzt durch ein zweischaliges Hyperboloid:

$$x^2 + y^2 - \bar{z}^2 = -4c_h^2$$

dargestellt (das jedoch nicht mehr im euklidischen Sinne ausgemessen werden darf). Die betrachtete Tangentialebene:

$$\bar{z} = 2c_h$$

berührt das Hyperboloid in dem oberen Scheitel (Abb. 127). Der fundamentale Kegelschnitt $x^2 + y^2 = 4c_h^2$ wird durch den Asymptotenkegel $x^2 + y^2 - \bar{z}^2 = 0$ des Hyperboloides aus der Tangentialebene ausgeschnitten. Von den ∞^4 imaginären Punkten der Kugel werden durch dieses Bild ∞^2 reell dargestellt, und zwar sind dies gerade die, welche auf die reellen Punkte im Innern des fundamentalen Kegelschnittes $x^2 + y^2 = 4c_h^2$ abgebildet werden.

Infolge der geschilderten Beziehung pflegt man entsprechend wie in der elliptischen Geometrie auch in der hyperbolischen die Größe $-2ic_h$ als *Krümmungsradius* zu bezeichnen. Wenn wir den Krümmungsradius der elliptischen oder hyperbolischen Geometrie un-

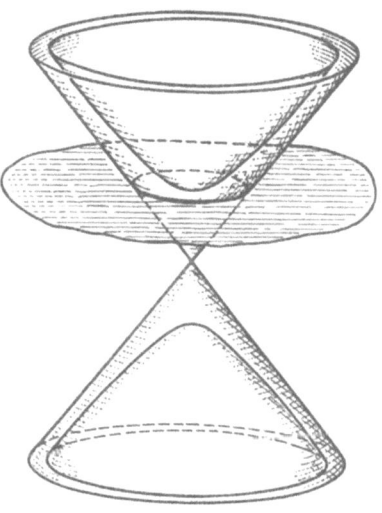

Abb. 127.

beschränkt wachsen lassen, gehen die Kugeln stetig in eine (reelle) Ebene über; gleichzeitig wird dabei die betrachtete Maßbestimmung auf den Kugeln zu der euklidischen Geometrie, woraus sich nochmals die Mittelstellung der euklidischen Geometrie ergibt. Statt durch die Konstante $c = ic_e = c_h$ pflegt man die verschiedenen Geometrien auch durch die Angabe der Größe $-\dfrac{1}{4c^2} = \dfrac{1}{4c_e^2} = -\dfrac{1}{4c_h^2}$ zu charakterisieren. Man pflegt diesen Ausdruck (wie in der Flächentheorie üblich, vgl. S. 280) als *Krümmung oder Krümmungsmaß der betreffenden Geometrie* zu bezeichnen. Durch diese Bezeichnungen sind jedoch zahlreiche Mathematiker und vor allen Dingen Philosophen zu der unrichtigen Auffassung veranlaßt worden, daß die elliptische oder die hyperbolisch ausgemessene Ebene und die in ihnen liegenden Geraden irgendwie „krumm" wären; bei der hier gewählten projektiven Einführung erkennt man unmittelbar, daß diese Vorstellung unrichtig ist. Aus diesem Grunde wird der Ausdruck $-\dfrac{1}{4c^2}$ auch einfach als *Maßkonstante* der betreffenden Geometrie bezeichnet. Wir erhalten dann die Formulierung, *daß die Maßkonstante der elliptischen Geometrie positiv, die der euklidischen Geometrie gleich Null und die der hyperbolischen Geometrie negativ ist.*

Zum Schluß wollen wir noch darauf hinweisen, daß die Darstellung der hyperbolischen Geometrie auf der Kugel von imaginärem Radius nur eine abstrakte Gedankenoperation ist. Wir hatten nämlich in Kapitel I die (reelle) Geometrie auf das imaginäre Gebiet erweitert, indem wir die analytischen Operationen, die bestimmten geometrischen Vorstellungen entsprechen, auch im imaginären Gebiet untersuchten. Bei dieser Auffassung gibt es also in der Geometrie keine Kugeln von imaginärem Radius; diese Redeweise ist vielmehr nur als kurze Bezeichnung für bestimmte analytische Operationen aufzufassen. Wir werden aber im nächsten Paragraphen zeigen, daß man trotzdem mit Hilfe derartiger Schlüsse (denen ja bestimmte analytische Beziehungen zugrunde liegen) Aussagen über reelle Gebilde machen kann, wobei aber stets die größte Vorsicht geboten ist (vgl. die Bemerkungen über den Inhalt in der hyperbolischen Geometrie S. 199).

§ 4. Herleitung der Formeln der elliptischen und hyperbolischen Geometrie aus denen der Geometrie auf der euklidischen Kugel.

Wir sind nunmehr in der Lage, zahlreiche Formeln für die beiden nichteuklidischen Geometrien bequem abzuleiten. Der Weg, auf dem dies geschieht, ist der folgende: Die bekannten Sätze der sphärischen Geometrie auf einer euklidischen Kugel vom Radius $2c_e$ lassen sich (vgl. den Anfang des vorigen Paragraphen) ohne weiteres auf die elliptische ebene Geometrie mit dem Krümmungsradius $2c_e$ übertragen. Bedenkt man nun, daß die elliptische und die hyperbolische Geometrie vom algebraischen Standpunkt aus identisch sind — ein Zusammenhang, den wir im vorigen Paragraphen durch die Deutung der hyperbolischen Maßbestimmung als Geometrie auf einer Kugel von imaginärem Radius veranschaulicht haben —, so wird man erwarten, daß die für die elliptische Geometrie bewiesenen Formeln für die hyperbolische ihre Gültigkeit behalten, wenn man nur dem in ihnen auftretenden Parameter $c = i c_e$ jetzt den Wert $c = c_h$ beilegt. Daß man auf diese Weise in der Tat zu richtigen Formeln gelangt, wollen wir zunächst durch strenge Schlüsse an den trigonometrischen Formeln zeigen.

Herleitung der nichteuklidischen Formeln aus der sphärischen Geometrie.

A. Trigonometrische Formeln. Wir betrachten hierzu auf der euklidischen Kugel vom Radius $2c_e$ ein sphärisches Dreieck; um die Fallunterscheidungen zu vermeiden, die dadurch nötig werden, daß drei Punkte mehrere Dreiecke bestimmen, beschränken wir uns auf genügend kleine Gebiete der Kugel. In der sphärischen Trigonometrie pflegt man die Längen A, B, C der Dreiecksseiten durch die Winkel a, b, c festzulegen, unter denen sie vom Mittelpunkt der Kugel aus erscheinen; es ist also $A = 2c_e a$, $B = 2c_e b$, $C = 2c_e c$. Sind a, β, γ die Dreieckswinkel, so erhält daher der „sphärische Sinussatz" $\sin a : \sin b = \sin \alpha : \sin \beta$ beim Übergang zu den Längen A, B, C der Dreiecksseiten die Gestalt:

$$\sin \frac{A}{2c_e} : \sin \frac{B}{2c_e} = \sin \alpha : \sin \beta.$$

Wenn wir nun die Kugel und die auf ihr herrschenden Maßverhältnisse von dem Kugelmittelpunkt aus auf eine Ebene projizieren, erhalten wir in dieser eine elliptische Geometrie. Sie gründet sich auf den nullteiligen Kegelschnitt, der in der Ebene durch den vom Mittelpunkt der Kugel ausgehenden isotropen Kegel ausgeschnitten wird; hierbei ist die Entfernungskonstante $c = ic_e$ und die Winkelkonstante $c' = \frac{i}{2}$. Da sich bei dieser Projektion die Maßverhältnisse der Kugel unverändert auf die der Ebene abbilden, muß zwischen den Seiten A, B und den gegenüberliegenden Winkeln α, β eines Dreiecks in der betrachteten elliptischen Geometrie ebenfalls die oben abgeleitete Beziehung bestehen.

Was bedeutet diese Tatsache analytisch? Um den fundamentalen Kegelschnitt der elliptischen Ebene festzulegen, führen wir in der Ebene ein projektives Koordinatensystem ein, in bezug auf das der fundamentale Kegelschnitt (wie auf S. 190) die Gleichung:

$$\Omega_{xx} = x_1^2 + x_2^2 + 4c_e^2 x_3^2 = x_1^2 + x_2^2 - 4c^2 x_3^2$$

annimmt. Haben dann die Ecken ξ, η, ζ des Dreiecks die Koordinaten $\xi_1 : \xi_2 : \xi_3$, $\eta_1 : \eta_2 : \eta_3$, $\zeta_1 : \zeta_2 : \zeta_3$, so hängen A, B, α, β gemäß den Entfernungs- bzw. Winkelformeln von den ξ_i, η_i, ζ_i und $c = ic_e$ ab; so ist z. B. (vgl. S. 170):

$$A = 2i c \arccos \frac{\xi_1 \eta_1 + \xi_2 \eta_2 - 4c^2 \xi_3 \eta_3}{\sqrt{(\xi_1^2 + \xi_2^2 - 4c^2 \xi_3^2)(\eta_1^2 + \eta_2^2 - 4c^2 \eta_3^2)}} = F(\xi, \eta, \zeta; c).$$

In ähnlicher Weise sind B, α, β Funktionen der ξ_i, η_i, ζ_i, c:

$$B = G(\xi, \eta, \zeta; c),$$
$$\alpha = f(\xi, \eta, \zeta; c),$$
$$\beta = g(\xi, \eta, \zeta; c).$$

Zwischen diesen Funktionen besteht, wie wir oben bewiesen haben, für alle rein imaginären Werte $c = ic_e$ die Gleichung:

$$\sin \frac{1}{2ic} F(\xi, \eta, \zeta; c) : \sin \frac{1}{2ic} G(\xi, \eta, \zeta; c) = \sin f(\xi, \eta, \zeta; c) : \sin g(\xi, \eta, \zeta; c).$$

Alle diese Funktionen sind — wie fast sämtliche in der Geometrie bei der üblichen Begrenzung auftretenden Funktionen — *analytisch*. Ein bekannter Satz aus der Theorie der analytischen Funktionen, den man als das „Prinzip der analytischen Permanenz" bezeichnet, sagt aus, daß eine Gleichung zwischen analytischen Funktionen, die für *einen gewissen Bereich* der Variabeln gilt, für *alle* Werte der Variabeln besteht, sofern die Funktionen für diese noch analytisch sind. Daher ist unsere letzte Gleichung auch richtig, wenn wir — ohne übrigens ξ, η, ζ zu verändern — der Größe c *reelle* Werte beilegen. Wir führen nun die bekannten hyperbolischen Funktionen $Sh\varphi$ und $Ch\varphi$ (gesprochen: Sinus hyperbolicus und Cosinus hyperbolicus) auf Grund der Relationen ein:

$$Ch\varphi = \frac{1}{2}(e^\varphi + e^{-\varphi}) = \cos i\varphi = 1 + \frac{\varphi^2}{2!} + \frac{\varphi^4}{4!} + \frac{\varphi^6}{6!} + \cdots,$$

$$Sh\varphi = \frac{1}{2}(e^\varphi - e^{-\varphi}) = -i\sin i\varphi = \frac{\varphi}{1!} + \frac{\varphi^3}{3!} + \frac{\varphi^5}{5!} + \cdots.$$

Nach ihrer Definition erfüllen diese Funktionen die Gleichung:

$$Ch^2\varphi - Sh^2\varphi = \cos^2 i\varphi + \sin^2 i\varphi = 1,$$

eine Beziehung, von der wir des öfteren Gebrauch machen werden. Nunmehr können wir die obigen Gleichungen für reelles $c = c_h$ in der folgenden Gestalt schreiben:

$$Sh\frac{1}{2c_h} F(\xi, \eta, \zeta; c_h) : Sh\frac{1}{2c_h} G(\xi, \eta, \zeta; c_h) = \sin f(\xi, \eta, \zeta; c_h) : \sin g(\xi, \eta, \zeta; c_h).$$

Diese Gleichung aber hat einen einfachen geometrischen Sinn: Betrachten wir *dasselbe* Dreieck ξ, η, ζ wie bisher, definieren aber in der projektiven Ebene jetzt eine *hyperbolische* Maßbestimmung durch Auszeichnung des ovalen Kegelschnittes:

$$x_1^2 + x_2^2 - 4c_h^2 x_3^2 = x_1^2 + x_2^2 - 4c^2 x_3^2 = 0$$

und Wahl von $c_h = c$ als Entfernungskonstanten, so geben $F(\xi, \eta, \zeta; c_h)$, $G(\xi, \eta, \zeta; c_h)$, $f(\xi, \eta, \zeta; c_h)$, $g(\xi, \eta, \zeta; c_h)$ gerade die Größen der entsprechenden Seiten und Winkel des Dreiecks an, gemessen in dieser hyperbolischen Geometrie; denn die Entfernungs- und Winkelausdrücke, z. B. der oben für F angegebene Ausdruck, gelten ja zugleich für die elliptische und die hyperbolische Geometrie. Mithin ist,

Herleitung der nichteuklidischen Formeln aus der sphärischen Geometrie. 197

wenn jetzt A, B, α, β in der neu eingeführten hyperbolischen Geometrie dieselben Bedeutungen wie früher in der elliptischen haben:

$$Sh\frac{A}{2c_h} : Sh\frac{B}{2c_h} = \sin\alpha : \sin\beta.$$

Dieses Beispiel der Herleitung einer Formel der hyperbolischen Trigonometrie wird genügen, um das bereits am Anfang dieses Paragraphen angegebene Prinzip klarzustellen: Eine Formel der *sphärischen* Trigonometrie stellt zugleich eine Formel der *elliptischen* Trigonometrie dar; ersetzt man in ihr den Wert $2c_e$ des Radius durch die imaginäre Zahl $-2ic_h$, so ergibt sich eine Formel der *hyperbolischen* Geometrie.

Aus der Bedeutung einer solchen Formel ist übrigens unmittelbar die merkwürdige Eigenschaft der Formeln der sphärischen Trigonometrie ersichtlich, für rein imaginäre Werte des Radius reell zu bleiben. Dies hatte man schon früh bemerkt und daher der gewöhnlichen (reellen) sphärischen Trigonometrie eine (reelle) „pseudosphärische" als die Geometrie auf einer euklidischen Kugel von imaginärem Radius zur Seite gestellt (vgl. S. 285).

Neben dem eben behandelten Sinussatz wollen wir noch einige andere trigonometrische Formeln anführen: Der „Cosinussatz" der sphärischen Trigonometrie:

$$\cos a = \cos b \cos c + \sin b \sin c \cos\alpha$$

lautet in der elliptischen bzw. hyperbolischen Geometrie:

$$\cos\frac{A}{2c_e} = \cos\frac{B}{2c_e} \cdot \cos\frac{C}{2c_e} + \sin\frac{B}{2c_e} \cdot \sin\frac{C}{2c_e} \cdot \cos\alpha,$$

bzw.

$$Ch\frac{A}{2c_h} = Ch\frac{B}{2c_h} \cdot Ch\frac{C}{2c_h} - Sh\frac{B}{2c_h} \cdot Sh\frac{C}{2c_h} \cdot \cos\alpha.$$

Für ein rechtwinkliges Dreieck mit $\alpha = \frac{\pi}{2}$ folgt insbesondere als Analogon zum pythagoreischen Lehrsatz:

$$\cos\frac{A}{2c_e} = \cos\frac{B}{2c_e} \cdot \cos\frac{C}{2c_e},$$

bzw.

$$Ch\frac{A}{2c_h} = Ch\frac{B}{2c_h} \cdot Ch\frac{C}{2c_h}.$$

Ferner ergibt sich (im rechtwinkligen Dreieck) entsprechend der euklidischen Definition des Sinus:

$$\sin\beta = \sin\frac{B}{2c_e} : \sin\frac{A}{2c_e},$$

bzw.

$$\sin\beta = Sh\frac{B}{2c_h} : Sh\frac{A}{2c_h}.$$

198 Die Beziehungen zwischen der ellipt., eukl. und hyperb. Geometrie.

Überhaupt erhält man aus jeder Formel der sphärischen Trigonometrie eine solche der elliptischen bzw. hyperbolischen Trigonometrie, wenn man die Größen a, b, c durch $\dfrac{A}{2c_e}, \dfrac{B}{2c_e}, \dfrac{C}{2c_e}$ bzw. $\dfrac{iA}{2c_h}, \dfrac{iB}{2c_h}, \dfrac{iC}{2c_h}$ ersetzt, während man α, β, γ unverändert zu lassen hat.

B. Grenzübergang zur euklidischen Geometrie. Die elliptische und hyperbolische Maßbestimmung läßt sich durch unbegrenzte Vergrößerung der Konstanten c_e bzw. c_h kontinuierlich in die euklidische Geometrie überführen (vgl. S. 190 und 193). Hierbei müssen die Formeln der elliptischen und hyperbolischen Trigonometrie in die Formeln der euklidischen Trigonometrie übergehen. In der Tat ergibt sich, wenn wir etwa in dem Sinussatz der elliptischen Trigonometrie die auf der linken Seite stehenden Sinusfunktionen in Potenzreihen entwickeln:

$$\left\{\dfrac{A}{1!\,2c_e} - \dfrac{A^3}{3!\,2^3 c_e^3} + \dfrac{A^5}{5!\,2^5 c_e^5} - \cdots\right\} : \left\{\dfrac{B}{1!\,2c_e} - \dfrac{B^3}{3!\,2^3 c_e^3} + \dfrac{B^5}{5!\,2^5 c_e^5} - \cdots\right\}$$
$$= \sin\alpha : \sin\beta.$$

Wenn wir die linke Seite der Gleichung mit $2c_e$ erweitern und dann zur Grenze $c_e = \infty$ übergehen, erhalten wir in der Tat:

$$A : B = \sin\alpha : \sin\beta.$$

Der entsprechende Grenzübergang läßt sich auch an den übrigen Formeln, so z. B. an dem Analogon des pythagoreischen Lehrsatzes (S. 197) vornehmen.

C. Formeln für Kreisumfang und -inhalt. Auch auf andere als rein trigonometrische Formeln läßt sich die in diesem Paragraphen befolgte Methode anwenden, um zu Sätzen der elliptischen und hyperbolischen Geometrie zu gelangen.

Als Beispiel wollen wir zunächst die Formeln für *Umfang und Inhalt eines Kreises* ableiten. Wir gehen wieder von einer Kugel des euklidischen Raumes aus, die den Radius $2c_e$ besitzen möge, und beschreiben auf ihr einen Kreis, dessen auf der Kugel gemessener Radius gleich r sei, während der im euklidischen Raum gemessene Radius die Länge l besitzen möge (Abb. 128, die einen Schnitt durch den Mittelpunkt der Kugel senkrecht zur Ebene des betrachteten Kreises darstellt). Dann folgt $l = 2c_e \sin\dfrac{r}{2c_e}$; für den Umfang L des Kreises ergibt sich somit: $L = 4\pi c_e \sin\dfrac{r}{2c_e}$.

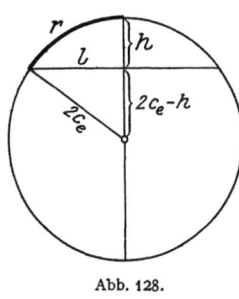

Abb. 128.

Ferner ist der Oberflächeninhalt J der betrachteten Kugelkappe $J = 4\pi c_e \cdot h$, wobei h die Höhe der Kugelkappe ist. Es ergibt

Herleitung der nichteuklidischen Formeln aus der sphärischen Geometrie. 199

sich nun: $\cos\dfrac{r}{2c_e} = \dfrac{2c_e - h}{2c_e}$ oder $h = 4c_e \sin^2 \dfrac{r}{4c_e}$. Hieraus folgt: $J = 16\pi c_e^2 \sin^2 \dfrac{r}{4c_e}$.

Wenn wir die Kugel in bekannter Weise auf die elliptische Ebene mit dem Krümmungsradius $2c_e$ projizieren, geht unser Kreis in einen Kreis mit dem Radius r der elliptischen Geometrie über. *In der elliptischen Geometrie betragen somit der Umfang L und der Inhalt J eines Kreises vom Radius r*:

$$L = 4\pi c_e \cdot \sin \dfrac{r}{2c_e}, \quad J = 16\pi c_e^2 \cdot \sin^2 \dfrac{r}{4c_e}.$$

Um hieraus für die hyperbolische Geometrie zunächst den Wert von L zu erhalten, bedenken wir, daß L bekanntlich als Grenzwert der Umfänge der dem Kreis einbeschriebenen regulären n-Ecke definiert ist, und daß die Berechnung dieser Umfänge in elementarer Weise auf trigonometrische Formeln zurückzuführen ist. Unser altes Verfahren ist daher gestattet: Wir dürfen einfach c_e durch $-i c_h$ ersetzen und erhalten so für den Kreisumfang in der hyperbolischen Geometrie den Ausdruck:

$$L = 4\pi c_h \cdot Sh \dfrac{r}{2c_h}.$$

Analog ergibt sich, zunächst formal, für den Inhalt:

$$J = 16\pi c_h^2 \cdot Sh^2 \dfrac{r}{4c_h};$$

bezüglich der Richtigkeit dieser letzten Formel besteht eine gewisse Schwierigkeit: Wir wissen noch gar nicht, wie in der hyperbolischen Geometrie der „*Flächeninhalt*" einer Figur erklärt ist. Während diese Definition in der elliptischen Geometrie auf Grund des Zusammenhangs mit der Geometrie auf der Kugel ohne weiteres möglich ist, werden wir eine solche Möglichkeit für die hyperbolische Geometrie erst später (im Kapitel X auf differentialgeometrischem Wege) kennen lernen[1]. Infolgedessen sind wir jetzt noch nicht in der Lage, nachzuprüfen, ob

---

[1] Wir werden in Kapitel X, § 4 sehen, daß sich (auch für $c = c_h$) ein Stück der nichteuklidischen Ebene vom Krümmungsmaß $-\dfrac{1}{4c^2}$ kongruent auf ein reelles Flächenstück im euklidischen Raum abbilden läßt, das ebenfalls die Krümmung $K = -\dfrac{1}{4c^2}$ besitzt; der auf ihm in bekannter Weise definierte und analytisch von K abhängende „Inhalt" einer Figur läßt sich nicht nur im elliptischen ($K > 0$), sondern auch im hyperbolischen ($K < 0$) Fall auf die betreffende nichteuklidische Ebene übertragen. — Bezüglich einer elementaren Definition des Inhaltsbegriffes in der nichteuklidischen Geometrie vgl. man z. B. *Dehn*: Über den Inhalt sphärischer Dreiecke, Math. Ann. Bd. 60, 1905.

der Durchgang durch das Imaginäre in diesem Fall das Richtige ergibt (vgl. S. 194). Es läßt sich aber zeigen, daß die spätere Definition die eben angewandte Schlußweise gestattet und daß daher die Formel für den Kreisinhalt richtig ist.

Wenn wir wieder die beiden nichteuklidischen Maßbestimmungen in die euklidische Geometrie überführen, indem wir c_e bzw. c_h unbegrenzt größer werden lassen, erhalten wir aus diesen Formeln den Umfang und Inhalt eines euklidischen Kreises. Denn es ist z. B.:

$$L = \lim_{c_e \to \infty} 4\pi c_e \cdot \sin \frac{r}{2c_e}$$
$$= \lim_{c_e \to \infty} 4\pi c_e \left\{ \frac{r}{1!\,2c_e} - \frac{r^3}{3!\,8c_e^3} + \cdots \right\}$$
$$= \lim_{c_e \to \infty} 4\pi \left\{ \frac{r}{1!\,2} - \frac{r^3}{3!\,8c_e^2} + \cdots \right\} = 2r\pi.$$

In der euklidischen Geometrie ist der Differentialquotient des Kreisinhaltes πr^2 nach dem Radius gleich dem Umfang $2\pi r$ des Kreises; dieselbe Beziehung besteht auch im Fall der elliptischen und hyperbolischen Maßbestimmung, wie sich unmittelbar aus den abgeleiteten Formeln ergibt. Weiter wollen wir noch hervorheben, daß in der elliptischen Maßbestimmung Umfang und Inhalt eines Kreises vom Radius r kleiner und in der hyperbolischen Maßbestimmung größer als der Umfang und Inhalt eines Kreises vom Radius r in der euklidischen Geometrie sind; man kann daher in einem gewissen Sinne sagen: In der elliptischen Maßbestimmung ist um einen Punkt herum weniger und in der hyperbolischen Maßbestimmung mehr Platz vorhanden als in der euklidischen Geometrie.

§ 5. Winkelsumme und Inhalt des Dreieckes.

A. Die elliptische Geometrie. Die elliptische Ebene besitzt einen endlichen Flächeninhalt, der, wie sich aus der Beziehung zwischen der sphärischen und elliptischen Geometrie ergibt, den Wert $8\pi c_e^2$ besitzt. Wir zeichnen nun ein Dreieck, dessen Winkel gleich α, β und γ sein mögen (Abb. 129); hierbei sehen wir α, β und γ als absolute Größen der Winkel, d. h. also als positive Zahlen an. Der Inhalt des Zweiecks, das von den beiden Schenkeln des Winkels α gebildet wird (in der Abb. 129 schraffiert), beträgt dann $\frac{\alpha}{\pi} \varDelta$, wenn $\varDelta$ den Flächeninhalt der ganzen elliptischen Ebene bezeichnet; denn

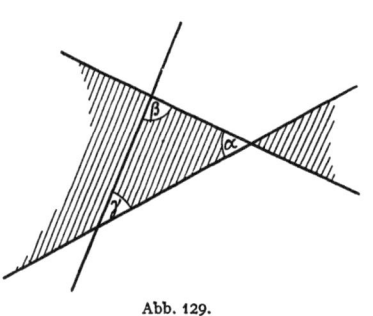

Abb. 129.

der gesuchte Inhalt des Zweiecks verhält sich zu dem Inhalt der Ebene wie $\alpha : \pi$. In genau derselben Weise besitzen die beiden Zweiecke, die von den Schenkeln der Winkel β und γ gebildet werden, die Inhalte $\frac{\beta}{\pi}\varDelta$ und $\frac{\gamma}{\pi}\varDelta$. Die betrachteten drei Zweiecke überdecken nun die Ebene im Äußern des Dreiecks gerade einmal, im Innern dagegen dreimal. Der Ausdruck $\frac{\alpha}{\pi}\varDelta + \frac{\beta}{\pi}\varDelta + \frac{\gamma}{\pi}\varDelta - \varDelta$ gibt also den doppelten Inhalt des betrachteten Dreiecks an. *Der Inhalt eines Dreiecks mit den Winkeln α, β und γ beträgt somit in der elliptischen Geometrie:*

$$J = \frac{\varDelta}{2\pi}\{\alpha + \beta + \gamma - \pi\} = 4c_e^2\{\alpha + \beta + \gamma - \pi\}.$$

Da wir nur die absoluten Werte der Winkel und Inhalte betrachtet haben, folgt hieraus, daß in der elliptischen Geometrie für jedes reelle Dreieck der Wert: $\alpha + \beta + \gamma - \pi$ stets größer als Null ist; oder mit anderen Worten: *Die Winkelsumme eines Dreiecks in der elliptischen Geometrie ist stets größer als π*. Der Ausdruck: $\alpha + \beta + \gamma - \pi$ wird in der elliptischen wie in der sphärischen Geometrie als der *Exzeß* (d. h. Überschuß) des betreffenden Dreiecks bezeichnet. Damit haben wir den Satz erhalten: *In der elliptischen Maßbestimmung ist der Flächeninhalt eines Dreiecks gleich dem Exzeß, multipliziert mit dem Quadrat des Krümmungsradius.*

B. Die hyperbolische Geometrie. Wenn wir wie im vorigen Paragraphen c_e durch $-ic_h$ ersetzen, erhalten wir für die hyperbolische Geometrie:

$$J = -4c_h^2(\alpha + \beta + \gamma - \pi) = 4c_h^2(\pi - \alpha - \beta - \gamma).$$

Bei diesem Übergang tritt aber wieder die schon beim Kreisinhalt genannte Schwierigkeit (S. 199) auf: Wir wissen noch gar nicht, wie in der hyperbolischen Geometrie der Inhalt definiert ist und können daher auch nicht prüfen, ob der Übergang durch das imaginäre Gebiet die richtigen Formeln liefert. Man kann aber zeigen, daß dieser Übergang gestattet ist, so daß sich aus der obigen Formel, da der Inhalt auch jetzt positiv ist, der Schluß ziehen läßt: *In der hyperbolischen Geometrie ist die Winkelsumme eines Dreiecks stets kleiner als π*. Der dem Inhalt proportionale Ausdruck $\pi - \alpha - \beta - \gamma$ wird als der *Defekt* (d. h. das Fehlende) des betreffenden Dreiecks bezeichnet. Ferner ergibt sich aus der Formel für J der Satz, *daß in der hyperbolischen Geometrie der Inhalt eines Dreiecks den Betrag $4c_h^2\pi$ nicht übersteigen kann*. In einem Dreieck, das diesen Maximalinhalt besitzt, müssen alle Winkel gleich Null sein, was nur dann der Fall ist, wenn es dem fundamentalen Kegelschnitt der hyperbolischen Geometrie einbeschrieben ist (vgl. S. 176); derartige Dreiecke, deren Eckpunkte im Sinn der hyperbolischen Geometrie unendlich fern liegen, werden als *asymptotisch* bezeichnet.

202 Die Beziehungen zwischen der ellipt., eukl. und hyperb. Geometrie.

Da der Satz über die Winkelsumme im Dreieck in der hyperbolischen Geometrie eine außerordentlich wichtige Rolle spielt, wollen wir für ihn noch einen anderen Beweis angeben, der vom Flächeninhalt unabhängig ist. Es genügt zu zeigen, daß für ein beliebiges Dreieck, dessen Eckpunkte eigentliche Punkte der hyperbolischen Geometrie sind, die Beziehung besteht:
$$S = \sin(\alpha + \beta + \gamma) > 0.$$
Denn dann muß die Winkelsumme in einem der unendlich vielen voneinander *getrennten* Bereiche $2n\pi < \alpha + \beta + \gamma < (2n+1)\pi$ liegen, wobei n eine ganze Zahl ist. Da sich aber alle betrachteten Dreiecke und somit auch ihre Winkelsummen kontinuierlich ineinander überführen lassen, kommt (bei der üblichen Winkelmessung) nur ein einziger dieser Bereiche in Betracht, und zwar, wie man sich leicht überzeugt, der Bereich zwischen 0 und π, was die zu beweisende Behauptung ist.

Es ist nun:
$$S = \sin(\alpha + \beta + \gamma) = \sin\alpha\cos\beta\cos\gamma + \sin\beta\cos\alpha\cos\gamma + \sin\gamma\cos\alpha\cos\beta - \sin\alpha\sin\beta\sin\gamma.$$
Wir drücken $\sin\beta$ und $\sin\gamma$ mit Hilfe des Sinussatzes (S. 197) durch $\sin\alpha$ aus[1]:
$$\sin\beta = \sin\alpha \cdot \frac{ShB}{ShA}, \qquad \sin\gamma = \sin\alpha \cdot \frac{ShC}{ShA}$$
und erhalten:
$$S = \sin\alpha \cdot \left\{\cos\beta\cos\gamma + \frac{ShB}{ShA}\cos\alpha\cos\gamma + \frac{ShC}{ShA}\cos\alpha\cos\beta - \sin^2\alpha\,\frac{ShB \cdot ShC}{Sh^2 A}\right\}.$$
Wir setzen in der Klammer $-\sin^2\alpha = \cos^2\alpha - 1$, so daß dort α, β, γ nur noch unter dem cos auftreten und führen nach dem Cosinussatz (S. 197) ein:
$$\cos\alpha = \frac{ChB \cdot ChC - ChA}{ShB \cdot ShC}, \qquad \cos\beta = \cdots, \qquad \cos\gamma = \cdots$$
Dann erhalten wir unmittelbar:
$$S = \frac{\sin\alpha}{Sh^2 A \cdot ShB \cdot ShC} \left\{ \begin{aligned} &(ChA \cdot ChC - ChB)(ChA \cdot ChB - ChC) \\ &+ (ChB \cdot ChC - ChA)(ChA \cdot ChB - ChC) \\ &+ (ChB \cdot ChC - ChA)(ChA \cdot ChC - ChB) \\ &+ (ChB \cdot ChC - ChA)^2 - Sh^2 B \cdot Sh^2 C \end{aligned}\right\}.$$
Wir setzen in der Klammer: $Sh^2 B = Ch^2 B - 1$, $Sh^2 C = Ch^2 C - 1$ und erhalten auf Grund der Identität:

---
[1] Die Entfernungskonstante c_h können wir ohne Einschränkung der Allgemeinheit gleich $\frac{1}{2}$ setzen.

Winkelsumme und Inhalt des Dreieckes.

$$(xz - y)(xy - z) + (yz - x)(xy - z) + (yz - x)(xz - y)$$
$$+ (yz - x)^2 - (y^2 - 1)(z^2 - 1)$$
$$= (x - 1)(y - 1)(z - 1)(x + y + z + 1),$$

die übersichtliche Formel:

$$S = \frac{\sin \alpha}{Sh A} \cdot \frac{(Ch A - 1)(Ch B - 1)(Ch C - 1)}{Sh A \cdot Sh B \cdot Sh C}(Ch A + Ch B + Ch C + 1).$$

Aus ihr folgt aber, da für $x > 0$ bekanntlich $Sh x > 0$ und $Ch x > 1$ ist, unmittelbar $S > 0$, was zu beweisen war.

C. Die euklidische Geometrie: Während in der elliptischen Geometrie die Winkelsumme größer als π, in der hyperbolischen Geometrie kleiner als π ist, wird sie in der euklidischen Geometrie gerade gleich π, woraus wieder die Mittelstellung der euklidischen Geometrie ersichtlich ist. Die Formel für den Dreiecksinhalt wird in dem Grenzfall der euklidischen Geometrie unbestimmt, da c_e bzw. c_h unendlich groß, der Exzeß bzw. Defekt 0 wird. Jedoch kann man durch geschickte Ausführung des Grenzübergangs von der nichteuklidischen zu der euklidischen Inhaltsformel gelangen.

D. Die Verallgemeinerung auf höhere Dimensionenzahlen. Die entsprechenden Untersuchungen für die dreidimensionalen Geometrien führen zu einem ganz anderen Ergebnis. Wir betrachten ein Tetraeder und definieren seine Eckenwinkel α_1^0, α_2^0, α_3^0, α_4^0 und seine Kantenwinkel $\alpha_1^1, \ldots \alpha_6^1$ in der folgenden Weise: Wir schlagen um einen Eckpunkt bzw. einen Punkt der Kante eine hinreichend kleine Kugel; dann ist die Oberfläche des Kugelstückes, das im Innern des zu messenden Winkels liegt, dividiert durch die ganze Kugeloberfläche die gesuchte Größe. So besitzt z. B. eine rechtwinklige Ecke die Größe $\frac{1}{8}$, während zwei aufeinander senkrechte Ebenen den Kantenwinkel $\frac{1}{4}$ bilden. Betrachtet man nun im elliptischen Raum die durch die Seitenebenen eines Tetraeders hervorgerufene Raumeinteilung, welche der in Abb. 129 (S. 200) angegebenen Einteilung der Ebene entspricht, so ergibt sich bei einer Abzählung, die der im Fall der Ebene durchgeführten analog ist, die Beziehung:

$$\sum_{i=1}^{6} \alpha_i^1 - \sum_{i=1}^{4} \alpha_i^0 = 1,$$

während das Volumen des Tetraeders sich forthebt. Diese Formel läßt sich, da das für den zweidimensionalen Fall besprochene Übertragungsprinzip von der elliptischen zur hyperbolischen Geometrie auch in Mannigfaltigkeiten höherer Dimensionszahl richtig ist, in die hyperbolische und mittels eines Grenzüberganges in die euklidische Geometrie übertragen; da die Entfernungskonstante c_e in der Formel nicht auftritt, bleibt diese dabei unverändert[1]). Analoga zu den Sätzen, die in der Ebene den Dreiecksinhalt mit dem sphärischen Exzeß bzw. hyperbolischen Defekt verbinden, *existieren also im Raume nicht*; vielmehr hat die „verallgemeinerte Winkelsumme" $W = \sum_i \alpha_i^0 - \sum_i \alpha_i^1$ in allen Geometrien denselben Wert -1.

Es ist von Interesse, zu sehen, wie sich diese Sätze — übrigens ohne Änderung der elementaren Beweismethode — auf die n-dimensionalen Geometrien verallgemeinern lassen und wie sich dabei der zwischen den Fällen $n = 2$ und $n = 3$ zutage getretene Unterschied äußert[2]). Wir verbinden $n + 1$ geeignet liegende Punkte einer n-dimensionalen Mannigfaltigkeit durch alle Hyperebenen, die durch je n dieser Punkte hindurchgehen, und nennen dieses Gebilde ein „n-dimensionales Tetraeder". Bezeichnen α_i^r die entsprechend wie oben definierten Winkel an den r-dimensionalen Kanten eines solchen Tetraeders, so läßt sich, *falls n ungerade ist*, der soeben für $n = 3$ ausgesprochene Satz dahin *verallgemeinern*, daß in allen drei Geometrien für die *verallgemeinerte* Winkelsumme:

$$W = \sum_{r=0}^{n-2}(-1)^r \sum_i \alpha_i^r = \sum_i \alpha_i^0 - \sum_i \alpha_i^1 + \cdots + (-1)^{n-2}\sum_i \alpha_i^{n-2},$$

die Formel:

$$W = -\frac{n-1}{2}$$

gilt. *Ist dagegen n gerade*, bezeichnet K_n die Oberfläche der n-dimensionalen euklidischen Einheitskugel[3]) und J den Inhalt des betrachteten Tetraeders, so lautet in der elliptischen Geometrie mit der Entfernungs-

---

[1]) Die Formel läßt sich in jeder der drei Geometrien, insbesondere auch in der euklidischen, am einfachsten dadurch beweisen, daß man um jede der vier Ecken eine Kugel schlägt, für die durch die Ecken ausgeschnittenen sphärischen Dreiecke die Formeln zwischen Exzeß und Dreiecksinhalt aufschreibt und die so erhaltenen vier Formeln kombiniert. — Merkwürdigerweise ist auch in der euklidischen Geometrie dieser einfache Satz über die Winkelsumme eines Tetraeders fast allgemein unbekannt, obwohl er schon 1783 von *de Gua* in der Arbeit: *Propositions neuves, et non moins utiles que curieuses, sur le tétraèdre*, Hist. Acad. R. des Sc. Paris 1783 (erschienen 1786) bewiesen und von *Brianchon* in der Abhandlung: *Théorème nouveau sur les polyèdres*, Journ. de l'Ec. Polyt. Bd. 25, 1837 auf Polyeder verallgemeinert wurde.

[2]) *Poincaré*: *Sur la généralisation d'un théorème élémentaire de Géométrie*, Cpt. rend., T. 140, 1905. — *Dehn*: *Die Eulersche Formel in Zusammenhang mit dem Inhalt in der Nicht-Euklidischen Geometrie*, Math. Ann. Bd. 61, 1905. — *Hopf*: *Die Curvatura integra Clifford-Kleinscher Raumformen*, Nachr. v. d. Ges. d. Wiss., Göttingen, Mathem.-physik. Kl..1925.

[3]) Es ist $K_n = \dfrac{2}{\left(\dfrac{n-1}{2}\right)!}\,\pi^{\frac{n+1}{2}}$ für ungerades n, $K_n = \dfrac{2^n\left(\dfrac{n}{2}-1\right)!}{(n-1)!}\,\pi^{\frac{n}{2}}$ für gerades n; vgl. *P. H. Schoute*, Mehrdimensionale Geometrie II (Sammlung Schubert 36), S. 288 ff.

konstanten c_e die Verallgemeinerung der auf S. 201 für $n = 2$ bewiesenen Formel:

$$J = (2c_e)^n \left\{ W - \frac{n-1}{2} \right\} \cdot \frac{K_n}{2}.$$

Hieraus folgt durch Grenzübergang $c_e \to \infty$ für die euklidische Geometrie:

$$W = \frac{n-1}{2}$$

und ferner durch die (auch hier erlaubte) Substitution $c_e = -ic_h$ für die hyperbolische Geometrie:

$$J = i^n (2c_h)^n \left\{ W - \frac{n-1}{2} \right\} \cdot \frac{K_n}{2} = (-1)^{\frac{n}{2}} (2c_h)^n \left\{ W - \frac{n-1}{2} \right\} \cdot \frac{K_n}{2}.$$

Da immer $J > 0$ ist, muß (bei geradem n) in der elliptischen Geometrie stets: $W > \frac{n-1}{2}$ sein. In der hyperbolischen Geometrie haben wir dagegen zwei Fälle zu unterscheiden: Ist n von der Form $4m + 2$, also $\frac{n}{2}$ ungerade, so ist $W < \frac{n-1}{2}$; ist $n = 4m$, also $\frac{n}{2}$ gerade, so wird $W > \frac{n-1}{2}$. Wir erhalten also das Ergebnis: Bei geradem n ist die verallgemeinerte Winkelsumme W eines n-dimensionalen Tetraeders in der euklidischen Geometrie konstant; in der elliptischen Geometrie besitzt sie einen „Exzeß"; in der hyperbolischen Geometrie haben wir schließlich einen „Defekt" oder einen „Exzeß", je nachdem $n = 4m + 2$ oder $n = 4m$ ist.

§ 6. Die euklidische und die beiden nichteuklidischen Geometrien als System der Maßbestimmungen, die auf die Außenwelt passen.

Zum Schluß dieses Kapitels wollen wir untersuchen, welche von den im vorigen Kapitel aufgestellten Maßbestimmungen praktische Anwendungen in der uns umgebenden Außenwelt gestatten. Über dieses Problem existiert eine Fülle sich widersprechender philosophischer und andersartiger Literatur. Wir wollen aber im Rahmen unseres Buches alle diese philosophischen Erörterungen vermeiden, indem wir das gestellte Problem in der folgenden Weise als *rein naturwissenschaftlich-physikalische Fragestellung* auffassen. Die Geometrie stellt ein Netzwerk von Begriffen dar, mit denen sie logisch arbeitet. Die Anregung zur Aufstellung dieser Begriffsbildungen geht zwar von der unmittelbaren Betrachtung der Außenwelt aus; wir können aber, wenn wir erst einmal diese Anregung aufgenommen haben, die Geometrie auf axiomatischer Grundlage völlig unabhängig von der uns umgebenden

Außenwelt entwickeln. Die Frage, ob eine bestimmte Geometrie in der Außenwelt gilt, ist gleichbedeutend mit der Frage, ob wir in der Erfahrungswelt sinnlich wahrnehmbare Gegenstände aufweisen können, die sich den geometrischen Begriffen derart zuordnen lassen, daß alle Beziehungen, die zwischen diesen Begriffen existieren, mit hinreichender Genauigkeit wiedergegeben werden. Es handelt sich also einfach um die Frage, in welche Netzwerke von Begriffen sich die Erfahrungswelt einspannen läßt.

Im Sinne dieser Auffassung werden wir am besten unter einer Geraden den Weg eines hinreichend dünnen *Lichtstrahles* verstehen, der auf seinem Wege keiner störenden Materie ausgesetzt ist; eine Ebene soll von denjenigen Lichtstrahlen beschrieben werden, welche von einem Punkte ausgehen und einen anderen nicht durch diesen Punkt gehenden Lichtstrahl treffen. Diese Festsetzungen sind allerdings mit Ungenauigkeiten behaftet; so ist z. B. ein Lichtstrahl nie eine exakte Gerade, sondern ein räumlich ausgedehntes Lichtbündel, in dem nach den Gesetzen der Physik komplizierte Schwingungen stattfinden. Derartige Ungenauigkeiten lassen sich aber in der Erfahrungswelt nie ganz vermeiden; die Auffassung einer Geraden als Lichtstrahl ist von den in Betracht kommenden Erklärungen immer noch mit den geringsten Fehlerquellen behaftet.

Wir wissen, daß die Lichtstrahlen in einem genügend kleinen Bereich alle Voraussetzungen über die Geraden der projektiven Geometrie mit einer für unsere Zwecke hinreichenden Genauigkeit erfüllen. Um nun weiter zur metrischen Geometrie zu kommen, nehmen wir den Begriff *des starren Körpers* zuhilfe und verlangen, daß die Bewegungen einer praktisch anwendbaren Maßbestimmung mit den uns wohlbekannten Bewegungen dieser Körper in der Außenwelt übereinstimmen. Nach § 1 dieses Kapitels wird diese Forderung außer von der euklidischen Geometrie von der elliptischen und hyperbolischen Maßbestimmung erfüllt, die hierdurch vor allen übrigen Maßbestimmungen ausgezeichnet sind.

Im Anschluß hieran entsteht die ebenfalls schon in § 1 gestreifte Frage, welche von den drei so ausgesonderten Maßbestimmungen in der Außenwelt gültig ist. Wir hatten dort (allerdings ohne Begründung, die wir jetzt nachholen wollen) betont, daß wir auf diese Frage keine Antwort geben können, da alle drei Maßbestimmungen die in der Außenwelt bestehenden Verhältnisse gleich gut wiedergeben. Oder mit anderen Worten: *Wir können mit unseren bisherigen Kenntnissen nicht entscheiden, ob in der Außenwelt die elliptische, die euklidische oder die hyperbolische Maßbestimmung gültig ist.*

Diese Behauptung ist von zahlreichen Autoren lebhaft angegriffen worden und wird noch immer angegriffen. Meistenteils werden ihr philosophische Überlegungen entgegengesetzt, wie z. B., daß man aus der reinen Anschauung a priori wisse, in der Erfahrungswelt könne es zu einer gegebenen Geraden durch einen gegebenen Punkt eine und nur eine Parallele geben, so daß hier die euklidische Geometrie gültig sein müsse. Diesen Einwendungen haben wir von vornherein dadurch die Spitze abgebrochen, daß wir bei der Anwendung der Geometrie auf die Erfahrungswelt von physikalischen Vorstellungen ausgegangen sind. Infolgedessen lassen sich diese Fragen nicht mit Hilfe reiner Anschauung, sondern nur durch geeignete physikalische Untersuchungen beantworten.

Da nun die drei in Betracht kommenden Geometrien einen völlig verschiedenen Aufbau besitzen, erscheint es zunächst möglich, den gesuchten Entscheid auf Grund von Messungen in der Erfahrungswelt zu fällen. So ist beispielsweise in der elliptischen, euklidischen und hyperbolischen Geometrie die Winkelsumme im Dreieck der Reihe nach größer, gleich und kleiner als 180° (§ 5). Infolge der Unvollkommenheit unserer Meßapparate können wir aber nie feststellen, daß die Winkelsumme des Dreiecks genau 180° beträgt, sondern nur, daß sie etwa zwischen 179° 59' und 180° 1' liegt, ein Ergebnis, das völlig unbestimmt läßt, welche der drei Geometrien in der Außenwelt gültig ist. Durch fortgesetzte Verbesserung unserer Beobachtungsmittel können wir zwar das Fehlerintervall unserer Messungen immer weiter einschränken; wir werden aber nie einen exakten Wert, sondern stets nur ein, wenn auch noch so kleines Intervall erhalten. Da wir nun, wie wir auf S. 190 gesehen haben, die elliptische und die hyperbolische Maßbestimmung beliebig an die euklidische Geometrie annähern können, ergibt sich der merkwürdige Satz: *Wenn in der Außenwelt die euklidische Geometrie gilt, können wir diese Tatsache niemals exakt nachweisen;* denn das notwendige Fehlerintervall unserer Messungen läßt in diesem Fall stets sowohl die Möglichkeit einer elliptischen, wie auch einer hyperbolischen Maßbestimmung zu. *Wenn dagegen in der Außenwelt eine elliptische oder eine hyperbolische Maßbestimmung gilt, würden wir diese Tatsache mit genügend genauen Beobachtungsmitteln feststellen können;* denn wenn wir das Fehlerintervall genügend herabgedrückt hätten, würden die beiden anderen Maßbestimmungen außerhalb dieses Bereiches liegen.

Derartige Überlegungen haben bereits die Entdecker der nichteuklidischen Geometrie (vgl. Kap. X) angestellt. *Gauß* soll in diesem Sinne bei Gelegenheit der von ihm durchgeführten Vermessung des Königreichs Hannover die Winkelsumme des größten ihm zur Verfügung stehenden Dreiecks Hoher Hagen, Brocken, Inselsberg möglichst genau ausgemessen haben. Es ist ihm aber nicht gelungen, eine in Betracht kommende Abweichung von 180° festzustellen[1]). *Lobatschefskij*

---

[1]) Für diese Messungen selbst haben sich im Gauß'schen Nachlaß keine Belege gefunden. Dagegen äußert sich Gauß über die Möglichkeit einer derartigen Messung in einem Brief an Taurinus vom 8. November 1824: ,,Wäre die nichteuklidische Geometrie die wahre und jene Konstante in einigem Verhältnis zu

208   Die Beziehungen zwischen der ellipt., eukl. und hyperb. Geometrie.

zieht astronomische Überlegungen zur Entscheidung dieser Frage heran[1]). *Johann Bolyai* schließlich hat sich mit diesen Lobatschefskijschen Überlegungen eingehend auseinandergesetzt[2]).

Eine genaue Klarstellung dieser Verhältnisse unter Berücksichtigung neuerer Ergebnisse der Astronomie findet sich in einer sehr interessanten Arbeit von *Schwarzschild*: *Über das zulässige Krümmungsmaß des Raumes*[3]), aus der wir hier einen kurzen Auszug geben wollen. Die Entfernung eines Fixsternes von der Erde bestimmen wir, indem wir mit Hilfe geeigneter astronomischer Messungen den Winkel ermitteln, unter dem die Erdbahn von dem Stern aus gesehen erscheint. Diese Größe, die als die Parallaxe des betreffenden Sternes bezeichnet wird, leiten wir unter der Voraussetzung der Gültigkeit der euklidischen Geometrie ab. Aus ihr ergibt sich dann unter derselben Voraussetzung leicht die gesuchte Entfernung des Sternes von der Erde. Dieses Verfahren enthält aber eine Willkür, da wir gar nicht wissen, ob die euklidische Hypothese berechtigt ist; etwaige Abweichungen von ihr, die sich bei Messungen im Planetensystem noch völlig unserer Beobachtung entziehen, können bei Fixsternentfernungen ganz erheblich ins Gewicht fallen. Korrekterweise müssen wir daher die Berechnung der Sternentfernungen unter Zugrundelegung einer beliebigen Geometrie durchführen und dann erst auf Grund geeigneter Überlegungen entscheiden, welches die richtige Geometrie und somit die wahre Anordnung der Sterne ist.

Wir haben nun auf S. 191 und 193 gesehen, daß die verschiedenen in Betracht kommenden Geometrien durch die Angabe des Krümmungsradius $R = 2c_e$ bzw. $-2ic_h$ eindeutig bestimmt sind; im Falle der euklidischen Geometrie wird der Krümmungsradius unendlich. Es läßt sich nun leicht zeigen, daß im Fall einer hyperbolischen Struktur der Außenwelt alle Sterne eine Parallaxe besitzen müßten, die größer als der Wert $p = \dfrac{r}{2c_h}$ ist, wobei r den Radius der Erdbahn bedeutet. Nun gibt es aber zahlreiche Sterne, deren Parallaxe nach möglichst genauen Messungen kleiner als 0,05" ist. Hieraus folgt: *Wenn in der Außenwelt eine hyperbolische Geometrie gilt, muß ihr Krümmungsradius (absolut genommen) größer als vier Millionen Erdbahnradien oder* $6 \cdot 10^{19}$ *cm sein.*

---

solchen Größen, die im Bereich unserer Messungen auf der Erde oder am Himmel liegen, so ließe sie sich a posteriori ausmitteln." (Gauß Werke, Bd. X, 2, *Stäckel*: *Gauß als Geometer*, S. 33.) Weitere Mitteilungen finden sich nur in *Sartorius von Waltershausen*: *Gauß zum Gedächtniß*, Leipzig 1856, S. 53 und 81.

[1]) *Lobatschefskij*, *Über die Anfangsgründe der Geometrie* (russisch geschrieben), 1829—30; ins Deutsche übertragen von *Engel*: *Lobatschefskij, Zwei geometrische Abhandlungen*. Teubner 1898 (vgl. bes. S. 22—24).

[2]) Vgl. *Stäckel*: *Wolfgang und Johann Bolyai: Geometrische Untersuchungen*, Erster Teil. Leipzig 1913. S. 154—157.

[3]) Vierteljahrsschrift der Astronomischen Gesellschaft, 1899, S. 337.

Das System der Geometrien, die auf die Außenwelt passen. 209

Wenn wir dagegen der Außenwelt eine elliptische Struktur zuschreiben, müssen wir den Raum als endlich und in sich geschlossen ansehen; ein Lichtstrahl würde eine geschlossene Kurve von der Länge $\pi \cdot R$ beschreiben. Wenn wir versuchsweise für den Krümmungsradius R einen kleinen Wert ansetzen, sagen wir etwa 30 000 Erdbahnradien, würde nach den vorliegenden Parallaxenmessungen um die Erde herum ein sternarmer Raum liegen, während sich in großer Entfernung von ihr die Sterne außerordentlich dicht drängen und zum Teil nur 40 Erdbahnradien voneinander abstehen würden. Dann müßten aber in diesen Raumteilen weit häufiger Zusammenstöße vorkommen, als wir beobachtet haben. Wenn wir demgegenüber die plausible Annahme machen, daß alle Sterne durchschnittlich gleich weit voneinander entfernt sind, so kommen wir zu einem Krümmungsradius von 160 Millionen Erdbahnradien. Bei einem derartigen Krümmungsradius würde ein Lichtstrahl den Weg um die Welt, dessen Länge $\pi \cdot R$ beträgt, in etwa 8000 Jahren zurücklegen. Wir können nun den Krümmungsradius noch etwas kleiner ansehen, ohne mit irgendwelchen Erfahrungen wie oben in Widerspruch zu geraten und somit behaupten: *Bei Voraussetzung einer elliptischen Struktur der Außenwelt kommen wir in keine Widersprüche mit den Erfahrungen der Astronomie und der Physik, wenn wir den Krümmungsradius größer als 100 Millionen Erdbahnradien oder $1,5 \cdot 10^{21}$ cm annehmen.*

Gegen die Zulassung einer elliptischen Struktur der Außenwelt scheint sich aber zunächst eine andere Schwierigkeit zu ergeben. Denn da das Licht nach einer endlichen Zeit, bei unserer Annahme nach rund 8000 Jahren, wieder an seinen Ausgangspunkt zurückkehrt, müßten wir etwa unserer Sonne gegenüber ein sog. *Gegenbild* derselben sehen. Dieses Bild würde an Helligkeit der wirklichen Sonne nicht nachstehen. Zur Veranschaulichung dieser Behauptung wollen wir uns in die analogen Verhältnisse der zweidimensionalen elliptischen Geometrie hereindenken, welche wir in gewohnter Weise auf einer Halbkugel miteinander diametral zugeordneten Randpunkten wiedergeben. In Abb. 130 sei S die Sonne und E die Erde. Die Strahlen, die von der Sonne nach der uns abgewandten Seite in den Weltenraum hinausgehen, laufen zunächst auseinander, d. h., die Helligkeit der Sonne wird von diesen

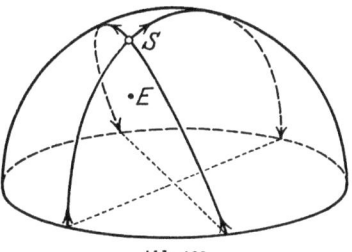

Abb. 130.

Punkten aus gesehen immer geringer. Nach einer bestimmten Zeit laufen aber die Strahlen wieder zusammen, so daß die Helligkeit der Sonne größer wird. Da nun eine kleine, die Pupille eines Beobachters darstellende Fläche, welche die von den beiden entgegengesetzten

Seiten her nach dem Beobachtungsort gehenden Lichtstrahlen senkrecht schneidet, von einem schmalen Bündel divergierender Lichtstrahlen in derselben Weise beleuchtet wird, wie von der Seite des Gegenbildes her durch das entsprechende Bündel von konvergierenden Strahlen, muß die Sonne selbst und ihr Gegenbild genau dieselbe Helligkeit besitzen[1]).

Um diesen Schwierigkeiten zu entgehen, nimmt Schwarzschild eine *Absorption des Lichtes im Weltenraum* an, die das Licht bei einem Umlauf um die Welt um etwa 40 Größenklassen schwächen soll. Diese Annahme ist aus physikalischen und astronomischen Gründen durchaus plausibel und würde genügen, um das Gegenbild der Sonne unserer Beobachtung zu entziehen. Demgegenüber weist *Harzer*[2]) darauf hin, daß die Sonne und wir nicht unbeweglich im Raume verharren, sondern uns mit einer Geschwindigkeit von etwa 30 km in der Sekunde fortbewegen. Wenn das Licht nach 8000 Jahren wieder an der Stelle zusammenkäme, wo seinerzeit die Sonne gestanden hätte, würden wir also schon sehr weit von diesem Punkte entfernt sein und ihn daher nur mit einer Helligkeit von 2,7 Größenklassen sehen (d. i. etwa die Helligkeit des Sirius), wenn wir gar keine Absorption des Lichtes bei seinem Umlauf um die Welt annehmen. Dieses Gegenbild der Sonne würde mit derselben Geschwindigkeit wie unser Planetensystem immer hinter uns herlaufen. Da nun aber ein solcher Stern bis jetzt nicht aufgefunden ist, nimmt Harzer einen Helligkeitsverlust von 13 Größenklassen bei einem Umlauf um die Welt an, was genügen würde, um das Gegenbild der Sonne für uns unsichtbar zu machen.

Alle diese Schlüsse sind zwar äußerst interessant, aber sehr unsicher. Dies ist auch ganz natürlich, da wir erst in neuerer Zeit mit unseren Messungen über den engen Kreis unseres Planetensystems herausgegangen sind. Dabei drängt sich ein Vergleich auf, den Harzer gebraucht. Solange die Geodäten auf der Erde nur kleine Flächenstücke ausmessen, kommen sie mit der Annahme, daß die Erde eine Ebene sei, nicht in Widersprüche; wenn man aber an die Ausmessung größerer Ländermassen geht, muß man die Erdoberfläche notwendigerweise (in zweiter Näherung) als Kugel ansehen. Den früheren Menschen kam es zuerst äußerst merkwürdig vor, daß man an denselben Punkt zurückkommen sollte, wenn man auf der Erde immer geradeaus geht, eine Vorstellung, die uns heute völlig geläufig geworden ist. Genau dieselbe Möglichkeit könnte eintreten, wenn wir von den Messungen im Planetensystem zu Messungen im Fixsternsystem übergehen. Eine Notwendigkeit hierzu entsprechend wie bei den Messungen auf der Erde hat sich aller-

---

[1]) Besonders kraß findet sich dieser Gedanke bei *Helmholtz* ausgesprochen, welcher behauptet, daß man in der elliptischen Geometrie seinen eigenen Hinterkopf vor sich sehen müßte.

[2]) *Harzer*: *Die Sterne und der Raum*, Jahresber. der Deutschen Math. Ver., Bd. 17, S. 237. 1908.

dings bis heute noch nicht ergeben; es wäre aber durchaus denkbar, daß dieser Moment in absehbarer Zeit einträte.

Jedenfalls zeigen uns aber diese Überlegungen, daß in der Außenwelt die euklidische Geometrie mit so großer Annäherung erfüllt ist, *daß wir auf der Erde und im Bereich unseres Planetensystems unbedenklich von der euklidischen Hypothese ausgehen können, ohne mit der Erfahrung in Widersprüche zu geraten.* Denn um etwa auf einer geraden Linie eine zulässige elliptische Maßbstimmung zu konstruieren, müssen wir an die gerade Linie einen euklidischen Berührungskreis von mindestens $1{,}5 \cdot 10^{21}$ cm legen und dann die Maßbestimmung dieses Kreises vom Mittelpunkt aus auf die Gerade projizieren (vgl. Abb. 109, S. 171); dieser Kreis weicht von unserer Geraden aber erst nach 170 000 km um 1 mm ab!

Kapitel VIII.

Besondere Untersuchung der beiden nichteuklidischen Geometrien.

In diesem Kapitel wollen wir die beiden nichteuklidischen Geometrien, die wir S. 189 aus der großen Anzahl der möglichen Maßbestimmungen als die (außer der euklidischen) allein auf die Außenwelt anwendbaren ausgesucht haben, eingehender betrachten. Die euklidische Geometrie werden wir nur gelegentlich heranziehen, um ihre als bekannt vorausgesetzten Sätze mit denen der elliptischen und hyperbolischen Geometrie zu vergleichen. In diesen wird uns in erster Linie das *reelle eigentliche* Gebiet interessieren, das ja allein für etwaige Anwendungen auf den uns umgebenden Raum in Frage kommt; wenn wir uns darüber hinaus mit uneigentlichen oder sogar imaginären Elementen beschäftigen, so geschieht es lediglich, um auf dem Umweg über sie möglichst bequem zu Erkenntnissen über reelle, eigentliche Gebilde zu gelangen. Es wird sich dabei zum Teil nur um eine Zusammenstellung uns bereits bekannter Sätze handeln, deren Beweise wir nicht auszuführen brauchen, da viele Dinge, die hierher gehören, uns bereits von unseren früheren Untersuchungen her geläufig sind.

§ 1. Die elliptische und die hyperbolische Geometrie auf der Geraden.

A. Die elliptische Gerade. Die Gerade der elliptischen Geometrie ist eine *geschlossene* Linie von der Länge $2c_e\pi$ (vgl. S. 171). Die Entfernung $E(x, y)$ zweier Punkte x und y ist erstens nur bis auf ganze Vielfache von $2c_e\pi$, zweitens nur bis auf das Vorzeichen bestimmt, so daß zusammen mit einer zwischen 0 und $2c_e\pi$ liegenden Zahl a insbesondere auch die ebenfalls diesem Intervall angehörige Zahl $2c_e\pi - a$ die Entfernung angibt. Zu jedem Punkt x gibt es einen und nur einen Punkt $\bar{x}$, für den diese beiden Entfernungszahlen gleich sind; für ihn ist $E(x, \bar{x}) = c_e \pi$; das Doppelverhältnis von $x, \bar{x}$ und den Fundamentalpunkten ist daher -1, d. h. x und $\bar{x}$ liegen harmonisch zu den Fundamentalpunkten; x und $\bar{x}$ heißen zueinander „*senkrecht*" oder „*orthogonal*" (vgl. S. 150). Die arccos-Formel für E (S. 169) lehrt, daß in diesem Fall $\Omega_{x\bar{x}} = 0$ ist.

Je 2 Punkte bestimmen *zwei* Strecken. Jede Strecke besitzt einen und nur einen Mittelpunkt. Die beiden Mittelpunkte liegen dabei zueinander senkrecht. Diese Sätze können wir, wie alle Eigenschaften der elliptischen Geraden, aus der Geometrie des euklidischen Strahlenbüschels übernehmen, indem wir die dort gültige Metrik durch Projektion vom Mittelpunkt des Büschels aus auf die elliptische Gerade übertragen (vgl. Abb. 109, S. 171). Für spätere Anwendungen müssen wir aber noch die Koordinaten der beiden Mittelpunkte berechnen. x und y seien die gegebenen Punkte; wir suchen diejenigen Punkte $\lambda x + \mu y$, für die $E(x, \lambda x + \mu y) = E(\lambda x + \mu y, y)$ ist. Diese Forderung ist, wenn wir die Koordinaten $x_1, x_2; y_1, y_2$ von x bzw. y durch Multiplikation mit konstanten Faktoren k_x bzw. k_y so normieren, daß $\Omega_{xx} = \Omega_{yy} = 1$ ist, nach der arccos-Formel S. 169 gleichbedeutend mit der Gleichung:

$$\Omega_{x, \lambda x + \mu y} = \pm \Omega_{\lambda x + \mu y, y},$$

d. h.:
$$\lambda \Omega_{xx} + \mu \Omega_{xy} = \pm \lambda \Omega_{xy} \pm \mu \Omega_{yy}$$

oder, da $\Omega_{xx} = \Omega_{yy} = 1$ ist:
$$(\lambda \pm \mu)(\Omega_{xy} \pm 1) = 0.$$

Der zweite Faktor kann nicht verschwinden, da $\Omega_{xy} = \pm 1$ in Verbindung mit $\Omega_{xx} = \Omega_{yy} = 1$ ergeben würde, daß die beiden Anfangspunkte zusammenfallen. Also ist $\lambda = \pm \mu$; die gesuchten Punkte sind mithin $m = x + y$, $m' = x - y$. Wenn wir die Normierung wieder aufheben, erhalten wir, da bei beliebigen x_i bzw. y_i die normierenden Faktoren:

$$k_x = \frac{1}{\sqrt{\Omega_{xx}}} \quad \text{und} \quad k_y = \frac{1}{\sqrt{\Omega_{yy}}}$$

sind, den folgenden Satz: Die Mittelpunkte der Strecken, die durch die Punkte mit den Koordinaten x_i und y_i bestimmt sind, besitzen die Koordinaten:

$$\frac{x_i}{\sqrt{\Omega_{xx}}} + \frac{y_i}{\sqrt{\Omega_{yy}}} \quad \text{und} \quad \frac{x_i}{\sqrt{\Omega_{xx}}} - \frac{y_i}{\sqrt{\Omega_{yy}}}.$$

Die Gruppe der elliptischen starren Transformationen zerfällt in zwei einparametrige Scharen: die Bewegungen, die den Richtungssinn der Geraden unverändert lassen und selbst eine Gruppe bilden, und die Umlegungen, die den Richtungssinn umkehren (S. 187).

Die elliptische und die hyperbolische Geometrie auf der Geraden. 213

Die Bewegungsgruppe ist der Gruppe der Drehungen eines Kreises isomorph[1]). Eine Bewegung besitzt keinen Fixpunkt; dagegen besitzt jede Umlegung zwei zueinander senkrechte Fixpunkte, A und A' (Abb. 131), was der Leser sowohl auf analytischem wie auf geometrischem Wege leicht beweisen kann.

Abb. 131.

Die Umlegung kann als „Spiegelung" an jedem der beiden Fixpunkte aufgefaßt werden; denn ist P ein beliebiger Punkt, P' sein Bildpunkt, d. h. der Punkt, in den P bei der Spiegelung übergeht, so sind die Strecken AP und AP' einander gleich; genau so ist auch $A'P = A'P'$. Ein Beispiel ist bei Zugrundelegung des Punktepaares $x_1^2 + x_2^2 = 0$ als Fundamentalgebilde die Transformation: $\varrho x_1 = x_1'$, $\varrho x_2 = -x_2'$ mit den Fixpunkten 1,0 und 0,1.

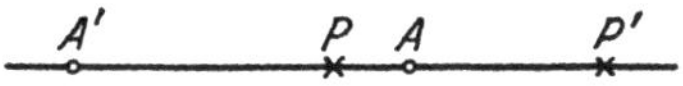

B. Die hyperbolische Gerade. Die Gerade der *hyperbolischen* Geometrie ist eine *offene* (d. h. unberandete, nicht geschlossene) Linie von unendlicher Länge; dabei bezeichnen wir als „hyperbolische Gerade" jetzt natürlich nur das eine der beiden Stücke, welche durch die Fundamentalpunkte auf der mit der hyperbolischen Maßbestimmung versehenen projektiven (geschlossenen) Geraden bestimmt werden; wir haben es zunächst als die Gesamtheit der eigentlichen Punkte willkürlich von der anderen durch die Fundamentalpunkte begrenzten Strecke ausgezeichnet (S. 173). Die (reelle) Entfernung $E(x, y)$ der Punkte x, y ist bis auf das Vorzeichen eindeutig bestimmt. Es gibt (im eigentlichen Gebiet) keine orthogonalen Punktepaare, da diese durch die Fundamentalpunkte getrennt werden müßten. Zwei Punkte bestimmen *eine* Strecke. Jede Strecke besitzt einen und nur einen Mittelpunkt, der auf ihr liegt. Dies beweist man genau so wie in der elliptischen Geometrie; der zweite hierbei auftretende Mittelpunkt, der von x und y gleichen Abstand hat, ist ein uneigentlicher Punkt, da er zu dem eigentlichen Mittelpunkt orthogonal ist.

Die Gruppe der starren Transformationen des eigentlichen Gebiets in sich zerfällt ebenso wie in der elliptischen Geometrie in zwei Scharen (S. 187). Eine Bewegung besitzt keinen, eine Umlegung *einen* Fixpunkt. *Die Gruppe ist derjenigen der euklidischen starren Transformationen isomorph;* überhaupt unterscheiden sich die hyperbolische und die euklidische Geometrie auf der (reellen, eigentlichen) Geraden nicht wesentlich voneinander; denn man kann diese beiden Geometrien, wie sich der Leser überlegen möge, punktweise eineindeutig und längentreu aufeinander abbilden.

---

[1]) Zwei Gruppen 𝔄, 𝔅 von Substitutionen heißen *isomorph*, wenn die Substitutionen $A_1, A_2, \ldots$ von 𝔄 den Substitutionen $B_1, B_2, \ldots$ von 𝔅 durch ein solches Gesetz $A_i \to B_i$ [$i = 1, 2, \ldots$] eineindeutig zugeordnet sind, daß aus $A_m \to B_m$ und $A_n \to B_n$ stets $A_m A_n \to B_m B_n$ folgt, d. h. wenn sich die Gruppen hinsichtlich der Zusammensetzungsregeln ihrer Elemente nicht unterscheiden.

§ 2. Die elliptische Geometrie der Ebene.

A. Allgemeines; Dualität. Der Schauplatz der elliptischen Geometrie ist die ganze projektive Ebene; „unendlich ferne" Elemente gibt es nicht (S. 148). Da in der projektiven Ebene je zwei Geraden einen Schnittpunkt haben, gibt es keine *Parallelen*. Auf jeder Geraden herrscht die oben besprochene elliptische Maßbestimmung, wobei alle Geraden die gleiche Länge $2 c_e \pi$ besitzen. Alle zu einem Punkt P senkrechten Punkte (d. h. die Punkte, welche von P die Entfernung $c_e \pi$ besitzen) bilden eine Gerade, die Polare von P in bezug auf den fundamentalen Kegelschnitt (S. 178). Da in der elliptischen Geometrie nach S. 184 volle Dualität zwischen Winkel- und Streckenmessung herrscht, wenn man der Entfernungskonstanten den Wert $\frac{i}{2}$ der Winkelkonstanten beilegt, kann man hier zu jedem Satz einen *dualen* Satz bilden, indem man die Begriffe „Punkt" und „Strecke" mit „Gerade" und „Winkel" vertauscht. Als Beispiele führen wir zunächst die folgenden Sätze an:

Die zu einer Geraden p senkrechten Geraden gehen durch den Pol P von p.	Die zu einem Punkt P senkrechten Punkte liegen auf der Polaren p von P.
Von einem Punkte $A \neq P$ kann man ein und nur ein Lot auf p fällen, nämlich die Verbindungsgerade zwischen A und P.	Auf einer Geraden $a \neq p$ gibt es einen und nur einen zu P senkrechten Punkt, nämlich den Schnitt von a mit p.
Je zwei Geraden haben eine gemeinsame Senkrechte, nämlich die Polare ihres Schnittpunkts.	Je zwei Punkte besitzen einen zu beiden senkrechten Punkt, nämlich den Pol ihrer Verbindungsgeraden.

Weitere derartige Beispiele werden wir gleich kennen lernen.

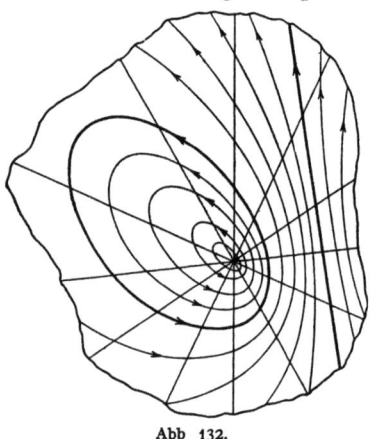

Abb. 132.

B. Bewegungen. Die starren Transformationen bilden eine einzige Schar, es gibt nur Bewegungen, keine Umlegungen (S. 187). Bei jeder Bewegung bleibt (mindestens) ein Punkt fest, die Bewegung ist eine *Drehung* um diesen Punkt (S. 108). Fassen wir die Gruppe der Drehungen um einen festen Punkt A näher ins Auge und führen wir die Drehungen *kontinuierlich* aus: jeder Punkt wandert auf einem „Kreis" um A (Abb. 132; der dick gezeichnete Kegelschnitt besitzt keine besondere

Die elliptische Geometrie der Ebene.

Bedeutung); dabei sind die Kreise definiert als die Orte der Punkte festen Abstandes von A; wir haben S. 104 und 176 gesehen, daß sie diejenigen Kegelschnitte sind, die das (nullteilige) Fundamentalgebilde in denselben Punkten berühren wie die von A ausgehenden Tangenten. Zu den Kreisen gehört nach S. 178 im besonderen die doppelt zählende Polare a von A. Diese Tatsache gewinnt jetzt folgende kinematische Bedeutung: Bei der betrachteten Wanderung der Punkte ist nach einer Drehung um den Winkel π jeder Punkt P in denjenigen Punkt P' gelangt, der auf der Geraden PA so liegt, daß die Strecken PA und AP' einander gleich sind (Abb. 133). In dieser Abbildung ist angegeben, wie der Punkt P_1 bei der Drehung um π auf einem Ellipsenstück (wenn wir die Abbildung zur Erläuterung einen Augenblick euklidisch auffassen) nach P_1' wandert; entsprechend wird P_2 auf einem Hyperbelstück in P_2' überführt. Der

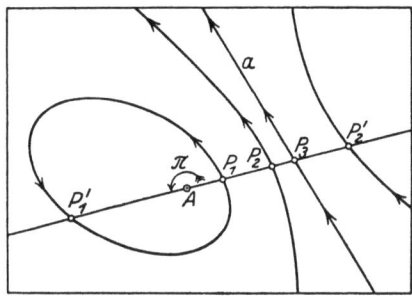

Abb. 133.

Punkt P_3 wandert dagegen auf der Polaren a von A und befindet sich nach Ausführung der Drehung wieder in seiner Anfangslage. Genau das gleiche gilt auch für alle anderen Punkte der Polaren, so daß diese bereits nach einer Drehung um π punktweise in sich zurückgekehrt ist. Wenn wir die Drehung weiterführen, haben die Punkte der Polaren dieselbe Wanderung noch einmal vorzunehmen, bis nach der Drehung um 2π auch die anderen Punkte der Ebene in ihre Ausgangslage zurückgekehrt sind. Die hiernach vorhandene Möglichkeit einer Bewegung, die eine Gerade, aber nicht die ganze Ebene, punktweise in sich überführt, hat für uns etwas Ungewohntes; in der euklidischen, und wie wir sehen werden, auch in der hyperbolischen Geometrie besteht diese Möglichkeit nicht; in diesen Geometrien haben nur die *Spiegelungen*, die aber keine stetig aus der Ruhelage zu erzeugenden Bewegungen sind, die analoge Eigenschaft. Und tatsächlich hat unsere elliptische Drehung um den Winkel π eine große Ähnlichkeit mit einer Spiegelung: jede Gerade durch A ist nämlich in sich übergegangen; dabei haben ihre Punkte sich so vertauscht, daß das Ergebnis eine Spiegelung dieser Geraden in sich ist, wie wir sie S. 213 besprochen haben; daß wir sie jetzt stetig aus der Ruhelage erzeugen können, erklärt sich dadurch, daß die Punkte während des Bewegungsvorganges die Gerade verlassen dürfen. Wir können geradezu unsere Drehung um den Winkel π als „Spiegelung" bezeichnen und haben uns dann nur zu merken, daß in der elliptischen Geometrie der Ebene die Spiegelungen eigentliche Bewegungen sind.

C. Einige Sätze aus der Kreislehre. Die Eigenschaft der Spiegelung, eine und nur eine Gerade punktweise in sich zu überführen, wollen wir benutzen, um einen einfachen Satz zu beweisen und so an einem Beispiel zu sehen, wie das Studium der starren Transformationen geeignet ist, uns die Kenntnis geometrischer Eigenschaften der Figuren zu vermitteln. Der Satz lautet: „Jede Kreistangente steht auf dem durch ihren Berührungspunkt laufenden Radius

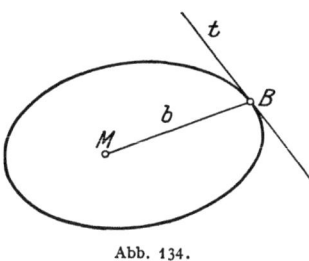

Abb. 134.

senkrecht." Beweis: Bei der Spiegelung an der Geraden b, die den Kreismittelpunkt M mit dem Berührungspunkt B der Tangente t verbindet (Abb. 134), bleibt jeder Punkt von b fest; der Kreis um M geht also als Linie konstanten Abstands von dem Fixpunkt M, da die Spiegelung längentreu ist, in sich über. Dasselbe gilt von t, da sie die einzige Gerade durch den Fixpunkt B ist, die mit dem Kreise keinen weiteren Punkt gemein hat. Die beiden von MB und t gebildeten Nebenwinkel vertauschen sich, da andernfalls t punktweise fest bliebe, sind also beide gleich $\frac{\pi}{2}$, w. z. b. w.

Auf Grund der genannten Eigenschaft der Kreistangenten ergibt sich, daß man die Schar der konzentrischen Kreise um A, ausgehend von der Polaren a des Zentrums A in bezug auf den fundamentalen Kegelschnitt, auch als *die orthogonalen Trajektorien der auf a senkrechten Geraden* charakterisieren kann. Ferner ergibt sich: Wenn wir auf einer Geraden a die Senkrechten errichten (die sämtlich durch den Pol A

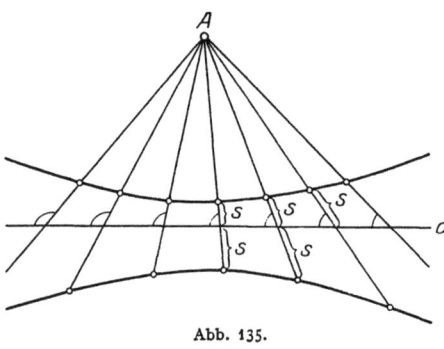

Abb. 135.

von a laufen) und auf jeder dieser Senkrechten von a aus die gleiche Strecke s abtragen (Abb. 135), so erhalten wir einen Kreis mit dem Mittelpunkt A. Oder kurz: *Die Kreise um A sind die Kurven konstanten Abstandes von a.* Hierbei ist folgendes zu beachten: Trägt man auf den zu a senkrechten Geraden nach beiden Seiten von a aus die Strecken von der Länge s

ab, so entstehen nicht *zwei* Linien, sondern eine einzige, nämlich der Kreis um A mit dem Radius $c_e \pi - s$, der, wenn wir s immer kleiner wählen, in die doppelt bedeckte Gerade a übergeht (vgl. Abb. 135). Durch die beiden angegebenen Eigenschaften werden in der euklidischen Geometrie nicht Kreise, sondern die zu a parallelen Geraden defi-

Die elliptische Geometrie der Ebene.

niert. Dieser Unterschied hat in der Geschichte der nichteuklidischen Geometrie eine wichtige Rolle gespielt (vgl. S. 273).

Die Gestalt des in Abb. 135 angegebenen Kreises, der bei kleinem s auf beiden Seiten dicht an der Geraden a entlangläuft, setzt die Tatsache in Evidenz, daß in der elliptischen Geometrie zwei Kreise vier reelle Schnittpunkte haben können: Man braucht nur zwei gerade Linien a und b zu betrachten (Abb. 136), um zu sehen, daß zwei Kreise um deren Pole A und B mit dem Radius $c_e \pi - s$, wobei s genügend klein ist, sich in der Nähe des Schnittpunkts C von a und b in vier Punkten kreuzen[1]).

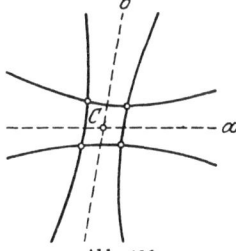

Abb. 136.

Zum Schluß heben wir noch den Satz hervor: *Alle Tangenten eines Kreises bilden einen konstanten Winkel mit einer bestimmten Geraden a*; diese Gerade, die sich als ausgearteter Kreis auffassen läßt, ist die Polare des Kreismittelpunktes A in bezug auf den fundamentalen Kegelschnitt. Derartige „Winkelkreise" hatten wir schon S. 183 bei der Dualisierung der euklidischen Geometrie betrachtet; in der elliptischen Geometrie werden die Winkelkreise einfach von den Tangenten der Entfernungskreise gebildet.

D. Die Kongruenzsätze. Diese etwas verwickelten, auf den Zusammenhangsverhältnissen der elliptischen Ebene beruhenden Tatsachen erschweren auch die Formulierung und den *Beweis der Kongruenzsätze* für Dreiecke. Hier hat man zunächst von vornherein zu berücksichtigen, daß durch drei Punkte infolge der Geschlossenheit der Geraden immer vier Dreiecke bestimmt sind. Von ihnen kann man aber im allgemeinen — nämlich wenn keiner der Eckpunkte zu den beiden andern orthogonal ist — dasjenige auszeichnen, dessen Seiten kleiner als $c_e \pi$ sind. Dann definiert man: Zwei (ausgezeichnete) Dreiecke sind kongruent, wenn man das eine durch eine starre Transformation mit dem anderen zur Deckung bringen kann. Nun lassen sich die folgenden vier Kongruenzsätze beweisen:

Zwei Dreiecke sind kongruent, wenn sie in zwei Seiten und dem eingeschlossenen Winkel übereinstimmen.	Zwei Dreiecke sind kongruent, wenn sie in zwei Winkeln und dem beiden gemeinsamen Schenkel übereinstimmen.
Zwei Dreiecke sind kongruent, wenn sie in den drei Seiten übereinstimmen.	Zwei Dreiecke sind kongruent, wenn sie in den drei Winkeln übereinstimmen.

Beim Beweis wird man wiederholt ähnliche Betrachtungen wie auf S. 216 anzustellen haben, als wir den Winkel zwischen Kreistangente und

---

[1]) In der euklidischen Geometrie haben zwei Kreise stets die beiden Kreispunkte gemeinsam (vgl. S. 136). Dieser Grund für die Tatsache, daß sich zwei Kreise in höchstens zwei reellen Punkten schneiden, fällt in der elliptischen Geometrie fort.

218 Besondere Untersuchung der beiden nichteuklidischen Geometrien.

Radius untersuchten; stets wird aber Vorsicht geboten sein, da es, wie wir S. 217 sahen, evtl. vier Punkte gibt, die von zwei festen Punkten A bzw. B die gegebenen Abstände α bzw. β haben, und da durch zwei Punkte stets *zwei* Strecken bestimmt sind. Wir weisen auch darauf hin, daß es durch drei Punkte *vier* Kreise gibt (vgl. S. 220).

E. Die Schnittpunktsätze im Dreieck[1]). Das Studium dieser Sätze ist besonders interessant, weil bei ihnen die Dualität der elliptischen Metrik sehr schön hervortritt. Wir beginnen mit den *Sätzen über die Winkelhalbierenden und die Seitenmittelpunkte*:

In der elliptischen Geometrie laufen die sechs Winkelhalbierenden eines Dreieckes zu je drei in vier Punkten zusammen; diese Punkte sind die *Mittelpunkte der vier in- und anbeschriebenen Kreise*. Die sechs Punkte, in denen die Winkelhalbierenden eines Dreiecks die Dreiecksseiten schneiden, liegen zu je dreien auf vier geraden Linien.	In der elliptischen Geometrie liegen die sechs Mittelpunkte der Dreiecksseiten zu je dreien auf vier geraden Linien; diese Linien bestimmen mit den Tangenten eines jeden der vier umbeschriebenen Kreise je einen konstanten Winkel. Die sechs Seitenhalbierenden gehen zu je dreien durch vier Punkte.

Wir können uns beide Satzgruppen an der schematischen Abb. 137 veranschaulichen, die natürlich in jedem von beiden Fällen anders auf-

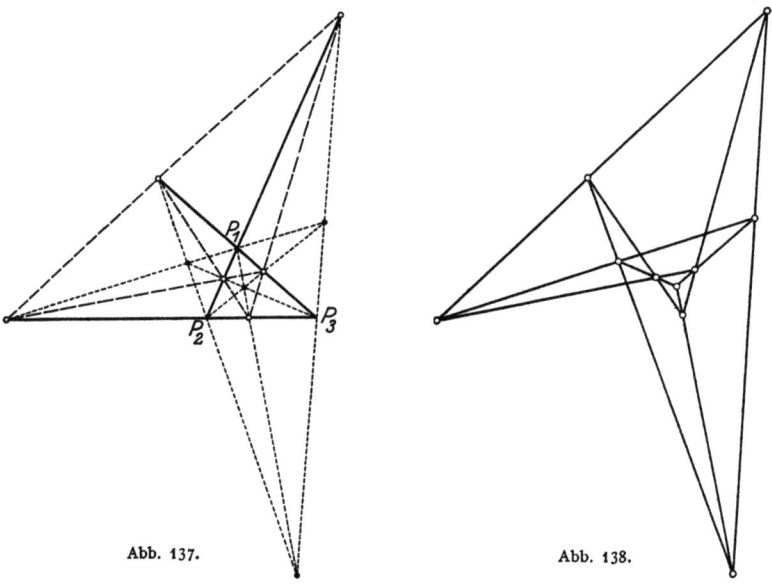

Abb. 137.   Abb. 138.

---

[1]) Vgl. *Coolidge*: *The elements of non-euclidean geometry*, Oxford, Clarendon Press, 1909.

Die elliptische Geometrie der Ebene.

zufassen ist[1]). Beim Beweis beschränken wir uns auf die linksstehende Satzgruppe, da der Beweis für die rechtsstehenden Sätze dual verläuft. Wir machen das betrachtete Dreieck zum Koordinatendreieck eines projektiven Koordinatensystems. Die drei Seiten P_2P_3, P_1P_3 und P_1P_2 des Dreiecks haben dann die Geradenkoordinaten: $1:0:0$ bzw. $0:1:0$ und $0:0:1$. Der fundamentale Kegelschnitt habe die Form: $\sum \alpha_{\varkappa\lambda} u_\varkappa u_\lambda = 0$; dann haben nach S. 212 die sechs Winkelhalbierenden die Koordinaten[2]):

Winkelhalbierende durch
$$\begin{cases} P_1 & 0 : \dfrac{1}{\sqrt{\alpha_{22}}} : \dfrac{\varepsilon_1}{\sqrt{\alpha_{33}}} \\ P_2 & \dfrac{\varepsilon_2}{\sqrt{\alpha_{11}}} : 0 : \dfrac{1}{\sqrt{\alpha_{33}}} \\ P_3 & \dfrac{1}{\sqrt{\alpha_{11}}} : \dfrac{\varepsilon_3}{\sqrt{\alpha_{22}}} : 0 \end{cases}$$

ε_1, ε_2 und ε_3 gleich $+1$ oder -1.

Die hierdurch festgelegten Geraden gehen durch einen Punkt, wenn die Determinante des obigen Schemas:

$$D = \frac{1 + \varepsilon_1 \varepsilon_2 \varepsilon_3}{\sqrt{\alpha_{11} \alpha_{22} \alpha_{33}}}$$

verschwindet; dies tritt ein, wenn $\varepsilon_1 \varepsilon_2 \varepsilon_3 = -1$ ist, eine Forderung, die gerade vier verschiedene Kombinationen zuläßt. Die Koordinaten der hierdurch bestimmten Schnittpunkte ergeben sich in der Gestalt:

$$\varepsilon_1 \sqrt{\alpha_{11}} : \varepsilon_2 \sqrt{\alpha_{22}} : \varepsilon_3 \sqrt{\alpha_{33}}, \qquad \varepsilon_1 \varepsilon_2 \varepsilon_3 = -1.$$

Weiter erhalten wir als Punktkoordinaten der Schnittpunkte, welche die Winkelhalbierenden mit den gegenüberliegenden Seiten bestimmen:

Schnittpunkte der Winkelhalbierenden mit der Seite
$$\begin{cases} P_2P_3 & 0 : \sqrt{\alpha_{22}} : -\varepsilon_1\sqrt{\alpha_{33}} \\ P_1P_3 & -\varepsilon_2\sqrt{\alpha_{11}} : 0 : \sqrt{\alpha_{33}} \\ P_1P_2 & \sqrt{\alpha_{11}} : -\varepsilon_3\sqrt{\alpha_{22}} : 0 \end{cases}$$

ε_1, ε_2 und ε_3 gleich $+1$ oder -1.

---

[1]) Die dick ausgezogenen Linien sind die Dreiecksseiten. Bei den *Sätzen über die Winkelhalbierenden* sehen wir die je zwei punktierten Linien durch die Eckpunkte als Winkelhalbierende, die vier schwarzen Punkte als Mittelpunkte der in- und anbeschriebenen Kreise, die sechs Punktkreise als Schnittpunkte der Winkelhalbierenden mit den Dreiecksseiten und die vier gestrichelten Geraden als deren Verbindungslinien an. Bei den *Sätzen über die Seitenmittelpunkte* sind die sechs Punktkreise als Seitenmittelpunkte, die vier gestrichelten Geraden als deren Verbindungslinien, die sechs punktierten Geraden als Seitenhalbierende und die vier schwarzen Punkte als deren Schnittpunkte anzusehen.

[2]) Der S. 212 angegebene Beweis für die Mittelpunkte einer Strecke läßt sich ohne Änderung des Wortlautes auf höhere Dimensionenzahlen verallgemeinern. Durch Dualisierung ergibt sich dann der entsprechende Beweis für die Halbierenden eines Winkels.

220 Besondere Untersuchung der beiden nichteuklidischen Geometrien.

Eine gleiche Determinantenbetrachtung wie oben ergibt, daß je drei dieser Punkte auf einer Geraden liegen.

Wir wollen hervorheben, daß sich diese Sätze bei geeigneter Benutzung der „unendlich fernen" Elemente in die euklidische Geometrie übertragen lassen[1]). So haben wir z. B. bei dem Satz über die Seitenhalbierenden den unendlich fernen Punkt einer Dreiecksseite als den zweiten Mittelpunkt aufzufassen (Abb. 139). Diese Überlegung gibt uns ein schönes Beispiel dafür, wie die dualen Sätze der elliptischen Geometrie beim Übergang zur euklidischen Geometrie in Trümmer fallen. (Die angegebenen Sätze sind übrigens auch in der hyperbolischen Geometrie erfüllt, wenn wir die uneigentlichen Elemente in unsere Betrachtungen einbeziehen.) Wir wollen ferner darauf hinweisen, daß sich eine besonders regelmäßige Figur ergibt, wenn wir aus Abb. 137 die drei Dreiecksseiten fortlassen (Abb. 138). Dann gehen nämlich durch jeden der hervorgehobenen Schnittpunkte drei gerade Linien, während umgekehrt auf jeder geraden Linie drei Schnittpunkte liegen. Eine derartige Figur wird als *ebene Konfiguration* bezeichnet.

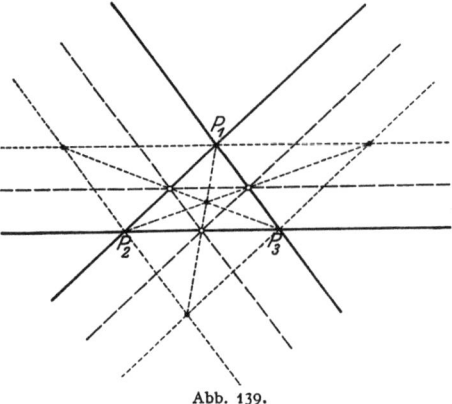

Abb. 139.

Weiter führen wir den *Satz über die Mittelsenkrechten und sein duales Analogon* an, welche sich auf demselben Wege wie die Sätze über die Winkelhalbierenden und die Seitenmittelpunkte beweisen lassen:

| In der elliptischen Geometrie laufen die Senkrechten auf den sechs Seitenmittelpunkten zu je dreien in vier Punkten zusammen; diese Punkte besitzen von jedem der drei Eckpunkte dieselbe Entfernung, sind also *Mittelpunkte der vier umbeschriebenen Kreise*. | In der elliptischen Geometrie liegen die sechs Punkte, die auf den Winkelhalbierenden orthogonal zu dem zugehörigen Eckpunkt sind, zu je dreien auf vier geraden Linien; diese Linien bestimmen mit allen drei Geraden des Dreieckes dieselben Winkel. |

Der Höhensatz der euklidischen Geometrie überträgt sich folgendermaßen:

---

[1]) Vgl. auch die Aufsätze von *Schülke* in der Zeitschrift für math. und naturwiss. Unterricht aller Schulgattungen 1923, S. 201 und 1926, S. 12.

In einem Dreieck der elliptischen Geometrie, in der kein Eckpunkt Pol der gegenüberliegenden Seite ist, schneiden sich die drei Höhen in einem einzigen Punkt.	In einem Dreieck der elliptischen Geometrie, in dem keine Seite Polare des gegenüberliegenden Punktes ist, liegen die drei Punkte, die auf den Seiten des Dreieckes zu den gegenüberliegenden Eckpunkten orthogonal sind, auf einer geraden Linie.

F. Abschließende Bemerkungen. Das bequemste Hilfsmittel zur Untersuchung der Verhältnisse in der elliptischen Geometrie der Ebene dürfte in der S. 148 u. ff. ausführlich besprochenen Beziehung zu der uns wohlbekannten Geometrie auf der Kugeloberfläche bestehen; wir haben, um es noch einmal zu wiederholen, nur je zwei diametrale Punkte der Kugel miteinander zu identifizieren, um ein kongruentes Bild der elliptischen Ebene zu erhalten. Wir erinnern in diesem Zusammenhang an die Sätze, die sich in § 4 des siebten Kapitels durch Benutzung dieser Beziehung ergeben haben. Weiter heben wir noch das auf S. 201 gefundene Resultat hervor, daß in der elliptischen Geometrie die Winkelsumme im Dreieck stets $>\pi$ ist, ein Satz, der historisch wie prinzipiell von der größten Wichtigkeit für die nichteuklidische Geometrie ist (vgl. S. 274).

§ 3. Die hyperbolische Geometrie der Ebene.

A. Allgemeines; Parallelen. Während die elliptische und hyperbolische Geometrie im Imaginären identisch sind (vgl. etwa S. 173), zeigen sie im Reellen wichtige und interessante Unterschiede. Dabei liegen in der hyperbolischen Geometrie die Verhältnisse in mancher Hinsicht einfacher, da — im Gegensatz zur elliptischen Geometrie, die sich in der ganzen, kompliziert zusammenhängenden *projektiven* Ebene abspielt — das *eigentliche Gebiet* der hyperbolischen Geometrie, also das Innere der ovalen Fundamentalkurve, denselben einfachen Zusammenhang besitzt wie die Ebene der euklidischen Geometrie. Jedoch bringt andererseits der Umstand, daß wir hier nur einen *Teil* der Ebene als eigentlich zu betrachten haben, einige Komplikationen mit sich, da er zahlreiche Fallunterscheidungen nötig macht, die sich durch die ganze hyperbolische Geometrie hinziehen, während sie in der elliptischen Geometrie nicht auftreten[1]. Wir beginnen sogleich mit der wichtigsten hierher gehörigen Frage nach dem Schnittpunkt zweier Geraden. Es sind drei Fälle zu unterscheiden: Der Schnittpunkt der beiden Geraden, der ja in der projektiven Ebene jedenfalls irgendwo vorhanden sein muß,

---

[1] Auch insofern ist die elliptische Geometrie einfacher, als in der (reellen) hyperbolischen Metrik das Dualitätsprinzip nicht gültig ist (vgl. S. 185).

222 Besondere Untersuchung der beiden nichteuklidischen Geometrien.

liegt entweder im Innern oder im Äußern des fundamentalen Kegelschnitts oder auf diesem selbst. Im ersten *Fall* haben die Geraden vom Standpunkt der eigentlichen reellen hyperbolischen Geometrie aus *einen*, im zweiten Fall *keinen* gemeinsamen Punkt. Im dritten Fall haben sie einen in der vorliegenden Maßbestimmung als „*unendlich fern*" zu bezeichnenden Punkt gemein; wir nennen sie daher *parallel*; der Winkel zwischen ihnen ist 0 (s. S 176). Gegenüber der euklidischen Geometrie treten also die in Fall 2 gekennzeichneten Geradenpaare neu hinzu. Aber auch im dritten Fall besteht ein wesentlicher Unterschied von der euklidischen Geometrie: *Zu einer Geraden g gibt es durch einen nicht auf ihr liegenden Punkt P stets zwei Parallelen* (Abb. 140). Sie sind, analog den euklidischen Parallelen, die Grenzlagen der durch P gehenden, g schneidenden Geraden. Die in Abb. 140 mit α bezeichneten Winkel, welche, wie man leicht erkennt, gleich groß sind, werden *Parallelenwinkel* genannt. Ihre Größe können wir leicht berechnen. Denn im rechtwinkligen Dreieck der Abb. 140 ist, wie nach S. 198 durch Vergleich mit dem entsprechenden Satz der sphärischen Trigonometrie folgt:

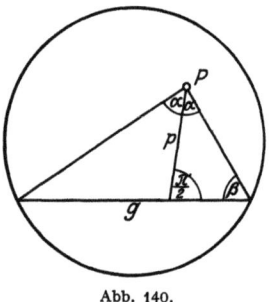

Abb. 140.

$$Ch\frac{p}{2c_h} = \frac{\cos\beta}{\sin\alpha},$$

oder da hier $\beta = 0$ ist:

$$\sin\alpha = \frac{1}{Ch\dfrac{p}{2c_h}}.$$

Der Parallelenwinkel α ist also (außer von der gegebenen Konstanten c_h) nur noch abhängig von dem Abstand p des Punktes P von der Geraden g. Dieser Satz hat in der Geschichte der nichteuklidischen Geometrie eine wichtige Rolle gespielt.

B. Über senkrechte Gerade. Eine etwas größere Übereinstimmung mit der euklidischen Geometrie als in bezug auf Paare paralleler Geraden finden wir in bezug auf Paare senkrechter Geraden. Als senkrecht haben wir, wie im elliptischen Fall, zwei Geraden zu bezeichnen, von denen jede durch den Pol der anderen geht[1]). Daraus ist ersichtlich: Auf einer Geraden läßt sich in jedem Punkt eine Senkrechte errichten; zwei auf einer Geraden errichtete Senkrechte schneiden sich nicht; von jedem Punkt läßt sich ein und nur ein Lot auf eine feste Gerade fällen; der Fußpunkt des Lotes ist dabei ebenfalls eigentlich, da er von dem im Äußern der Kurve liegenden Pol der Geraden durch die Fundamentalkurve (harmonisch) getrennt wird.

---

[1]) Die beiden Geraden der Abb. 32, S. 56, stehen also im Sinne der durch den Kegelschnitt definierten Maßbestimmung aufeinander senkrecht.

Die hyperbolische Geometrie der Ebene. 223

Jedoch gibt es auch hier Unterschiede von der euklidischen Geometrie: Zwei sich nicht schneidende Geraden haben genau eine gemeinsame Senkrechte, nämlich die Polare ihres uneigentlichen gemeinsamen Punktes (Abb. 141; in ihr ist die Polare als Verbindungsgerade der Pole der beiden gegebenen Geraden konstruiert, um die Übereinstimmung mit den beiden nebenstehenden Abbildungen hervorzuheben). Auf zwei Parallelen und ferner zwei sich schneidenden Geraden steht dagegen keine (eigentliche) Gerade gleichzeitig senkrecht[1]); im

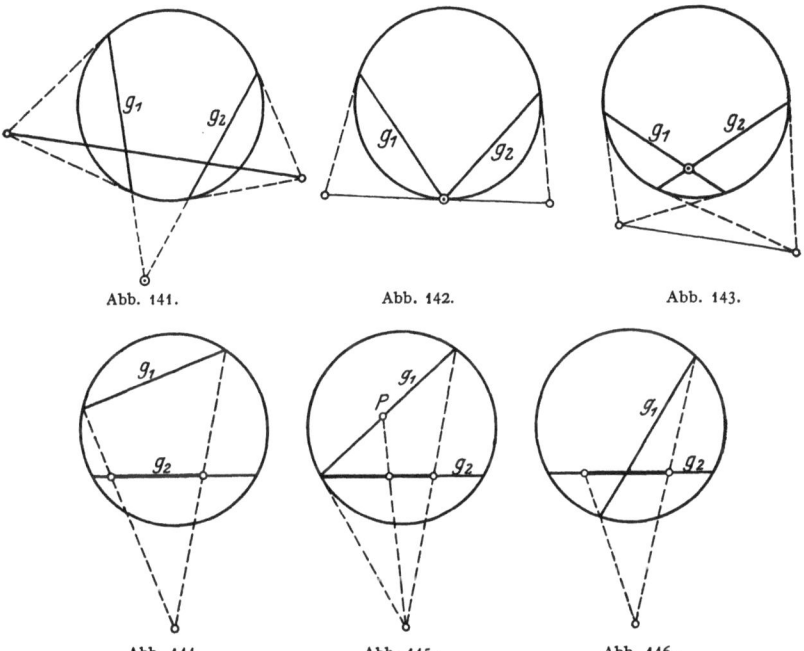

Abb. 141.   Abb. 142.   Abb. 143.

Abb. 144.   Abb. 145.   Abb 146.

ersten Fall wird nämlich die Polare des Schnittpunktes zur Tangente an den fundamentalen Kegelschnitt (Abb. 142), während sie im zweiten Falle außerhalb des Kegelschnittes verläuft (Abb. 143).

Mit der Frage nach einer gemeinsamen Senkrechten hängt die nach dem *kürzesten Abstand* zweier sich nicht im eigentlichen Gebiet schneidenden Geraden zusammen; sind diese nicht parallel, so haben sie, wie sich leicht zeigen läßt, einen kürzesten Abstand, und zwar wird dieser gerade durch die auf beiden senkrecht stehenden Strecke erreicht;

---

[1]) In den älteren (elementargeometrischen) Lehrbüchern der hyperbolischen Geometrie, die von der Darstellung in der projektiven Ebene keinen Gebrauch machen, werden deshalb die drei Arten der Geradenpaare folgendermaßen klassifiziert: 1. sich schneidende Gerade, 2. parallele Gerade, 3. Gerade mit gemeinsamer Senkrechten.

dagegen nimmt, wenn man auf einer Geraden in einer Richtung läuft, die Entfernung von einer Parallelen, die durch den zu dieser Richtung gehörigen unendlich fernen Punkt geht, monoton ab und nähert sich asymptotisch dem Wert 0, wieder durchaus im Gegensatz zum euklidischen Fall. Schließlich sei noch folgende uns ebenfalls ungewohnte Tatsache erwähnt: Die senkrechte Projektion einer Geraden g_1 auf eine Gerade g_2 besitzt nur dann eine unendliche Länge, wenn g_1 und g_2 parallel sind; und auch in diesem Fall ist die Projektion eines der Halbstrahlen, in die g_1 durch einen beliebigen Punkt P zerlegt wird, stets endlich lang; der Beweis ergibt sich unmittelbar aus den Abb. 144—146.

C. Die Umlegungen. Wir gehen zu den *starren Transformationen* über; sie zerfallen nach S. 187 in zwei Scharen: die Bewegungen und die Umlegungen. Unter letzteren, die wir vorweg kurz betrachten, sind am wichtigsten die *Spiegelungen*; bei einer solchen bleibt ein im Äußern der Kurve gelegener Punkt P sowie seine Polare p, die Achse der Spiegelung, punktweise fest, und jeder Punkt A wird mit demjenigen Punkt A' vertauscht, der auf der Geraden PA durch P und p von A harmonisch getrennt liegt; dann steht AA' auf p senkrecht und die Strecken Ap und $A'p$ sind einander gleich. Damit dürfte der Name „Spiegelung" hinlänglich gerechtfertigt sein. Daß sie, entgegen dem elliptischen Fall, sich nicht stetig und reell aus der Ruhelage erzeugen läßt, ist geometrisch daraus zu ersehen, daß die Fundamentalkurve bei einer Spiegelung ihren Umlaufsinn umkehrt. Jede Umlegung kann als Zusammensetzung einer Spiegelung mit einer Bewegung aufgefaßt werden. Die Zusammensetzung zweier Spiegelungen ist eine Bewegung; es ist gelegentlich von Nutzen, die Untersuchung einer Bewegung auf die von Spiegelungen zurückzuführen.

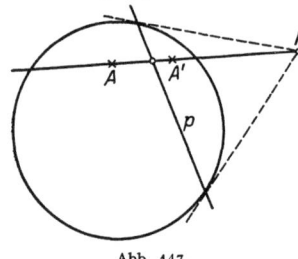

Abb. 147.

D. Die Bewegungen; ihre Klassifikation nach Fixelementen; die Kreise. Zum näheren Studium der Bewegungen ist es zweckmäßig, diese (wie schon S. 107) nach ihren Fixelementen zu klassifizieren. Es gibt entweder

1. im Innern einen festen Punkt, im Äußern eine feste Gerade (die Polare des Fixpunkts), auf Kurve ein festes konjugiert imaginäres Punktepaar (Abb. 148); oder

2. im Innern eine feste Gerade, im Äußern einen festen Punkt (ihren Pol), auf der Kurve ein festes reelles Punktepaar (Abb. 149); oder

3. einen samt seiner Tangente fest bleibenden, doppelt zählenden festen Punkt auf der Kurve, im übrigen kein Fixelement (Abb. 150).

Die hyperbolische Geometrie der Ebene. 225

Sehen wir uns zunächst, wenn ein Punkt P im Innern gegeben ist, die *ganze Gruppe* der P fest lassenden, zu 1. gehörigen Bewegungen an: sie besteht aus den Drehungen um P, jeder Kreis um P, d. h. jede Kurve konstanten Abstands von P, wird in sich transformiert; die Gestalt dieser Kreisschar ist S. 105 ausführlich geschildert worden[1]); sie bedeckt die eigentliche hyperbolische Ebene genau so, wie eine Schar konzentrischer Kreise in der euklidischen Geometrie deren Ebene bedeckt, und überhaupt unterscheiden diese Drehungen sich nicht im geringsten von den euklidischen Drehungen.

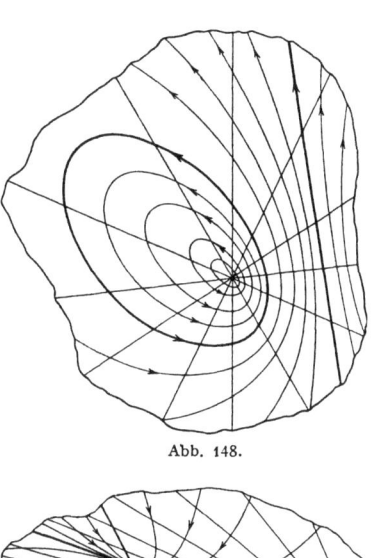

Abb. 148.

Auch im Fall 2 haben wir eine einparametrige Gruppe vor uns. Bei ihr wandern die Punkte auf den Hyperzyklen mit dem (uneigentlichen) Zentrum P (S. 178), oder, um nur von eigentlichen Elementen zu reden, auf den „Abstandslinien" der in sich bewegten Geraden p; die Hyperzyklen um P sind nämlich zugleich die Linien konstanten Abstandes von der Polaren p des Punktes P, was man wie in der elliptischen Geometrie beweist, und ebenso sind sie die orthogonalen Trajektorien der auf p senkrechten Geraden. Ein Unterschied vom elliptischen Fall besteht insofern, als jetzt die Punkte, die von p den festen Abstand a haben, *zwei* Linien bilden; denn ein Hyperzyklus

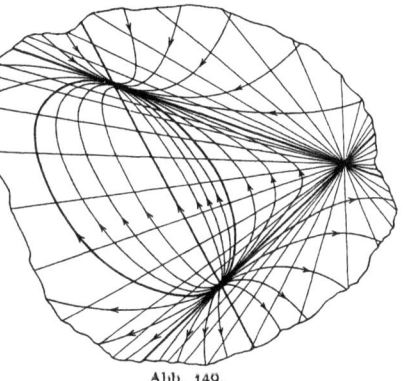

Abb. 149.

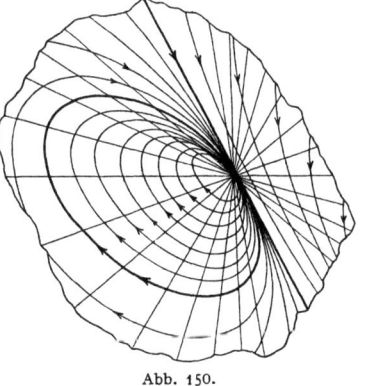

Abb. 150.

---

[1]) An dieser Stelle interessiert uns nur der Verlauf der Kreise im Innern des fundamentalen Kegelschnittes.

Klein, Nichteuklidische Geometrie. 15

ist zwar für uns Außenstehende ein geschlossener Kegelschnitt, für den Bewohner der hyperbolischen Ebene aber zerfällt er in zwei getrennte offene Linien, da er zwei unendlich ferne Punkte besitzt. Die hier betrachteten Bewegungen besitzen eine große Ähnlichkeit mit Parallelverschiebungen in der euklidischen Geometrie, nur sind die Bahnkurven bis auf eine einzige Ausnahme nicht gerade, sondern krumme Linien. Ein völliges Analogon zu den euklidischen Parallelverschiebungen gibt es nicht.

In dem Grenzfall 3, bei welchem der Fixpunkt der Bewegung *auf* der Fundamentalkurve liegt, wollen wir von vornherein auf einen nicht ganz fernliegenden Irrtum hinweisen: Während es in den beiden vorigen Fällen wegen der Invarianz jeder (reellen oder imaginären) Entfernung gegenüber Bewegungen selbstverständlich war, daß jeder Kreis um den Fixpunkt in sich übergeht, ist es jetzt nicht sicher, ob nicht ein Kreis mit dem einen unendlich fernen Mittelpunkt P (S. 177), d. h. ein die Fundamentalkurve in P vierpunktig berührender Kegelschnitt, in einen *anderen* derartigen Horozyklus transformiert werden kann, da deren Radien sämtlich unendlich groß sind. Und in der Tat: unter den P festlassenden Bewegungen sind ja auch solche, die noch einen zweiten Punkt Q auf der Kurve und mithin die ganze Gerade PQ in sich überführen, also Bewegungen, die zu unserem Fall 2 gehören und gewiß jeden zu P gehörigen Horozyklus aus seiner Anfangslage verschieben. Um die Drehungen der betrachteten Horozyklen in sich zu erhalten, haben wir aus der Gruppe *aller* P festlassenden Bewegungen die Untergruppe der zu Fall 3 gehörigen Transformationen herauszugreifen, bei denen also P der *einzige* Fixpunkt auf der Kurve ist. Daß bei ihnen wirklich jeder Horozyklus mit dem Zentrum P in sich übergeht, erkennt man am einfachsten daraus, daß sich jede dieser Transformationen aus zwei Spiegelungen an durch P gehenden Achsen, zusammensetzen läßt[1]); bei jeder solchen Spiegelung ist aber jeder unserer Horozyklen sein eigenes Bild, da sein von P verschiedener Schnittpunkt mit der Achse fest bleibt.

Während also die Bewegungsgruppen mit einem festen Punkt P von *einem* Parameter abhängen, falls P im Innern oder im Äußern der Fundamentalkurve liegt, hängen sie in dem Grenzfall, in dem P selbst Kurvenpunkt ist, von *zwei* Parametern ab. Diese Erhöhung der Parameterzahl ist uns nichts Neues: die *Strahlenbüschel* durch P erleiden nämlich im ersten und zweiten Fall elliptische bzw. hyperbolische Transformationen mit dem Tangentenpaar als Fundamentalgebilde; in dem Grenzfall bilden die festbleibenden Strahlen des Büschels die *doppelt zählende* Tangente

---

[1]) Sind nämlich A, A' zwei von P verschiedene Punkte der Fundamentalkurve, so gibt es sowohl genau eine nur P festlassende und A in A' überführende Bewegung dieser Kurve in sich, als auch genau eine durch zwei Spiegelungen der geschilderten Art zu erzeugende Kollineation, die dies bewirkt.

Theorie der Kurven 2. Grades in den ebenen nichteuklidischen Geometrien.

in P, die Transformationen des Büschels entsprechen den euklidischen Bewegungen einer Geraden mit *Einschluß der Ähnlichkeitstransformationen*; von diesen liefern aber nur die starren euklidischen Bewegungen des Büschels Transformationen der Fundamentalkurve in sich, bei denen P der *einzige* Fixpunkt ist. Man macht sich diese Verhältnisse am besten klar, wenn man die Kollineationen der Kurve in sich durch lineare Substitutionen einer reellen Veränderlichen λ ausdrückt (vgl. S. 99); gehört dann P zu dem Parameterwert $\lambda = \infty$, so hat man aus der Gruppe aller Substitutionen $\lambda = a\lambda' + b$, die außer P noch je einen zu $\lambda = \dfrac{b}{1-a}$ gehörigen Punkt festhalten, die durch $a = 1$ gegebene Untergruppe herauszugreifen.

E. Abschließende Bemerkungen. Auf eine Reihe weiterer Lehrsätze, die sich analog wie in der elliptischen Geometrie beweisen lassen, wollen wir nur kurz eingehen. Auch in der hyperbolischen Geometrie können zwei Kreise vier Schnittpunkte haben, wie man an dem Beispiel zweier Hyperzyklen sieht, die Abstandslinien zweier sich schneidender Geraden sind; ist jedoch von den beiden Kreisen keiner Hyperzyklus, so schneiden sie sich höchstens in zwei Punkten. Dies folgt aus der Tatsache, daß bei einem eigentlichen Kreis oder einem Grenzkreis die Mittelsenkrechte einer Sehne stets durch den Mittelpunkt geht, wie der Leser vermittels einer Spiegelung an dem vom Mittelpunkt auf die Sehne gefällten Lot selbst beweisen möge. Die Beweise der Kongruenzsätze sind nun leicht, da, wie schon S. 221 erwähnt, gewisse in der elliptischen Ebene vorhandene Schwierigkeiten fortfallen. Auch jetzt gilt der Kongruenzsatz, daß zwei Dreiecke mit gleichen Winkeln kongruent sind. Die Schnittpunktsätze im Dreieck lassen sich ebenfalls in die hyperbolische Geometrie übertragen; nur werden die betrachteten Elemente zum Teil uneigentlich. Zum Schluß wollen wir noch auf einen wichtigen Gegensatz zur elliptischen und zur euklidischen Geometrie hinweisen: Während dort die Winkelsumme im Dreieck $> \pi$ bzw. $= \pi$ ist, muß sie in der hyperbolischen Geometrie stets $< \pi$ sein (S. 201). Insbesondere gibt es hier Dreiecke mit beliebig kleiner Winkelsumme; denn in einem asymptotischen Dreieck mit paarweise parallelen Seiten (S. 201) sind alle Winkel 0, so daß die Winkelsumme eines eigentlichen Dreiecks beliebig klein wird, wenn wir nur die Seiten genügend lang wählen.

§ 4. Die Theorie der Kurven zweiten Grades in den ebenen nichteuklidischen Geometrien[1].

Die einzigen Gebilde, die wir bisher in den nichteuklidischen Ebenen betrachtet haben, sind Punkte, Geraden und Kreise. Wir

---
[1]) Vgl. *Coolidge: The elements of non-euclidean geometry*, Oxford, Clarendon Press, 1909.

wollen noch kurz auf die nächst einfachen Gebilde, nämlich die Kurven zweiter Ordnung, eingehen.

Wir definieren ein Gebilde zweiter Ordnung unabhängig von der zugrunde gelegten Maßbestimmung durch die Forderung, daß die projektiven Koordinaten seiner Punkte eine homogene Gleichung zweiten Grades erfüllen sollen. Statt dessen lassen sich auch geeignete geometrische Definitionen angeben.

Wir beginnen mit der Einteilung der Kurven zweiter Ordnung in den drei Geometrien, wobei wir voraussetzen, daß die Kurve nicht in ein Geradenpaar oder eine doppelt zählende Gerade ausartet. Diese Klassifizierung wird mit Hilfe der Weierstraßschen Elementarteilertheorie durchgeführt. Wir wollen uns auf die anschauliche Wiedergabe des Resultates beschränken, wobei wir in Klammern die Punkte und Tangenten der betreffenden Kurve angeben, die zugleich dem Fundamentalgebilde angehören.

In der *elliptischen Geometrie* gibt es nur zwei Arten von Kurven zweiter Ordnung:

1. *Ellipse* (vier imaginäre Punkte, vier imaginäre Tangenten).
2. *Kreis* (je zweimal zwei zusammenfallende imaginäre Punkte und Tangenten).

Die Einteilung in der *euklidischen Geometrie* ergibt vier verschiedene Arten[1]):

1. *Hyperbel* (zweimal zwei zusammenfallende reelle Punkte und vier imaginäre Tangenten).
2. *Ellipse* (zweimal zwei zusammenfallende imaginäre Punkte und vier imaginäre Tangenten).
3. *Parabel* (je vier zusammenfallende reelle Punkte und Tangenten).
4. *Kreis* (je zweimal zwei zusammenfallende imaginäre Punkte und Tangenten).

In der *hyperbolischen Geometrie* erhalten wir 11 verschiedene Arten[2]), die in Abb. 151 bis 161 angegeben sind; dabei ist der immer gleich große Kreis (wenn wir die Abb. zur Erklärung einen Moment euklidisch auffassen) als fundamentales Gebilde gewählt.

Nach dieser Aufstellung lassen sich die Kurven zweiter Ordnung in den beiden nichteuklidischen Geometrien in drei verschiedene Klassen einteilen:

---

[1]) Wir erinnern daran, daß die unendlich ferne Gerade doppelt zählt, so daß jeder ihrer Schnittpunkte mit der betrachteten Kurve die Multiplizität 2 oder 4 besitzen muß.

[2]) Es werden nur die Kegelschnitte aufgeführt, die wenigstens zum Teil eigentliche Punkte enthalten.

Theorie der Kurven 2. Grades in den ebenen nichteuklidischen Geometrien.

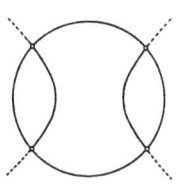

Abb. 151.

1. *Konvexe Hyperbel* (vier reelle Punkte, vier imaginäre Tangenten).

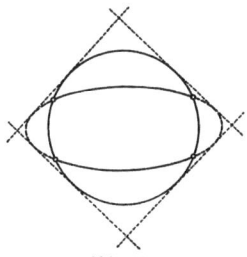

Abb. 152.

2. *Konkave Hyperbel* (vier reelle Punkte, vier reelle Tangenten).

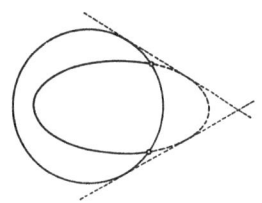

Abb. 153.

3. *Semi-Hyperbel* (zwei reelle und zwei imaginäre Punkte bzw. Tangenten).

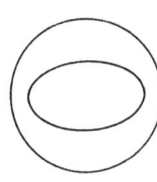

Abb. 154.

4. *Ellipse* (vier imaginäre Punkte und vier imaginäre Tangenten).

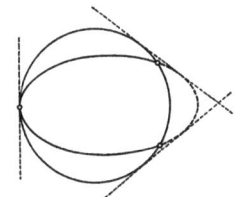

Abb. 155.

5. *Konkave hyperbolische Parabel* (zwei zusammenfallende und zwei verschiedene reelle Punkte bzw. Tangenten).

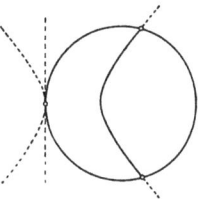

Abb. 156.

6. *Konvexe hyperbolische Parabel* (zwei zusammenfallende und zwei verschiedene reelle Punkte; zwei zusammenfallende und zwei verschiedene imaginäre Tangenten).

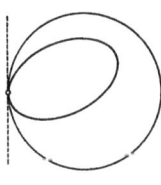

Abb. 157.

7. *Elliptische Parabel* (zwei zusammenfallende und zwei imaginäre Punkte bzw. Tangenten).

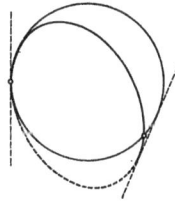

Abb. 158.

8. *Oskulierende Parabel* (drei zusammenfallende Punkte bzw. Tangenten und ein reeller Punkt bzw. eine reelle Tangente).

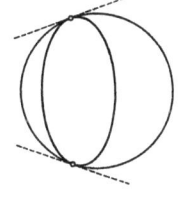

Abb. 159.

9. *Kreis mit Mittelpunkt im Äußern des fundamentalen Kegelschnitts* (zweimal zwei zusammenfallende reelle Schnittpunkte bzw. Tangenten).

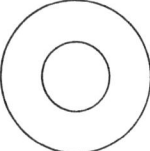

Abb. 160.

10. *Kreis mit Mittelpunkt im Innern des fundamentalen Kegelschnittes* (zweimal zwei zusammenfallende imaginäre Schnittpunkte bzw. Tangenten).

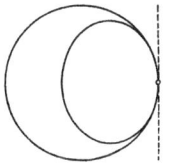

Abb. 161.

11. *Kreis mit Mittelpunkt auf dem Rande des fundamentalen Kegelschnitts* (vier zusammenfallende reelle Schnittpunkte bzw. Tangenten).

A. Die Kurven mit vier verschiedenen fundamentalen Punkten und Tangenten. Diese werden als *zentrische Kegelschnitte* bezeichnet, weil sie, wie wir gleich sehen werden, bestimmte *Mittelpunkte* besitzen.

B. Die Kurven, welche entweder zwei zusammenfallende und zwei verschiedene oder drei zusammenfallende fundamentale Punkte bzw. Tangenten besitzen. Diese Gebilde bezeichnet man als *Parabeln*.

C. Die Kurven, welche entweder zweimal je zwei oder vier zusammenfallende fundamentale Punkte bzw. Tangenten besitzen. Diese Gebilde, die als *Kreise* bezeichnet werden, besitzen ebenfalls einen Mittelpunkt, sind aber außerdem noch durch weitere Symmetrieeigenschaften ausgezeichnet. (Wir rechnen sie *nicht* zu den „zentrischen" Kegelschnitten.)

Im folgenden wollen wir einige Sätze aus der *Theorie der zentrischen Kegelschnitte* angeben, da wir bei diesen besonders einfache Verhältnisse antreffen. Wir beschränken uns also in der elliptischen Geometrie auf die Ellipse und in der hyperbolischen Geometrie auf die konvexe Hyperbel, die konkave Hyperbel, die Semi-Hyperbel und die Ellipse. Für die Theorie dieser Kegelschnitte ist der Satz grundlegend, daß *der betrachtete Kegelschnitt und die fundamentale Kurve stets eindeutig ein Dreieck bestimmen, das in bezug auf beide Kurven Polardreieck ist.* Die Durchführung der Realitätsbetrachtungen ergibt, daß dieses Polardreieck in der elliptischen Geometrie stets reell ist; in der hyperbolischen Geometrie ist es im Fall der konvexen und konkaven Hyperbel ebenfalls reell, während es im Fall der Semihyperbel zum Teil imaginär wird. In dem Koordinatensystem, das sich auf das Polardreieck gründet, nehmen die Gleichungen des fundamentalen Kegelschnittes bzw. der zentrischen Kurve zweiter Ordnung die einfachen Formen an:

$$\overline{a}_{11} x_1^2 + \overline{a}_{22} x_2^2 + \overline{a}_{33} x_3^2 = 0;\ \overline{a}_{ii} \neq 0 \quad \text{bzw.} \quad \overline{b}_{11} x_1^2 + \overline{b}_{22} x_2^2 + \overline{b}_{33} x_3^2 = 0;\ \overline{b}_{ii} \neq 0.$$

Nunmehr betrachten wir die folgenden zueinander dualen Sätze:

In der elliptischen und hyperbolischen Geometrie sind die Eckpunkte des Polardreiecks, das ein zentrischer Kegelschnitt mit der fundamentalen Kurve gemeinsam hat, *die Mittelpunkte des zentrischen Kegelschnittes*. Jeder derartige Mittelpunkt halbiert alle Strecken, welche die durch ihn laufenden Geraden mit dem Kegelschnitt bestimmen; der zugehörige zweite Mittelpunkt liegt stets auf der gegenüberliegenden Seite des Polardreieckes.

In der elliptischen und hyperbolischen Geometrie sind die Seiten des Polardreiecks, das ein zentrischer Kegelschnitt mit der fundamentalen Kurve gemeinsam hat, *die Achsen des zentrischen Kegelschnittes*. Jede derartige Achse halbiert den Winkel, welche die von einem auf ihm gelegenen Punkt an die Kegelschnitte gezogenen Tangenten bilden; die zugehörige zweite Winkelhalbierende geht stets durch die gegenüberliegende Ecke des Polardreiecks.

Theorie der Kurven 2. Grades in den ebenen nichteuklidischen Geometrien. 231

Den Beweis wollen wir nur für den linken Satz führen. Eine Gerade durch den Eckpunkt $1:0:0$ des Polardreiecks besitzt die Gleichung $x_2:x_3 = \lambda$. Die beiden Schnittpunkte mit dem Kegelschnitt $b_{11}x_1^2 + b_{22}x_2^2 + b_{33}x_3^2 = 0$ haben die Koordinaten:

$$x_1:x_2:x_3 = +\sqrt{-(\lambda^2 b_{22} + b_{33})} : \lambda\sqrt{b_{11}} : \sqrt{b_{11}}$$

und:

$$y_1:y_2:y_3 = -\sqrt{-(\lambda^2 b_{22} + b_{33})} : \lambda\sqrt{b_{11}} : \sqrt{b_{11}},$$

wobei die Wurzeln überall positiv anzusetzen sind. Die Mittelpunkte der Strecke x, y haben aber nach S. 212 die Koordinaten:

$$0 : 2\lambda\sqrt{b_{11}} : 2\sqrt{b_{11}} = 0 : \lambda : 1 \quad \text{und} \quad 2\sqrt{-(\lambda^2 b_{22} + b_{33})} : 0 : 0 = 1 : 0 : 0,$$

da in diesem Fall $\Omega_{xx} = \Omega_{yy}$ ist. Diese Punkte haben aber gerade die Lage, die in dem aufgestellten Satz behauptet wird.

Zur Veranschaulichung der beiden betrachteten Sätze haben wir in Abb. 162 als fundamentales Gebilde einen Kreis gewählt (wir fassen die Abbildung zur Erklärung einen Moment euklidisch auf) und als zentrischen Kegelschnitt eine konkave Hyperbel. Das gemeinsame Polardreieck besteht aus den beiden aufeinander senkrecht stehenden Geraden der Abb. 162 und der (für den euklidischen Standpunkt) unendlich fernen Geraden. Von den Mittelpunkten liegt nur einer im Innern des fundamentalen Kegelschnitts, die beiden andern sind uneigentliche Punkte. In derselben Weise

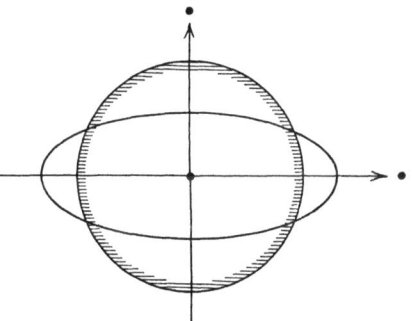

Abb. 162. Die drei Mittelpunkte und die drei Achsen einer konkaven Hyperbel.

besitzen auch die konvexe Hyperbel und die Ellipse der hyperbolischen Geometrie nur einen einzigen eigentlichen Mittelpunkt. In der elliptischen Geometrie sind dagegen alle drei Mittelpunkte eigentliche Punkte.

Weiter wollen wir darauf aufmerksam machen, daß ein Mittelpunkt und die gegenüberliegende Achse im Verhältnis von Pol und Polare in bezug auf den fundamentalen Kegelschnitt stehen; *alle Punkte einer Achse sind also orthogonal zu dem gegenüberliegenden Mittelpunkt.*

In der euklidischen Geometrie lassen sich die Brennpunkte eines Kegelschnitts als die Schnittpunkte der beiden Tangentenpaare definieren, die sich von den beiden Kreispunkten aus an den Kegelschnitt legen lassen. Diese Tangenten bestimmen vier Schnittpunkte, von denen aber nur zwei reell sind; die beiden imaginären Schnittpunkte bleiben bei elementaren Betrachtungen unberücksichtigt. Wir werden somit auf die beiden folgenden Definitionen geführt:

Ein zentrischer Kegelschnitt der elliptischen und hyperbolischen Geometrie bestimmt mit dem fundamentalen Gebilde vier Tangenten. Die sechs Schnittpunkte dieser vier Tangenten werden als *Brennpunkte* bezeichnet (Abb. 163).

Ein zentrischer Kegelschnitt der elliptischen und hyperbolischen Geometrie bestimmt mit dem fundamentalen Gebilde vier Schnittpunkte. Die sechs Verbindungslinien dieser vier Schnittpunkte werden als *Brennlinien* bezeichnet (Abb. 164).

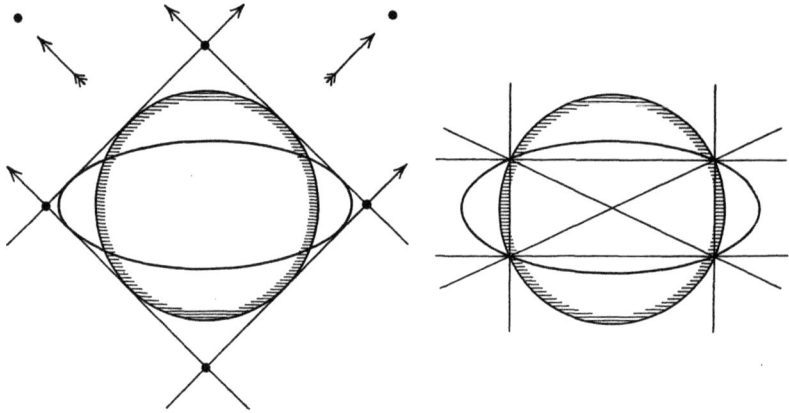

Abb. 163. Die sechs Brennpunkte einer konkaven Hyperbel.   Abb. 164. und die sechs Brennlinien

Weiter wollen wir noch die folgenden Sätze ohne Beweis anführen:

In der elliptischen und hyperbolischen Geometrie liegen auf jeder Achse eines zentrischen Kegelschnittes zwei Brennpunkte.

In der elliptischen und der hyperbolischen Geometrie ist die Entfernungssumme reeller Punkte einer *Ellipse* von zwei reellen Brennpunkten, die auf derselben Achse liegen, konstant.

In der hyperbolischen Geometrie ist die Entfernungsdifferenz reeller Punkte jeder der *drei Hyperbeln* von zwei reellen Brennpunkten, die auf derselben Achse liegen, konstant.

In der elliptischen und hyperbolischen Geometrie gehen durch jeden Mittelpunkt eines zentrischen Kegelschnittes zwei Brennlinien.

In der elliptischen bzw. hyperbolischen Geometrie ist die Winkelsumme, welche eine reelle Tangente einer *Ellipse* oder *konvexen Hyperbel* mit zwei reellen Brennlinien durch denselben Mittelpunkt bestimmt, konstant.

In der hyperbolischen Geometrie ist die Winkeldifferenz, welche eine reelle Tangente einer *konkaven Hyperbel* oder einer *Semihyperbel* mit zwei reellen Brennlinien durch denselben Mittelpunkt bestimmt, konstant.

§ 5. Die elliptische Geometrie des Raumes.

A. Allgemeines. Die räumliche elliptische Geometrie ähnelt in manchen Punkten der ebenen elliptischen Geometrie so sehr, daß wir über einiges schnell hinweggehen können. Es sind dies z. B. die Sätze über das Fällen von Loten; nur ist die Polare eines Punktes jetzt eine Ebene. Auch das Aussehen einer Schar konzentrischer Kugeln ist dem einer entsprechenden Kreisschar in der Ebene ganz analog: die den Mittelpunkt umschließenden Kugeln nähern sich mit wachsendem Radius der Polarebene des Punktes und überdecken sie schließlich doppelt; die Polarebene ist dabei selbst als Kugel vom Radius $c_e \pi$ aufzufassen. Die Gruppe der Drehungen, die jede Kugel dieser Schar in sich überführt, sieht ganz so aus wie eine euklidische Drehungsgruppe; denn die Substitutionen in x_1, x_2, x_3, welche die Form $x_1^2 + x_2^2 + x_3^2$ in sich transformieren, stellen, wenn wir x_1, x_2, x_3 als rechtwinklige Parallelkoordinaten deuten, die euklidischen Drehungen um den Punkt 0, 0, 0 dar, während dieselben Substitutionen, wenn wir $x_1 : x_2 : x_3 : x_4$ als projektive Koordinaten auffassen, die elliptischen Drehungen um den Punkt $0:0:0:1$ wiedergeben; das fundamentale Gebilde besitzt dabei die Gleichung $x_1^2 + x_2^2 + x_3^2 + x_4^2 = 0$. In der Tat ist klar, daß die Substitutionen, welche die erste Gleichung in sich überführen, dieselbe Eigenschaft auch bei der zweiten Gleichung besitzen müssen, wenn wir sie durch die Substitution $x_4 = x_4'$ ergänzen.

Ein Unterschied von dem ebenen Fall ist die Existenz von Umlegungen (vgl. S. 187); insbesondere sind die (analog wie S. 215 zu definierenden) Spiegelungen jetzt keine Bewegungen.

B. Die Cliffordschen Parallelen und Schiebungen. Ein wichtiger Umstand zeichnet die elliptische Geometrie des Raumes vor den beiden ebenen nichteuklidischen Geometrien und auch vor der räumlichen hyperbolischen Geometrie aus. Er betrifft das Auftreten einer bestimmten Art *paralleler Geraden*. Zwar ist es in der hyperbolischen Geometrie möglich, Parallelismus zwischen reellen Geraden dadurch zu definieren, daß man zwei durch denselben Punkt des Fundamentalgebildes laufende Geraden parallel nennt (vgl. S. 222), aber bei dieser Definition geht die schönste Eigenschaft der euklidischen Parallelen verloren. Diese Eigenschaft, deren Vorhandensein den Aufbau der euklidischen Geometrie so außerordentlich einfach gestaltet, besteht darin, *daß es Bewegungen des Raumes — Parallelverschiebungen — gibt, welche alle Geraden einer gegebenen Parallelenschar gleichzeitig in sich verschieben*. In der elliptischen Geometrie des Raumes ist nun eine Definition des Parallelismus möglich, die ebenfalls diese wichtige Eigenschaft besitzt.

Wir knüpfen an § 3 des dritten Kapitels an. Danach kann jede (reelle) Bewegung im elliptischen Raum als Resultat zweier eindeutig bestimmter (reeller) Schiebungen aufgefaßt werden, von denen die eine eine Schiebung

1. Art, die andere eine Schiebung 2. Art ist[1]). Dabei ist als Schiebung 1. (2.) Art eine Bewegung definiert, bei der jede Gerade der 2. (1.) Erzeugendenschar der nullteiligen Fundamentalfläche in sich transformiert wird, während in der 1. (2.) Schar zwei konjugiert imaginäre Geraden festbleiben, und zwar punktweise. Diese beiden imaginären Geraden bestimmen eine lineare Kongruenz von reellen Geraden, d. h. durch jeden reellen Punkt des Raumes geht genau eine reelle Gerade, welche die beiden Fixgeraden schneidet; jede dieser reellen Geraden geht daher bei der Schiebung in sich über. Sämtliche Schiebungen einer derartigen Geradenkongruenz in sich bilden eine stetige Schar, die der Gruppe der *Parallelverschiebungen* des euklidischen Raumes in einer festen Richtung außerordentlich ähnelt. Auf diese Analogie hat zuerst der junge englische Mathematiker *Clifford* 1873 in einer Versammlung der British Association hingewiesen; die Geraden einer solchen ausgezeichneten Kongruenz werden daher als *Cliffordsche Parallelen* und die zugehörigen Schiebungen als *Cliffordsche Schiebungen* bezeichnet. Man nennt dabei zwei Geraden Parallelen „1. oder 2. Art", je nachdem die beiden sie treffenden,

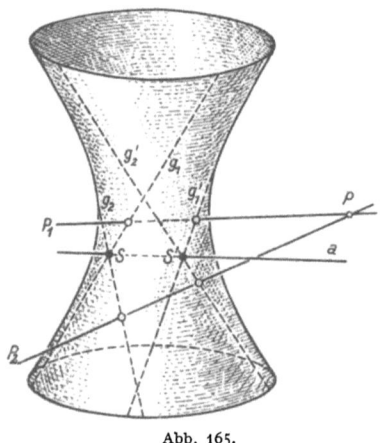

Abb. 165.

konjugiert imaginären Erzeugenden der Fundamentalfläche zu der ersten oder zweiten Erzeugendenschar gehören, je nachdem also längs den beiden Parallelen eine Schiebung 1. oder 2. Art möglich ist. Um die Cliffordsche Parallele erster (zweiter) Art zu einer Geraden *a* durch einen Punkt *P* zu erhalten, bestimmen wir also die beiden Schnittpunkte S und S' von *a* mit der Fundamentalfläche (Abb. 165) und suchen die beiden Erzeugenden der 1. (2.) Schar auf, welche durch S und S' gehen. Die gesuchte Parallele ist dann eindeutig als diejenige Gerade durch P bestimmt, welche diese beiden Erzeugenden 1. (2.) Art trifft. *Es gibt also im allgemeinen durch einen Punkt P zu einer Geraden a zwei Cliffordsche Parallelen*; lediglich wenn P auf der konjugierten Polaren a' von *a* liegt (das wäre in Abb. 165 die Gerade, welche den Schnittpunkt von g_1 und g'_2 mit dem von g'_1 und g_2 verbindet), fallen die Parallelen durch P zusammen, nämlich in die Gerade a'. Weiter folgt aus der angegebenen Konstruktion unmittelbar, *daß eine Cliffordsche Parallele zu einer Geraden a nie in einer Ebene mit a liegt*, sondern stets windschief zu dieser Geraden ist.

---

[1]) Die beiden Arten von Schiebungen sind völlig gleichberechtigt. Ihre Numerierung ist willkürlich.

Die elliptische Geometrie des Raumes.

Es seien nun a, b zwei Parallelen 1. Art und A, B zwei Punkte auf ihnen, die durch die Strecke σ verbunden seien (Abb. 166); wir führen kontinuierlich eine Schiebung 1. Art aus, wobei A und B die Strecken α und β bis zu den Punkten A' und B' durchlaufen mögen und σ in die Strecke σ' übergehe; dann sind σ und σ' gleich lang. Da die Punkte, in denen die σ enthaltende Gerade s die Fundamentalfläche schneidet, auf Erzeugenden der zweiten Schar wandern, ist ferner die σ' enthaltende Gerade s' parallel zu s nach der 2. Art. Führen wir nun andererseits die Schiebung 2. Art längs s aus, so daß A in B übergeht, so muß die Strecke α', in die α übergeht, einmal mit ihren Endpunkten auf s und s' liegen und ferner Parallele 1. Art zu a sein, also b angehören; es muß also α' mit β zusammenfallen und somit auch α und β

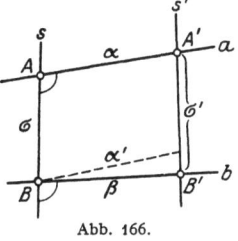

Abb. 166.

gleich lang sein. Ferner ergibt sich aus der Ausführbarkeit der beiden Schiebungen, daß je zwei Winkel unseres Vierecks $ABB'A'$, die an einer Seite anliegen, sich zu π ergänzen; denn die in Abb. 166 angegebenen Winkel kommen bei der Schiebung 2. Art zur Deckung und sind somit kongruent. Das betrachtete Viereck hat also alle Eigenschaften eines Parallelogramms der euklidischen Geometrie: *je zwei Gegenseiten sind gleich lang und parallel* (aber wohlgemerkt: das eine Paar ist parallel von der 1., das andere von der 2. Art); *je zwei benachbarte Winkel ergänzen sich zu π*, die ganze Winkelsumme ist daher 2π. Der wesentliche Unterschied von dem euklidischen Fall besteht darin, daß das Cliffordsche Parallelogramm *nicht eben ist*. Jedenfalls zeigt es besonders deutlich die Berechtigung unserer Bezeichnung „Parallelismus".

Aus der eben bewiesenen Gleichung $\alpha = \beta$ folgt ferner, *daß bei einer Schiebung die Verschiebungsstrecke für alle Punkte des Raumes gleich lang ist* — ganz wie in der euklidischen Geometrie. Eine weitere Analogie ergibt sich folgendermaßen: In unserem Parallelogramm $ABB'A'$ konnten wir von vornherein den Winkel bei A als einen rechten wählen; dann ist, wie wir bewiesen haben, auch der Winkel bei B ein rechter; daraus folgt: *Zwei Cliffordsche Parallelen haben im allgemeinen ∞^1 gemeinsame Senkrechte*. Wir können, wenn wir unter dem Abstand eines Punktes von einer Geraden die Länge des Lotes verstehen, auch sagen: *Zwei Cliffordsche Parallelen haben konstanten Abstand voneinander*. Eine besondere Rolle spielen dabei Paare konjugierter Polaren, die ja stets parallel sind; die sämtlichen ∞^2 sie schneidenden Geraden sind gemeinsame Senkrechte, und jeder Punkt der einen hat von jedem Punkt der andern die Entfernung $c_e \pi$. Der Leser wolle sich selbst klarmachen, daß zwei nichtparallele Geraden stets *genau zwei* gemeinsame Senkrechte besitzen[1]), so daß man in bezug auf gemeinsame Senkrechte drei Fälle von Geradenpaaren zu unterscheiden hat: 1. nichtparallele Geraden, 2. parallele, aber nichtkonjugierte Geraden, 3. konjugierte Polaren.

Schließlich erwähnen wir noch folgende wichtige Tatsachen, die sich unmittelbar aus den Definitionen ergeben. *Es gibt stets genau je eine Schiebung 1. und 2. Art, die einen gegebenen Punkt in einen zweiten gegebenen Punkt überführt. Eine Schiebung hat keinen Fixpunkt. Die Zusammensetzung zweier Schiebungen gleicher Art ergibt wieder eine Schiebung derselben Art.*

Es bereitet keine Schwierigkeit, die Cliffordschen Parallelen durch Formeln festzulegen. Mit ihrer Hilfe lassen sich dann die betrachteten Geraden auch im imaginären Gebiet definieren. Da die elliptische und hyperbolische Geometrie im imaginären Gebiet miteinander identisch sind — die Unterschiede zwischen ihnen treten ja erst bei Berücksichtigung der Realitätsverhältnisse hervor —, sind hiermit die Cliffordschen Parallelen auch in der hyperbolischen Geometrie festgelegt. Allerdings sind hier die Cliffordschen Parallelen zu reellen Geraden stets imaginär. Während also die gewöhnlichen Parallelen zu einer reellen Geraden, d. h. diejenigen Geraden, die denselben unendlich fernen Punkt besitzen, in der hyperbolischen Geometrie reell sein können, in der elliptischen Geometrie dagegen imaginär sind, finden wir, daß umgekehrt die Cliffordschen Parallelen zu reellen Geraden in der elliptischen Geometrie reell sein können und in der hyperbolischen Geometrie imaginär sind. Wenn wir die elliptische oder die hyperbolische Geometrie kontinuierlich in die euklidische Geometrie übergehen lassen, werden beide Arten von Parallelen in die euklidischen Parallelen überführt; in den letzteren sind somit die Eigenschaften der beiden betrachteten Arten von Parallelen miteinander vereinigt. Da wir uns im allgemeinen auf die reellen Verhältnisse beschränken (vgl. S. 46), spielen die gewöhnlichen Parallelen nur in der hyperbolischen Geometrie, die Cliffordschen Parallelen dagegen in der elliptischen Geometrie eine Rolle. Beide Geometrien lassen sich synthetisch auf die Theorie dieser Parallelen aufbauen[2]).

---

[1]) Die beiden nicht parallelen Geraden seien a und b, ihre konjugierten Polaren a' und b'. Wir betrachten die ringartige Fläche, auf welcher die Schar der a, b und a' treffenden Geraden liegt. Diese Fläche wird durch b' in zwei Punkten geschnitten; die durch sie hindurchgehenden Geraden der betrachteten Schar müssen dann die gesuchten Senkrechten sein. Diese Senkrechten sind dabei reell, da für die Punkte der beiden Geraden a und b zwei Extremwerte des Abstandes auftreten müssen, durch welche die beiden Senkrechten als reelle Geraden bestimmt werden.

[2]) *Hilbert: Neue Begründung der Bolyai-Lobatschefskyschen* (d. h. hyperbolischen) *Geometrie*, Math. Abh. Bd. 57. 1903; wieder abgedruckt in *Hilbert: Grundlagen der Geometrie*, Anhang III. — *Vogt: Synthetische Theorie der Cliffordschen Parallelen und der linearen Linienörter des elliptischen Raumes*, Habilitationsschrift Karlsruhe 1909.

C. Beliebige Bewegungen, insbesondere Rotationen.

Betrachten wir nun eine allgemeine Bewegung $\mathfrak{B}$, die keine Schiebung ist; sie setzt sich (vgl. S. 113 und 115) aus einer Schiebung $\mathfrak{S}_1$ 1. Art längs einer Parallelenschar A_1 und einer Schiebung $\mathfrak{S}_2$ 2. Art längs einer Parallelenschar A_2 zusammen. Zu A_1 bzw. A_2 gehören die Erzeugendenpaare g_1, g_1' bzw. g_2, g_2' der Fundamentalfläche (Abb. 167). Die beiden reellen Diagonalen b und c des von g_1, g_1', g_2, g_2' gebildeten räumlichen Vierseits sind konjugierte Polaren und gehören beide sowohl zu A_1 wie zu A_2. Sie sind, da g_1, g_1', g_2, g_2' die einzigen Fixgeraden auf der Fläche sind, *die einzigen reellen Geraden, die bei der Bewegung in sich übergehen*. Wir nennen sie die „Achsen" der Bewegung.

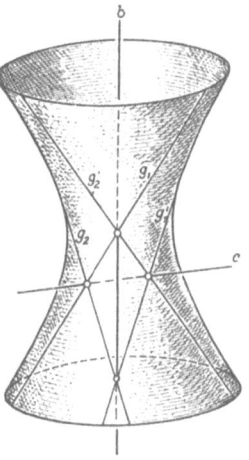

Abb. 167.

Falls es einen reellen Fixpunkt gibt, so muß er auf einer der Achsen liegen. Denn wie kann ein Fixpunkt P zustande kommen? P wird durch $\mathfrak{S}_1$ längs der durch ihn gehenden Geraden der Kongruenz A_1 in einen Punkt P_1 verschoben; bei $\mathfrak{S}_2$ muß P_1 längs *derselben Geraden* wieder nach P zurückgebracht werden; d. h. aber: die zu A_1 und A_2 gehörigen Geraden durch P fallen zusammen, P liegt also auf einer Achse. Da diese nun drei Fixpunkte besitzt, muß sie *punktweise* festbleiben, die Bewegung ist eine *Rotation* um sie, denn jede zu ihr senkrechte Ebene geht in sich über, und in jeder dieser Ebenen ist die Bewegung eine Drehung um den Schnittpunkt mit der Drehungsachse; die zweite Achse, die allen diesen Ebenen angehört, geht dabei in sich über, aber — das wissen wir aus der elliptischen Geometrie der Ebene (S. 215) — nur dann punktweise, wenn der Drehungswinkel ein Vielfaches von π ist. Fassen wir das Ergebnis zusammen: *Jede Bewegung, die keine Schiebung ist, besitzt zwei zueinander polare Achsen; sie sind die einzigen Geraden, die in sich übergehen. Gibt es einen Fixpunkt, so bleibt eine Achse punktweise fest, und es liegt eine Rotation um diese Achse vor; ist der Rotationswinkel π, so ist auch die zweite Achse punktweise in sich übergegangen, und man kann dasselbe Resultat auch durch eine Rotation um diese erzielen.*

Wie jede Bewegung läßt sich auch eine Rotation aus zwei Schiebungen zusammensetzen. Es gilt der Satz: *Eine Rotation kommt dann und nur dann zustande, wenn die Schiebungsstrecken der beiden Schiebungen, in die sich die Bewegung zerlegen läßt, gleich lang sind.* Daß zwei Schiebungen $\mathfrak{S}_1$ und $\mathfrak{S}_2$ mit gleich langen Verschiebungsstrecken stets eine Rotation erzeugen, ergibt sich dabei folgender-

238 Besondere Untersuchung der beiden nichteuklidischen Geometrien.

maßen. Wenn die Behauptung *nicht* erfüllt wäre, müßte jede der beiden Schiebungen $\mathfrak{S}_1$ und $\mathfrak{S}_2$ jede der beiden Achsen in derselben Richtung um das gleiche Stück verschieben (denn einmal ist bei einer Schiebung nach S. 235 die Schiebungsstrecke für alle Punkte des Raumes gleich lang; andererseits müßte jede der beiden Schiebungen jede Achse in der *gleichen* Richtung verschieben, weil sonst die Zusammensetzung sicher eine Rotation ergeben würde). Die Zusammensetzung von $\mathfrak{S}_1$ und der Umkehrung $\mathfrak{S}_2^{-1}$ von $\mathfrak{S}_2$ müßte somit beide Achsen punktweise festlassen, so daß die Bewegung $\mathfrak{B} = \mathfrak{S}_1 \mathfrak{S}_2^{-1}$ eine Rotation um π sein würde. Das ist aber unmöglich, da sich die angegebene Bewegung stetig mit der Schiebungsstrecke von $\mathfrak{S}_1$ ändert.

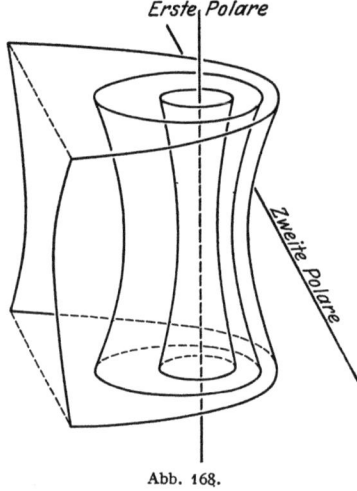

Abb. 168.

Die Bewegungen ohne Fixpunkt, welche keine Schiebungen sind, haben wir als Schraubungen bezeichnet (S. 124). Die zweiparametrige Gruppe aller Bewegungen mit zwei festen Achsen führt jede der schon früher (S. 119) betrachteten ringartigen Flächen, die mit der Fundamentalfläche das zu diesen Achsen[1]) gehörige Tangentialtetraeder gemeinsam haben (Abb. 168), in sich über. Diese Flächen, die *Cliffordsche Flächen* genannt werden (auch auf sie hat Clifford zuerst aufmerksam gemacht), beanspruchen aus zahlreichen Gründen ein besonderes Interesse, so daß wir ihnen einen besonderen Paragraphen (§ 6) widmen wollen.

D. Die Hamiltonschen Quaternionen und die Gruppe der elliptischen Bewegungen des Raumes. In diesem Abschnitt wollen wir uns kurz mit einem eleganten Hilfsmittel zur analytischen Darstellung der räumlichen elliptischen Bewegungen beschäftigen, das besonders geeignet ist, die *Zusammensetzung* mehrerer Bewegungen, also ihre *gruppentheoretischen* Eigenschaften zu schildern. Es besteht in der Verwendung der *Hamiltonschen Quaternionen*. Wir setzen deren Theorie als bekannt voraus[2]) und erinnern nur an ihre Definition und wichtigsten Eigenschaften.

Eine Quaternion:
$$a = \alpha_1 + \alpha_2 i + \alpha_3 j + \alpha_4 k$$

---

[1]) In Abb. 168 sind die beiden Achsen als erste und zweite Polare bezeichnet.
[2]) Eine ausführliche Darstellung findet man in Bd. I der „Elementarmathematik" von Klein, Berlin, Julius Springer 1924.

Die elliptische Geometrie des Raumes.

ist eine höhere komplexe Zahl mit den vier Einheiten 1, i, j, k, zwischen denen die Gleichungen:

$$i^2 = j^2 = k^2 = -1, \quad ij = -ji = k, \quad jk = -kj = i, \quad ki = -ik = j$$

bestehen; hierdurch sind, da die assoziativen und distributiven Gesetze gelten, alle Rechnungen zwischen Quaternionen erklärt. Die Komponenten α_0, α_1, α_2, α_3 sind reelle Zahlen. Das kommutative Gesetz der Multiplikation gilt *nicht*, d. h. es ist im allgemeinen:

$$ab \neq ba.$$

Zu jeder Quaternion $a = \alpha_1 + \alpha_2 i + \alpha_3 j + \alpha_4 k$ gibt es genau eine Quaternion $1:a = a^{-1}$, die die Gleichungen $aa^{-1} = a^{-1}a = 1$ erfüllt; sie ist bis auf einen reellen Faktor mit der zu a „konjugierten" Quaternion $\bar{a} = \alpha_1 - \alpha_2 i - \alpha_3 j - \alpha_4 k$ identisch. Bezüglich konjugierter Quaternionen gilt die Rechenregel $\overline{(ab)} = \bar{b}\bar{a}$.

Es sei $x = \xi_1 + \xi_2 i + \xi_3 j + \xi_4 k$, $x' = \xi'_1 + \xi'_2 i + \xi'_3 j + \xi'_4 k$ und $a = \alpha_1 + \alpha_2 i + \alpha_3 j + \alpha_4 k$. Wir setzen nun die Gleichung $x = a x'$ an, führen die Multiplikation auf der rechten Seite aus und zerlegen die so erhaltene Quaternionengleichung in die vier zugehörigen Komponentengleichungen. Dann ergibt sich, daß die ξ_λ lineare homogene Verbindungen der ξ'_λ sind; die Matrix dieser Substitution ist:

$$\begin{Vmatrix} \alpha_1 & -\alpha_2 & -\alpha_3 & -\alpha_4 \\ \alpha_2 & \alpha_1 & -\alpha_4 & \alpha_3 \\ \alpha_3 & \alpha_4 & \alpha_1 & -\alpha_2 \\ \alpha_4 & -\alpha_3 & \alpha_2 & \alpha_1 \end{Vmatrix}.$$

Wenn dagegen $x = x'a$ ist, so erleiden die ξ'_λ die Substitution mit der Matrix:

$$\begin{Vmatrix} \alpha_1 & -\alpha_2 & -\alpha_3 & -\alpha_4 \\ \alpha_2 & \alpha_1 & \alpha_4 & -\alpha_3 \\ \alpha_3 & -\alpha_4 & \alpha_1 & \alpha_2 \\ \alpha_4 & \alpha_3 & -\alpha_2 & \alpha_1 \end{Vmatrix}.$$

Diese beiden Arten von Substitutionen sind aber gerade diejenigen, die nach S. 116 *die Schiebungen zweiter bzw. erster Art des elliptischen Raumes darstellen, wenn das Fundamentalgebilde die Gleichung* $x_1^2 + x_2^2 + x_3^2 + x_4^2 = 0$ *hat.*

Dies führt uns auf folgende Methode, die elliptischen Bewegungen analytisch darzustellen: Jedem Punkt x_1, x_2, x_3, x_4 des elliptischen Raumes ordnen wir die Quaternion:

$$x = x_1 + x_2 i + x_3 j + x_4 k$$

zu; jedem Punkt entsprechen also unendlich viele Quaternionen, die durch Multiplikation mit reellen, von 0 verschiedenen Faktoren auseinander hervorgehen und die wir als *nicht wesentlich voneinander*

240 Besondere Untersuchung der beiden nichteuklidischen Geometrien.

verschieden bezeichnen wollen. Ferner können wir auch jeder Schiebung 1. oder 2. Art eine (ebenfalls nur bis auf reelle Faktoren bestimmte) Quaternion $a = \alpha_1 + \alpha_2 i + \alpha_3 j + \alpha_4 k$ zuordnen; die Werte der Komponenten ergeben sich unmittelbar durch Vergleich der S. 116 aufgestellten Schiebungsgleichungen mit den eben gefundenen Matrizen. Bei diesen Festsetzungen sind die Komponenten der Quaterion:

$$x = a x', \quad \text{bzw.} \quad x^* = x' a$$

die Koordinaten des Punktes, in den der zu der Quaternion x' gehörige Punkt bei der zu der Quaternion a gehörigen Schiebung 2. bzw. 1. Art übergeht. Aus $b x = b(a x') = (b a) x'$ ist ersichtlich, wie sich bei Zusammensetzung zweier gleichartiger Schiebungen die zugehörigen Quaternionen multiplizieren. *Die Schiebungen 1. bzw. 2. Art lassen sich somit eineindeutig den wesentlich verschiedenen Quaternionen so zuordnen, daß die zugehörige Schiebungsgruppe 1. bzw. 2. Art der Gruppe der rechts- bzw. linksseitigen Multiplikation dieser Quaternionen entspricht.* Weiter können wir auf Grund unserer Kenntnis der Zerlegbarkeit jeder Bewegung in zwei Schiebungen den Satz aussprechen, *daß sich jede beliebige Bewegung eindeutig durch eine Quaternionengleichung $x = a x' b$ darstellen läßt.*

Damit haben wir eine Darstellung der Schiebungsgruppen gewonnen, die uns ermöglicht, in sehr bequemer Weise die Zusammensetzung von Bewegungen auf analytischem Wege zu verfolgen. Wir können aber diese Gruppen auch geometrisch anschaulich schildern, indem wir einen einfachen Zusammenhang mit der Gruppe der euklidischen Kugeldrehungen herstellen.

Betrachten wir nämlich unter allen unseren durch $x = a x' b$ dargestellten Bewegungen diejenigen, die den Punkt 1, 0, 0, 0 festlassen; es sind dies diejenigen, bei denen $a \cdot 1 \cdot b = a b$ reell ist, so daß $b = \gamma \bar{a}$ mit reellem γ sein muß. Die Drehungen um den Punkt 1, 0, 0, 0 werden daher durch $x = a x' \bar{a}$ dargestellt. Sie sind mithin den wesentlich voneinander verschiedenen Quaternionen a eineindeutig zugeordnet und ihre Zusammensetzung ist die durch die Quaternionenmultiplikation gegebene, da $b x \bar{b} = b (a x' \bar{a}) \bar{b} = (b a) x' (\overline{b a})$ ist (S. 239). Nun sind aber nach S. 233 die elliptischen Drehungen um einen Punkt in keiner Weise von den euklidischen Kugeldrehungen verschieden; damit haben wir den Satz gewonnen: *Die Kugeldrehungen der euklidischen Geometrie lassen sich eineindeutig den wesentlich voneinander verschiedenen Quaternionen sowie den Schiebungen jeder der beiden Arten so zuordnen, daß die zugehörigen Gruppen einander isomorph sind.* In der Isomorphie der Schiebungsgruppen mit der euklidischen Drehungsgruppe haben wir die angekündigte geometrisch anschauliche Möglichkeit, die Zusammensetzung elliptischer Bewegungen zu studieren. Die Kenntnis dieser Isomorphie ist sehr nützlich; denn mit ihrer Hilfe ist es z. B. leicht, *die endlichen*, d. h. die nur aus endlich vielen Bewegungen bestehenden *Bewegungsgruppen* der räumlichen elliptischen Geometrie zu bestimmen[1]).

§ 6. Die Cliffordsche Fläche.

A. Ihre einfachsten Eigenschaften. Die S. 238 erwähnten Cliffordschen Flächen, die mit der Fundamentalfläche ein Tangentialtetraeder gemeinsam haben, besitzen eine Anzahl höchst interessanter und wichtiger Eigenschaften, die einen Ausblick auf einen ganz neuen Problemkreis eröffnen. Stellen wir zunächst noch einmal zusammen, was wir aus unseren obigen Überlegungen schon über eine Cliffordsche Fläche wissen und was sich unmittelbar daraus ergibt:

Sie ist eine ringartige Fläche zweiter Ordnung; die Geraden jeder ihrer beiden Erzeugendenscharen sind untereinander parallel, die der einen Schar nach der 1., die der anderen nach der 2. Art. Je zwei derartige Paare von Parallelen bilden ein Cliffordsches Parallelogramm. Daher schneiden sich die Geraden der beiden Scharen unter einem konstanten Winkel ϑ; es ist nicht schwer zu sehen, daß, bei Zugrundelegung des Fundamentalgebildes $x_1^2 + x_2^2 + x_3^2 + x_4^2 = 0$, durch die Gleichung:

$$\frac{x_1^2 + x_2^2 - x_3^2 - x_4^2}{x_1^2 + x_2^2 + x_3^2 + x_4^2} = \cos\vartheta$$

gerade eine derartige Cliffordsche Fläche definiert wird. In der Tat: Zunächst ist die durch diese Gleichung bestimmte Fläche gewiß eine Cliffordsche Fläche, da sie mit dem Fundamentalgebilde das aus den vier Geraden $x_1 \pm i x_2 = 0$, $x_3 \pm i x_4 = 0$ (mit allen möglichen Vorzeichenkombinationen) gebildete Tetraeder gemeinsam hat. Um zu erkennen, daß ihre Erzeugenden den Winkel ϑ einschließen, greifen wir einen beliebigen Flächenpunkt P, etwa den mit den Koordinaten $0, \cos\frac{\vartheta}{2}, 0, \sin\frac{\vartheta}{2}$ heraus. Da die Flächengleichung sich in der Form:

$$(x_1^2 + x_2^2)\sin^2\frac{\vartheta}{2} - (x_3^2 + x_4^2)\cos^2\frac{\vartheta}{2} = 0,$$

die Gleichung der Polarebene eines Punktes $\xi_1, \xi_2, \xi_3, \xi_4$ also in der Form:

$$(\xi_1 x_1 + \xi_2 x_2)\sin^2\frac{\vartheta}{2} - (\xi_3 x_3 + \xi_4 x_4)\cos^2\frac{\vartheta}{2} = 0$$

schreiben läßt, stellt:

$$x_2 \sin\frac{\vartheta}{2} - x_4 \cos\frac{\vartheta}{2} = 0$$

---

[1]) Diese Gruppen spielen eine wichtige Rolle bei den in Kap. IX behandelten Fragen. Vgl. z. B. H. *Hopf*: *Zum Clifford-Kleinschen Raumproblem*, Math. Ann. Bd. 95. 1925.

die Tangentialebene von P dar. Das durch P gehende Erzeugendenpaar der Cliffordschen Fläche, d. h. deren Schnittkurve mit der Tangentialebene, besitzt somit, wie sich durch Einsetzen ergibt, die Gleichung:

$$x_1^2 \sin^2 \frac{\vartheta}{2} - x_3^2 \cos^2 \frac{\vartheta}{2} = 0,$$

die wir auch in der Gestalt:

$$\left(x_1 + \operatorname{ctg} \frac{\vartheta}{2} \cdot x_3\right)\left(x_1 - \operatorname{ctg} \frac{\vartheta}{2} \cdot x_3\right) = 0$$

schreiben können.

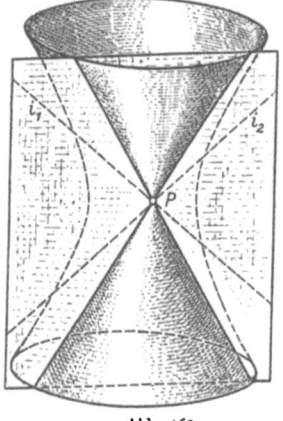

Abb. 169.

Wir haben nun noch den Winkel zu berechnen, den diese beiden Geraden in der betrachteten elliptischen Geometrie bestimmen. Hierzu suchen wir zunächst die beiden in der Tangentialebene von P liegenden und durch P hindurchgehenden isotropen Geraden i_1 und i_2 auf (vgl. die schematische Abb. 169). Faßt man die Werte x_1, x_2, x_3, welche die drei ersten der vier räumlichen Koordinaten x_1, x_2, x_3, x_4 auf der Tangentialebene annehmen, als Koordinaten in dieser Ebene auf, so hat ihre Schnittkurve mit der Fundamentalfläche $x_1^2 + x_2^2 + x_3^2 + x_4^2 = 0$ die Gleichung:

$$x_1^2 \cos^2 \frac{\vartheta}{2} + x_2^2 + x_3^2 \cos^2 \frac{\vartheta}{2} = 0;$$

da ferner der Punkt P in der Ebene die Koordinaten 0, 1, 0 hat, ist durch $x_2 = 0$ seine Polare bezüglich dieses Kegelschnitts, durch:

$$x_1^2 + x_3^2 = (x_1 + i x_3)(x_1 - i x_3) = 0$$

daher sein Tangentenpaar an den Kegelschnitt gegeben. Der zu bestimmende Winkel ist nun gleich dem mit $\frac{i}{2}$ multiplizierten Logarithmus des Doppelverhältnisses der vier Geraden:

$$x_1 + \operatorname{ctg} \frac{\vartheta}{2} \cdot x_3 = 0; \quad x_1 - \operatorname{ctg} \frac{\vartheta}{2} x_3 = 0; \quad x_1 + i x_3 = 0; \quad x_1 - i x_3 = 0,$$

also gleich:

$$\frac{i}{2} \cdot \ln DV \left(\operatorname{ctg} \frac{\vartheta}{2}, -\operatorname{ctg} \frac{\vartheta}{2}, i, -i\right).$$

Dieser Ausdruck aber hat gerade den Wert ϑ, was man entweder ausrechnet oder auch erkennt, wenn man an die projektive Winkel-

Die Cliffordsche Fläche.

definition in einer euklidischen x_1, x_3-Ebene denkt; denn dort stellt er die Größe des Winkels zwischen zwei Geraden dar, von denen die eine den Winkel $\dfrac{\vartheta}{2}$, die andere den Winkel $-\dfrac{\vartheta}{2}$ mit der x_1-Achse bildet.

Die Cliffordsche Fläche kann auf ∞^2 Weisen in sich bewegt werden; es gibt dabei genau eine Bewegung, die einen gegebenen Punkt in einen anderen vorgeschriebenen Punkt befördert. Unter diesen Bewegungen gibt es zwei einparametrige Scharen von Rotationen mit denjenigen Geraden G_1 und G_2 (Abb. 170) als Achsen, die den Parallelenkongruenzen, zu denen die Erzeugenden gehören, gemeinsam sind. Man kann die Cliffordsche Fläche daher auf zweifache Weise als Rotationsfläche auffassen. Es liegen auf ihr zwei Scharen von Kreisen; diejenigen Kreise, welche als Rotationskreise zu der einen Achse gehören, sind die Schnitte mit den Ebenen durch die andere Achse. In Abb. 170 sind zwei derartige Kreise eingezeichnet. Der Kreis, welcher sich in der Abbildung (euklidisch aufgefaßt) als Ellipse darstellt, entsteht durch Rotation um G_1 und liegt in einer Ebene mit G_2; der Kreis, welcher wie eine Hyperbel aussieht, entsteht umgekehrt durch Rotation um G_2 und liegt in einer Ebene mit G_1. Die Fläche läßt sich somit auf zweifache Weise dadurch erzeugen, daß ein Kreis um die in seiner Ebene

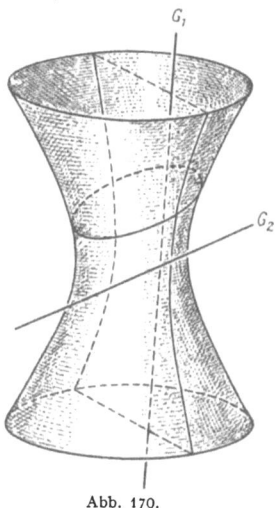

Abb. 170.

gelegene Polare seines Mittelpunkts rotiert; dabei ist die Bahn des Mittelpunkts die zweite Rotationsachse. In allen diesen Eigenschaften erinnert die Cliffordsche Fläche stark an einen *Kreiszylinder* in der euklidischen Geometrie. Denn auch dieser läßt sich auf zweifache Weise durch Rotation eines Kreises um eine Gerade erzeugen: er entsteht nämlich sowohl, wenn eine seiner erzeugenden Geraden, also ein unendlich großer Kreis, um die Zylinderachse rotiert, als auch durch Parallelverschiebung eines seiner Breitenkreise, die wir als Rotation um eine unendlich ferne Gerade auffassen können.

B. Die Differentialgeometrie der Cliffordschen Fläche. Die Analogie zwischen dem euklidischen Zylinder und der Cliffordschen Fläche wird noch vollkommener, wenn wir die Geometrie auf diesen Flächen selbst ins Auge fassen. Bekanntlich ist der Zylinder eine Fläche, die sich *auf die euklidische Ebene abwickeln* läßt; das bedeutet folgendes: Schneiden wir aus einem z. B. aus Papier angefertigten Zylinder ein kleines, einfach zusammenhängendes Stück heraus, so kann man

244 Besondere Untersuchung der beiden nichteuklidischen Geometrien.

dieses Stück durch *Verbiegung*, d. h. ohne es zu dehnen, ohne also die Länge einer auf ihm verlaufenden Kurve zu verändern, so deformieren, daß es sich glatt auf eine Ebene legen oder, wie man sagt, *abwickeln* läßt. Durch diese Abwicklung wird eine *längentreue Abbildung* des Flächenstücks auf ein Stück der Ebene hergestellt; die auf der Fläche herrschenden Maßverhältnisse stimmen also völlig mit denen in einem Stück der euklidischen Ebene überein, *die Geometrie auf der Fläche selbst ist euklidisch*. Wenigstens gilt dies, solange wir uns auf ein hinreichend kleines Flächenstück beschränken; über die Unterschiede, die auftreten, wenn wir diese Beschränkung fallen lassen, und über ihre Bedeutung werden wir im nächsten Kapitel noch ausführlich reden. Was wir nun zeigen wollen, ist, *daß die Cliffordsche Fläche*, deren Maßverhältnisse doch durch die Geometrie des elliptischen Raumes bestimmt sind, ebenfalls *eine euklidische Geometrie besitzt*, d. h. daß sie sich im Kleinen längentreu auf eine euklidische Ebene abbilden läßt.

Wir führen den Beweis zunächst mit Hilfe von Begriffen und Sätzen der Flächentheorie (vgl. Kapitel X und die dort angegebene Literatur): Da man die Fläche so in sich bewegen kann, daß ein beliebiger Punkt in einen willkürlichen andern Punkt übergeht, muß das *Gaußsche Krümmungsmaß K* der Fläche, da es eine Invariante längentreuer Abbildungen ist, auf der ganzen Fläche konstant sein. Um seinen Wert zu bestimmen, betrachten wir Vierecke auf der Fläche, die aus geodätischen Linien gebildet sind; in einem solchen ist die Winkelsumme $>2\pi$, $=2\pi$ oder $<2\pi$, je nachdem $K>0$, $=0$ oder <0 ist. Nun ist aber ein Cliffordsches Parallelogramm ein derartiges Viereck, da eine auf einer Fläche verlaufende Gerade stets geodätische Linie der Fläche ist; in ihm ist die Winkelsumme 2π, mithin ist $K=0$. Eine Fläche mit dem Krümmungsmaß 0 läßt sich aber immer im Kleinen längentreu auf die euklidische Ebene abbilden.

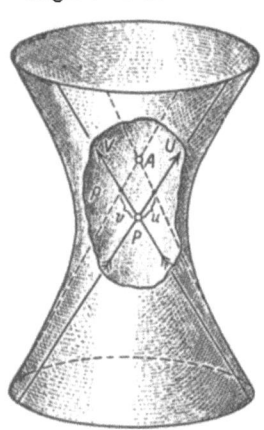

Abb. 171.

Da diese Schlußweise recht viele Kenntnisse der Flächentheorie voraussetzt, wollen wir den Satz wegen seiner Wichtigkeit noch einmal direkt und elementar beweisen, indem wir nur die übliche Definition der Länge eines Kurvenstücks als bekannt annehmen.

In der Umgebung p eines beliebigen Flächenpunktes P führen wir auf der Fläche ein u-v-Koordinatensystem ein: P sei der Nullpunkt, die durch ihn gehenden Erzeugenden U und V seien die Achsen, die wir mit positiven Richtungssinnen versehen (Abb. 171). Ist A ein Punkt in p und schneiden die durch ihn gehenden Erzeugenden die beiden Achsen in Punkten, deren in positiver Richtung ge-

Die Cliffordsche Fläche.

messene Entfernungen u bzw. v sind, so nennen wir u, v die Koordinaten von A.

Nun sei C eine Kurve auf der Fläche innerhalb p; sie sei in Parameterdarstellung durch $u = u(t)$, $v = v(t)$, $t_1 \leq t \leq t_2$ gegeben. Ihre Länge s ist dann folgendermaßen zu bestimmen: Ist Δs die Länge der Sehne zwischen den zu t und $t + \Delta t$ gehörigen Kurvenpunkten und $\lim\limits_{\Delta t \to 0} \dfrac{\Delta s}{\Delta t} = s'(t)$, so ist:

$$s = \lim \sum \Delta s = \lim \sum \frac{\Delta s}{\Delta t} \Delta t = \int_{t_1}^{t_2} s'(t)\, dt\,.$$

Wir setzen nun, wie üblich:

$$u(t + \Delta t) - u(t) = \Delta u, \qquad v(t + \Delta t) - v(t) = \Delta v,$$

wobei:

$$\lim_{\Delta t \to 0} \frac{\Delta u}{\Delta t} = u'(t)$$

und:

$$\lim_{\Delta t \to 0} \frac{\Delta v}{\Delta t} = v'(t)$$

ist. Dann gilt (vgl. Abb. 172, welche die Verhältnisse auf der betrachteten Cliffordschen Fläche schematisch darstellt) nach dem Kosinussatz der *elliptischen* Geometrie (S. 197) die Gleichung:

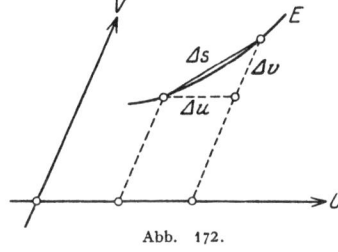

Abb. 172.

$$\cos\frac{\Delta s}{2c_e} = \cos\frac{\Delta u}{2c_e} \cdot \cos\frac{\Delta v}{2c_e} - \sin\frac{\Delta u}{2c_e} \cdot \sin\frac{\Delta v}{2c_e} \cdot \cos\vartheta\,.$$

ϑ ist hierbei der Winkel, den die Erzeugenden U und V der Cliffordschen Fläche miteinander bilden; der Sehne Δs liegt also der Winkel $\pi - \vartheta$ gegenüber. Durch Reihenentwicklung nach Δs, Δu und Δv, Division durch $\Delta t^2 : 8c_e^2$ und Grenzübergang $\Delta t \to 0$ folgt hieraus:

$$s'^2 = u'^2 + 2\cos\vartheta \cdot u'v' + v'^2,$$

also:

$$s = \int_{t_1}^{t_2} \sqrt{u'^2 + 2\cos\vartheta \cdot u'v' + v'^2}\, dt\,.$$

Andererseits sei in einer *euklidischen Ebene* ein $\mathfrak{u}$-$\mathfrak{v}$-Koordinatensystem eingeführt, dessen Achsen sich unter dem Winkel ϑ schneiden. Die Länge $\mathfrak{s}$ einer durch $\mathfrak{u} = \mathfrak{u}(t)$, $\mathfrak{v} = \mathfrak{v}(t)$, $t_1 \leq t \leq t_2$ definierten Kurve ist durch:

$$\mathfrak{s} = \int_{t_1}^{t_2} \mathfrak{s}'(t)\, dt$$

gegeben, wobei $\mathfrak{s}'(t) = \lim\limits_{\Delta t \to 0} \dfrac{\Delta \mathfrak{s}}{\Delta t}$ ist und $\Delta \mathfrak{s}$, Δ die den obigen Erklärungen

246 Besondere Untersuchung der beiden nichteuklidischen Geometrien.

entsprechenden Bedeutungen haben. Dabei ist, wenn dasselbe für $\Delta\mathfrak{u}, \Delta\mathfrak{v}$ gilt, nach dem Kosinussatz der *euklidischen* Trigonometrie:
$$\Delta\mathfrak{z}^2 = \Delta\mathfrak{u}^2 + 2\cos\vartheta \cdot \Delta\mathfrak{u}\Delta\mathfrak{v} + \Delta\mathfrak{v}^2,$$
also:
$$\mathfrak{z}'^2 = \mathfrak{u}'^2 + 2\cos\vartheta \cdot \mathfrak{u}'\mathfrak{v}' + \mathfrak{v}'^2$$
und:
$$\mathfrak{z} = \int_{t_1}^{t_2} \sqrt{\mathfrak{u}'^2 + 2\cos\vartheta \cdot \mathfrak{u}'\mathfrak{v}' + \mathfrak{v}'^2}\, dt.$$

Bilden wir nun das Flächenstück p durch die Beziehungen $\mathfrak{u} = u$, $\mathfrak{v} = v$ auf die Ebene ab, so folgt hieraus, wenn $\mathfrak{z}$ die Länge des Bildes von C ist, $\mathfrak{z} = s$, d. h. die Abbildung ist längentreu, was zu beweisen war.

Bei diesem Beweis haben wir die geschilderte Abbildung auf den Bereich p beschränkt; wir wollen jetzt dazu übergehen, die Abbildung auf die ganze Fläche auszudehnen. Dabei ist folgendes zu beachten: Kehrt man nach Durchlaufen der u-Achse nach P zurück, so gelangt der Bildpunkt in der euklidischen Ebene auf der $\mathfrak{u}$-Achse nicht in seinen Ausgangspunkt, sondern in den von diesem um $2c_e\pi$ entfernten Punkt, da diese Zahl die Länge der u-Achse ist. Überhaupt entsprechen bei der durch $\mathfrak{u} = u$, $\mathfrak{v} = v$ definierten Abbildung der Cliffordschen Fläche auf die Ebene jedem Flächenpunkt unendlich viele Punkte

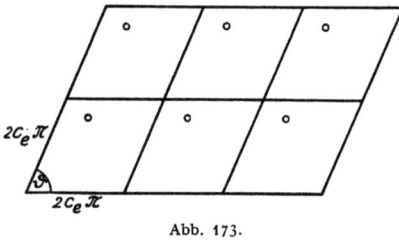
Abb. 173.

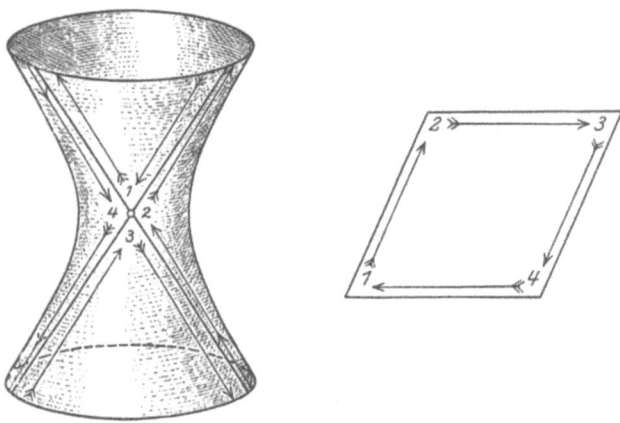
Abb. 174.

der Ebene; diese gehen dadurch auseinander hervor, daß man ihre $\mathfrak{u}$- und $\mathfrak{v}$-Koordinaten um ganzzahlige Vielfache von $2c_e\pi$ vermehrt oder vermindert. Sind m und n irgendwelche ganze Zahlen, so liegt in dem durch:

$$m \cdot 2c_e\pi \leq \mathfrak{u} \leq (m+1)2c_e\pi, \quad n \cdot 2c_e\pi \leq \mathfrak{v} \leq (n+1)2c_e\pi$$

definierten Rhombus (Abb. 173) im allgemeinen *genau ein* Bildpunkt eines beliebigen Flächenpunktes; nur falls dieser der u- oder der v-Achse angehört, hat er *zwei* Bilder im Rhombus, und zwar sind diese entsprechende Punkte auf gegenüberliegenden Seiten. Wir können die Beziehung zwischen dem Rhombus und der Cliffordschen Fläche auch dadurch herstellen, daß wir diese ringförmige Fläche längs der beiden Achsen aufschneiden (Abb. 174 links) und nach geeigneter Verbiegung so auf den Rhombus ausbreiten, daß die beiden Ufer jedes Schnittes auf gegenüberliegenden Seiten des Rhombus liegen (Abb. 174 rechts).

C. Die Geometrie im Großen auf der Cliffordschen Fläche. Unsere Abbildung der Cliffordschen Fläche auf die euklidische Ebene erleichtert die nähere Untersuchung der *Geometrie auf der Fläche*. Dabei müssen wir uns zunächst über den folgenden Umstand klar werden. Wir haben zwar bewiesen, daß die Geometrie auf der Cliffordschen Fläche im Kleinen mit der auf einer euklidischen Ebene völlig übereinstimmt. Diese Übereinstimmung erstreckt sich aber, das sei noch einmal ausdrücklich betont, nur auf *eine gewisse Umgebung jedes beliebigen Punktes*. Die beiden Geometrien in ihren *Gesamtausdehnungen* sind ganz wesentlich voneinander verschieden. Ist dieser Unterschied schon zwischen den Geometrien der Ebene und des Zylinders evident, so wird er noch deutlicher, wenn wir diese beiden mit der Cliffordschen Fläche vergleichen. Denn letztere ist, im Gegensatz zu den beiden andern, eine *geschlossene Fläche*; sie besitzt *einen endlichen Flächeninhalt*; er ist, wie die Abbildung auf einen euklidischen Rhombus lehrt, gleich $4c_e^2\pi^2 \cdot \sin\vartheta$. Es zeigt sich also, daß *eine im kleinen euklidische und in ihrer ganzen Ausdehnung völlig singularitätenfreie Geometrie* durchaus nicht die „Unendlichkeit" dieser Geometrie bedingt, und daß es also umgekehrt durchaus *kein alleiniges Vorrecht der elliptischen Maßbestimmung ist, als Schauplatz einen endlichen Raum zu besitzen*. In dieser zunächst überraschenden Erkenntnis liegt die Hauptbedeutung von Cliffords Entdeckung. Sie war es, die Klein veranlaßte, nach allen Zusammenhangsarten zu fragen, die mit der Gültigkeit der euklidischen oder einer der beiden nichteuklidischen Geometrien verträglich sind. Diesem interessanten und nicht mit wenigen Worten zu erledigenden Problem der Raumformen werden wir ein besonderes Kapitel widmen (Kap. IX).

An dieser Stelle wollen wir nur einige auf die Geometrie der Cliffordschen Fläche in ihrer Gesamtausdehnung bezügliche Sätze nennen, die man vermittels unserer Abbildung auf die Ebene sehr leicht gewinnt. Aus der Längentreue folgt z. B., daß die geodätischen Linien auf der Fläche, d. h. die kürzesten Verbindungskurven zweier Punkte, sich als gerade Linien abbilden. Unsere Abbildung zeigt dann, daß es durch jeden Punkt unendlich viele *geschlossene* geodätische Linien gibt, ohne daß darum alle geodätischen Linien geschlossen sind; denn eine Gerade

248 Besondere Untersuchung der beiden nichteuklidischen Geometrien.

der Ebene ist dann und nur dann Bild einer geschlossenen geodätischen Linie, wenn sie zwei Punkte miteinander verbindet, die Bilder *desselben* Flächenpunktes sind. Derartige Geraden sind z. B. die Parallelen zu den Seiten der Rhomben; ihnen entsprechen die *Erzeugenden erster bzw. zweiter Art* der Cliffordschen Fläche. Weiter besitzen die Parallelen zu den Diagonalen der Rhomben diese Eigenschaft; die ihnen entsprechenden geodätischen Linien sind uns schon früher in anderem Zusammenhang begegnet: es sind die beiden Scharen der *Rotationskreise*; das ergibt sich aus der S. 237f. bewiesenen Tatsache, daß die Rotationen diejenigen Bewegungen sind, die sich aus zwei *gleich langen*

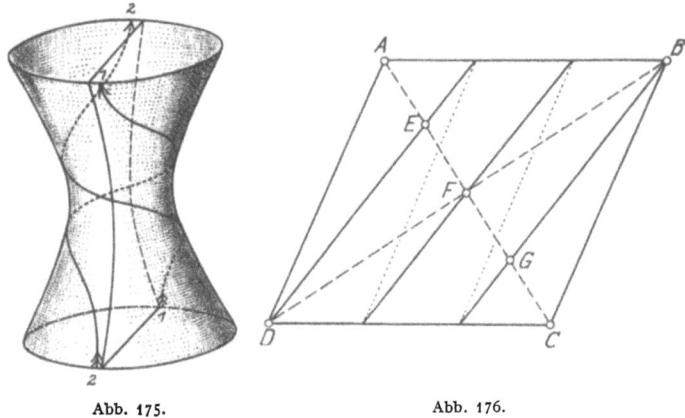

Abb. 175.   Abb. 176.

Schiebungen längs der erzeugenden Geradenscharen zusammensetzen. Die Länge dieser Kreise ist, wie jetzt die euklidische Trigonometrie lehrt, $4c_e\pi \cdot \sin\dfrac{\vartheta}{2}$ bzw. $4c_e\pi \cdot \cos\dfrac{\vartheta}{2}$; ihre Radien, also die Rotationsradien der Fläche, sind daher (vgl. die Formeln S. 199): $c_e \cdot \vartheta$ bzw. $c_e \cdot (\pi - \vartheta)$.

Auch die weiteren geodätischen Linien einer Cliffordschen Fläche sind uns bereits bekannt; es sind dies die *Schraubenlinien*, auf denen nach S. 124 die Punkte bei einer Schraubung des elliptischen Raumes wandern. Wenn wir die dort gezeichnete Schraubenlinie (Abb. 175, identisch mit Abb. 78, S. 124) auf einen Rhombus abbilden, erhalten wir die in Abb. 176 dargestellte Figur. Die gestrichelte Gerade AC ist das Bild des auf der Cliffordschen Fläche eingezeichneten Kreises K_1, der (euklidisch aufgefaßt) die Gestalt einer Hyperbel besitzt; genau so ist DB das Bild der Kehlellipse, die in der hier zugrunde gelegten elliptischen Geometrie einen Kreis K_2 der zweiten Kreisschar darstellen möge. Die ausgezogene Gerade im Innern des Rhombus, die aus drei Stücken besteht, ist schließlich das Bild der Schraubenlinie S. Wir müssen uns nun die Seiten AB und DC des

Die hyperbolische Geometrie des Raumes. 249

Rhombus und genau so die Seiten AD und BC punktweise identisch denken; die vier Eckpunkte entsprechen dabei einem einzigen Punkt. Hierdurch werden die drei betrachteten Geradenstücke zu einer geschlossenen Linie. Es ist nun leicht, den Verlauf der Schraubenlinie in den beiden Abbildungen zu vergleichen. K_1 und K_2 haben auf der Cliffordschen Fläche zwei Punkte gemeinsam, durch die auch S hindurchläuft; im Rhombus entsprechen ihnen die Punkte $A=B=C=D$ und F. Weiter bilden sich die beiden euklidisch unendlich fernen Punkte von K_1 auf E und G ab. Diese Beispiele zeigen, wie sehr die nähere Untersuchung der Cliffordschen Fläche durch die längentreue Abbildung auf die Ebene erleichtert wird.

§ 7. Die hyperbolische Geometrie des Raumes.

A. Allgemeines. Viele geometrische Eigenschaften des hyperbolischen Raumes wird der Leser ohne Mühe selbst herleiten können, wenn er an unsere frühere Untersuchung der hyperbolischen Ebene denkt (§ 3); denn im Raum liegen die Verhältnisse ganz ähnlich wie in der Ebene. Die wichtige Unterscheidung der sich im Innern, im Äußern oder auf der Fundamentalkurve selbst schneidenden *Geraden* läßt sich ohne weiteres auf *Ebenen* übertragen; insbesondere werden zwei Ebenen *parallel* genannt, wenn sie sich in einer Tangente der fundamentalen Fläche schneiden. Die Sätze über das Fällen von Loten und das Projizieren bleiben erhalten. Analog den drei Arten von Kreisen gibt es drei Arten von Kugeln, die wir als ‚eigentliche Kugeln', ‚Hypersphären' und ‚Horosphären' oder ‚Grenzkugeln' bezeichnen (S. 179) und die, bei gegebenen Zentren, ganz ähnlich angeordnet sind wie die entsprechenden Kreisscharen.

B. Die Bewegungen. Im Gegensatz zu der elliptischen Geometrie lassen sich die reellen Bewegungen hier nicht in reelle ‚Schiebungen' längs Geradenkongruenzen zerlegen (vgl. S. 115 u. 188). Jedoch ist es auch jetzt zweckmäßig, die Bewegungen nach dem Verhalten gerader Linien zu klassifizieren. Wir wissen aus Kapitel III, daß jede der beiden zueinander konjugiert, imaginären Erzeugendenscharen der ovalen Fundamentalfläche bei einer Bewegung linear in sich transformiert wird und daher im allgemeinen zwei Fixgeraden enthält; die beiden zueinander konjugiert imaginären Paare von Fixgeraden schneiden sich außer in zwei konjugiert imaginären in zwei reellen Fixpunkten auf der Fläche; die zwei reellen Verbindungslinien der beiden Punktepaare (in Abb. 177 als erste und zweite

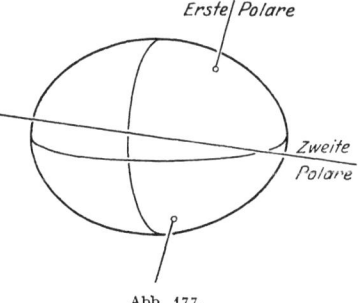

Abb. 177.

Polare bezeichnet) gehen bei der Bewegung in sich über. Die Verbindungslinie der reellen Schnittpunkte ist dabei die einzige eigentliche in sich übergehende Gerade, die „*Achse*" der Bewegung. Die zweite Verbindungsgerade, welche die Fläche in den imaginären Fixpunkten schneidet, ist vom Standpunkt der hyperbolischen Geometrie aus als uneigentlich anzusehen. Daneben gibt es noch den Grenzfall, in dem jede der beiden Scharen von Erzeugenden eine doppelt zählende Fixgerade besitzt[1]); diese beiden zueinander konjugiert imaginären Fixgeraden schneiden sich in dem einzigen Fixpunkt auf der Fläche, der somit stets reell ist. Da das durch diesen bestimmte, an die Fläche tangentiale Strahlenbüschel bei richtiger Zählung *vier* Fixelemente besitzt, geht *jeder* seiner Strahlen in sich über; im übrigen aber bleibt keine reelle Gerade und auch kein reeller Punkt fest.

In dem allgemeinen Fall fassen wir die Gruppe aller der Bewegungen ins Auge, die zu einer festen Achse gehören. Es ist dies eine zweiparametrige Schar, die man (vgl. S. 122 und 188) durch *Rotationen* um die Achse sowie um ihre konjugierte Polare erzeugen kann. Dabei geht jede der ∞^1 ovalen Flächen zweiter Ordnung, die mit der Fundamentalfläche das Tetraeder der zugehörigen Fixgeraden gemeinsam haben (vgl. S. 119), in sich über; alle diese Flächen berühren die fundamentale Fläche in den beiden Durchstoßpunkten der (eigentlichen) Achse. Sie entsprechen in vieler Hinsicht den Cliffordschen Flächen der elliptischen Geometrie: sie gestatten ∞^2 Bewegungen in sich, sie sind in doppelter Weise als *Rotationsflächen* aufzufassen, wobei jetzt die eine Schar der Rotationskreise aus Hyperzyklen besteht; ihre Gleichungen lassen sich auf eine entsprechende Gestalt wie die der Cliffordschen Flächen (S. 241) bringen, nämlich:

$$x_1^2 + x_2^2 - x_3^2 + x_4^2 = \text{const} \cdot (x_1^2 + x_2^2 + x_3^2 - x_4^2).$$

So liegt die Vermutung nahe, daß sie auch eine *euklidische Geometrie* tragen, und es läßt sich in der Tat auf mannigfache Weise zeigen, daß dies so ist. Jedoch ist diese Tatsache nicht so merkwürdig wie bei den Cliffordschen Flächen. Denn eine Fläche der jetzt betrachteten Art ist eine *offene* Fläche und besitzt auch *unendlichen* Flächeninhalt; sie ist ja eine ovale Fläche mit zwei unendlich fernen Punkten, sieht also (vom Standpunkt der hyperbolischen Geometrie) ganz wie ein Kreiszylinder der euklidischen Geometrie aus, so daß ihre euklidischen Maßverhältnisse nichts besonders Überraschendes für uns zu haben brauchen.

In dem *Grenzfall*, in dem keine eigentliche Gerade in sich übergeht, aber alle Geraden eines an die Fläche tangentialen Büschels fest-

---

[1]) Die Möglichkeit, daß in der einen Schar zwei verschiedene, in der anderen zwei zusammenfallende Fixgeraden vorhanden sind, scheidet aus Realitätsgründen aus.

bleiben, gehen bei jeder der ∞^2 Bewegungen alle zu dem Büschelzentrum gehörigen Horosphären in sich über[1]).

Man kann Bewegungsgruppen natürlich auch erhalten, wenn man statt der Fixgeraden Fixpunkte bzw. -ebenen betrachtet. Die Bewegungen mit einem festen eigentlichen Punkt sind *Kugeldrehungen* und bilden eine dreiparametrige Gruppe; sie unterscheiden sich, ebenso wie in der elliptischen Geometrie (S. 233), in nichts von euklidischen Kugeldrehungen. Auch die Bewegungen mit einem im Äußern gelegenen Fixpunkt oder, was dasselbe ist, mit einer festen eigentlichen Ebene (der Polarebene des Fixpunktes) hängen von drei Parametern ab; jede der „Abstandsflächen" der festen Ebene, d. h. der Hypersphären um den Fixpunkt, geht in sich über. Diese Gruppe ist genau so zusammengesetzt wie *die Gruppe der ebenen hyperbolischen Bewegungen*; denn ist die Fundamentalfläche durch $x_1^2 + x_2^2 + x_3^2 - x_4^2 = 0$ gegeben und 1, 0, 0, 0 der Fixpunkt[2]), so erleiden x_2, x_3, x_4 alle die und nur die Substitutionen, die die Form $x_2^2 + x_3^2 - x_4^2$ in sich transformieren. Man sieht den Zusammenhang mit den ebenen hyperbolischen Bewegungen auch deutlich, wenn man das Strahlbündel durch den Fixpunkt betrachtet: in ihm herrscht eine hyperbolische Maßbestimmung, die bei den Bewegungen erhalten bleibt; das fundamentale Gebilde ist der von dem Fixpunkt an die Fläche gehende Tangentialkegel. Die feste Ebene ist nach dem Vorstehenden im hyperbolischen Sinne völlig frei in sich beweglich.

In dem Grenzfall nun, d. h. bei Betrachtung aller Bewegungen, die einen Punkt der Fundamentalfläche festhalten, bringt die Ausartung wieder eine Erhöhung der Parameterzahl mit sich (vgl. die ebene hyperbolische Geometrie S. 226): wir haben eine *vier*parametrige Gruppe. Sie ist, wie wieder die Betrachtung des Bündels durch den Fixpunkt lehrt, ebenso zusammengesetzt wie die der *euklidischen Transformationen der Ebene mit Einschluß der Ähnlichkeitstransformationen*. Der dreiparametrigen Untergruppe, welche keine Ähnlichkeitstransformationen enthält, also der euklidischen ebenen Bewegungsgruppe, entsprechen diejenigen Bewegungen des hyperbolischen Raumes, die jede der zu dem Fixpunkt gehörigen Grenzkugeln in sich transformieren; dies erkennt man, analog wie im Fall der Ebene (S. 226), daran, daß dies gerade diejenigen Bewegungen sind, die sich aus zwei Spiegelungen an Ebenen durch den Fixpunkt zusammensetzen lassen. Die auf dieser Seite oben erwähnten zweiparametrigen fixpunktfreien Bewegungsgruppen der Horosphären in sich entsprechen, wie man jetzt sieht, der Gruppe der ebenen *euklidischen Parallelverschiebungen*.

---

[1]) Man übertrage die im ebenen Fall (S. 226 Anm. 1) auf die Kurve angewandte Überlegung erst auf die eine, dann auf die andere Erzeugendenschar unserer Fläche; die Spiegelungen sind jetzt imaginär.

[2]) Dieser Punkt ist ein uneigentlicher Punkt, da die ihn enthaltende Ebene $x_4 = 0$ die Fundamentalfläche nicht reell schneidet.

252 Besondere Untersuchung der beiden nichteuklidischen Geometrien.

C. Die Kugeln. Der Parallelismus zwischen den nach ihren Fixpunkten eingeteilten Bewegungen einerseits, den drei ebenen Geometrien andererseits, wird besonders deutlich, wenn wir uns *die Geometrie auf den Kugeln der drei Arten* näher ansehen. Schalten wir für einen Augenblick die Grenzkugeln aus, so daß wir es mit einer Kugel zu tun haben, deren Radius endlich und zwar im Fall einer eigentlichen Kugel reell, im Fall einer Hypersphäre komplex ist. Dann ist die Länge eines Bogens auf einem Großkreise, d. h. einem (eigentlichen oder uneigentlichen) Kreis, der mit dem Kugelzentrum in einer Ebene liegt, gleich dem zugehörigen Zentriwinkel, multipliziert mit einer Zahl, die nur von der Maßkonstanten und dem Radius abhängt. Weiter ist der Winkel zwischen zwei Großkreisen gleich dem Winkel der zugehörigen durch den Kugelmittelpunkt laufenden Ebenen. Die Maßbestimmung auf der Kugel stimmt also (bis auf die bei der Längenmessung hinzutretende Konstante) mit der Maßbestimmung in dem Bündel durch den Kugelmittelpunkt überein. Da diese Maßbestimmung elliptisch bzw. hyperbolisch ist, gilt auf den Kugeln dieselbe Geometrie; dabei übernehmen die Großkreise die Rolle der geraden Linien, ganz entsprechend wie in der uns wohlbekannten sphärischen Geometrie. Durch einen Grenzübergang folgt derselbe Zusammenhang zwischen den Geometrien auf einer Horosphäre und in der euklidischen Ebene. Wir haben also folgende Erkenntnis gewonnen: *Die Geometrien auf den eigentlichen Kugeln, den Horosphären und den Hypersphären sind elliptisch bzw. euklidisch und hyperbolisch.* Dabei liegt jedesmal, im Gegensatz z. B. zur Cliffordschen Fläche, ein Modell der betreffenden Geometrie in ihrer *Gesamtausdehnung* vor, wenn wir von dem hier unwesentlichen Unterschied zwischen den Geometrien der Kugel und elliptischen Ebene absehen.

An diesen Kugeln läßt sich somit besonders schön der stetige Übergang der drei Geometrien ineinander studieren: Man wähle etwa einen festen Punkt P und lasse einen Punkt A aus der Nähe von P geradlinig durch die Fläche hindurch ins Äußere wandern. In Abb. 178 sind vier Lagen $A_1 \ldots A_4$ des Punktes A eingezeichnet. (Um die entsprechenden räumlichen Verhältnisse zu erhalten, müssen wir die

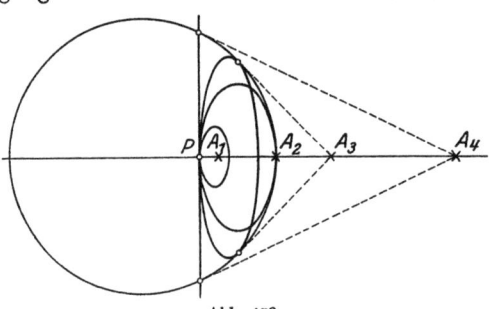

Abb. 178.

Figur um die horizontale Gerade rotieren lassen; die hierbei aus dem großen Kreis hervorgehende Kugel ist die fundamentale Fläche). Wir konstruieren nun die Kugeln durch P, welche die einzelnen Punkte der

Geraden PA_4 zu Mittelpunkten besitzen¹). Wenn wir dann A_1 über A_2 nach A_3 wandern lassen, geht, wie wir eben bewiesen haben, die Geometrie auf den betrachteten Kugeln stetig aus einer elliptischen durch eine euklidische hindurch in eine hyperbolische über.

Die Maßkonstanten dieser Geometrien, d. h. (vgl. S. 191 und 193) die reziproken Quadrate $-\dfrac{1}{4c^2}$ der Krümmungsradien $-2ic$ sind dabei natürlich von den Radien der Kugeln abhängig. Bezeichnet a den Radius der Kugel, $R(a)$ den Krümmungsradius ihrer Geometrie, so findet man durch eine kleine Rechnung, falls a reell, die Kugel also eigentlich ist:

$$R(a) = 2c_h \cdot Sh\frac{a}{2c_h}.$$

Ist die Kugel eine Hypersphäre, A also im Äußern gelegen, so ist a komplex mit dem Imaginärteil $c_h \pi i$; ist a_1 der Realteil, so ist:

$$R(a) = i \cdot 2c_h \cdot Ch\frac{a_1}{2c_h}.$$

In jedem Fall ist $\lim_{a\to\infty} R(a) = \infty$, wie es im Hinblick auf die Grenzkugeln mit ihrer euklidischen Geometrie zu erwarten ist. Wenn also das Kugelzentrum A sich in der beschriebenen Weise von P entfernt, so nimmt die Maßkonstante $\dfrac{1}{R^2}$ der Kugel von sehr großen positiven Werten monoton ab, wird für die Kugel um A_2 gleich Null und nimmt dann weiter ab, um ihr Minimum $-\dfrac{1}{4c_h^2}$ zu erreichen, wenn die Kugel in die Ebene ausartet; dieses Minimum ist gleich der Maßkonstanten des Raumes selbst. Wenn wir den Mittelpunkt über A_4 hinaus in derselben Weise weiterwandern lassen, wiederholt sich das Spiel gerade in der umgekehrten Reihenfolge.

D. Über die analytische Darstellung der Bewegungen. Die Bewegungen des *elliptischen* Raumes konnten wir besonders bequem mit Hilfe der Quaternionen analytisch darstellen. Für die *reelle hyperbolische* Geometrie versagen diese. Jedoch gibt es auch hier ein analytisches Hilfsmittel, dessen Anwendung eine gute Übersicht über die Bewegungen und ihre Zusammensetzungen, also ihre gruppentheoretischen Eigenschaften, vermittelt; wir werden es (Kapitel XI) in den *linearen Substitutionen einer komplexen Veränderlichen* kennen lernen.

---

[1]) Die etwa um A_1 beschriebene Kugel wird, wenn wir die Figur einen Augenblick euklidisch auffassen, durch Rotation der kleinen Ellipse erzeugt; die Kugel um den (im Sinne der hyperbolischen Geometrie unendlich fernen) Punkt A_2 geht aus der Ellipse hervor, die den fundamentalen Kreis in A_2 vierpunktig berührt, während die zu der Kugel um A_3 gehörige Ellipse den Kreis in zwei Punkten berühren muß; die Kugel um A_4 artet schließlich in eine doppelt überdeckte Ebene aus.

Kapitel IX.
Das Problem der Raumformen.

§ 1. Die Raumformen der ebenen euklidischen Geometrie.

A. Definition des Problems; die Zylinder- und die Kegelgeometrie. Das Problem der Raumformen entspringt aus der Tatsache, daß durch die Maßverhältnisse, die in einem begrenzten Raumstück herrschen, die Geometrie in ihrer Gesamtausdehnung noch nicht eindeutig festgelegt ist. Schneiden wir z. B. aus der euklidischen Ebene einen von zwei parallelen Geraden begrenzten Streifen aus und heften die einander gegenüberliegenden Punkte seiner beiden Ränder so aneinander, daß ein Zylinder entsteht. Hierbei werden die Maßverhältnisse in einem genügend kleinen Flächenteilchen in keiner Weise geändert; dagegen ist die Geometrie im großen eine völlig andere geworden.

Wir wollen uns in diese „Zylindergeometrie" etwas weiter hineindenken. Bei der Verbiegung in den Kreiszylinder geht eine gerade Linie dieses Streifens je nach ihrer Lage zu den begrenzenden Geraden entweder in eine Erzeugende des Zylinders, oder eine Schraubenlinie, oder schließlich in einen Meridiankreis über. Diese Kurven, welche die „geodätischen Linien"[1]) des Zylinders darstellen, haben wir als die Geraden der betrachteten Geometrie anzusehen. In einem genügend kleinen Flächenstück erfüllen sie alle Axiome der euklidischen Geometrie; wenn wir jedoch den Zusammenhang im großen betrachten, erhalten wir völlig neuartige Verhältnisse. Denn zwei gerade Linien, etwa eine Erzeugende und eine Schraubenlinie, können unendlich viele Punkte gemeinsam haben; andere Geradenpaare, wie etwa eine Erzeugende und eine Meridiankurve, bestimmen dagegen nur einen einzigen Schnittpunkt. Ferner gibt es in der Zylinderform ausgezeichnete gerade Linien, die eine endliche Länge besitzen, nämlich die Meridiankreise, während alle übrigen Geraden unendlich lang sind.

Die betrachtete Geometrie können wir noch auf andere Weise wiedergeben. Zunächst können wir den Parallelstreifen, ohne ihn auszuschneiden und zusammenzuheften, auch dadurch als eine geschlossene Fläche deuten, daß wir diejenigen Randpunkte als identisch ansehen, die sich auf den beiden begrenzenden Geraden senkrecht gegenüberliegen (Abb. 179, in welcher zugeordnete Randpunkte mit übereinstimmenden Buchstaben gekennzeichnet sind). In der Tat wird durch diese Forderung unmittelbar der Zusammenhang und die Geometrie des Zylinders dargestellt; wir haben dabei den Vorteil, die ganze Fläche

---
[1]) Vgl. Kap. X, S. 277.

Die Raumformen der ebenen euklidischen Geometrie. 255

in einer Ebene liegen lassen zu können. Um eine zweite Darstellungsart zu gewinnen, denken wir uns die euklidische Ebene immer weiter um den Zylinder herumgewickelt, so daß sie in die „Überlagerungsfläche" des Zylinders übergeht[1]). Wir erkennen dann, daß wir die betrachtete Geometrie auch gewinnen können, indem wir die Ebene in kongruente Parallelstreifen einteilen und entsprechend liegende Punkte dieser Streifen (etwa die in Abb. 180 mit A bezeichneten Punkte) als identisch ansehen. Bei der ersten Darstellungsart wird eine gerade Linie (im allgemeinen) durch ein System äquidistanter Parallelstrecken wiedergegeben (Abb. 179); denn die gerade Linie, die an einen Randpunkt stößt, tritt bei dem zugeordneten Randpunkt des anderen Randes

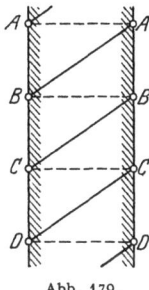
Abb. 179.

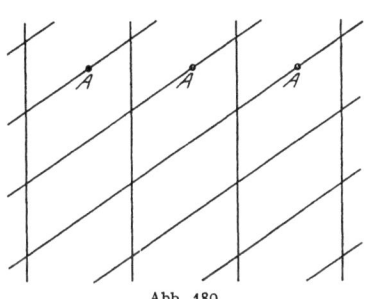
Abb. 180.

in derselben Richtung wieder in den Streifen ein. Bei der letzten Darstellungsart wird eine gerade Linie (im allgemeinen) zu einem System von unendlich vielen äquidistanten Geraden (Abb. 180), weil alle diese Geraden dieselbe Kurve auf dem Zylinder überlagern.

Die vorstehenden Betrachtungen zeigen, daß wir eine Geometrie, die in einem begrenzten Ebenenstück herrscht, im allgemeinen noch auf verschiedene Weise unbegrenzt fortführen können. Das Problem der Fortsetzung einer im Kleinen gegebenen Maßbestimmung ins Große ist also hier nicht eindeutig lösbar, im Gegensatz zu dem Problem der analytischen Fortsetzung einer Funktion, die sich stets nur auf eine Weise durchführen läßt. Die verschiedenen Geometrien, die wir bei unserem Problem erhalten, wollen wir als die *Raumformen der betreffenden Maßbestimmung* bezeichnen. Im besonderen wollen wir die oben betrachtete Geometrie die *zweiseitige euklidische Zylinderform* nennen[2]). Das Problem der Raumformen existiert natürlich für alle Maßbestimmungen; wir wollen aber unsere Untersuchungen auf die euklidische und die beiden nichteuklidischen Geometrien beschränken.

---

[1]) Man sieht hierbei besonders deutlich, wie die Geraden der euklidischen Ebene in die verschiedenen Geradenarten der Zylinderform übergehen.

[2]) Wir nennen diese Raumform „zweiseitig", weil die sie tragende Fläche zweiseitig ist; auf S. 262 werden wir auch eine *einseitige* Zylinderform kennenlernen, die zu einer entsprechenden einseitigen Fläche gehört.

Sehen wir uns neben der Zylinderform einmal einen euklidischen *Kegel* an, auf dem im Kleinen ebenfalls die Geometrie der euklidischen Ebene gilt. Hierzu schneiden wir aus der euklidischen Ebene ein Stück aus, das durch zwei von demselben Punkt ausgehende Halbstrahlen begrenzt wird, und biegen das hierdurch entstandene Ebenenstück zu einem Kreiskegel zusammen. Die Verhältnisse in dieser Raumform können wir in derselben Weise wie bei der Zylinderform diskutieren. Während aber die letzte Raumform überall regulär ist, erhalten wir bei der Kegelform einen singulären Punkt, nämlich die Spitze. In der zugehörigen Geometrie kommt diese Singularität dadurch zum Ausdruck, daß die Winkelsumme um den entsprechenden Punkt herum nicht den Wert 2π, sondern einen anderen Wert besitzt. Ein Punkt, der durch die Struktur der zugehörigen Geometrie in dieser Weise vor den anderen Punkten ausgezeichnet ist, wird als *Stigma* bezeichnet. Seine Umgebung läßt sich nicht ‚längentreu‘, d. h. unter Erhaltung aller Maßverhältnisse, auf die *volle Umgebung* eines Punktes der euklidischen Ebene abbilden, in ihr gilt also *nicht* die euklidische Geometrie. Da derartige „inhomogene" Raumformen, welche Stigmata haben, für die Anwendungen der Geometrie kaum eine Bedeutung besitzen, *wollen wir uns auf die „homogenen" Raumformen beschränken, bei denen kein Punkt irgendwie vor den anderen ausgezeichnet ist*[1]).

Eine Raumform der ebenen euklidischen (bzw. elliptischen oder hyperbolischen) Geometrie ist, um es endgültig zu formulieren, folgendermaßen definiert: *Sie ist eine auf einer unberandeten Fläche erklärte Maßbestimmung von der Art, daß sie 1. in der Umgebung jedes Punktes mit der Geometrie eines Stückes der euklidischen (bzw. elliptischen oder hyperbolischen) Ebene identisch ist, und daß man 2. auf jeder ihrer Geraden von jedem Punkt aus in jeder der beiden Richtungen jede beliebige Strecke abtragen kann.* Durch die plausible zweite Forderung werden gewisse uninteressante Möglichkeiten ausgeschlossen; so bezeichnet man ihr zufolge z. B. die in einer affinen x-y-Ebene überall reguläre, in der Umgebung jedes Punktes elliptische Geometrie, die man durch Ausschließen einer Geraden aus der elliptischen Ebene erhält, nicht als elliptische Raumform. Das Auftreten *geschlossener* Geraden ist mit der Forderung 2 durchaus verträglich.

B. Die Raumform der Cliffordschen Fläche. Neben dem Zylinder und der euklidischen Ebene selbst, die wir auch als Raumform zu bezeichnen haben, ist uns noch eine dritte ebene euklidische Raumform begegnet: die Cliffordsche Fläche (vgl. S. 247). Ihre Entdeckung war für Klein der Anlaß, sich mit dem Problem der Raumformen zu be-

---

[1]) Zahlreiche weitere Beispiele für inhomogene Raumformen sind in dem Buch von *Killing: Einführung in die Grundlagen der Geometrie* Bd. I, Paderborn 1893, angeführt.

Die Raumformen der ebenen euklidischen Geometrie. 257

schäftigen, das man daher als das *Clifford-Kleinsche Raumproblem* zu bezeichnen pflegt. Alles, was eben über die Darstellung der Zylinderform gesagt wurde, läßt sich unmittelbar auf die Raumform der Cliffordschen Fläche übertragen. Wir können diese Raumform einmal durch einen Rhombus darstellen (vgl. S. 247), wobei wir je zwei Randpunkte, welche einander auf die in Abb. 181 angegebene Weise zugeordnet sind, als identisch anzusehen haben; die vier Eckpunkte entsprechen dabei einem einzigen Punkt. Ferner können wir die Cliffordsche Raumform dadurch gewinnen, daß wir die euklidische Ebene in ein Netz von Rhomben einteilen (vgl. S. 246) und entsprechend liegende Punkte, wie etwa die in Abb. 182 angegebenen, als identisch ansehen. Und schließlich läßt sich diese Raumform auf einer Cliffordschen Fläche des elliptischen Raumes wiedergeben, genau so, wie wir die zweiseitige

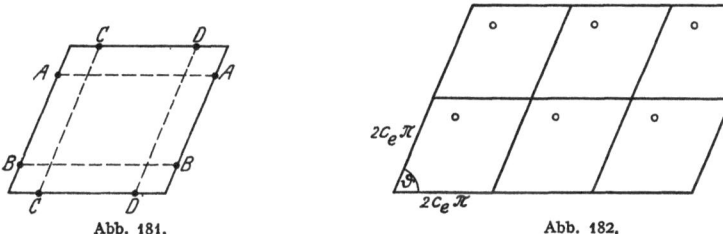

Abb. 181.   Abb. 182.

Zylinderform auf einem Zylinder des euklidischen Raumes dargestellt hatten. Da die Cliffordsche Fläche den Zusammenhang eines Ringes besitzt (vgl. S. 69), wird die betrachtete Raumform auch als *zweiseitige Ringform* bezeichnet.

C. **Zusammenhang mit der Gruppentheorie.** Es entsteht die Aufgabe, *alle* Raumformen der ebenen euklidischen Geometrie anzugeben[1]). Die Lösung dieses Problems wird durch einen Zusammenhang zwischen der Theorie der Raumformen und der Gruppentheorie sehr erleichtert. Zur näheren Erklärung knüpfen wir an die Darstellung der Zylinderform vermittelst der Überlagerungsfläche (S. 255) an. Wir hatten die Ebene in kongruente Parallelstreifen eingeteilt und zwei in diesen Streifen entsprechend liegende Punkte als identisch erklärt. Dabei ist unter entsprechender Lage folgendes zu verstehen: Sind (vgl. Abb. 180) die

---

[1]) Dieses allgemeine Problem ist zuerst von *Klein* und *Killing* untersucht worden; Klein: *Zur nichteuklidischen Geometrie.* Math. Ann. Bd. 37, 1890; wieder abgedruckt in Kleins Ges. Math. Abh., Bd. I, S. 371; Killing, l. c. Ferner ist es von *Hopf* behandelt worden: *Zum Clifford-Kleinschen Raumproblem.* Math. Ann. Bd. 95, 1925. — Klein übersieht aber die einseitige Zylinderform, Killing sogar beide einseitige Formen. Das Killingsche Resultat findet sich mehrfach auch in der modernen Literatur wiedergegeben, vgl. etwa Coolidge: *The elements of noneuclidean geometry,* Clarendon Press, 1909, S. 240. — Pasch-Dehn: *Vorlesungen über neuere Geometrie,* Berlin 1926, S. 208. Bezüglich der Tatsache, daß fünf Raumformen der angegebenen Art existieren, s. z. B. *Hopf* l. c.

Streifen parallel zur y-Achse und von der Breite a, so liegen zwei Punkte entsprechend, wenn sie durch eine Translation der Ebene parallel zur x-Achse um ein Vielfaches von a zur Deckung gebracht werden können. Die Gesamtheit dieser Bewegungen, die man als die *Decktransformationen* des Zylinders bezeichnet, bilden eine *Gruppe*; sie heißt die *Fundamentalgruppe* des Zylinders; jeder der Parallelstreifen heißt ein *Fundamentalbereich*.

Ganz ähnlich liegen die Dinge bei der Cliffordschen Fläche, wie die Betrachtung der Abb. 182 lehrt: Auch hier sind die Decktransformationen Translationen der Ebene und bilden eine Gruppe; Fundamentalbereiche sind die Rhomben.

Die hier auftretenden Gruppen sind *diskontinuierlich*, d. h. sie hängen *nicht* — im Gegensatz zu den in Kapitel III betrachteten kontinuierlichen Bewegungsgruppen — von einem sich stetig ändernden Parameter ab. Sie sind ferner in der ganzen euklidischen Ebene *eigentlich* diskontinuierlich, d. h. es gibt keine Häufungsstelle von Punkten, die sich im Sinne der Gruppe entsprechen.

Allgemein erkennen wir folgenden Zusammenhang zwischen derartigen Gruppen und Raumformen: *Jede eigentlich diskontinuierliche Gruppe von fixpunktfreien starren Transformationen (d. h. Bewegungen und Umlegungen) der euklidischen Ebene definiert eine (homogene) ebene euklidische Raumform durch die Festsetzung, daß einander entsprechende Punkte als identisch zu betrachten sind.* Die Bedingung der *eigentlichen* Diskontinuität ist notwendig, da wir bei den uneigentlich diskontinuierlichen Gruppen an den Häufungsstellen einander entsprechender Punkte keine Fundamentalbereiche konstruieren können. Weiter ist die Bedingung bezüglich der *Fixpunkte* notwendig, um Stigmata zu vermeiden; so definiert z. B. die Gruppe der vier Drehungen von 90° um einen Punkt einen Kegel, dessen Spitze dem Drehungszentrum entspricht und ein Stigma ist.

D. Die Aufstellung aller euklidischen Raumformen. Durch das Aufsuchen von Gruppen der geschilderten Art wird man also auf Raumformen geführt; *es gilt weiter der Satz, daß man auf diese Weise zu allen ebenen euklidischen Raumformen gelangt*[1]). Damit ist das Problem, alle diese Raumformen zu finden, im Prinzip gelöst. Die Aufstellung der Gruppen ist sehr leicht, da solche, die Drehungen enthalten, wegen der Forderung der Fixpunktfreiheit von vornherein ausscheiden. Die Decktransformationen der möglichen Gruppen — abgesehen von der nur aus der Identität bestehenden Gruppe der Ebene selbst — lassen sich, was wir dem Leser zu beweisen überlassen, in einem rechtwinkligen x, y-Koordinatensystem bei Benutzung einer geeigneten Längeneinheit folgendermaßen darstellen:

---

[1]) Den Beweis übergehen wir hier. Er ist zuerst von *Killing* (l. c.) geführt worden; eine neue Darstellung findet sich bei *Hopf* (l. c.).

Gruppe der „zweiseitigen Zylinderform":

1. $x' = x + n$
   $y' = y$

Gruppe der „einseitigen Zylinderform":

3. $x' = x + n$
   $y' = (-1)^n y$

Gruppe der „zweiseitigen Ringform":

2. $x' = x + ma + n$
   $y' = y + mb$ $\quad (b \neq 0)$

Gruppe der „einseitigen Ringform":

4. $x' = (-1)^n x + am$
   $y' = y + n$ $\quad (a \neq 0)$

a und b sind fest gegebene Konstante, während m und n der Reihe nach alle ganzen Zahlen durchlaufen und damit die verschiedenen Bewegungen der Gruppe ergeben.

Hieraus folgt, daß es *im ganzen fünf homogene Raumformen der ebenen euklidischen Geometrie gibt*. Bekannt sind uns bereits die *gewöhnliche euklidische Ebene*, die *zweiseitige Zylinderform* und ein Spezialfall der *zweiseitigen Ringform*. Neu ergeben sich die *einseitige Zylinder-* und die *einseitige Ringform*, die wir gleich untersuchen werden.

Zur Kennzeichnung der verschiedenen Gruppen von Bewegungen benutzt man am besten wieder den *Fundamentalbereich* der zugehörigen Gruppe. Hierunter versteht man, wie wir schon an zwei Beispielen sahen, ein Teilstück der Ebene, welches durch die Bewegungen der Gruppe derartig reproduziert wird, daß die ganze Ebene gerade einmal überdeckt wird. Allerdings ist der Fundamentalbereich durch die zugehörige Gruppe keineswegs eindeutig bestimmt; so können wir z. B. aus dem Parallelstreifen auf der einen Seite ein völlig beliebiges Stück herausschneiden, wenn wir es nur auf der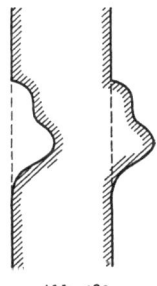

Abb. 183.

anderen Seite an der entsprechenden Stelle wieder anfügen (Abb. 183). Natürlich wird man aber versuchen, den Fundamentalbereichen eine möglichst einfache Gestalt zu geben.

Bei den angegebenen Gruppen sind die Fundamentalbereiche leicht zu bestimmen. Bei den Gruppen 1 und 3 können wir ihnen die Gestalt eines Parallelstreifens, bei den Gruppen 2 und 4 die eines Parallelogrammes geben (in den Abb. 184—187 ist je einer dieser Bereiche durch Schraffieren hervorgehoben). Um die entsprechenden Gruppen von starren Transformationen zu erhalten, müssen wir die Fundamentalbereiche der Abb. 184—187 durch euklidische Transformationen ineinander überführen. Die zugehörigen Raumformen ergeben sich, wenn wir Punkte, die einander bei dieser Zuordnung entsprechen, als identisch ansehen (vgl. die analogen Überlegungen bei der zweiseitigen Zylinderform S. 255). Da unter den Bewegungen der Abb. 186 und 187 Spiegelungen vorhanden sind, müssen die zugehörigen Raumformen einseitig sein. In der Tat sind

260 Das Problem der Raumformen.

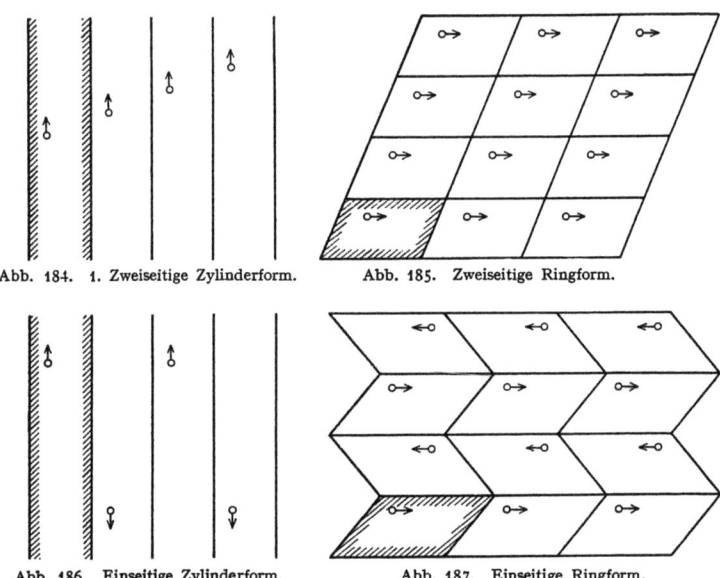

Abb. 184. 1. Zweiseitige Zylinderform.   Abb. 185. Zweiseitige Ringform.

Abb. 186. Einseitige Zylinderform.   Abb. 187. Einseitige Ringform.

etwa die beiden in Abb. 188 angegebenen Drehrichtungen 1 und 2 auf Grund unserer Festsetzungen identisch; wenn wir aber die Drehrichtung 2 in die Nähe von 1 verschieben, erhalten wir einander entgegengesetzte Drehrichtungen, wodurch nach S. 15 die Einseitigkeit definiert wird.

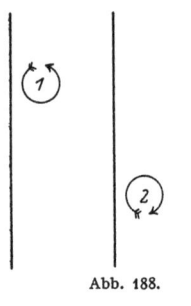

Abb. 188.

Die verschiedenen Raumformen können wir nun auch erhalten, indem wir die Randpunkte eines Fundamentalbereiches, die einander durch die Gruppe zugeordnet sind, als identisch ansehen und dadurch den Fundamentalbereich in sich selbst schließen (Abb. 189—192, in denen sich

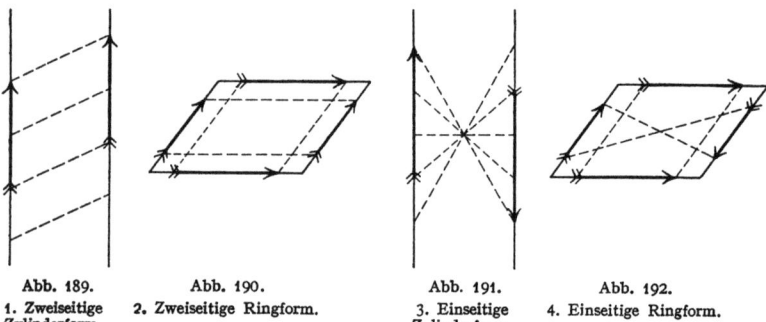

Abb. 189. Abb. 190. Abb. 191. Abb. 192.
1. Zweiseitige   2. Zweiseitige Ringform.   3. Einseitige   4. Einseitige Ringform.
Zylinderform.   Zylinderform.

Die Raumformen der ebenen euklidischen Geometrie. 261

entsprechende Randpunkte durch gestrichelte Linien verbunden sind). Bei der zweiseitigen Zylinderform können wir durch geeignete Abänderung des Fundamentalbereiches auch erreichen, daß sich die in bezug auf die Begrenzung senkrecht gegenüberliegenden Randpunkte entsprechen. Weiter wollen wir hervorheben, daß die vier Ecken der beiden Parallelogramme in Abb. 190 und 192 je einem einzigen Punkt entsprechen. Der Leser möge sich davon überzeugen, daß dieser Punkt kein Stigma ist; in der Tat beträgt die Winkelsumme um

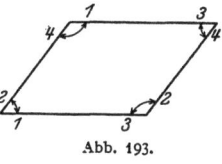

Abb. 193.

diesen Punkt herum 360° (Abb. 193, in der die einander entsprechenden Randpunkte für den Fundamentalbereich der Abb. 190 durch übereinstimmende Ziffern gekennzeichnet sind).

Schließlich kann man auch noch die Randpunkte der Fundamentalbereiche wirklich in der vorgeschriebenen Weise vereinigen und so die Raumformen durch geschlossene Flächen darstellen. Wir beginnen

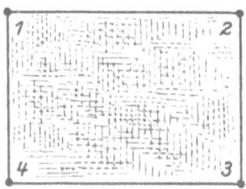
Abb. 194.

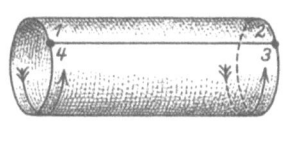
Abb. 195.

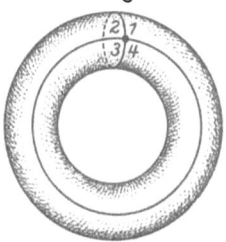
Abb. 196.

mit der *zweiseitigen Ringform*. Wenn der Fundamentalbereich ein Rechteck ist (Abb. 194), erhalten wir durch die vorschriftsmäßige Zusammenfügung der beiden Seiten 1, 2 und 3, 4 eine an beiden Seiten offene Röhre (Abb. 195). Genau dieselbe Operation können wir auch auf ein Parallelogramm anwenden; hierbei gehen die beiden aneinanderzuheftenden Parallelogrammseiten in eine Schraubenlinie auf der Röhre über, wie man am einfachsten anschaulich durch die entsprechende Zusammenfügung eines Papierstücks erkennt. Die weitere Vereinigung der beiden offenen Enden ist im dreidimensionalen euklidischen Raume nicht ohne Verzerrungen möglich[1]). Wir können uns aber helfen, in-

---

[1]) In einer vierdimensionalen euklidischen Mannigfaltigkeit ist eine solche Zusammenbiegung ohne Verzerrung der Maßverhältnisse möglich. Sind x_1, x_2, x_3, x_4 rechtwinklige Parallelkoordinaten in der Mannigfaltigkeit, so wird durch:

$$x_1 = \cos\alpha, \quad x_2 = \sin\alpha, \quad x_3 = \cos\beta, \quad x_4 = \sin\beta$$

eine derartige Fläche dargestellt. Die euklidische Ebene läßt sich also glatt auf eine bestimmte *endliche* Fläche einer vierdimensionalen euklidischen Mannigfaltigkeit aufwickeln, genau so wie wir sie im dreidimensionalen euklidischen Raum auf einen Zylinder aufwickeln können. Vgl. *Killing: Einführung in die Grundlagen der Geometrie.* Bd. I. Paderborn 1833.

262   Das Problem der Raumformen.

dem wir die Röhre zu einer Ringfläche verzerren (Abb. 196), hierbei aber alle Maßverhältnisse in genau der gleichen Weise mit verzerren. Wir werden also auf dem Ring nicht den nach euklidischem Maß gleich langen Kurven eine übereinstimmende Länge zuschreiben, sondern solchen Kurven, die vor der Verzerrung diese Eigenschaft besaßen. Ist das Fundamentalparallelogramm speziell ein Rhombus, so erhalten wir gerade die Geometrie der Cliffordschen Fläche.

Bei der *einseitigen Ringform* erhalten wir durch Zusammenfügung der beiden gleichgerichteten Seiten des Parallelogrammes eine Röhre,

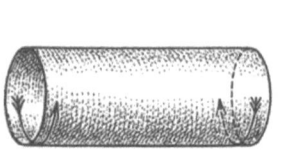

Abb. 197.

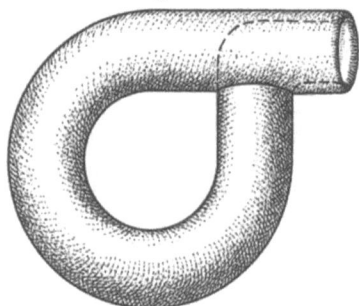

Abb. 198.

deren Enden aber einander in umgekehrter Weise wie bei der zweiseitigen Ringform zugeordnet sind (Abb. 197). Um diese Randpunkte in der vorgeschriebenen Weise zu vereinigen, müssen wir die Röhre einmal durch sich selbst hindurchstecken[1]) (Abb. 198); dabei tritt eine Selbstdurchdringungskurve auf, die bei den randlosen einseitigen Flächen im euklidischen dreidimensionalen Raum unvermeidlich ist.

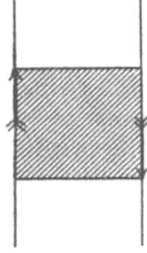

Abb. 199.

Der Fundamentalbereich der *einseitigen Zylinderform* läßt sich ebenfalls unter geeigneten Verzerrungen in der vorschriftsmäßigen Weise zusammenfügen; hierbei muß wieder notwendig eine Selbstdurchdringungskurve auftreten. Diese Fläche stellt ein in geeigneter Weise in das Unendliche fortgesetztes Moebiussches Band dar, wie man am besten erkennt, wenn man sich auf die Zusammenfügung des in Abb. 199 schraffierten Teiles beschränkt.

E. Der Zusammenhang zwischen einander entsprechenden ein- und zweiseitigen Raumformen. Zum Schluß wollen wir darauf hinweisen, daß man jede der beiden einseitigen Raumformen auch dadurch aus der zugehörigen zweiseitigen ableiten kann, daß man je zwei geeignete

---

[1]) Diese Fläche ist von *Klein* als erstes Beispiel einer einseitigen geschlossenen Fläche angegeben worden; wir wollen sie daher den Kleinschen Schlauch nennen. Vgl. *Klein: Über Riemanns Theorie der algebraischen Funktionen und ihre Integrale*, Leipzig 1882; wieder abgedruckt in Kleins Ges. Math. Abh., Bd. III. S. 571.

Die Raumformen der ebenen euklidischen Geometrie.

Punkte als identisch ansieht. Wir beginnen mit der Zylinderform. Den Fundamentalbereich wählen wir derartig, daß je zwei Randpunkte, die auf einer zu der Begrenzung senkrechten Geraden liegen, einander entsprechen, und sehen sodann solche Punkte P und P' des Fundamentalbereiches als identisch an, für die $AB = MB'$ und $BP = B'P'$ ist (Abb. 200). Man erkennt unmittelbar, daß wir hierdurch aus der zweiseitigen eine einseitige Zylinderform erhalten. — Bei der Ringform gehen wir von einem *rechteckigen* Fundamentalbereich aus, den wir zunächst (um Übereinstimmung mit Abb. 187 und 192 zu erhalten) durch Abschneiden eines gleichschenkligen Dreieckes und Hinzufügung desselben Dreieckes an der entsprechenden Stelle in die in Abb. 201 wiedergegebene Gestalt überführen. Sodann sehen wir wieder solche Punkte P und P' als identisch an, für die $AB = A'B'$ und $BP = B'P'$ ist, wodurch wir in der Tat eine einseitige Ringform erhalten.

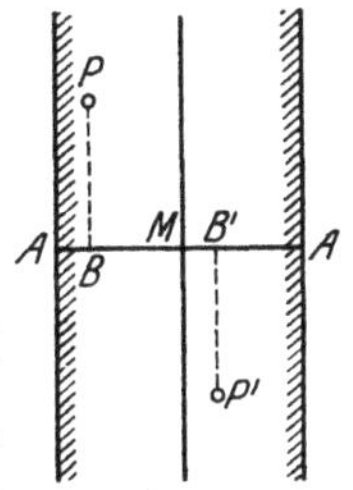

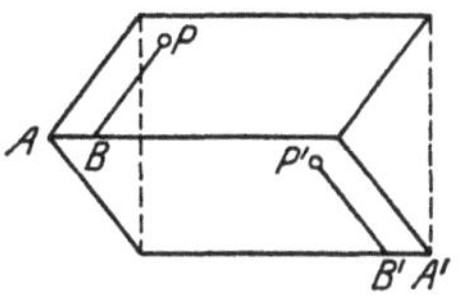

Aus diesen Überlegungen folgt weiter, daß wir die einseitigen Raumformen auch folgendermaßen darstellen können. Bei der Zylinderform greifen wir einen festen Punkt P der Zylinderachse heraus und sehen diejenigen Punktepaare des Zylinders als identisch an, welche auf einer

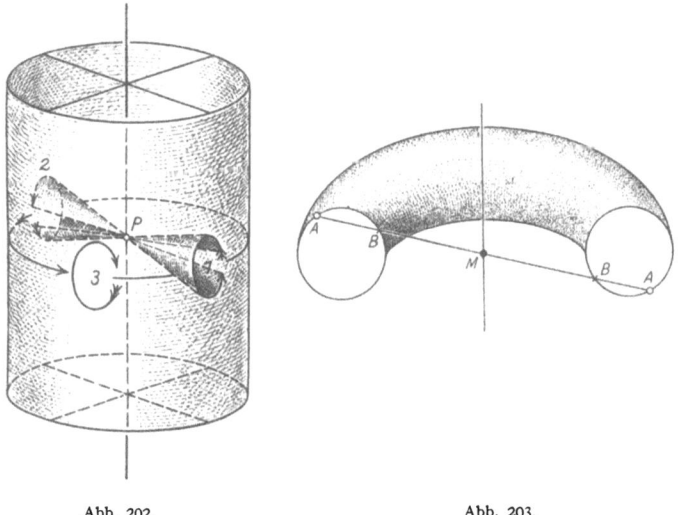

Abb. 200.

Abb. 201.

Abb. 202.   Abb. 203.

durch diesen Punkt gehenden Geraden liegen. Man kann leicht erkennen, daß der Zylinder durch diese Festsetzung zu einer einseitigen Fläche wird. Denn zunächst sind die beiden Drehrichtungen 1 und 2, die durch den Doppelkegel der Abb. 202 bestimmt werden, identisch;

durch eine Verschiebung der Drehrichtung 2 in 3 auf dem Zylinder erhalten wir aber eine zu der ersten entgegengesetzte Drehrichtung. Um von der zweiseitigen Ringform zu der einseitigen zu kommen, müssen wir die Punkte auf die in Abb. 203 angegebene Weise als identisch erklären, wodurch sich ebenfalls eine einseitige Fläche ergibt[1]). — Diese Überlegungen sind deshalb von besonderem Interesse, weil sie uns zeigen, daß der uns wohlbekannte Zusammenhang zwischen der elliptischen und sphärischen Geometrie (vgl. S. 152) nichts Außergewöhnliches ist, vielmehr in der gleichen Weise auch bei den euklidischen Raumformen auftritt.

§ 2. Die Raumformen der ebenen elliptischen und hyperbolischen Geometrie.

In entsprechender Weise wie in der euklidischen Geometrie läßt sich das Problem der homogenen Raumformen in der ebenen elliptischen und hyperbolischen Geometrie behandeln. Auch hier läßt sich zeigen, daß das Problem, alle Raumformen zu finden, identisch mit der Aufgabe ist, alle eigentlich diskontinuierlichen Gruppen starrer Transformationen anzugeben, die keinen Fixpunkt besitzen. Dabei handelt es sich im elliptischen Fall um Transformationen der Kugel[2]), im hyperbolischen um solche der hyperbolischen Ebene.

A. **Die elliptischen Raumformen.** Besonders einfache Verhältnisse ergeben sich in *der ebenen elliptischen Geometrie, in der nur zwei verschiedene Raumformen möglich sind, nämlich die gewöhnliche elliptische Geometrie* und die *sphärische Geometrie*, deren Beziehungen zueinander wir bereits eingehend auf S. 151 bis 153 betrachtet haben. Im besonderen weisen wir nochmals darauf hin, daß sich diese Raumformen in derselben Weise auseinander ableiten lassen, wie die zueinandergehörigen ein- und zweiseitigen Raumformen der euklidischen Geometrie. Die beiden Raumformen der elliptischen Geometrie besitzen einen endlichen Inhalt; ein Analogon zu der unendlichen euklidischen und hyperbolischen Ebene existiert nicht.

Die elliptische Geometrie entsteht aus der sphärischen durch Identifizierung von je zwei zueinander diametralen Punkten der Kugel. Die Behauptung, daß die elliptische und die sphärische Geometrie die einzigen hierhergehörigen Raumformen sind, ist daher nach oben genannten Sätzen gleichbedeutend mit der Aussage, daß die einzige Gruppe starrer Transformationen der Kugel mit den oben formulierten Eigenschaften diejenige ist, welche außer der identischen Transfor-

---

[1]) Es ist hierbei notwendig, von einer zweiseitigen Ringform auszugehen, die ein *Rechteck* als Fundamentalbereich besitzt.

[2]) Daß man mit Transformationen der elliptischen Ebene nicht auskommt, ergibt sich bereits daraus, daß sich aus ihr die Kugel nicht in der angegebenen Weise als elliptische Raumform darstellen läßt.

mation nur noch die Transformation enthält, die jeden Punkt in seinen Diametralpunkt überführt. Die Richtigkeit dieser Aussage ergibt sich folgendermaßen: Jede *Bewegung* der Kugel in sich besitzt Fixpunkte; eine in Frage kommende Gruppe kann daher (außer der Identität) nur *Umlegungen* enthalten; da zwei Umlegungen zusammen eine *Bewegung* liefern, kann sie nur *eine einzige* Umlegung U enthalten, deren einmalige Wiederholung U^2 die Identität sein muß. Wie man leicht sieht, gibt es nur zwei Typen derartiger Umlegungen: Die Spiegelungen an Ebenen durch den Mittelpunkt, die wegen des Vorhandenseins von Fixpunkten ausscheiden, und ferner die obengenannte Transformation.

B. Die hyperbolischen Raumformen. Im hyperbolischen Fall ist die Antwort auf die Frage nach den Raumformen nicht ganz so ein-

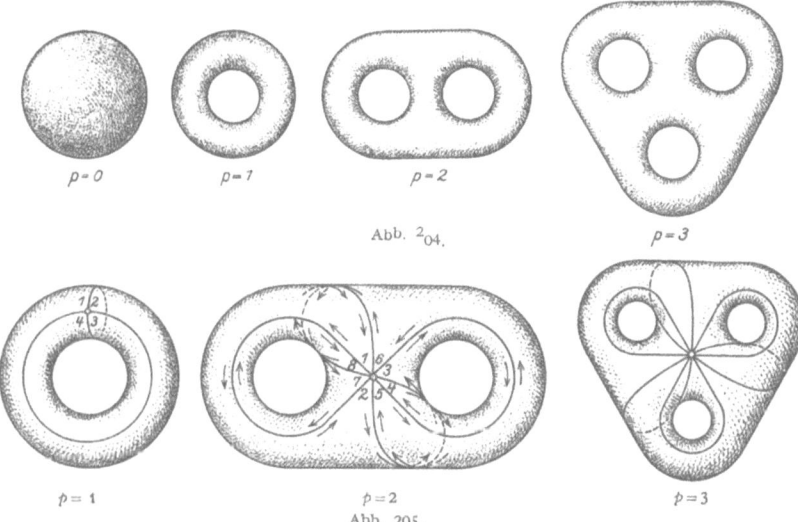

Abb. 204.

Abb. 205.

fach wie in der euklidischen und in der elliptischen Geometrie. Während es nämlich in diesen beiden Geometrien nur je *eine* geschlossene zweiseitige Raumform gibt, nämlich die Kugel und den Ring, existieren *unendlich viele geschlossene, zweiseitige, zweidimensionale hyperbolische Raumformen*.

Um dies beweisen zu können, erinnern wir an die wichtigsten Tatsachen aus der Topologie der geschlossenen Flächen[1]). Eine Kugel mit p angesetzten Henkeln heißt eine (zweiseitige) Fläche vom „Geschlecht" p; durch stetige Transformationen können wir diesen Flächen die in Abb. 204 dargestellte Gestalt geben; die Kugel und der Ring

---

[1]) Zur Orientierung dienen etwa folgende Bücher: *Klein:* Elementarmathematik II. *Hurwitz-Courant:* Funktionentheorie (2. Aufl.). *v. Kerékjártó:* Vorlesungen über Topologie, I. *Weyl:* Die Idee der Riemannschen Fläche.

haben im besonderen das Geschlecht 0 bzw. 1. Jede Fläche vom Geschlecht p ($p \geqq 1$) läßt sich durch Aufschneiden längs $2p$ geeignet gewählten, durch einen festen Punkt A laufenden einfach geschlossenen Kurven, die sich außer in A nicht wieder treffen, zu einem einfach zusammenhängenden, einen einzigen Rand besitzenden Flächenstück machen. Diese Kurven haben wir in Abb. 205 für $p = 1$, 2 und 3 eingezeichnet; für $p = 2$ haben wir durch Pfeile den Weg angedeutet, den man zu durchlaufen hat, wenn man längs eines Ufers der Schnittkurve immer weitergeht. Wenn wir die aufgeschnittene Fläche auseinanderbreiten, werden aus A $4p$ verschiedene Randpunkte, aus jedem anderen Punkt der Schnittkurve genau zwei Randpunkte des Flächenstücks. Dieses läßt sich nun so in ein ebenes $4p$-Eck verzerren, daß jeder der Schnittkurven auf der Fläche zwei Polygonseiten, dem Punkt A alle Ecken entsprechen, während im übrigen die Abbildung der Fläche auf

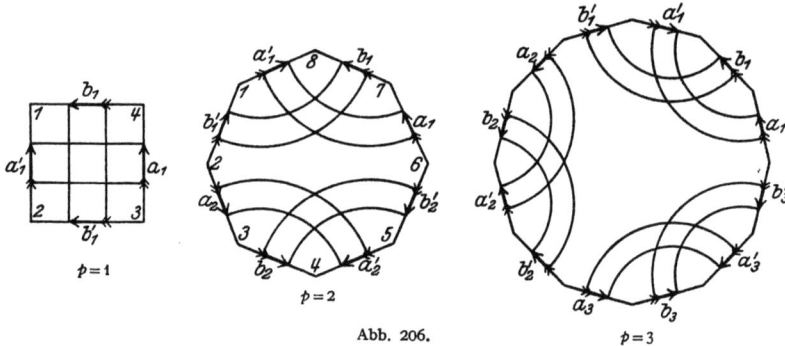

Abb. 206.

das Polygon eineindeutig ist. In Abb. 206 sind diese Polygone für $p = 1$, 2 und 3 dargestellt. Durch Vergleich mit Abb. 205 folgt, daß man hierbei die Polygonseiten einander in folgender Weise zuzuordnen hat: Man setze auf dem Rande des $4p$-Ecks einen Durchlaufungssinn fest und bezeichne die Seiten der Reihe nach mit a_1, b_1, a'_1, b'_1, a_2, b_2, a'_2, b'_2, ..., a_n, b_n, a'_n, b'_n; dann ordne man für jedes ν die Seite a_ν derart der Seite a'_ν zu, daß sich *entgegengesetzte* Durchlaufungssinne entsprechen, und verfahre genau so mit den b_ν und b'_ν (Abb. 206). — Das angegebene Verfahren läßt sich natürlich auch in umgekehrter Reihenfolge ausführen: Wir gehen von einem $4p$-Eck aus und verzerren es unter Zusammenfügung der einander zugeordneten Seiten in eine geschlossene Fläche vom Geschlecht p, so wie es uns für den Fall $p = 1$ bereits geläufig ist (vgl. Abb. 194—196, S. 261).

Wir behaupten nun, *daß jede Fläche mit $p \geqq 2$ als hyperbolische Raumform aufgefaßt werden kann, d. h. daß sie sich mit einer überall regulären hyperbolischen Maßbestimmung versehen läßt*, genau wie die Fläche vom Geschlecht $p = 1$ eine *euklidische* Raumform lieferte.

Die Raumformen der ebenen elliptischen und hyperbolischen Geometrie. 267

Um dies zu beweisen, betrachten wir zunächst ein beliebiges reguläres $4p$-Eck der hyperbolischen Ebene. Wir schneiden es aus und heften die Seiten paarweise nach der oben angegebenen Vorschrift zusammen; dabei betrachten wir die hyperbolische Metrik als unveränderlich gegeben. Sie überträgt sich also auf die Fläche vom Geschlecht p; es bleibt aber zu untersuchen, ob sie in der Umgebung jedes Punktes der Schnittkurven, längs denen jetzt verschiedene Polygonseiten zusammengeheftet werden, regulär ist. In den von A verschiedenen Punkten ist dies gewiß der Fall. Kritisch ist nur der Punkt A selbst: hier wird eine vorschriftsmäßige Winkelmessung[1]) dann und nur dann möglich sein, wenn die Winkelsumme des Polygons 2π ist. Wir haben also nur zu zeigen, daß es in der hyperbolischen Ebene ein reguläres $4p$-Eck mit der Winkelsumme 2π gibt.

Hierzu konstruieren wir um einen beliebigen Punkt im Innern des Fundamentalkegelschnittes ein im Sinne der hyperbolischen Geometrie reguläres $4p$-Eck; der Radius des dem $4p$-Eck umbeschriebenen Kreises sei (hyperbolisch gemessen) gleich r. Wenn wir r genügend klein wählen, kommt die Winkelsumme dem Wert $2\pi(2p-1)$ beliebig nahe, da ihr Unterschied von der Winkelsumme eines euklidischen $4p$-Ecks proportional dem Flächeninhalt abnimmt (vgl. S. 201). Wenn wir den Radius größer werden lassen, wird die Winkelsumme kleiner. Wenn schließlich r unendlich groß geworden ist, das $4p$-Eck also dem Fundamentalkegelschnitt einbeschrieben ist, ergibt sich die Winkelsumme Null. Da nun die Winkelsumme in stetiger Weise von dem Radius r abhängt, muß für jedes $p \geqq 2$ ein bestimmter Wert r existieren, für den die Winkelsumme gerade 2π beträgt[2]). Damit ist unsere Behauptung bewiesen.

Die betrachteten hyperbolischen Raumformen lassen sich auch mittels der oben eingeführten Begriffe der Fundamentalgruppe und des Fundamentalbereichs darstellen: Wie wir früher die euklidische Ebene mit einem Netz von Parallelogrammen bedeckten, so können wir die hyperbolische Ebene mit einem Netz von $4p$-Ecken ($p \geqq 2$) bedecken, die alle untereinander kongruent sind und die Winkelsumme 2π haben. Jedes dieser $4p$-Ecke ist Fundamentalbereich einer eigentlich diskontinuierlichen Gruppe fixpunktfreier hyperbolischer Bewegungen, welche das Netz in sich überführen und die betreffende Raumform definieren (vgl. auch S. 313). Die Möglichkeit, ein solches Netz und die zugehörige Gruppe zu konstruieren, ist elementargeometrisch unmittelbar einzusehen.

---

[1]) Die Längenmessung macht nirgends Schwierigkeit.
[2]) Die Flächen vom Geschlecht 0 sind hier nicht mit behandelt, da sie sich nicht durch ein $4p$-Eck darstellen lassen; sie gestatten keine hyperbolische Maßbestimmung. Die Flächen von Geschlecht 1 kommen nicht in Betracht, weil kein Viereck der hyperbolischen Ebene die Winkelsumme 2π besitzen kann.

268   Das Problem der Raumformen.

Durch eine leichte Verallgemeinerung können wir auch *einseitige geschlossene Raumformen der hyperbolischen Geometrie vom Geschlecht p* gewinnen. Wir brauchen hierzu nur zwei bestimmte Kanten, die einander in Abb. 206 entsprechen, in der umgekehrten Richtung wie vorher zu-

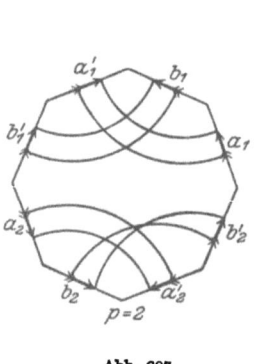
Abb. 207.

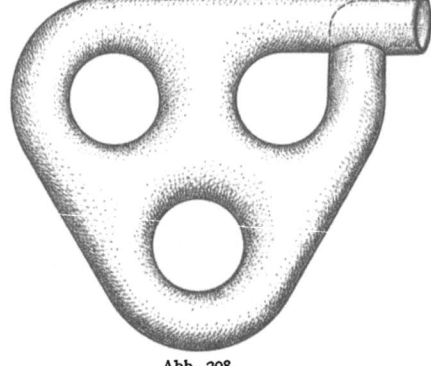
Abb. 208.

zuordnen (Abb. 207). Es ist dies genau dasselbe Verfahren, das wir in den Abb. 190 und 192 angewandt haben, um von der zweiseitigen Ringform zur einseitigen Ringform zu gelangen. Daß die Fläche durch diese Umänderung einseitig geworden ist, ergibt sich, indem wir einen Kreis mit Drehsinn über die so veränderten Kanten schieben. Wenn wir das betrachtete einseitige $4p$-Eck zu einer geschlossenen Fläche zusammenfügen, muß einer der bisherigen Henkel nach Art des Kleinschen Schlauches (Abb. 198) durch sich selbst durchgesteckt werden (Abb. 208).

Bei den *ebenen hyperbolischen Raumformen von unendlicher Ausdehnung* wollen wir uns auf ein besonders einfaches Beispiel beschrän-

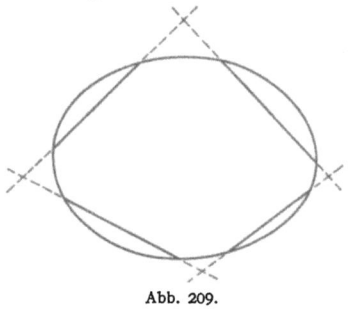
Abb. 209.

ken. Wir ziehen $2n$ gerade Linien, deren Schnittpunkte sämtlich außerhalb des Fundamentalkegelschnittes liegen (Abb. 209), und ordnen die Punkte der so entstandenen im Sinne der hyperbolischen Geometrie unendlich langen Strecken einander in geeigneter Weise zu. Durch die vorschriftsmäßige Zusammenfügung der Randpunkte erhalten wir dann je nach der Art der Zuordnung eine zweiseitige oder einseitige Raumform. Diese erstreckt sich nach bestimmten Richtungen hin in das Unendliche, während sie nach andern Richtungen hin in sich selbst zurückläuft (entsprechend wie die Zylinderform der euklidischen Geometrie). Durch Antragung hyperbolisch kongruenter Stücke an den betrachteten unendlichen Fundamentalbereich erhalten wir ebenfalls eine Einteilung der hyperbolischen Ebene in kongruente Stücke, die sich beliebig weit fortsetzen läßt.

§ 3. Die Raumformen der dreidimensionalen Geometrien.

Die Raumformen der dreidimensionalen Geometrien sind analog denen in zwei Dimensionen definiert. Auch für sie gelten die in den §§ 1 und 2 formulierten Sätze über den Zusammenhang mit Gruppen starrer Transformationen im euklidischen, hyperbolischen bzw. „sphärischen" Raum. Auf den letzteren werden wir sogleich zurückkommen. Mit Hilfe der Darstellung durch Fundamentalbereiche lassen sich auch in drei Dimensionen alle Überlegungen in elementarer Weise durchführen.

Als Beispiel für die homogenen Raumformen der dreidimensionalen euklidischen Geometrie führen wir die Raumform an, welche entsteht, wenn wir einander gegenüberliegende Randpunkte eines Würfels (wie etwa die beiden Punkte A in Abb. 210) als identisch ansehen. Diese Raumform besitzt in derselben Weise wie die Ringform der ebenen euklidischen Geometrie *einen endlichen Inhalt*.

Auch auf die Untersuchung der homogenen Raumformen der dreidimensionalen nichteuklidischen Geometrien wollen wir nur ganz kurz eingehen. Der „sphärische Raum", von dem oben die Rede war, ist die Verallgemeinerung der Kugeloberfläche. Wir legen

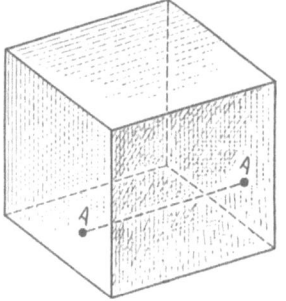

Abb. 210.

also eine euklidische vierdimensionale Mannigfaltigkeit zugrunde und führen in ihr rechtwinklige Parallelkoordinaten x_1, x_2, x_3, x_4 ein; dann ist der sphärische Raum als Gesamtheit derjenigen Punkte der Mannigfaltigkeit definiert, deren Koordinaten die Gleichung $x_1^2+x_2^2+x_3^2+x_4^2=1$ erfüllen. Indem man jeden Punkt des sphärischen Raumes mit dem Diametralpunkt, d.h. dem Punkt mit entgegengesetzt gleichen Koordinaten, für identisch erklärt, gelangt man zu dem elliptischen Raum. Der Zusammenhang zwischen den beiden Räumen ist also ganz derselbe wie der zwischen Kugel und elliptischer Ebene; lange Zeit herrschte Unklarheit über die Notwendigkeit und die Art der Unterscheidung der beiden Räume[1]. Außer ihnen gibt es, im Gegensatz zu dem zweidimensionalen Fall, noch unendlich viele andere dreidimensionale elliptische Raumformen[2]; diese sind sämtlich geschlossen und von endlichem Volumen. — In bezug auf die hyperbolische Geometrie wollen wir nur hervorheben,

---

[1] S. *Klein: Zur Nicht-euklidischen Geometrie:* Math. Ann. Bd. 37, 1890 oder Ges. Abh. I, S. 353.
[2] *Killing* l. c.; *Hopf* l. c. Die Aufzählung bei Killing ist unvollständig.

daß eine geschlossene dreidimensionale hyperbolische Raumform von endlichem Volumen bis jetzt nicht gefunden zu sein scheint.

Bei der Anwendung der Geometrie auf die Außenwelt (Kapitel VII, § 6) muß die Möglichkeit der homogenen Raumformen in Betracht gezogen werden. Nichthomogene Raumformen wird man dagegen ausschließen, da die Inhomogenität des Raumes eine Komplikation darstellt, zu der wir durch die bisherigen Erfahrungen in keiner Weise gezwungen werden. Besonders hervorheben wollen wir hierbei folgendes: *Aus der Annahme, daß der uns umgebende Raum eine euklidische oder hyperbolische Struktur aufweist, läßt sich keineswegs folgern, daß dieser Raum eine unendliche Ausdehnung besitzt*; denn die euklidische Geometrie ist z. B. durchaus mit der Annahme einer endlichen Raumausdehnung verträglich, eine Tatsache, die man früher übersehen hat. Diese Möglichkeit, dem Weltall auch bei beliebiger Struktur einen endlichen Inhalt zuzuschreiben, ist besonders wertvoll, weil die Vorstellung einer unendlichen Ausdehnung, die zunächst als wesentlicher Fortschritt des menschlichen Geistes betrachtet wurde, mannigfache Schwierigkeiten, z. B. bei dem Problem der Massenverteilung, mit sich bringt. Man sieht hieraus, wie tief alle diese Überlegungen in die kosmologischen Probleme eingreifen.

Dritter Teil.
Die Beziehungen der nichteuklidischen Geometrie zu anderen Gebieten.

Kapitel X.
Die Geschichte der nichteuklidischen Geometrie; Beziehungen zur Axiomatik und zur Differentialgeometrie.

§ 1. Die Elemente Euklids und die Beweisversuche des Parallelenaxioms.

In den beiden ersten Teilen dieses Buches haben wir die nichteuklidische Geometrie auf der Grundlage der projektiven Geometrie entwickelt. Dieser Weg ist der bequemste Zugang, schließt sich aber keineswegs an die historische Entwicklung an. Wir wollen daher in diesem Kapitel über die Geschichte der nichteuklidischen Geometrie berichten, wobei wir zugleich mannigfache Beziehungen zu anderen mathematischen Disziplinen kennenlernen werden.

Die Geschichte der nichteuklidischen Geometrie beginnt mit *Euklid*, der etwa um 300 v. Chr. gelebt hat[1]). In dem ersten Buch seiner *Elemente der Geometrie* gibt er die Erklärung: *Parallel sind gerade Linien, die in derselben Ebene liegen, und nach beiden Seiten hin in das Unbegrenzte verlängert, auf keiner Seite zusammentreffen.* Dem Parallelenaxiom selbst gibt Euklid die folgende Gestalt: *Endlich, wenn eine Gerade zwei Gerade trifft und mit ihnen auf derselben Seite innere Winkel bildet, die zusammen*

---
[1]) An Euklid-Ausgaben zitieren wir: *Heiberg: Euklidis Elementa*, Teubner 1883 (diese Ausgabe enthält nur den griechischen und lateinischen Text); ferner für die hier in Frage kommenden Sätze die deutsche Übertragung in dem Buche von *Engel und Stäckel: Die Theorie der Parallellinien von Euklid bis auf Gauß*, Leipzig 1895. — Bezügl. allgemeiner Orientierung über Euklid und die Rolle der Axiome usw. vgl. man *Klein: Elementarmathematik II*.

kleiner sind als zwei Rechte, so sollen die beiden Geraden, ins Unendliche verlängert, schließlich auf der Seite zusammentreffen, auf der die Winkel liegen, die zusammen kleiner als zwei Rechte sind.

Gegenüber den anderen Axiomen Euklids, die eine überraschend einfache Gestalt besitzen, erscheint die Aussage des Parallelenaxioms unnatürlich kompliziert. Infolgedessen sind vom Altertum bis in die Neuzeit immer wieder Versuche unternommen worden, die Geometrie ohne Benutzung des Parallelenaxioms aufzubauen. Alle diese Arbeiten wollen also das Parallelenaxiom aus den anderen Voraussetzungen der euklidischen Geometrie ableiten. Wir wissen heute, daß diese Versuche von vornherein zum Scheitern verurteilt sind. Denn in der hyperbolischen Geometrie sind alle Voraussetzungen der euklidischen Geometrie mit Ausnahme des Parallelenaxioms erfüllt; daraus folgt aber, daß das Parallelenaxiom nicht aus den anderen Axiomen abgeleitet werden kann, da andernfalls die hyperbolische Geometrie einen Widerspruch enthielte. Alle solche „Beweise" beruhen daher auf Trugschlüssen, in denen mehr oder weniger offen an Stelle des zu beweisenden Axioms ein gleichwertiges Axiom eingeführt wird.

Von besonderer Bedeutung ist dabei der folgende Umstand: Wenn das Parallelenaxiom fortgelassen wird, sind noch drei verschiedene Geometrien möglich, nämlich die elliptische, die euklidische und die hyperbolische Geometrie. Nun benutzten aber Euklid und seine Nachfolger immer die unausgesprochene Voraussetzung, daß die gerade Linie eine unendliche Länge besitzt und somit nicht in sich selbst geschlossen ist[1]). *Infolge dieser unausgesprochenen Voraussetzung können sie die elliptische Geometrie auch ohne Benutzung des Parallelenaxioms ausschließen.* Dies geschieht bei dem Beweis des Satzes, daß der Außenwinkel im Dreieck stets größer als jeder der beiden gegenüberliegenden Innenwinkel ist, ein Lehrsatz, der in der elliptischen Geometrie nicht erfüllt ist. Den Beweis erbringt Euklid, indem er durch eine einfache geometrische Konstruktion

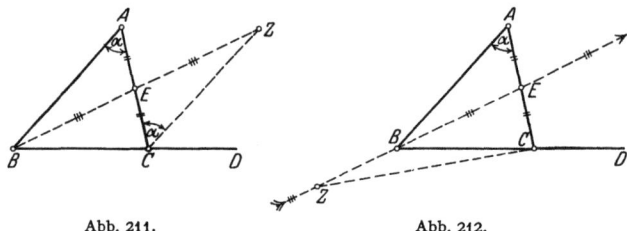

Abb. 211.   Abb. 212.

($AE = EC$, $BE = EZ$, Abb. 211) den Innenwinkel $BAC = \alpha$ an den Schenkel AC des Außenwinkels ACD anträgt. In der Tat folgt dann (an-

---

[1]) In *Hilberts* „Grundlagen der Geometrie" ist die elliptische Geometrie durch die „Zwischen"-Axiome ausgeschlossen.

Die Elemente Euklids und die Beweisversuche des Parallelenaxioms.

schaulich) unmittelbar, daß der Außenwinkel größer als der Innenwinkel ist. Da aber noch nicht bewiesen ist, daß die gerade Linie nicht geschlossen ist, bleibt (logisch) die Möglichkeit offen, bei der Abtragung der Strecke $EZ = BE$ von der anderen Seite her in die Nähe des Punktes B zu kommen (Abb. 212), wodurch die bisherigen Schlüsse hinfällig werden. Diese letzte Konstruktion ist der unbefangenen Anschauung zunächst so widersprechend, daß sie völlig außerhalb des Zieles liegt, welches sich Euklid bei der Abfassung seiner Elemente gesteckt hatte.

Von den zahlreichen Versuchen, das Parallelenaxiom aus den anderen euklidischen Axiomen zu beweisen, wollen wir zwei besonders interessante herausgreifen[1]). *Proclos*, der um 400 n. Chr. einen Kommentar zu den Elementen Euklids geschrieben hat, schlägt vor, die euklidische Erklärung der parallelen Linie aufzugeben und diese statt dessen durch die beständige Gleichheit des Abstandes von einer anderen Geraden zu definieren. Dieses Verfahren ist in die meisten Lehrbücher des 16. und 17. Jahrhunderts übergegangen. Hierbei wird aber stillschweigend angenommen, *daß die Punkte gleichen Abstandes von einer Geraden wiederum eine Gerade bilden*, eine Behauptung, die ohne Parallelenaxiom nicht bewiesen werden kann, da sie in der elliptischen und hyperbolischen Geometrie nicht richtig ist (vgl. S. 216 u. 225), und die daher als besonderes Axiom formuliert werden müßte. Dieses Axiom ist dem Parallelenaxiom gleichwertig, da es in derselben Weise wie dieses die elliptische und hyperbolische Geometrie ausschließt.

Der Engländer *Wallis* (1616—1703) beweist das Parallelenaxiom, indem er von der Annahme ausgeht, *daß sich zu jedem Dreieck ein ähnliches in beliebig großem Maßstab zeichnen lasse*. Dabei ist er der Ansicht, daß dieser Satz kein neues Axiom sei, sondern sich aus den übrigen Axiomen Euklids ableiten lasse; nach S. 186 sind aber in den beiden nichteuklidischen Geometrien keine Ähnlichkeitstransformationen vorhanden, so daß die Voraussetzung von Wallis ebenfalls dem Parallelenaxiom gleichwertig ist.

Eine neuartige Einstellung gegenüber dem Parallelenaxiom finden wir bei dem Italiener *Saccheri*, einem Jesuiten, der von 1667—1733 gelebt hat. Sein Buch trägt den bezeichnenden Titel: *Euclides, ab omni naevo vindicatus, sive conatus geometricus quo stabiliuntur prima ipsa universae geometriae principia*[2]). In diesem Buch gibt Saccheri der Parallelenfrage folgende neue Wendung. Wenn das Parallelenaxiom keine Folge der

---

[1]) Den Leser, der sich näher mit diesen Untersuchungen beschäftigen will, verweisen wir auf *Engel und Stäckel: Die Theorie der Parallellinien von Euklid bis auf Gauß*, Leipzig 1895; in diesem Werk sind die in Betracht kommenden Arbeiten in deutscher Übertragung abgedruckt.

[2]) Der von jedem Makel befreite Euklid oder ein geometrischer Versuch, die Voraussetzungen der ganzen Geometrie zu begründen.

übrigen Voraussetzungen der euklidischen Geometrie ist, wenn man seine Gültigkeit also offen läßt, könnten in einem Viereck $ABCD$, das in A und B rechte Winkel besitzt und bei dem ferner $AC = BD$ ist, die Winkel bei C und D entweder beide spitz oder beide stumpf sein (Abb. 213). Macht man eine dieser beiden Annahmen, die Saccheri als die *Hypothese des spitzen oder des stumpfen Winkels* bezeichnet, so lassen sich hieraus weitere geometrische Folgerungen ziehen.

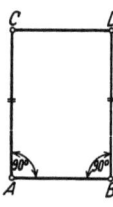

Abb. 213.

Um die Richtigkeit des Parallelenaxioms zu beweisen, an der Saccheri nicht gezweifelt zu haben scheint, muß man zeigen, daß jede dieser Annahmen zu einem Widerspruche führt. Dies gelingt ihm ohne Schwierigkeiten bei der Hypothese des stumpfen Winkels, welche der elliptischen Geometrie entspricht (da hier die Winkelsumme im Dreieck größer als π ist). Bei der Hypothese des spitzen Winkels muß er die Folgerungen ziemlich weit treiben, wobei er zu einer Reihe von Sätzen gelangt, die man gewöhnlich Legendre, Lobatschefskij und J. Bolyai zuschreibt.

In ähnlicher Weise wie Saccheri ist später *Lambert* vorgegangen (1728—1777), hat aber die verschiedenen Hypothesen noch bedeutend weiter als jener verfolgt. Sein diesbezügliches Werk: *Die Theorie der Parallellinien*, ist erst 1786 nach seinem Tode herausgegeben worden.

Besondere Bedeutung für die weitere Entwicklung besitzt der Göttinger Mathematiker *Kaestner* (1719—1800). Unter seiner Beihilfe entstand die heute noch wertvolle Dissertation seines Schülers *Klügel*[1]) (1739—1812): *Conatuum praecipuorum theoriam parallelarum demonstrandi recensio* etc.[2]), in welcher etwa 30 Beweisversuche des Parallelenaxioms als Trugschlüsse nachgewiesen werden. Er kommt zu dem Ergebnis: „Daß das Parallelenaxiom erfüllt ist, wissen wir nicht infolge strenger Schlüsse oder vermöge deutlicher Begriffe von der geraden oder krummen Linie, vielmehr durch Erfahrung und das Urteil unserer Augen." In einem Nachwort sagt Kaestner, „daß gegenwärtig nur übrigbleibe, offen, wie es Hütern reiner Wahrheit zieme, die Forderung Euklids als solche auszusprechen; niemand, der bei gesunden Sinnen sei, werde sie ja bestreiten wollen".

§ 2. Die axiomatische Begründung der hyperbolischen Geometrie.

Im Laufe der im vorigen Paragraphen geschilderten Entwicklung der Parallelentheorie war man schließlich zu der Vermutung gekommen, daß sich das Parallelenaxiom nicht aus den anderen euklidischen

---

[1]) *Klügel* hat ein früher allgemein bekanntes Mathematisches Wörterbuch verfaßt, das eine alte „Enzyklopädie der Mathematischen Wissenschaften" darstellt.

[2]) Kritik der wichtigsten Versuche, das Parallelenaxiom zu beweisen.

Axiomen beweisen läßt. Der entscheidende Fortschritt, der zu Beginn des 19. Jahrhunderts gemacht wurde, besteht in der Entdeckung, daß es neben der euklidischen Geometrie noch eine andere Geometrie, eben die hyperbolische Geometrie, gibt, in der zu jeder geraden Linie durch einen gegebenen Punkt zwei Parallelen möglich sind. Während Saccheri und Lambert noch versucht hatten, in den Geometrien, denen eine veränderte Fassung des Parallelenaxioms zugrunde lag, einen Widerspruch zu finden, bemüht man sich also jetzt gerade umgekehrt, eine dieser Geometrien völlig auszubauen und zu zeigen, daß sie genau so widerspruchsfrei in sich ist wie die euklidische Geometrie. Dieser Nachweis ist gleichbedeutend mit der Bestätigung der Vermutung, daß das euklidische Parallelenaxiom keine Folge der übrigen Axiome sei; die Weiterentwicklung der Parallelentheorie kommt also auf eine völlige Umstellung der bisherigen Gedankengänge hinaus. Wenn man sich diesen Gegensatz der beiden Anschauungen klarmacht, erscheint es nur zu verständlich, daß die Entdecker der nichteuklidischen Geometrie zunächst von der Mitwelt nicht verstanden wurden.

Diese Periode der nichteuklidischen Geometrie ist durch drei große Namen gekennzeichnet: Gauß, Lobatschefskij und Johann Bolyai. *Gauß* (1777—1855), dessen Namen wir an die Spitze stellen, hat über seine Untersuchungen nur Andeutungen in Briefen gemacht, weil er nach einem klassisch gewordenen Zitat „das Geschrei der Böotier fürchtete". Aus dem Gaußschen Nachlaß ist festgestellt worden[1]), daß sich Gauß schon in seiner Jugendzeit eingehend mit dem Parallelenaxiom beschäftigt und nach längerem Schwanken und Zweifel jedenfalls von 1817 an eine klare Erkenntnis der hyperbolischen Geometrie gewonnen hat. In der Gedenkschrift: *Gauß zum Gedächtnis*, die *Sartorius von Waltershausen* unmittelbar nach dessen Tode verfaßt hat, gelangten die ersten kurzen Andeutungen über die Anschauungen von Gauß in die Öffentlichkeit, blieben aber zunächst völlig unbeachtet.

Die beiden anderen Forscher, der Russe *Lobatschefskij* (1793—1856) und der Ungar *Johann Bolyai* (1802—1860) haben ihre Untersuchungen über die nichteuklidische Geometrie in mehreren Arbeiten ausführlich dargestellt, die aber ebenfalls zunächst völlig unbeachtet blieben. Lobatschefskij ist Professor an der russischen Universität Kasan gewesen und hat von 1829 an über die Parallelentheorie publiziert[2]). Der

---

[1]) *Stäckel: Gauß als Geometer*, Gauß' Werke Bd. X 2, Abh. 4.

[2]) Lobatschefskij hat folgende Schriften über die Parallelentheorie veröffentlicht:

1. *Eine Reihe von Arbeiten in russischer Sprache* in den Schriften der Universität Kasan (von 1829 an); zwei dieser Abhandlungen sind von *Engel* ins Deutsche übersetzt worden: *N. J. Lobatschefskij: Zwei geometrische Abhandlungen*, Leipzig 1898/99; in diesem Buche befindet sich auch eine Lebensbeschreibung von Lobatschefskij.

2. *Géometrie imaginaire*, Crelles Journ. Bd. 17. Die gleichzeitig erschienene

Vater von Johann Bolyai, *Wolfgang Bolyai* (1775—1856), war ein Jugendfreund von Gauß und ist auch später in brieflichem Verkehr mit ihm geblieben. Wolfgang Bolyai hat sein ganzes Leben auf das Studium der Parallellinien verwandt, ohne einen Erfolg zu erzielen. Trotzdem er seinem Sohn von der Beschäftigung mit diesem Problem abriet, stürzte sich der junge Bolyai mit Feuereifer darauf und gelangte 1823 zur Aufstellung der hyperbolischen Geometrie. Seine Untersuchungen sind als Anhang zu einem lateinisch geschriebenen Lehrbuch seines Vaters veröffentlicht worden[1]).

Die allgemeine Aufmerksamkeit wurde auf die Probleme der nichteuklidischen Geometrie erst gelenkt, als 1860 und in den folgenden Jahren der *Briefwechsel zwischen Gauß und dem Altonaer Astronomen Schuhmacher* herausgegeben wurde. Dort findet sich u. a. in Bd. 2 auf S. 268 ein Brief vom 12. Juli 1831, in dem Gauß seine Ansicht über die hyperbolische Geometrie ausführlich auseinandersetzt und außerdem folgende drei Resultate mitteilt: Es gibt in der hyperbolischen Geometrie Dreiecke, deren Winkelsumme beliebig klein ist (vgl. S. 201). Es gibt in der hyperbolischen Geometrie keine Ähnlichkeit der Figuren, sondern nur Kongruenz (vgl. S. 186). Schließlich stellt er auch noch einen Ausdruck für die Länge des Kreisumfanges in der hyperbolischen Geometrie auf (vgl. S. 199). Durch die Herausgabe dieses Briefwechsels wurde weiteren Kreisen bekannt, daß Gauß von der Widerspruchsfreiheit der hyperbolischen Geometrie überzeugt war. Unter dem Druck dieser Erkenntnis gelangte die nichteuklidische Geometrie zu neuem Ansehen; man sammelte die Äußerungen, die Gauß über sie hinterlassen hatte, und holte die Arbeiten von Lobatschefskij und

---

russische Ausgabe ist von *Liebmann* ins Deutsche übersetzt worden, da sich die beiden Texte nicht völlig decken: *N. J. Lobatschefskijs imaginäre Geometrie und Anwendung der imaginären Geometrie auf einige Integrale*, Leipzig 1904.

3. *Geometrische Untersuchungen zur Theorie der Parallellinien*, Berlin 1840; ein kleines, ziemlich unansehnliches Buch.

4. *Pangeometrie*, 1855, gleichzeitig in französischer und russischer Sprache erschienen. In dieser Arbeit gibt Lobatschefskij eine systematisch aufgebaute Bearbeitung seiner Untersuchungen. Deutsch in Ostwalds Klassikern der exakten Wissenschaften, Bd. 130.

Ferner vergleiche man *die Gesammelten Werke Lobatschefskijs*, 2 Bde., Kasan 1883 und 1886. Der erste Band enthält die russischen, der zweite die deutschen und französischen Publikationen. Augenblicklich wird in Rußland eine neue Ausgabe der gesammelten Werke vorbereitet.

[1]) *Wolfgang Bolyai: Tentamen juventutem studiosam in elementa Matheseos purae introducendi* (Versuch, die studierende Jugend in die Elemente der reinen Mathematik einzuführen); mit einem Anhang von *Johann Bolyai: Appendix scientiam spatii absolute veram exhibens* (Anhang, die absolut wahre Raumlehre enthaltend), 1832/33.

Ferner nennen wir an dieser Stelle ein zweibändiges Werk von *Stäckel: Wolfgang und Johann Bolyai: Geometrische Untersuchungen*, Leipzig 1913; in dem ersten Bande findet sich eine eingehende Lebensbeschreibung der beiden Männer.

Johann Bolyai aus der Vergessenheit hervor, in die sie allmählich geraten waren.

Bei diesen Untersuchungen stellte man fest, daß neben Gauß, Lobatschefskij und Johann Bolyai noch zwei andere Forscher zu stellen sind, nämlich Schweikart und Taurinus[1]). *Schweikart* war Jurist und beschäftigte sich in seinen Mußestunden mit Geometrie. Hierbei gelangte er schon 1816 zu einer vom Parallelenaxiom unabhängigen ,,Astralgeometrie"; der Name soll besagen, daß diese Geometrie evtl. im Bereich der Fixsterne gelten könne. Eine Notiz über die Schweikartschen Untersuchungen ist durch Gerling an Gauß geschickt worden, der sich hierüber sehr anerkennend äußerte. *Taurinus* (1794—1874) war ein Neffe von Schweikart, und gelangte 1824 zur Entwicklung der hyperbolischen Geometrie. Sein Gedankengang läuft ähnlich wie der von Saccheri und Lambert; letzten Endes stellt er sich aber immer auf den Boden der euklidischen Geometrie und sucht deren Gültigkeit zu beweisen. Dies ist um so wunderbarer, als er die Widerspruchslosigkeit der hyperbolischen Geometrie klar erkannt, die zugehörige Trigonometrie entwickelt und auf eine Reihe von Aufgaben mit Erfolg angewandt hat.

Die axiomatischen Untersuchungen dieser Periode sind unanschaulich und sehr schwer zu verstehen, so daß man treffend von dem ,,Urwaldgestrüpp der Lobatschefskijschen Rechnungen" sprechen kann. Die projektive Maßbestimmung, die wir in den ersten Teilen des vorliegenden Buches kennengelernt haben, bahnt eine bequeme Straße durch diesen Urwald, so daß zum Verständnis der nichteuklidischen Geometrie und insbesondere auch zum Nachweis ihrer Widerspruchsfreiheit das Studium der schwierigen Untersuchungen dieser Periode überflüssig geworden ist. Um so mehr müssen wir den Scharfsinn der Forscher bewundern, welche, ohne ein anschauliches Bild der in Frage kommenden Verhältnisse zu besitzen, sich doch zu einem klaren Endergebnis durchgerungen haben.

§ 3. Die Grundlagen der Flächentheorie.

Die weitere Entwicklung der nichteuklidischen Geometrie ist durch das Hinzutreten differentialgeometrischer Gesichtspunkte bestimmt. Wir wollen in diesem Paragraphen die flächentheoretischen Sätze anführen, die zum Verständnis dieses Zusammenhanges notwendig sind.

Auf jeder Fläche im euklidischen Raum sind gewisse Kurven ausgezeichnet, die als *geodätische Linien* bezeichnet werden. Sie sind durch die Eigenschaft bestimmt, daß die Länge einer derartigen Kurve zwischen zwei hinreichend benachbarten Flächenpunkten kleiner ist als die Länge aller benachbarten Kurven auf der Fläche, welche diese

---

[1]) Vgl. Gauß' Werke Bd. X 2, Abh. 4, *Stäckel: Gauß als Geometer*, S. 31.

Punkte miteinander verbinden[1]). Die Aufgabe, die geodätischen Linien zu bestimmen, führt nach den Methoden der Variationsrechnung auf ein System von recht komplizierten Differentialgleichungen. Im Fall der Ebene sind die geodätischen Linien, wie sich aus ihrer Definition ergibt, die Geraden der Ebene. Unter der auf der Fläche gemessenen Entfernung zweier Flächenpunkte verstehen wir die Kurvenlänge der zugehörigen geodätischen Linie.

Zwei Flächen werden als aufeinander abwickelbar bezeichnet, wenn man die Punkte der einen so auf die Punkte der anderen beziehen kann, daß die (auf der Fläche gemessenen) Entfernungen je zweier einander entsprechender Punkte gleich sind; die Abwicklung zweier Flächen aufeinander stellt sich also als *längentreue Abbildung* der einen Fläche auf die andere dar. Wenn wir uns ein kleines Stück der einen Fläche aus einem undehnbaren, aber beliebig verbiegbaren Stoff hergestellt denken, können wir dieses unter einer geeigneten Verbiegung glatt auf das entsprechende Stück der anderen Fläche auflegen, die wir uns als völlig starr denken. Wenn wir diesen Versuch bei zwei beliebigen Flächen ausführten, würde die erste Fläche im allgemeinen entweder zerreißen oder sich zusammenfalten.

Von besonderer Bedeutung sind *die auf der Ebene abwickelbaren oder developpablen Flächen,* welche man auch kurz abwickelbare Flächen nennt. Zu ihnen gehören im besonderen die Zylinder und die Kegel. Eine Figur, die auf einer developpablen Fläche eingezeichnet ist, können wir durch die Abwicklung mit einer entsprechenden Figur der euklidischen Ebene zur Deckung bringen; vom zweidimensionalen Standpunkt aus, d. h. wenn wir nur die auf den Flächen herrschenden Maßverhältnisse betrachten, sind diese Figuren somit als kongruent anzusehen. *Auf den abwickelbaren Flächen gilt daher genau wie in der Ebene die euklidische Geometrie,* nur müssen wir statt von den Geraden der Ebene von den geodätischen Linien der Fläche sprechen, da diese bei der Abwicklung in die geraden Linien der Ebene übergehen. Wir wollen uns bei diesen Betrachtungen immer auf genügend kleine Flächenstücke beschränken; denn im Großen können die abwickelbaren Flächen, wie z. B. der Kreiszylinder, einen ganz anderen Zusammenhang als die euklidische Ebene besitzen (vgl. Kapitel IX).

Die notwendige und hinreichende Bedingung dafür, daß zwei Flächen aufeinander abwickelbar sind, ergibt sich, wenn wir das *Bogenelement* der Fläche betrachten. Eine Fläche sei in einem rechtwinkligen Parallelkoordinatensystem x, y, z durch die Gleichungen:

$$x = F_1(u, v), \quad y = F_2(u, v), \quad z = F_3(u, v)$$

---

[1]) „Im Großen" brauchen geodätische Linien diese sie charakterisierende Eigenschaft nicht zu haben. Beispiel: die Kugel und ihre Großkreise. — Näheres s. z. B. *Blaschke: Differentialgeometrie I,* § 83.

Die Grundlagen der Flächentheorie.

gegeben, wobei wir die drei Funktionen als stetig und zumindest zweimal differenzierbar voraussetzen. Auf dieser Fläche ist eine bestimmte Kurve festgelegt, wenn wir eine Gleichung zwischen den Parametern oder „Flächenkoordinaten" u und v ansetzen: $\psi(u, v) = 0$. Insbesondere bezeichnen wir die beiden Kurvenscharen $u = $ const und $v = $ const als die *Koordinatenkurven der gewählten Darstellungsart.* Wenn wir eine Transformation:

$$u' = \varphi_1(u, v), \quad v' = \varphi_2(u, v)$$

mit nicht verschwindender Funktionaldeterminante ausführen, erhalten wir:

$$x = \overline{F}_1(u', v'), \quad y = \overline{F}_2(u', v'), \quad z = \overline{F}_3(u', v').$$

Diese Gleichungen bestimmen genau dieselbe Fläche, nur sind wir jetzt zu einem anderen System von Koordinaten übergegangen.

Die Länge einer Flächenkurve $\psi(u, v) = 0$ oder $u = f(v)$ zwischen den beiden Kurvenpunkten u_1, v_1 und u_2, v_2 wird durch das Integral:

$$L = \int ds = \int \sqrt{dx^2 + dy^2 + dz^2} = \int \sqrt{E\,du^2 + 2F\,du\,dv + G\,dv^2}$$
$$= \int_{v_1}^{v_2} \sqrt{E\left(\frac{du}{dv}\right)^2 + 2F\frac{du}{dv} + G}\, dv$$

bestimmt, wobei die Größen E, F, G die folgenden, eindeutig gegebenen Funktionen von u und v sind:

$$E = \left(\frac{\partial F_1}{\partial u}\right)^2 + \left(\frac{\partial F_2}{\partial u}\right)^2 + \left(\frac{\partial F_3}{\partial u}\right)^2,$$
$$F = \frac{\partial F_1}{\partial u}\frac{\partial F_1}{\partial v} + \frac{\partial F_2}{\partial u}\frac{\partial F_2}{\partial v} + \frac{\partial F_3}{\partial u}\frac{\partial F_3}{\partial v},$$
$$G = \left(\frac{\partial F_1}{\partial v}\right)^2 + \left(\frac{\partial F_2}{\partial v}\right)^2 + \left(\frac{\partial F_3}{\partial v}\right)^2.$$

Den Ausdruck ds bezeichnet man als das zu der gegebenen Fläche gehörige *Bogenelement*; er stellt sich als *Quadratwurzel aus einer Funktion zweiten Grades der Koordinatendifferentiale* dar. Das Bogenelement ist eindeutig gegeben, sobald man sich auf eine bestimmte Darstellung der Fläche festgelegt hat. Es ist von Wichtigkeit, *daß die quadratische Form* $ds^2 = E\,du^2 + 2F\,du\,dv + G\,dv^2$ *stets positiv definit ist* (vgl. S. 67); denn sie läßt sich nach ihrer Definition in eine reine Quadratsumme $ds^2 = dx^2 + dy^2 + dz^2$ überführen.

Die Bedingung für die Abwickelbarkeit zweier Flächen können wir jetzt in der folgenden Form aussprechen: *Zwei Flächen mit den Bogenelementen:*

$$ds^2 = E\,du^2 + 2F\,du\,dv + G\,dv^2 \quad \text{und} \quad ds'^2 = E'\,du'^2 + 2F'\,du'\,dv' + G'\,dv'^2$$

280   Die Geschichte der nichteuklidischen Geometrie.

sind dann und nur dann aufeinander abwickelbar, wenn zwei Funktionen $u' = \varphi_1(u, v)$, $v' = \varphi_2(u, v)$ *existieren, mit deren Hilfe der zweite Differentialausdruck in den ersten überführt wird:* $ds^2 = ds'^2$.

Für unsere weiteren Überlegungen ist der Begriff des „Krümmungsmaßes" von besonderer Bedeutung. Legen wir durch drei Punkte einer ebenen Kurve einen Kreis, und lassen dann die drei Punkte unbeschränkt immer näher zusammenrücken, so nähert sich der Kreis einer bestimmten Grenzlage, dem sogenannten *Krümmungskreis;* sein Radius heißt *Krümmungsradius* und dessen reziproker Wert die *Krümmung* der Kurve an der betreffenden Stelle.

Wenn wir in einem nicht singulären Punkte einer Fläche die Normale errichten, schneidet jede durch die Normale hindurchgehende Ebene aus der Fläche eine ebene Kurve aus, die man als *Normalenschnitt* bezeichnet. Wir greifen nun einen festen Punkt P der Fläche heraus und betrachten alle durch ihn laufenden Normalenschnitte. Es ist möglich, daß die zu P gehörigen Krümmungen aller dieser Normalenschnitte übereinstimmen, wie es z. B. bei allen Punkten der Kugel der Fall ist; ein solcher Punkt wird als *Nabelpunkt* der Fläche bezeichnet. Im allgemeinen Fall gibt es dagegen zwei ausgezeichnete aufeinander senkrecht stehende Normalenschnitte, deren Krümmungen ein Maximum bzw. ein Minimum bilden. Die zugehörigen Krümmungsradien R_1 und R_2 werden als die *Hauptkrümmungsradien* und ihre reziproken Werte $\dfrac{1}{R_1}$ und $\dfrac{1}{R_2}$ als die *Hauptkrümmungen* der Fläche in dem betreffenden Punkte bezeichnet. *Das Krümmungsmaß K in einem bestimmten Flächenpunkt* wird als Produkt der beiden Hauptkrümmungen:

$$K = \frac{1}{R_1 \cdot R_2}$$

definiert.

Die Mittelpunkte der beiden Hauptkrümmungskreise eines Flächenpunktes P können entweder auf ein und derselben Halbnormalen (Abb. 214) oder auf verschiedenen Halbnormalen (Abb. 215) liegen[1]). Wenn wir für

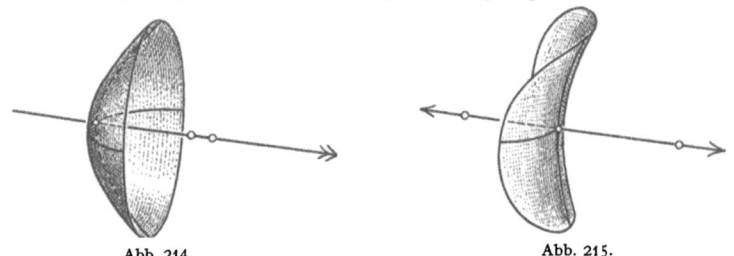

Abb. 214.   Abb. 215.

---

[1]) In den Abbildungen 214 und 215 liegen die Normalenschnitte, die zu den beiden Hauptkrümmungsradien gehören, senkrecht bzw. wagerecht. In Abb. 215 zeigt der Hauptkrümmungsradius, der zu dem senkrechten Normalenschnitt gehört, nach rechts, und derjenige, der zu dem wagerechten Normalenschnitt gehört, nach links.

Die Grundlagen der Flächentheorie.

die Punkte der einen Halbnormale ein positives, für die der anderen Halbnormale ein negatives Vorzeichen der Entfernung von P festsetzen, ist die Krümmung der ersten Flächenart positiv, die der zweiten Flächenart negativ. Man unterscheidet derartige Flächenstücke daher als *positiv und negativ gekrümmt;* statt dessen werden auch die Bezeichnungen *elliptische und hyperbolische Krümmung* gebraucht. Ein Flächenstück positiver Krümmung können wir derartig auf eine Ebene legen, daß die Ebene die Fläche berührt; bei den Flächenstücken negativer Krümmung ist dies dagegen nicht möglich, da hier die Tangentialebenen die Fläche reell schneiden.

Den Übergang zwischen den Flächenpunkten positiver und negativer Krümmung bilden die Flächenpunkte, bei denen ein Hauptkrümmungsmittelpunkt unendlich fern liegt; diese Punkte besitzen eine verschwindende Flächenkrümmung und werden als *parabolisch gekrümmt* bezeichnet. Die einfachsten Beispiele liefern die Ebene, die Zylinder und die Kegel, die in sämtlichen regulären Flächenpunkten parabolisch gekrümmt sind.

Wenn wir die Fläche auf die S. 278 angegebene Weise darstellen und die Abkürzungen E, F, G von S. 279 benutzen, ergibt sich als *analytischer Ausdruck der Krümmung*[1]:

$$K = \frac{1}{4(EG - F^2)^2} \{ \ E(E_v G_v - 2 F_u G_v + G_u^2) \\ + G(E_u G_u - 2 F_v E_u + E_v^2) \\ + F(E_u G_v - E_v G_u + 4 F_u F_v - 2 F_u G_u - 2 F_v E_v) \\ + 2(EG - F^2)(2 F_{uv} - E_{vv} - G_{uu}) \}.$$

Es gilt also der wichtige Satz, das sog. „theorema egregium" der Flächentheorie, daß K nur von den Größen E, F, G und ihren Ableitungen abhängig ist. Wenn nun zwei Flächen längentreu aufeinander bezogen werden können, müssen nach S. 280 die Größen E, F, G für beide Flächen bei Bezugnahme auf ein geeignetes System von Koordinatenkurven identisch sein; dann muß aber auch die Krümmung der Flächen an entsprechenden Stellen übereinstimmen, da diese nur von den Größen E, F, G abhängt. *Die Gleichheit des Krümmungsmaßes an einander entsprechenden Stellen ist also eine notwendige (aber im allgemeinen nicht hinreichende) Bedingung für die Abwickelbarkeit zweier Flächen aufeinander.* Aus diesem Satz ergibt sich im besonderen, *daß sämtliche auf die Ebene abwickelbare Flächen überall eine verschwindende Krümmung besitzen*[2].

Historisch geht die Theorie der krummen Flächen auf *Euler* (1707 bis 1783) und *Monge*[3] (1746—1818) zurück. Monge hat in seinem Werk:

---

[1] Gauß' Werke Bd. IV, *Disquisitiones circa superficies curvas*, S. 236.

[2] In diesem Fall (wie überhaupt bei den Flächen konstanter Krümmung, vgl. S. 285) ist die Übereinstimmung des Krümmungsmaßes auch hinreichend für die Abwickelbarkeit der betreffenden Flächen aufeinander. Alle Flächen, deren sämtliche Punkte eine verschwindende Krümmung besitzen, sind somit auf die Ebene abwickelbar.

[3] Vgl. die Bemerkungen über die Mongesche Schule S. 10.

Application de l'analyse à la géométrie, das zuerst 1807 erschien, vor allem die Frage nach der Abwickelbarkeit einer Fläche auf die Ebene untersucht. Die weiteren Sätze dieses Paragraphen stammen von *Gauß*, dessen berühmte Abhandlung: *Disquisitiones generales circa superficies curvas*[1]) 1828 in Band 6 der Göttinger Abhandlungen erschien.

§ 4. Der Zusammenhang der ebenen nichteuklidischen Geometrie mit der Flächentheorie.

Die Flächen, deren Krümmungsmaß in sämtlichen Punkten den gleichen Wert besitzt, bezeichnet man als *Flächen konstanter Krümmung*. Da sie in engen Zusammenhang mit der nichteuklidischen Geometrie stehen, müssen wir uns näher mit ihnen beschäftigen. Diese Flächen werden durch schwierige Differentialgleichungen festgelegt, deren Lösung bis heute nur für besonders einfache Spezialfälle gelungen ist[2]). So lassen sich z. B. *alle Flächen von verschwindender Krümmung* ermitteln; wir erhalten hier vier Typen, nämlich die Ebene, die Zylinder, die Kegel und diejenigen Flächen, die von den Tangenten einer Raumkurve beschrieben werden. Weiter hat *Minding alle Rotationsflächen konstanter Krümmung* bestimmt[3]). Aus dem Gaußschen Nachlaß wissen wir, daß *Gauß* diese Flächen bereits im Jahre 1827 berechnet hatte; er hat aber hierüber, genau wie über die nichteuklidische Geometrie nicht das geringste publiziert[4]). Im folgenden wollen wir über die Mindingschen Resultate kurz referieren.

Wenn wir die Achse der Rotationsfläche zur Z-Achse wählen, und den senkrechten Abstand eines Flächenpunktes von ihr mit r bezeichnen, muß die Meridiankurve einer Fläche von konstanter positiver Krümmung $\frac{1}{a^2}$ die Gleichung:

$$z = \int \sqrt{\frac{a^2(1-b^2) + r^2}{a^2 b^2 - r^2}}\, dr$$

besitzen, wobei b eine willkürliche Konstante darstellt. Je nach der Wahl der Konstanten b ergeben sich drei verschiedene Formen der Meridiankurven, die in Abb. 216 dargestellt sind. Die erste der zugehörigen Flächen besteht aus aneinandergereihten spindelförmigen Teilen, die letzte aus übereinander gelagerten Wülsten, die in Rückkehr-

---

[1]) Allgemeine Untersuchungen über krumme Oberflächen. Wieder abgedruckt Gauß' Werke Bd. IV, S. 217. Vgl. ferner über diese ganze Entwicklung: Gauß' Werke Bd. X 2, Abh. 4, *Stäckel, Gauß als Geometer*, S. 103ff.

[2]) Literatur über die Flächen konstanter Krümmung ist in der Enzyklopädie d. math. Wiss. Bd. III 3, 1; *v. Lilienthal, Besondere Flächen*, S. 333—344 angegeben.

[3]) *Minding* (Professor in Dorpat) Crelles Journ. Bd. 19 u. 20, 1839/40.

[4]) Vgl. Gauß' Werke Bd. X 2, Abh. 4, *Stäckel, Gauß als Geometer*, S. 109.

kanten[1]) zusammenstoßen. Den Übergang zwischen beiden Fällen bildet eine Kette von aneinandergereihten Kugeln[2]).

Entsprechende Verhältnisse treffen wir bei den Rotationsflächen von konstanter negativer Krümmung $-\dfrac{1}{a^2}$ an. Sie genügen bei denselben Festsetzungen wie oben der Gleichung:

$$z = \int \sqrt{\frac{a^2(1-b^2)-r^2}{a^2 b^2 + r^2}}\, dr.$$

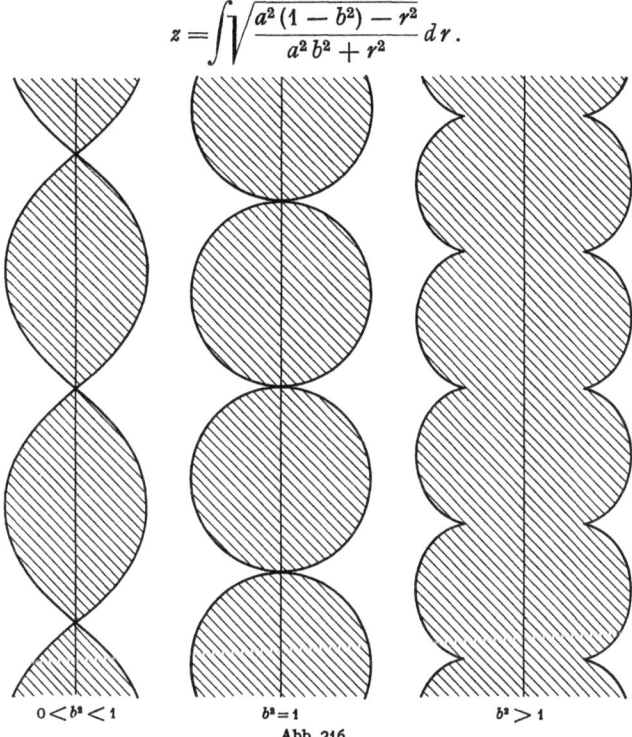

$0 < b^2 < 1$ \qquad $b^2 = 1$ \qquad $b^2 > 1$

Abb. 216.

Wieder ergeben sich je nach der Wahl von b drei verschiedene Formen (Abb. 217). Die erste besteht aus einer Reihe getrennter Segmente, die in einem Knotenpunkt zusammenstoßen; jedes der Segmente besitzt außerdem in der Mitte eine Rückkehrkante. Die letzte Art besitzt die Gestalt von aufeinandergestellten Ringen, wobei je zwei aufeinander folgende Ringe längs einer Rückkehrkante zusammentreffen. Die zweite Art bildet den Übergang zwischen diesen beiden Formen; sie besitzt eine Rückkehr-

---

[1]) Wir machen darauf aufmerksam, daß die Flächenteile in einer Rückkehrkante einen verschwindenden Winkel bilden.

[2]) b^2 muß stets positiv sein, da sonst der Radikand für alle Werte von r negativ sein würde (a^2 ist positiv). Für $b^2 = 1$ ergibt sich ein elementares Integral. In Abb. 216 ist $a^2 = 1$ und der Reihe nach $b^2 = 0{,}64$, $b^2 = 1$ und $b^2 = 1{,}44$ gesetzt; die Einheitsstrecke ist gleich dem Radius der Kreise.

284   Die Geschichte der nichteuklidischen Geometrie.

kante, von der aus sich zwei Teile in das Unendliche erstrecken, wobei sie sich der Achse asymptotisch nähern. Diese letzte Fläche, deren Meridiankurve die wohlbekannte Traktrix ist, wird auch als *Pseudosphäre* bezeichnet. Wir wollen die drei Arten (Abb. 217) als *konischen, aperiodischen und ringförmigen Typus* unterscheiden[1]).

Minding hat in seinen S. 282 zitierten Arbeiten weiter bewiesen, *daß sich alle Flächen derselben konstanten Krümmung aufeinander ab-*

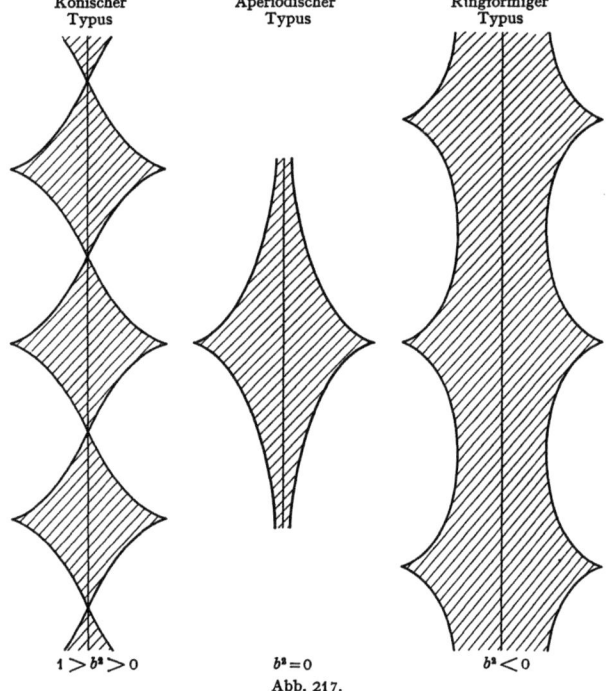
Abb. 217.

---

[1]) b^2 muß hier kleiner als 1 sein (a^2 ist wieder positiv). Für $b^2 = 0$ ergibt sich ein elementares Integral:

$$z = \int \frac{\sqrt{a^2 - r^2}}{r} dr = a\left(\ln \operatorname{tg} \frac{\varphi}{2} + \cos \varphi\right),$$

wobei $r = a \sin \varphi$ gesetzt ist; die Integrationskonstante ist so bestimmt, daß für $r = a$ $z = 0$ wird. In Abb. 217 ist $a^2 = 1$ und der Reihe nach $b^2 = 0{,}25$, $b^2 = 0$ und $b^2 = -0{,}25$ gesetzt; die Einheitsstrecke ist gleich dem Abstand der Spitzen der Traktrix von der Symmetrielinie.

Weiter heben wir noch den schönen Zusammenhang hervor, der zwischen den Rotationsflächen konstanter positiver und negativer Krümmung $+a$ bzw. $-a$ besteht und der 1864 von *Beltrami* aufgedeckt worden ist. Wir betrachten die Flächenschar, welche entsteht, wenn man einer bestimmten Rotationsfläche von nicht verschwindender Krümmung a alle Translationen längs der Rotationsachse erteilt. Dann hat jede Rotationsfläche, welche die sämtlichen Einzelflächen der erhaltenen Schar senkrecht schneidet, die konstante Krümmung $-a$. Aus der Kugel ergibt sich auf diese Weise die Pseudosphäre.

Zusammenhang der nichteuklidischen Geometrie mit der Flächentheorie. 285

wickeln lassen; die Übereinstimmung des Krümmungsmaßes ist hier also nicht nur eine notwendige, sondern auch hinreichende Bedingung für die Abwickelbarkeit (vgl. Anm. 2, S. 281). So können im besonderen alle Flächen von konstantem positiven Krümmungsmaß $K = \frac{1}{a^2}$ auf die Kugel vom Radius a abgewickelt werden. Daraus folgt, *daß auf allen Flächen konstanter positiver Krümmung (in genügend kleinen Flächenstücken) genau wie auf der Kugel die elliptische Geometrie gilt;* hierbei entsprechen den größten Kreisen der Kugel die geodätischen Linien der Fläche. Diese Behauptung ist in demselben Sinn zu verstehen wie die, daß auf den abwickelbaren Flächen die euklidische Geometrie gilt (S. 278).

Wenn wir in analoger Weise die Geometrie auf den Flächen konstanter negativer Krümmung studieren, werden wir im besonderen Dreiecke betrachten, die von den geodätischen Linien gebildet werden. Aus den Mindingschen Resultaten folgt nun, daß man die Formeln, welche den Zusammenhang zwischen den Winkeln und Seiten solcher Dreiecke angeben, einfach dadurch erhalten kann, daß man, wenn $K = -\frac{1}{r^2}$ ist, in den Formeln der sphärischen Geometrie den Radius r durch den Wert ir ersetzt. Hieraus ergibt sich nach S. 197 unmittelbar, *daß auf den Flächen konstanter negativer Krümmung die hyperbolische Geometrie gilt.* Aber obwohl Minding diesen Satz 1839 in Band 19 des Crelleschen Journals veröffentlichte, in derselben Zeitschrift, in der Lobatschefskij 1837 (Band 17) die entsprechenden Bemerkungen in seiner Géométrie imaginaire gemacht hatte, wurde auf den Zusammenhang der beiden Resultate doch erst 1868 durch den Italiener *Beltrami* hingewiesen[1]). Allerdings war dieser Zusammenhang schon 1854 *Riemann* bekannt, der in seiner Habilitationsrede (vgl. S. 288) von diesen Beziehungen ausgeht; die Riemannschen Untersuchungen sind aber erst nach seinem Tode gleichzeitig mit der Beltramischen Arbeit veröffentlicht worden.

Um die Beziehung zwischen der hyperbolischen Geometrie und den Flächen konstanter negativer Krümmung anschaulich zu erfassen, wollen wir die betrachteten Flächen längentreu auf die hyperbolische Ebene abbilden; (die Flächen sind hierbei natürlich im Sinne der räumlichen euklidischen, die Ebene dagegen im Sinne der hyperbolischen Geometrie auszumessen). Wir beginnen mit dem konischen Typus und fassen dasjenige

---

[1]) *Saggio di Interpretazione delle Geometria non-euclidea* (Versuch, die nichteuklidische Geometrie anschaulich darzustellen), Giornale di Matematiche Bd. 6, 1868. Wieder abgedruckt in den Opere Mat. di Beltrami, Mailand 1902, Bd. I, S. 374. Es ist bezeichnend, wie Beltrami zu Beginn seiner Arbeit die Beschäftigung mit der nichteuklidischen Geometrie verteidigt und sich auf die ,,überragende Autorität" eines Gauß beruft (Anspielung auf den Briefwechsel Gauß-Schumacher, vgl. S. 276).

286   Die Geschichte der nichteuklidischen Geometrie.

Stück dieser Fläche ins Auge, das sich von einer Rückkehrkante nach einem Knotenpunkt hinzieht (Abb. 218 links). Dieses Stück schneiden wir längs einer Meridiankurve auf, um den besonderen Zusammenhang, den die Fläche als Rotationsfläche besitzt, aufzuheben, und denken

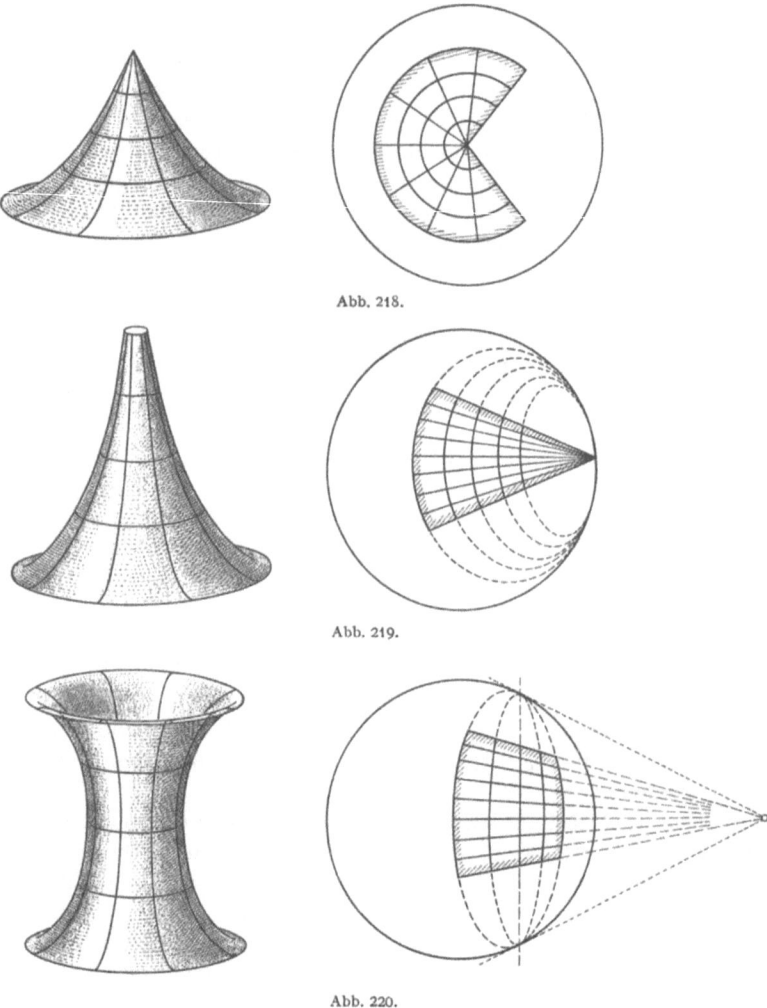

Abb. 218.

Abb. 219.

Abb. 220.

uns das so entstehende, einfach zusammenhängende Flächenstück in die hyperbolische Ebene ausgebreitet. Die Breitenkreise der Fläche müssen sich dann als Bögen konzentrischer Kreise erster Art in der hyperbolischen Ebene darstellen, da alle ihre Punkte jedesmal von einem erreichbaren Punkt, nämlich dem Knotenpunkt der Fläche, gleich weit entfernt sind.

Zusammenhang der nichteuklidischen Geometrie mit der Flächentheorie. 287

Die Meridiane gehen als orthogonale Trajektorien der Breitenkreise in die geradlinigen Strahlen über, die von dem Mittelpunkt der Kreise in der hyperbolischen Ebene auslaufen; in der Tat treffen alle Meridiane in dem Knotenpunkt der Fläche zusammen. Wir erhalten dadurch in der hyperbolischen Ebene ein Abbild des betrachteten Flächenstückes, das dem Abbild eines Kegels in der euklidischen Ebene entspricht (Abb. 218 rechts). Nachdem wir das System der Breitenkreise und Meridiane übertragen haben, fällt es nicht schwer, jede Figur auf der Fläche durch die entsprechende Figur in der hyperbolischen Ebene und umgekehrt abzubilden. Entsprechend verfahren wir bei der Abbildung des aperiodischen und des ringförmigen Typus auf die hyperbolische Ebene, indem wir die in den Abb. 219 und 220 links angegebenen Flächenstücke jedesmal längs eines Meridianes aufgeschnitten denken. Die Meridiane selbst bilden sich dabei als gerade Linien der hyperbolischen Ebene ab, da sie

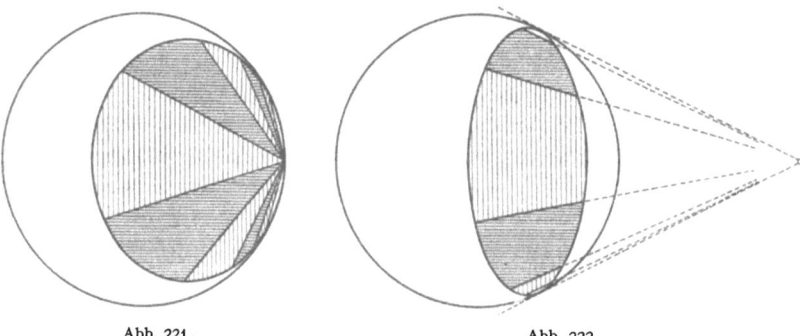

Abb. 221. Abb. 222.

geodätische Linien der Fläche sind. Die Breitenkreise ergeben ein System von konzentrischen Kreisen, die im ersten Fall um einen unendlich fernen, im zweiten Fall um einen idealen Punkt der hyperbolischen Ebene beschrieben sind (Abb. 219 und 220 rechts). Die drei Arten von Rotationsflächen konstanter negativer Krümmung entsprechen also gerade den drei Arten von Kreisen, die in der hyperbolischen Geometrie möglich sind.

Wir können entsprechend wie bei der Abwicklung des Kreiskegels auf die euklidische Ebene auch hier die einzelnen Flächenstücke immer weiter auf der hyperbolischen Ebene abrollen. Im Falle des konischen Typus entsteht dabei bereits nach einer endlichen Zahl von Abwicklungen eine mehrfache Bedeckung des in der hyperbolischen Ebene gelegenen Kreisstückes. Im Falle des aperiodischen und des ringförmigen Typus müssen wir dagegen die Rotationsfläche unendlich oft abwickeln, ehe die ganze zugehörige Kreisfläche bedeckt ist (Abb. 221 und 222); von einer mehrfachen Bedeckung der letzteren ist hierbei keine Rede. Die letzte Art der Abwicklung können wir am besten mit dem Abrollen eines Kreiszylinders auf der euklidischen Ebene vergleichen.

288   Die Geschichte der nichteuklidischen Geometrie.

Aus den angegebenen Abbildungen ersehen wir, daß es unmöglich ist, die ganze hyperbolische Geometrie auf den Rotationsflächen konstanter negativer Krümmung wiederzugeben; es liegt dies daran, daß die stets auftretende Rückkehrkante eine unüberschreitbare Grenze bildet. Es wäre an sich denkbar, daß es andere Flächen konstanter negativer Krümmung gäbe, auf denen die ganze hyperbolische Geometrie dargestellt werden kann. Diese Möglichkeit ist 1901 von *Hilbert* in seiner Arbeit: *Über Flächen konstanter Gaußscher Krümmung*[1]) ausgeschlossen worden, in welcher er zeigt, daß im euklidischen Raum jede Fläche konstanter negativer Krümmung eine Rückkehrkante oder sonstige Singularitäten besitzen muß. *Die Darstellung der hyperbolischen Geometrie auf den Flächen konstanter negativer Krümmung ist somit weit unvollkommener als die projektive Darstellung*, von der wir bei unseren Untersuchungen ausgegangen sind.

Zum Schluß machen wir noch auf folgenden Zusammenhang aufmerksam. In den drei ebenen Geometrien sind ∞^3 Bewegungen möglich (vgl. S. 187). Entsprechend läßt ein Blechstückchen, das sich einer bestimmten Fläche konstanter Krümmung genau anschmiegt, ∞^3 Bewegungen auf der Fläche zu, ohne je aufzuhören, sich der Fläche völlig anzuschmiegen. Das Blechstückchen bleibt dabei im allgemeinen nicht mehr starr, sondern wird in bestimmter Weise verbogen, ohne daß sich aber die Maßverhältnisse auf ihm selbst verändern. *Die Flächen konstanter Krümmung sind die einzigen Flächen, auf denen in der angegebenen Weise ∞^3 Bewegungen ausgeführt werden können.*

§ 5. Die Erweiterung der differentialgeometrischen Gesichtspunkte durch Riemann.

Der Zusammenhang zwischen der Geometrie auf den Flächen konstanter negativer Krümmung und der hyperbolischen Geometrie, der 1868 von Beltrami aufgedeckt wurde (vgl. S. 285), steht in enger Beziehung zu den viel weitergehenden Gedanken, die schon 1854 in der berühmten Habilitationsrede von *Riemann: Über die Hypothesen, welche der Geometrie zugrunde liegen*, entwickelt worden waren. Diese Arbeit, die für die moderne Entwicklung der Mathematik eine außerordentliche Bedeutung gewonnen hat, war von Riemann nicht zur Publikation bestimmt und ist daher erst nach seinem Tode 1868 veröffentlicht worden[2]). Von denjenigen, die bei dem Riemannschen Habilitationsvortrag anwesend waren, ist wahrscheinlich Gauß der einzige gewesen, der die Bedeutung der

---

[1]) Transactions of the American Math. Soc., Bd. 2. 1901. Wieder abgedruckt in *Hilbert, Grundlagen der Geometrie*, als Anhang V.

[2]) Herausgegeben von Dedekind in Bd. 13 der Göttinger Abh.; wieder abgedruckt in Riemanns Werken, S. 272; neu herausgegeben und erläutert von Weyl, 2. Aufl., Berlin 1921.

Erweiterung der differentialgeometrischen Gesichtspunkte durch Riemann. 289

neuen Überlegungen voll verstanden hat. Es wird berichtet, daß er sich zwar zu dem Vortrag in keiner Weise geäußert habe, aber sehr nachdenklich nach Hause gegangen sei.

Riemann legt seinen Untersuchungen n Variable $x_1, x_2, \ldots, x_n$ zugrunde, von denen jede alle reellen Werte annehmen kann. Die Gesamtheit dieser Wertsysteme bezeichnet Riemann als *Mannigfaltigkeit von n Dimensionen*; ein festes Wertsystem $\bar{x}_1, \bar{x}_2, \ldots, \bar{x}_n$ deutet er als Punkt in dieser Mannigfaltigkeit. Riemann vermeidet hierbei ausdrücklich das Wort Raum, weil er später den uns anschaulich gegebenen Raum als Spezialfall einer dreifach ausgedehnten Mannigfaltigkeit einführen will.

In der betrachteten Mannigfaltigkeit sei nun ein bestimmtes *Bogenelement* durch die Formel:

$$ds^2 = \sum a_{\varkappa\lambda} dx_\varkappa dx_\lambda \qquad (a_{\varkappa\lambda} = a_{\lambda\varkappa})$$

gegeben, wobei die $a_{\varkappa\lambda}$ irgendwelche Funktionen der x_i sein mögen, für die (entsprechend S. 279) die quadratische Form *positiv definit* ist. Durch das Bogenelement werden die Maßverhältnisse der zugehörigen Mannigfaltigkeit in der folgenden Weise festgelegt. Wenn eine Kurve $x_i = f_i(u)$, $i = 1, 2, \ldots, n$ gegeben ist, beträgt ihre Länge zwischen den beiden Kurvenpunkten u_1 und u_2:

$$L = \int_{u_1}^{u_2} \sqrt{\sum a_{\varkappa\lambda} dx_\varkappa dx_\lambda} = \int_{u_1}^{u_2} \sqrt{\sum a_{\varkappa\lambda} f'_\varkappa f'_\lambda}\, du,$$

ein Ausdruck, der durch Einsetzen der obigen Funktionen in die $a_{\varkappa\lambda}$ zu einem Integral einer eindeutig bestimmten Funktion von u wird. Die geodätischen Linien der betrachteten Mannigfaltigkeit sind durch die Forderung, daß für sie L kleiner ist als für irgend eine andere Kurven zwischen u_1 und u_2, also durch den Variationsansatz:

$$\delta \int_{u_1}^{u_2} \sqrt{\sum a_{\varkappa\lambda} dx_\varkappa dx_\lambda} = 0$$

bestimmt, aus dem sich durch die Methoden der Variationsrechnung die zugehörigen Differentialgleichungen des Systems der geodätischen Linien ergeben. Von jedem Punkt der betrachteten Mannigfaltigkeit geht ein $(n-1)$-dimensionales Bündel derartiger geodätischer Linien aus, die den geraden Linien der euklidischen n-dimensionalen Geometrie entsprechen.

Zur Erläuterung berechnen wir das *Bogenelement der nichteuklidischen Geometrien*. Hierzu gehen wir von einem rechtwinkligen Koordinatensystem $x = x_1 : x_3$, $y = x_2 : x_3$ aus. Als fundamentales Gebilde wählen wir im Fall der elliptischen Geometrie den Kegelschnitt: $x_1^2 + x_2^2 + 4c_e^2 x_3^2 = 0$. Die Entfernungskonstante, die vor dem Logarithmus des Doppelverhältnisses bei der projektiven Maßbestimmung auftritt, nehmen wir gleich c_e an. Wenn wir in der S. 169 angegebenen arcsin-Formel für die Entfernung zweier Punkte $y_1:y_2:y_3$ und $z_1:z_2:z_3$ affine Koordinaten $y_1:y_3 = x$, $y_2:y_3 = y$ und $z_1:z_2 = \bar{x}$, $z_2:z_3 = \bar{y}$ einführen, nimmt diese Formel die Gestalt an:

$$E = 2c_e \cdot \arcsin \frac{\sqrt{4c_e^2(x-\bar{x})^2 + 4c_e^2(y-\bar{y})^2 + (x\bar{y} - y\bar{x})^2}}{\sqrt{x^2+y^2+4c_e^2}\sqrt{\bar{x}^2+\bar{y}^2+4c_e^2}}.$$

Wenn wir die beiden Punkte benachbart nehmen, also: $\bar{x} = x + dx$, $\bar{y} = y + dy$ setzen, ergibt sich das Bogenelement:

$$ds_1 = 2c_e \cdot \arcsin \frac{\sqrt{4c_e^2 dx^2 + 4c_e^2 dy^2 + (x\,dy - y\,dx)^2}}{\sqrt{x^2+y^2+4c_e^2}\sqrt{(x+dx)^2+(y+dy)^2+4c_e^2}}.$$

In der zweiten Wurzel des Nenners dürfen wir die Differentiale gegenüber dem endlichen Ausdruck $x^2 + y^2 + 4c_e^2$ vernachlässigen. Ferner können wir, da es sich um beliebig kleine Größen handelt, den Sinus durch sein Argument ersetzen. Damit erhalten wir als Bogenelement der elliptischen Geometrie:

$$ds_1 = 2c_e \frac{\sqrt{4c_e^2 dx^2 + 4c_e^2 dy^2 + (x\,dy - y\,dx)^2}}{x^2+y^2+4c_e^2} = \frac{\sqrt{dx^2+dy^2+\dfrac{(x\,dy-y\,dx)^2}{4c_e^2}}}{1+\dfrac{x^2+y^2}{4c_e^2}}.$$

Wenn wir den Wert c_e überall durch den Wert $-ic_h$ ersetzen, ergeben sich die entsprechenden Formeln für die hyperbolische Geometrie. Das Bogenelement der hyperbolischen Geometrie besitzt somit die Gestalt:

$$ds_3 = \frac{\sqrt{dx^2 + dy^2 - \dfrac{(x\,dy - y\,dx)^2}{4c_h^2}}}{1 - \dfrac{x^2+y^2}{4c_h^2}}.$$

Wenn wir c_e und c_h unendlich groß werden lassen, ergibt sich in beiden Fällen das euklidische Bogenelement:

$$ds_2 = \sqrt{dx^2 + dy^2}.$$

Das erhaltene Resultat können wir auch in der folgenden Form aussprechen: *Wenn wir x, y als rechtwinklige Parallelkoordinaten in der euklidischen Ebene deuten und die Länge der Kurven der Reihe nach durch die drei berechneten Formen des Bogenelementes bestimmen, erhalten wir als geodätische Linien der hierdurch festgelegten Riemannschen Mannigfaltigkeit das System der Geraden, und es stimmen alle Maßverhältnisse mit der elliptischen bzw. hyperbolischen und euklidischen Geometrie überein.*

In der Flächentheorie hatte für unsere Überlegungen das Krümmungsmaß eine besondere Bedeutung, da es bei beliebigen Verbiegungen der Fläche invariant blieb. Um diesen Begriff auf eine n-fach ausgedehnte Mannigfaltigkeit zu übertragen, bestimmt Riemann zunächst das zu der Mannigfaltigkeit gehörige System der geodätischen Linien (vgl. S. 289); sodann geht er von einem festen Punkt P der Mannigfaltigkeit aus und betrachtet zwei beliebige geodätische Linien durch P, deren Fortschreitungsrichtungen in diesem Punkt durch dx'_i und dx''_i ($i=1, 2, ..., n$) bestimmt sein mögen; das zugehörige Büschel von geodätischen Linien, deren Anfangsrichtungen in P durch $dx_i = \lambda' dx'_i + \lambda'' dx''_i$ gegeben werden, bildet dann eine zweidimensionale Mannigfaltigkeit und besitzt somit in dem betrachteten Punkte ein bestimmtes Krümmungsmaß. Riemann faßt nun die Krümmungsmaße aller derartigen durch P hindurchgehenden Büschel von geodätischen Linien in einen recht komplizierten analytischen Ausdruck zusammen, den man als *Krümmung der n-dimensionalen Mannigfaltigkeit an der betreffenden Stelle* bezeichnet[1]).

Den Begriff der Flächen konstanter Krümmung verallgemeinert Riemann in der folgenden Weise auf n-dimensionale Mannigfaltigkeiten. Bei der Bestimmung der Riemannschen Krümmung spielt einmal die Auswahl des Punktes P und dann die Auswahl der zweidimensionalen Mannigfaltigkeit von geodätischen Linien eine Rolle, welche von dem Punkte P ausgeht. Riemann bezeichnet nun diejenigen n-dimensionalen Mannigfaltigkeiten als konstant gekrümmt, bei denen das Krümmungsmaß jeder dieser zweidimensionalen Mannigfaltigkeiten ungeändert bleibt, wenn wir einerseits das Büschel beliebig um den Punkt P drehen und wenn wir andererseits den Punkt P beliebig innerhalb der Mannigfaltigkeit wandern lassen. Dieser *Begriff der n-fach ausgedehnten Mannigfaltigkeit konstanter Krümmung* ist ein besonders wichtiges Ergebnis der Riemannschen Arbeit. Riemann gibt ohne Beweis einen Ausdruck für das Bogenelement einer derartigen Mannigfaltigkeit an, den wir auf S. 297 kennen lernen werden.

Im weiteren Verlauf seiner Arbeit zeigt Riemann, *daß ein Stück einer n-dimensionalen Mannigfaltigkeit konstanter Krümmung genau so viele Bewegungen in sich gestattet wie eine n-dimensionale Hyperebene*; in beiden Fällen beträgt die Parameterzahl der Bewegungen $\dfrac{n(n+1)}{2}$ (vgl. S. 187). Die n-dimensionalen Mannigfaltigkeiten von nicht konstanter Krümmung lassen dagegen entweder überhaupt keine oder nur eine geringere Anzahl von Bewegungen in sich zu (vgl. S. 288). Von dem gewonnenen Standpunkt aus geht Riemann dazu über, den wirklichen Raum in Betracht zu ziehen. Da unser Raum eine sechsparametrige Schar von Bewegungen gestattet, durch die einmal jeder Punkt in jeden anderen

---

[1]) In der modernen Tensoranalysis der Riemannschen Mannigfaltigkeiten bezeichnet man diesen Ausdruck als *Krümmungstensor*. Im übrigen vergleiche man S. 193, wo auf die Mißverständnisse hingewiesen ist, die sich besonders in der philosophischen Literatur aus dem Ausdruck „Krümmungsmaß" ergeben haben.

und dann jedes Büschel geodätischer Linien in jedes andere überführt werden kann, *erkennt Riemann in dem uns gegebenen Raum eine dreifach ausgedehnte Mannigfaltigkeit konstanter Krümmung.* Nun sieht sich Riemann vor die Frage gestellt, welchen Wert das konstante Krümmungsmaß besitzt. Wenn dieses gleich Null ist, ergibt sich die gewöhnliche euklidische Geometrie. Wenn es negativ ist, erhalten wir die hyperbolische Geometrie von Gauß, Lobatschefskij und Johann Bolyai. An den Fall eines positiven Krümmungsmaßes hatte man bisher noch nicht gedacht, oder vielmehr, man hatte ihn von vornherein beiseite geschoben, da man den Raum, wie ja selbstverständlich schien, als unendlich ausgedehnt angenommen hatte. Riemann weist darauf hin, daß der Raum zwar notwendig unbegrenzt ist, daß aber aus der Unbegrenztheit noch nicht die Unendlichkeit folgt. Dadurch gewinnt er die Möglichkeit, *neben einem negativen und einem verschwindenden Krümmungsmaß auch ein positives Krümmungsmaß in Betracht zu ziehen und so neben die euklidische und die hyperbolische die elliptische Geometrie zu stellen.* Ob Riemann dabei an die sphärische oder bereits an die elliptische Raumform (vgl. S. 151ff. und Kap. IX) selbst gedacht hat, läßt sich aus dem Wortlaut der Arbeit nicht mit Sicherheit entnehmen.

Man wird verstehen, daß sich dem Riemannschen Habilitationsvortrage gleich nach seiner Veröffentlichung die allgemeine Aufmerksamkeit der Mathematiker zuwandte und daß in rascher Folge eine große Anzahl von Arbeiten an ihn anknüpfte. Wir wollen hier im besonderen auf die Arbeiten hinweisen, die sich mit der Frage beschäftigen, *weshalb das Bogenelement ds gerade als zweite Wurzel aus einem positiv definiten quadratischen Ausdruck angesetzt werden muß.* In der Tat könnte man versuchen, in genau derselben Weise etwa von einer vierten Wurzel aus einem Ausdruck vierten Grades oder einer noch komplizierteren Funktion auszugehen. Mit dieser wichtigen Frage hat sich zum erstenmal der als Physiker und Physiologe gleich hervorragende Forscher *Helmholtz*[1]) auseinandergesetzt. Da Helmholtz kein Mathematiker von Fach ist, sind in seinen Untersuchungen einige mathematische Inkorrektheiten erklärlich, die besonders von *Lie*[2]) heftig angegriffen worden sind. Die Bedeutung der Helmholtzschen Arbeiten beruht vor

---

[1]) *Über die tatsächlichen Grundlagen der Geometrie,* Vortrag, gehalten 1868 in der Versammlung Deutscher Naturforscher und Ärzte zu Heidelberg; *Über die Tatsachen, die der Geometrie zugrunde liegen,* Göttinger Nachrichten 1868, Nr. 9. Beide Arbeiten sind wieder abgedruckt in den Wiss. Abh. von Helmholtz Bd. II, S. 610 bzw. 618, Leipzig 1883. Wir verweisen in diesem Zusammenhang auf eine dritte interessante Arbeit von Helmholtz: *Über den Ursprung und die Bedeutung der geometrischen Axiome,* Heft 3 der Populär-wiss. Vorträge von Helmholtz, S. 21, Braunschweig 1876.

[2]) Vgl. etwa *Lie: Theorie der Transformationsgruppen* Bd. III S. 437, Leipzig 1893. Ferner *Klein: Gutachten zur Verteilung des Lobatschewsky-Preises,* Math. Ann. Bd. 50; wieder abgedruckt in Kleins Ges. Math. Abh. Bd. I, S. 384.

allem darin, daß sie von einem weit größeren Publikum gelesen wurden als vorher jede andere Schrift über nichteuklidische Geometrie. So knüpft in der unmittelbaren Folgezeit die populäre Diskussion im Kreise der Nicht-Mathematiker, wie z. B. der philosophischen Forscher, fast ausschließlich an die Arbeiten von Helmholtz an. In der neuesten Zeit ist das Helmholtzsche Problem von verschiedenen Forschern unter neuen Gesichtspunkten wieder in Angriff genommen worden[1]).

§ 6. Die konformen Abbildungen der nichteuklidischen Ebene.

Wenn sich zwei Flächen *längentreu* aufeinander abbilden lassen oder, wie man auch sagt, wenn sie aufeinander abwickelbar sind, so ist das Bogenelement ds der einen Fläche an jeder Stelle gleich dem Bogenelement ds' an der entsprechenden Stelle der anderen Fläche. Besondere Bedeutung besitzt weiter die *konforme oder winkeltreue Abbildung*, bei welcher einander entsprechende Kurven sich stets unter demselben Winkel schneiden. Zwei Flächen sind nur dann konform aufeinander abbildbar, wenn für einander entsprechende Stellen der beiden Flächen $ds = M \cdot ds'$ ist, wobei M irgendeine Funktion des Ortes ist; auch diese Bedingung ist zugleich notwendig und hinreichend.

A. Die konforme Abbildung der elliptischen und hyperbolischen Ebene auf die Kugel. In § 4 haben wir gesehen, daß sich die elliptische und hyperbolische Ebene nicht längentreu auf dieselbe Fläche abbilden lassen. Die konforme Abbildung ist demgegenüber schmiegsamer, denn sie gestattet, beide Ebenen konform auf eine einzige Fläche abzubilden, die wir hier speziell als Kugel annehmen wollen. Hierbei heben wir den folgenden wesentlichen Unterschied gegenüber der gewöhnlichen konformen Abbildung hervor: Während man im allgemeinen beide aufeinander abzubildende Flächen im euklidischen Sinne ausmißt, werden hier die beiden Flächen in verschiedenem Sinne ausgemessen, nämlich die nichteuklidische Ebene im Sinne der entsprechenden nichteuklidischen Geometrie und die Kugel im Sinne der euklidischen Geometrie.

Um die gesuchten konformen Abbildungen zu erhalten, gehen wir von einem ebenen rechtwinkligen Parallelkoordinatensystem x, y aus und legen die fundamentale Kurve einer elliptischen bzw. hyperbolischen Geometrie durch die Gleichungen:

$$x^2 + y^2 + 4c_e^2 = 0 \quad \text{bzw.} \quad x^2 + y^2 - 4c_h^2 = 0$$

fest. Auf den Koordinatenanfangspunkt der Ebene legen wir dann eine berührende Kugel vom Radius $2c_e$ bzw. $2c_h$ und projizieren die Kugel-

---

[1]) Z. B. *Weyl: Mathematische Analyse des Raumproblems*, 1923. Eine physikalische Bedingung, welche das Auftreten einer quadratischen Differentialform nach sich zieht, findet sich in *Courant: Bernhard Riemann und die Mathematik der letzten hundert Jahre*, Naturwissenschaften 1926, Heft 52, S. 1275 u. 1277.

punkte durch Zentralprojektion vom Kugelmittelpunkt aus bzw. durch senkrechte Parallelprojektion auf die Ebene (Abb. 223 und 224). Die untere Kugelhälfte wird dann im ersten Fall auf die ganze elliptische Ebene und im zweiten Fall auf das Innere des fundamentalen Kreises

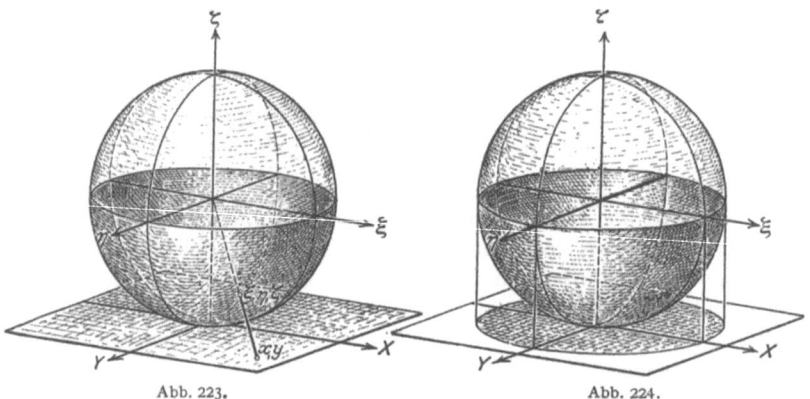

Abb. 223.
Zentralprojektion der elliptischen Ebene auf die Kugel vom Kugelmittelpunkt aus.

Abb. 224.
Orthogonale Parallelprojektion der hyperbolischen Ebene auf die Kugel.

der hyperbolischen Geometrie abgebildet. Wir behaupten, daß diese Abbildungen in dem angegebenen Sinne konform sind.

Im Fall der elliptischen Geometrie folgt diese Behauptung unmittelbar aus den Überlegungen S. 148ff. (vgl. auch S. 191), wo wir die elliptische Geometrie gerade auf diese Weise definierten; die betrachtete Abbildung ist somit längentreu und damit auch konform. Die Beziehung zwischen einem Punkt x, y der elliptischen Ebene und dem zugehörigen Kugelpunkt ξ, η, ζ lautet:

$$\xi = \frac{2c_e x}{\sqrt{4c_e^2 + x^2 + y^2}}, \quad \eta = \frac{2c_e y}{\sqrt{4c_e^2 + x^2 + y^2}}, \quad \zeta = \frac{-4c_e^2}{\sqrt{4c_e^2 + x^2 + y^2}},$$

wobei die Wurzel überall positiv zu nehmen ist, da wir auf die untere Kugelhälfte abbilden.

Im Fall der hyperbolischen Geometrie führen wir den Beweis der Konformität durch Berechnung des zugehörigen Bogenelementes. In dem räumlichen Parallelkoordinatensystem ξ, η, ζ (vgl. Abb. 224) erhält die Kugel die Gleichung: $\xi^2 + \eta^2 + \zeta^2 = 4c_h^2$. Durch die angegebene Projektion wird der in der hyperbolischen Ebene liegende Punkt x, y auf den folgenden Kugelpunkt ξ, η, ζ abgebildet:

$$\xi = x, \quad \eta = y, \quad \zeta = -\sqrt{4c_h^2 - x^2 - y^2}.$$

Die Wurzel muß hierbei ein negatives Vorzeichen erhalten, da wir die hyperbolische Ebene auf die untere Hälfte der Kugel abbilden.

Nach S. 290 besitzt die betrachtete hyperbolische Geometrie das Bogenelement:
$$ds_3 = \frac{\sqrt{dx^2 + dy^2 - \frac{(x\,dy - y\,dx)^2}{4c_h^2}}}{1 - \frac{x^2 + y^2}{4c_h^2}}.$$

Für das Bogenelement auf der Kugel ergibt sich nun:
$$d\sigma^2 = d\xi^2 + d\eta^2 + d\zeta^2 = \frac{4c_h^2(dx^2 + dy^2) - (x\,dy - y\,dx)^2}{4c_h^2 - x^2 - y^2}.$$

Wir erhalten somit:
$$d\sigma = \frac{\sqrt{4c_h^2 - x^2 - y^2}}{2c_h} ds_3 = -\frac{\zeta}{2c_h} ds_3.$$

Die betrachtete Abbildung ist also in der Tat konform.

Für die folgenden Untersuchungen ist wesentlich, daß die bekannte *stereographische Projektion der euklidischen Ebene auf eine Kugel* (vgl. Abb. 225) ebenfalls konform ist. Hierbei wird das System der Geraden und Kreise auf der Ebene in das System der Kreise auf der Kugel überführt. Wir bezeichnen, wie in Abb. 225 angegeben, die räumlichen Koordinaten mit ξ, η, ζ und die Koordinaten der euklidischen Ebene mit $\bar{x}, \bar{y}$[1]). Durch die stereographische Abbildung werden die Koordinaten der Kugel und der Ebene, wenn a der Radius der Kugel ist, in der folgenden Weise aufeinander bezogen:

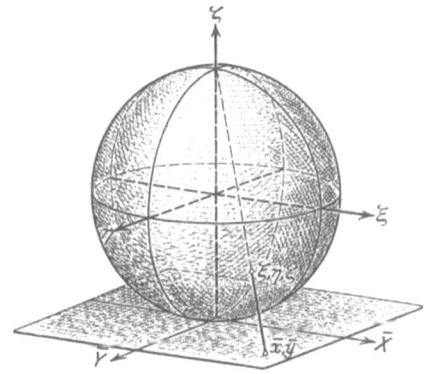

Abb. 225. Stereographische Projektion der euklidischen Ebene auf die Kugel.

$$\xi = \frac{4a^2\bar{x}}{\bar{x}^2 + \bar{y}^2 + 4a^2}, \quad \eta = \frac{4a^2\bar{y}}{\bar{x}^2 + \bar{y}^2 + 4a^2}, \quad \zeta = \frac{a(\bar{x}^2 + \bar{y}^2 - 4a^2)}{\bar{x}^2 + \bar{y}^2 + 4a^2}$$

oder umgekehrt:
$$\bar{x} = \frac{2a\xi}{a - \zeta}, \quad \bar{y} = \frac{2a\eta}{a - \zeta}.$$

In der euklidischen Ebene ist das Bogenelement: $ds_2^2 = d\bar{x}^2 + d\bar{y}^2$. Für das entsprechende Bogenelement auf der Kugel ergibt sich:
$$d\sigma^2 = d\xi^2 + d\eta^2 + d\zeta^2 = \frac{16a^4(d\bar{x}^2 + d\bar{y}^2)}{(\bar{x}^2 + \bar{y}^2 + 4a^2)^2}$$

---

[1]) Wir verwenden überstrichene Koordinaten $\bar{x}, \bar{y}$, um bei den folgenden Überlegungen Verwechslungen mit den Koordinaten x, y der nichteuklidischen Ebene zu vermeiden.

oder:
$$d\sigma = \frac{4a^2}{\bar{x}^2 + \bar{y}^2 + 4a^2} ds_2 = \frac{a-\zeta}{2a} ds_2.$$

Die betrachtete Abbildung ist also ebenfalls konform.

B. Die konforme Abbildung der elliptischen und hyperbolischen Ebene auf die euklidische Ebene. Aus der betrachteten Abbildung der nichteuklidischen Ebenen auf die Kugel können wir unmittelbar eine konforme Abbildung auf die euklidische Ebene ableiten, indem wir die beiden nichteuklidischen Ebenen erst in der eben angegebenen Weise konform auf

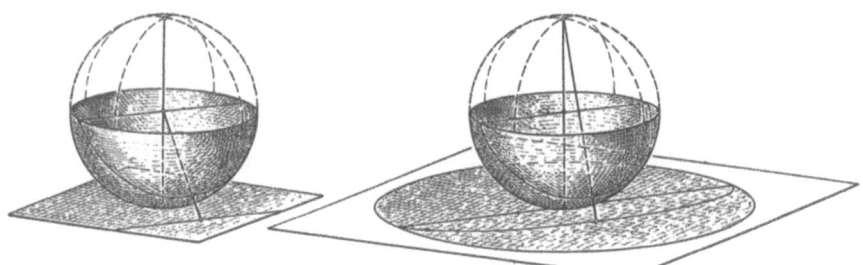

Zentralprojektion der elliptischen Ebene.   Darauf folgende stereographische Projektion.

Abb. 226.

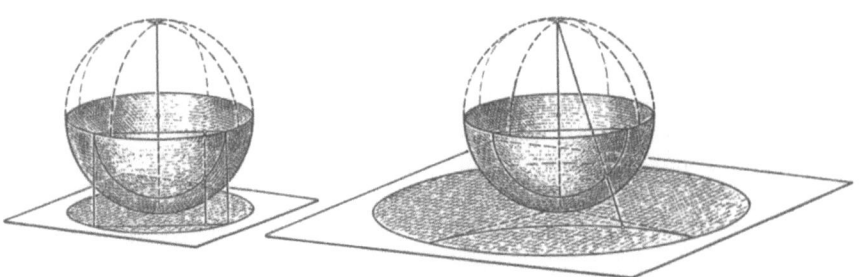

Orthogonale Projektion der hyperbolischen Ebene.   Darauf folgende stereographische Projektion.

Abb. 227.

die Kugel und dann weiter die Kugel durch stereographische Projektion konform auf die euklidische Ebene abbilden (Abb. 226 und 227). Das Bild des Kugeläquators wird in beiden Fällen als *Hauptkreis* bezeichnet; er hat bei unseren Festsetzungen den Radius $4c_e$ bzw. $4c_h$. Aus den Abb. 226 und 227 erkennt man, daß durch die beiden aufeinanderfolgenden Projektionen die gesamte elliptische Ebene und genau so der eigentliche Teil der hyperbolischen Ebene auf das Innere des Hauptkreises abgebildet wird, wobei im Fall der elliptischen Geometrie diametrale Punkte des Hauptkreises als identisch anzusehen sind. Die geraden Linien der elliptischen Geometrie gehen bei der ersten Projektion in die größten Kreise der Kugel über, welche bei der zweiten Projektion auf diejenigen Kreise der euklidischen Ebene abgebildet werden, *die den Hauptkreis in zwei diametralen Punkten schneiden*. Die geraden Linien der hyperbolischen Geometrie gehen dagegen bei der ersten Projektion in die den Kugeläquator rechtwinklig schneidenden Kugelkreise über, welche bei der stereographischen Projektion dann weiter auf diejenigen Kreise der euklidischen Ebene abgebildet werden, *die auf dem Hauptkreis senkrecht stehen*.

Eine einfache Rechnung[1]) zeigt, daß durch die vorgenommenen Projektionen der Punkt x, y der elliptischen bzw. hyperbolischen Ebene auf den folgenden Punkt $\bar{x}, \bar{y}$ der euklidischen Ebene abgebildet wird:

Elliptische Geometrie	*Hyperbolische Geometrie*
$\bar{x} = \dfrac{4c_e x \left(-2c_e + \sqrt{4c_e^2 + x^2 + y^2}\right)}{x^2 + y^2}$	$\bar{x} = \dfrac{4c_h x \left(2c_h - \sqrt{4c_h^2 - x^2 - y^2}\right)}{x^2 + y^2}$
$\bar{y} = \dfrac{4c_e y \left(-2c_e + \sqrt{4c_e^2 + x^2 + y^2}\right)}{x^2 + y^2}$	$\bar{y} = \dfrac{4c_h y \left(2c_h - \sqrt{4c_h^2 - x^2 - y^2}\right)}{x^2 + y^2}$

Das zugehörige Bogenelement berechnet sich am einfachsten auf dem folgenden Wege. Bei der Abbildung der elliptischen Ebene auf die Kugel ergibt sich: $ds_1 = d\sigma$, bei der nun folgenden stereographischen Projektion: $d\sigma = \dfrac{2c_e - \zeta}{4c_e} ds_2 = ds_1$. Wenn wir in diesen Ausdruck die Koordinaten $\bar{x}, \bar{y}$ der euklidischen Ebene einsetzen, erhalten wir:

$$ds_1 = \frac{\sqrt{d\bar{x}^2 + d\bar{y}^2}}{1 + \dfrac{\bar{x}^2 + \bar{y}^2}{16 c_e^2}}.$$

In derselben Weise ergibt sich für die hyperbolische Geometrie:

$$d\sigma = -\frac{\zeta}{2c_h} ds_3, \quad d\sigma = \frac{2c_h - \zeta}{4c_h} ds_2, \quad ds_3 = \frac{\zeta - 2c_h}{2\zeta} ds_2.$$

Hieraus folgt durch Einsetzen der euklidischen Koordinaten $\bar{x}, \bar{y}$:

$$ds_3 = \frac{\sqrt{d\bar{x}^2 + d\bar{y}^2}}{1 - \dfrac{\bar{x}^2 + \bar{y}^2}{16 c_h^2}}.$$

Riemann hat in seinem Habilitationsvortrag gezeigt, daß sich allgemein das Bogenelement einer n-dimensionalen Mannigfaltigkeit konstanter Krümmung auf die einfache Form:

$$ds = \frac{\sqrt{dx_1^2 + dx_2^2 \cdots + dx_n^2}}{1 \pm \dfrac{x_1^2 + x_2^2 \cdots + x_n^2}{\varkappa^2}}$$

---

[1]) Zusammensetzung der oben angegebenen Formeln für die einzelnen Projektionen.

298   Die Geschichte der nichteuklidischen Geometrie.

bringen läßt (vgl. S. 291). Wir wollen daher die erhaltenen Ausdrücke als *Riemannsche Form des nichteuklidischen Bogenelements* bezeichnen; die Konstante $\varkappa$ deutet sich dabei im zweidimensionalen Fall als der Radius $4c_e$ bzw. $4c_h$ des Hauptkreises.

Damit haben wir den folgenden Satz erhalten: *Wenn wir $\bar{x}, \bar{y}$ als rechtwinklige Parallelkoordinaten in der euklidischen Ebene deuten und die Länge der Kurven durch die Riemannsche Form des nichteuklidischen Bogenelements bestimmen, erhalten wir als geodätische Linien der hierdurch festgelegten Riemannschen Mannigfaltigkeit diejenigen Kreise, welche einen Hauptkreis vom Radius $4c_e$ in zwei diametralen Punkten treffen bzw. welche auf einem Hauptkreis vom Radius $4c_h$ senkrecht stehen.*

Hiermit haben wir eine neue Veranschaulichung der nichteuklidischen Geometrie gewonnen. Dabei verzichtet man im Gegensatz zu der ursprünglichen Darstellung darauf, die nichteuklidischen Geraden durch Geraden in der projektiven Ebene wiederzugeben, behält aber dafür die euklidische

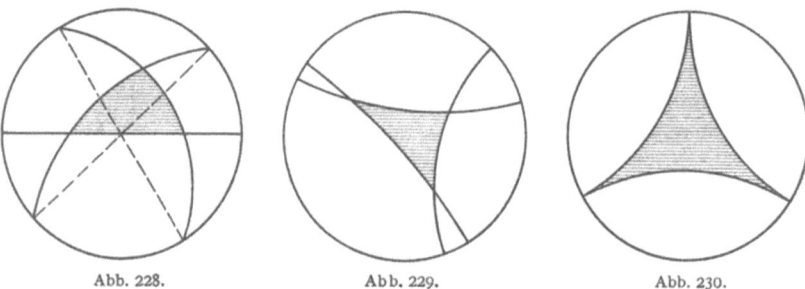

Abb. 228.   Abb. 229.   Abb. 230.

Winkelmessung bei. Diese Darstellung besitzt deshalb für die Wiedergabe solcher Sätze, bei denen Winkel eine besondere Rolle spielen, anschauliche Vorzüge gegenüber der Darstellung in der projektiven Ebene. Als Beispiel haben wir in den Abb. 228 und 229 ein Dreieck der elliptischen bzw. hyperbolischen Geometrie konform auf die euklidische Ebene abgebildet. Man sieht deutlich, daß die Winkelsumme im ersten Fall größer, im zweiten Fall dagegen kleiner als 180° ist. In Abb. 230 haben wir noch im besonderen ein hyperbolisches Dreieck mit lauter verschwindenden Winkeln auf diese Weise dargestellt.

Von besonderer Bedeutung ist, daß wir die Längenmessung bei diesen konformen Abbildern in der euklidischen Ebene ebenfalls mit Hilfe der Doppelverhältnisse durchführen können, wie wir für die hyperbolische Geometrie zeigen wollen. In der hyperbolischen Geometrie beträgt nach S. 165 die Länge der Strecke AB (vgl. Abb. 231) $c_h \cdot \ln DV\{ABCD\}$. Die vier Ebenen, welche von der im Mittelpunkt des Fundamentalkreises errichteten Senkrechten nach den betrachteten vier Punkten laufen (Abb. 232), bestimmen aber genau dasselbe Doppelverhältnis. Da bei der stereographischen Projektion die Bildpunkte von A, B, C, D wieder auf diese Ebenen zu liegen kommen, folgt hieraus: *In dem konformen Abbild der hyperbolischen Geometrie auf die euklidische Ebene ist die Länge einer Strecke $A'B'$ gleich $c_h \cdot \ln DV\{a\,b\,c\,d\}$, wobei a, b, c, d die Geraden sind, die von dem Mittelpunkt des Hauptkreises nach den vier Punkten A', B', C', D' der Abb. 233 laufen.*

Die betrachteten Verhältnisse lassen sich unmittelbar auf höhere Dimensionenzahlen verallgemeinern. Wir können somit ein konformes *Abbild der räumlichen hyperbolischen Geometrie* erhalten, indem wir von einer Hauptkugel ausgehen und als gerade Linien bzw. Ebenen diejenigen Kreis- bzw. Kugelstücke ansehen, die auf der Hauptkugel senkrecht stehen und im Innern dieser Kugel liegen. Die Winkel müssen wir dabei euklidisch messen, für die Längenmessung der Kurven haben wir dagegen die Riemannsche Form des Bogenelements zugrunde zu legen;

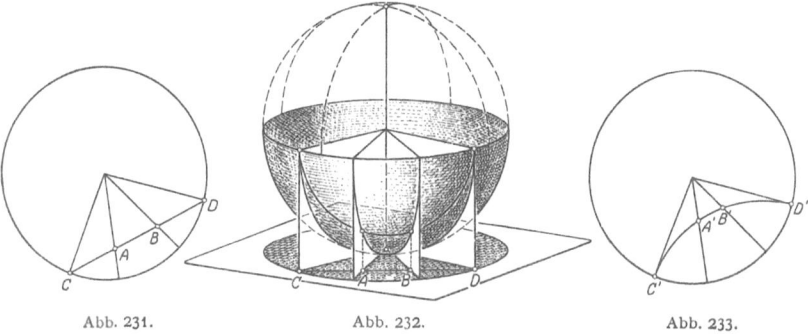

Abb. 231.   Abb. 232.   Abb. 233.

statt dessen können wir für die Längenmessung auf den „geraden Linien" auch die entsprechenden Doppelverhältnisse verwenden. In genau derselben Weise erhalten wir ein *Abbild der räumlichen elliptischen Geometrie*, wenn wir diametrale Punkte der Hauptkugel als identisch ansehen und diejenigen Kreis- und Kugelstücke als gerade Linien und Ebenen betrachten, welche im Innern der Hauptkugel liegen und diese in diametralen Punkten bzw. in einem Großkreis schneiden.

C. Die konformen Abbildungen der hyperbolischen Geometrie auf die Gaußsche Zahlebene. Für die funktionentheoretischen Untersuchungen fassen wir die betrachtete Abbildung der hyperbolischen Geometrie zweckmäßig nicht als Abbildung auf die euklidische Ebene, sondern als Abbildung auf die Gaußsche Zahlebene (vgl. S. 49) auf. Ein Punkt x, y der hyperbolischen Ebene wird dann auf den folgenden Punkt $\bar{x} + i\bar{y}$ der Zahlebene abgebildet:

$$\bar{x} + i\bar{y} = \frac{4c_h(x+iy)\{2c_h - \sqrt{4c_h^2 - (x^2+y^2)}\}}{x^2+y^2}$$

(vgl. die entsprechenden Formeln für die Abbildung auf die euklidische Ebene S. 297). Da der Hauptkreis den Radius $4c_h$ besitzt, müssen wir,

300   Die Geschichte der nichteuklidischen Geometrie.

wenn wir eine Abbildung auf das Innere des Einheitskreises erhalten wollen, noch eine Ähnlichkeitstransformation $\bar{\bar{x}} = 4c_h \bar{x}$, $\bar{\bar{y}} = 4c_h \bar{y}$ vornehmen. Um die Länge einer Strecke zu finden, haben wir das auf S. 299 angegebene Doppelverhältnis zu bilden, das sich einfach aus dem Arcus der vier zugehörigen komplexen Zahlen berechnen läßt. Statt dessen können wir die gesuchte Länge auch durch den Wert $2c_h \cdot \ln DV\{A'B'C'D'\}$ bestimmen, wobei A', B', C', D' die komplexen Zahlwerte der in Abb. 233 angegebenen entsprechenden Punkte bedeuten (man beachte, daß dies Doppelverhältnis nach S. 50 stets reell ist); denn wie wir auf S. 302 f. beweisen werden, sind die beiden so erhaltenen Werte einander gleich.

Des weiteren wird in funktionentheoretischen Untersuchungen noch eine andere Abbildung verwandt, welche dadurch entsteht, daß man das Innere des Hauptkreises durch eine lineare Transformation konform

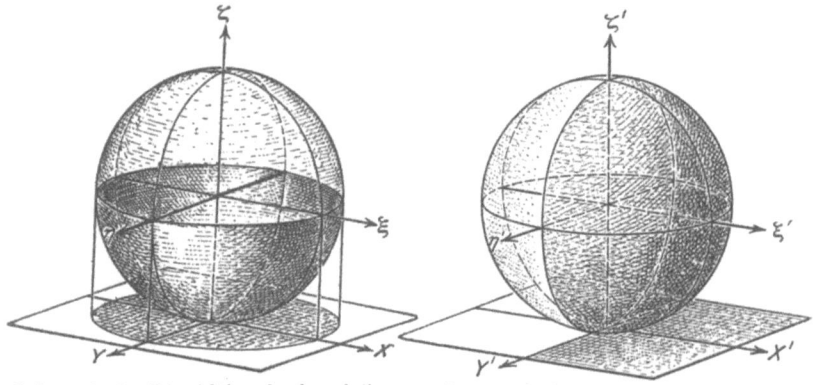

Orthogonale Parallelprojektion der hyperbolischen Ebene auf die Kugel.

Drehung der Kugel und darauffolgende stereographische Projektion.

Abb. 234.

auf eine Halbebene abbildet[1]). Diese Abbildung können wir auch auf folgendem Wege erhalten. Wir bilden die Punkte der hyperbolischen Ebene zunächst durch Orthogonalprojektion auf die untere Kugelhälfte ab (Abb. 234 links):

$$\xi = x, \quad \eta = y, \quad \zeta = -\sqrt{4c_h^2 - x^2 - y^2}.$$

Sodann drehen wir die Kugel um 90° um die η-Achse (Abb. 234 rechts); hierdurch werden die Kugelpunkte ξ, η, ζ bzw. die Punkte x, y der hyperbolischen Ebene auf die folgenden Punkte ξ', η', ζ' abgebildet:

$$\xi' = -\zeta = +\sqrt{4c_h^2 - x^2 - y^2}, \quad \eta' = \eta = y, \quad \zeta' = \xi = x.$$

Schließlich projizieren wir die Kugel wieder vom Nordpol aus stereographisch auf die Zahlebene. Hierbei bildet sich nach S. 295 der Kugel-

---

[1]) Diese Abbildung, die bereits *Beltrami* bekannt war, hat besonders *Poincaré* in seinen funktionentheoretischen Arbeiten verwandt. Wir werden in Kapitel XI näher auf diese Anwendungsmöglichkeit der nichteuklidischen Geometrie eingehen.

Die konformen Abbildungen der nichteuklidischen Ebene.

punkt ξ', η', ζ' auf den folgenden Punkt $x' + iy'$ der Zahlebene ab:
$$x' = \frac{4c_h \xi'}{2c_h - \zeta'} = \frac{4c_h \sqrt{4c_h^2 - x^2 - y^2}}{2c_h - x}, \quad y' = \frac{4c_h \eta'}{2c_h - \zeta'} = \frac{4c_h y}{2c_h - x}.$$

Man erkennt unmittelbar, daß bei der betrachteten Abbildung die geraden Linien der hyperbolischen Ebene in diejenigen Halbkreise übergehen, welche auf der die betrachtete Halbebene begrenzenden Geraden senkrecht stehen. Der Fundamentalkreis der hyperbolischen Geometrie wird auf diese Gerade selbst abgebildet. Der Punkt $x = 2c_h$, $y = 0$ geht in den unendlich fernen Punkt der Zahlebene über.

Das zugehörige Bogenelement berechnen wir auf folgendem Wege. Bei der Orthogonalprojektion auf die Kugel ist: $d\sigma = -\dfrac{\zeta}{2c_h} ds_3$. Bei der Drehung um die η-Achse erleidet das Bogenelement keine Veränderung: $d\sigma = d\sigma'$. Bei der stereographischen Projektion ergibt sich:
$$d\sigma' = \frac{2c_h - \zeta'}{4c_h} ds_2.$$

Wir erhalten also:
$$ds_3 = \frac{2c_h - \zeta'}{2\xi'} ds_2 = \frac{2c_h}{x'} ds_2 = \frac{2c_h \sqrt{dx'^2 + dy'^2}}{x'}.$$

Diese außerordentlich einfache Gestalt des Bogenelementes macht die betrachtete Abbildung der hyperbolischen Geometrie für zahlreiche Untersuchungen besonders geeignet[1]).

---

[1]) Wir wollen darauf hinweisen, *daß die betrachtete Abbildung der hyperbolischen Geometrie auf die Halbebene mit einer Koordinatenbestimmung identisch ist, welche die Punkte der hyperbolischen Ebene durch Parameterwerte auf dem fundamentalen Kreise festlegt.* Wir stellen den Fundamentalkreis unter Bezugnahme auf rechtwinklige Parallelkoordinaten ξ, η in der folgenden Parameterform dar:
$$\xi = \frac{2c_h(\lambda^2 - 1)}{\lambda^2 + 1}, \quad \eta = \frac{4c_h \lambda}{\lambda^2 + 1}.$$
Durch diese Gleichungen wird jedem Punkt des Kreises eindeutig ein bestimmter Wert λ zugeordnet. Von jedem Punkt x, y der Ebene, der nicht auf dem Kreise selbst liegt, gehen zwei Tangenten an den fundamentalen Kreis, welche diesen in den Punkten λ_1 und λ_2 berühren mögen. Da die Polare des Punktes x, y in bezug auf den Kreis die Gleichung $x\xi + y\eta = 4c_h^2$ besitzt und da ferner die Schnittpunkte dieser Geraden mit dem Kreis die Berührungspunkte der von dem Punkt x, y ausgehenden Tangenten sind, bestimmen sich λ_1 und λ_2 aus der Gleichung:
$$2c_h(\lambda^2 - 1)x + 4c_h \lambda y = 4c_h^2(\lambda^2 + 1).$$
Dem Punkt x, y werden also die folgenden Werte λ_1, λ_2 zugeordnet:
$$\lambda_1 = \frac{y + \sqrt{x^2 + y^2 - 4c_h^2}}{2c_h - x}, \quad \lambda_2 = \frac{y - \sqrt{x^2 + y^2 - 4c_h^2}}{2c_h - x}.$$
Mit Hilfe dieser Beziehungen können wir die Punkte der hyperbolischen Ebene durch die zugehörigen Parameterwerte λ_1, λ_2 festlegen. Für die Punkte im Innern des fundamentalen Kreises sind λ_1 und λ_2 konjugiert imaginär, wie auch geo-

Die Länge einer Strecke AB können wir, wenn sich die zugehörige hyperbolische Gerade als Kreis abbildet, durch den Ausdruck $c_h \cdot \ln DV\{A'B'CD\}$ festlegen, wobei A', B', C, D die in Abb. 235 angegebenen Punkte der die Halbebene begrenzenden Geraden sind. Der Beweis ergibt sich folgendermaßen. Bei der Abbildung der hyperbolischen Geometrie auf die untere Kugelhälfte können wir die Länge einer Strecke durch das Doppelverhältnis der vier Geraden festlegen, welche in Abb. 232 auf der horizontalen Ebene in A, B, C, D senkrecht stehen. Nach der Drehung um die η-Achse können wir dasselbe Verfahren verwenden, da bei dieser Bewegung alle Längen ungeändert bleiben. Bei der stereographischen Projektion ergibt sich aber hieraus gerade die eben angegebene Längenmessung. Wenn sich dagegen die zur Strecke AB gehörige gerade Linie nicht auf einen Kreis, sondern eine Gerade der Zahlebene abbildet, berechnen wir die Länge am besten aus dem Bogenelement; denn da in diesem Fall $dy' = 0$ ist, ergibt sich für die Längenmessung auf der betrachteten Geraden:

$$ds_3 = \frac{2 c_h d x'}{x'} \text{ und somit:}$$

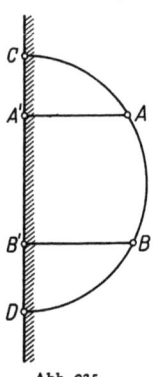

Abb. 235.

$$L = \int_{x_0}^{x_1} \frac{2 c_h d x'}{x'} = [2 c_h \ln x']_{x_0}^{x_1} = 2 c_h \ln \frac{x_1}{x_0}.$$

Statt dessen können wir die Länge einer Strecke AB (in beiden Fällen) auch durch den Ausdruck $2 c_h \cdot \ln DV\{ABCD\}$ festlegen, wobei A, B, C, D die komplexen Zahlwerte der in Abb. 235 angegebenen entsprechenden Punkte bedeuten. Wenn sich die zugehörige Gerade wieder als gerade Linie abbildet, ergibt sich der Beweis ohne Schwierigkeiten; wir beschränken uns deshalb auf den Fall, daß sich die hyperbolische Gerade als Kreis darstellt. Das Doppelverhältnis der betrachte-

---

metrisch evident ist. Wenn wir für diesen Fall λ_1 und λ_2 durch die Angabe der reellen und imaginären Bestandteile festlegen:

$$\lambda_1 = \mu + i\bar{\mu}, \quad \lambda_2 = \mu - i\bar{\mu}, \quad \mu = \frac{y}{2c_h - x}, \quad \bar{\mu} = \frac{\sqrt{4c_h^2 - x^2 - y^2}}{2c_h - x},$$

erhalten wir ein Formelsystem, das bis auf den belanglosen Faktor $4 c_h$ mit den Formeln identisch ist, welche die hyperbolische Geometrie auf die Halbebene abbilden. In den Koordinaten λ_1 und λ_2 nimmt das hyperbolische Bogenelement die einfache Gestalt:

$$ds_3 = \frac{4 i c_h \sqrt{d\lambda_1 \cdot d\lambda_2}}{\lambda_1 - \lambda_2}$$

an. In der Tat muß, wenn wir $\lambda_1 = $ const, also $d\lambda_1 = 0$ setzen, die Bogenlänge ds_3 verschwinden, da die durch $\lambda_1 = $ const festgelegte Gerade isotrop ist; genau dasselbe gilt für $\lambda_2 = $ const. Daraus folgt aber, daß in dem Ausdruck für das Bogenelement $ds^2 = E \, d\lambda_1^2 + 2F \, d\lambda_1 \, d\lambda_2 + G \, d\lambda_2^2$ die Größen E und G gleich Null sein müssen.

ten vier Zahlen ist $DV = \dfrac{A-C}{A-D} : \dfrac{B-C}{B-D}$. Wir stellen die vier Zahlen in der bekannten Form $A = r_\alpha \cdot e^{i\alpha}, \ldots$ dar; dann wird $A - C = r_\alpha \cdot e^{i\alpha} - r_\gamma \cdot e^{i\gamma}, \ldots$. Da die vier komplexen Punkte auf einem Kreis liegen, ist das Doppelverhältnis reell (vgl. S. 50); es wird also nicht verändert, wenn wir überall i durch den Wert $-i$ ersetzen. Wir erhalten somit: $DV = \dfrac{\overline{A}-\overline{C}}{\overline{A}-\overline{D}} : \dfrac{\overline{B}-\overline{C}}{\overline{B}-\overline{D}}$, wobei $\overline{A}$ den konjugiert imaginären Wert zu A usw. bedeutet. Wir bilden nun durch Multiplikation der beiden Ausdrücke den Wert DV^2; er setzt sich aus Gliedern der folgenden Form zusammen:

$$(A - C)(\overline{A} - \overline{C}) = r_\alpha^2 + r_\gamma^2 - 2 r_\alpha r_\gamma \cos(\alpha - \gamma).$$

Dieser Wert ist nach dem Cosinussatz der euklidischen Trigonometrie gleich dem Quadrat der Strecke $\overline{AC}$. Nun ist aber im rechtwinkligen Dreieck $\overline{AC}^2 = \overline{DC} \cdot \overline{A'C}$ (vgl. Abb. 235). Wenn wir diesen und die entsprechend gebauten Ausdrücke in DV^2 einsetzen, erhalten wir:

$$DV^2 = \dfrac{\overline{A'C}}{\overline{A'D}} : \dfrac{\overline{B'C}}{\overline{B'D}}.$$

Dies ist aber gerade das Doppelverhältnis, durch das wir S. 302 die Länge AB festgelegt haben; durch einen Vergleich der beiden Resultate ergibt sich die aufgestellte Behauptung. Da die Doppelverhältnisse bei linearen Transformationen invariant bleiben, folgt hieraus unmittelbar die entsprechende Behauptung für die konforme Abbildung der hyperbolischen Ebene auf das Innere des Einheitskreises (vgl. S. 300).

Die betrachteten Abbildungen der hyperbolischen Geometrie auf die Zahlebene sind von besonderer Bedeutung für die *Theorie der automorphen Funktionen*, da sich hier durch die Einführung dieser Maßbestimmung wesentliche Vereinfachungen ergeben (vgl. Kapitel XI, § 3).

§ 7. Das Eingreifen der projektiven Geometrie[1]).

Die neuere und abschließende Entwicklung der nichteuklidischen Geometrie wird von den Überlegungen, auf die das vorliegende Buch aufgebaut ist, beherrscht. Diese Entwicklung knüpft an den englischen Forscher *Cayley* an, der in der Mitte des vorigen Jahrhunderts in den Philosophical Transactions eine Reihe von Abhandlungen unter dem Titel: *Memoirs upon Quantics* veröffentlicht hat, in denen er die damaligen Resultate der Invariantentheorie zusammenfaßte. In der

---

[1]) Bezüglich der historischen Zusammenhänge vgl. *Klein: Vorlesungen über die Entwicklung der Math. im 19. Jahrhundert.* Bd. I, 1926, S. 174 ff. Ferner die entsprechenden Bemerkungen in Kleins Ges. Math. Abh. Bd. I, in denen auch die diesbezüglichen Arbeiten von Klein abgedruckt sind.

sechsten dieser Abhandlungen, die 1859 erschienen ist, legt er seinen Untersuchungen statt des euklidischen Kreispunktepaares ein beliebiges Gebilde zweiten Grades zugrunde und definiert in bezug auf dieses die Entfernung und den Winkel derartig, daß sich die euklidischen Formeln ergeben, wenn er insbesondere das Kreispunktepaar als fundamentales Gebilde wählt. Cayley ist also weit souveräner als die französische Schule (vgl. S. 10) aufgetreten; während diese die gegebenen Verhältnisse der euklidischen Geometrie analysiert hat (vgl. Kap. IV), wurden von Cayley ihre Begriffe in ein umfassendes logisches System eingeordnet.

Der Zusammenhang seiner Überlegungen mit denen der nichteuklidischen Geometrie, wie sie von Gauß, Lobatschefskij und Johann Bolyai geschaffen worden war, ist ihm dabei entgangen, da ihm die diesbezüglichen Arbeiten unbekannt waren. Diese Beziehungen sind zum erstenmal 1869 von *Klein* erkannt worden; er mußte dabei an dem Cayleyschen Ansatz einige Verallgemeinerungen vornehmen, um völlige Übereinstimmung mit der nichteuklidischen Geometrie zu erhalten.

§ 8. Der weitere Ausbau der nichteuklidischen Geometrie, insbesondere der Differentialgeometrie.

Zum Schluß dieses Kapitels wollen wir noch auf einige Entwicklungsreihen hinweisen, die über die Betrachtungen dieses Buches hinausgreifen. Zunächst hat *Dehn* auf Anregung von *Hilbert* untersucht, welche Möglichkeiten vorliegen, wenn wir unter Fortlassen des Parallelenaxioms auch *die Voraussetzungen über die Stetigkeit einschränken*; hierbei ist er zu der Aufstellung von sehr interessanten „nichtarchimedischen" Geometrien gekommen[1]).

Sodann weisen wir auf die Entwicklungsreihe hin, die durch den Namen *Study* gekennzeichnet ist[2]). Dieser hat von 1900 an die projektive Maßbestimmung als Instrument für weitere mathematische Forschungen benutzt und auch verschiedene Schüler angeregt, sich in demselben Sinne zu betätigen. Seine Arbeiten begegnen sich mit interessanten differential- und liniengeometrischen Untersuchungen, die *Bianchi* bereits vorher begonnen hatte[2]). Da diese Untersuchungen eine unmittelbare Verallgemeinerung der in diesem Kapitel behandelten differentialgeometrischen Fragen darstellen, wollen wir unter Angabe einiger besonders schöner Sätze kurz über sie referieren.

Das Krümmungsmaß einer Fläche im euklidischen Raum läßt sich auf drei verschiedene Weisen definieren: 1. als innere Invariante des

---

[1]) *Dehn: Die Legendreschen Sätze über die Winkelsumme im Dreieck*, Math. Ann. Bd. 53, 1900 (vgl. insbesondere die Zusammenstellung der Ergebnisse S. 439).

[2]) Vgl. die weiterhin angegebene Literatur.

Bogenelementes ds^2, 2. als Produkt der beiden Hauptkrümmungen (vgl. S. 280) und 3. durch das Verhältnis des durch die Parallelen der Normalen vermittelten sphärischen Bildes eines Flächenelementes zu diesem selbst. Diese drei Definitionen sind in der euklidischen Geometrie äquivalent. Bei ihrer Verallgemeinerung auf nichteuklidische Räume ist dies nicht der Fall.

Die nach der Definition 1 für eine Fläche, die in einem nichteuklidischen Raum liegt und im Sinne dieser Geometrie ausgemessen wird, berechnete Größe heißt das *absolute Krümmungsmaß* K_a.

Um die Definition 2 auf nichteuklidische Räume auszudehnen, haben wir wie in der euklidischen Geometrie durch einen Flächenpunkt die Normale zu legen und die Schnitte der Ebenen, die durch die Normale laufen, mit der Fläche zu betrachten. Die Krümmung dieser Kurven, die analog wie in der euklidischen Geometrie definiert wird, besitzt im allgemeinen zwei Extremwerte $\dfrac{1}{r_1}$ und $\dfrac{1}{r_2}$. Ihr Produkt ist das *relative Krümmungsmaß* $K_r = \dfrac{1}{r_1 r_2}$.

Ist nun $k = \dfrac{1}{4c_e^2}$ bzw. $k = -\dfrac{1}{4c_h^2}$ die Maßkonstante (vgl. S. 194) oder das (absolute) Krümmungsmaß des Raumes, so besteht die einfache Beziehung[1]):
$$K_a = K_r + k.$$

Die Verallgemeinerung der dritten Definition des Krümmungsmaßes liefert dagegen wieder die Größe K_a [2]).

Wir nennen noch einige Sätze, die sich auf Flächen mit dem absoluten Krümmungsmaß 0 beziehen, also auf Flächen mit euklidischer Differentialgeometrie. Wir kennen einige derartige Flächen schon: in der elliptischen Geometrie die Cliffordschen Flächen (vgl. S. 244), in der hyperbolischen Geometrie die Horosphären (S. 252), sowie gewisse „zylinderartige" Flächen (S. 250). Einen vollständigen Überblick über die Gesamtheit aller Flächen mit $K_a = 0$ gewähren die folgenden beiden Sätze:

Wenn wir in einem elliptischen Raum vom Krümmungsmaß $\dfrac{1}{4c_e^2}$ zwei Kurven K und K' von der konstanten, aber entgegengesetzt gleichen Torsion $\dfrac{1}{2c_e}$ und $-\dfrac{1}{2c_e}$ so legen, daß sie in einem gemeinsamen Punkt die gleiche Schmiegungsebene besitzen, und nun K eine stetige Cliffordsche Schiebung längs K' erteilen, so entsteht eine Fläche mit der abso-

---

[1]) *Bianchi-Lukat: Vorlesungen über Differentialgeometrie*, 1. Aufl., 1899, Kap. XXII.
[2]) *Study: Nachtrag zu dem Aufsatz: Über nichteuklidische und Liniengeometrie*, Jahresber. d. D.M.V. 11, 1902.

luten Krümmung Null; und umgekehrt erhält man so alle derartigen Flächen[1]). Man erkennt, daß unter diesen Flächen die Cliffordschen Flächen enthalten sind.

Im hyperbolischen Raum sind die Flächen, für die $K_a = 0$ ist, folgendermaßen charakterisiert: Denken wir uns die Fundamentalfläche als Riemannsche Zahlkugel und in einem Bereich auf ihr eine analytische Funktion definiert. Die Geraden des hyperbolischen Raumes, welche die Punkte des Bereichs mit den ihnen durch die Funktion zugeordneten Bildpunkten verbinden, heißen eine *synektische Linienkongruenz*. Es gilt der Satz, daß eine solche Kongruenz Orthogonalflächen besitzt und daß für diese $K_a = 0$ ist. Umgekehrt bilden die Normalen auf einer Fläche von verschwindender absoluter Krümmung stets eine synektische Kongruenz[2]).

Kapitel XI.

Ausblicke auf Anwendungen der nichteuklidischen Geometrie.

In diesem Schlußkapitel wollen wir zeigen, daß die nichteuklidische Geometrie nicht lediglich wegen der Einsichten systematischer und axiomatischer Natur, die sie gewährt, von Interesse ist, sondern daß sie auch mit anderen Gebieten der Mathematik in Zusammenhang steht, sich bei ihrer Behandlung als nützliches Handwerkszeug erweist und in ihnen fruchtbare Anwendung findet. Wir werden dabei nur so weit gehen, daß diese Zusammenhänge erkennbar werden, und im übrigen auf leicht zugängliche Literatur verweisen.

§ 1. Die hyperbolischen Bewegungen des Raumes und der Ebene und die linearen Substitutionen einer komplexen Veränderlichen.

Der weitaus wichtigste dieser Zusammenhänge besteht zwischen der hyperbolischen Geometrie und der Funktionentheorie. Die Fundamentalfläche einer hyperbolischen Geometrie im Raume sei durch:
$$x_1^2 + x_2^2 + x_3^2 - x_4^2 = 0$$
gegeben; dann läßt sich eine ihrer erzeugenden Geradenscharen durch die Gleichungen:
$$x_1 + i x_2 = \lambda (x_4 - x_3),$$
$$\lambda (x_1 - i x_2) = x_4 + x_3$$
darstellen (vgl. S. 75 ff.); λ ist dabei ein Parameter, der alle komplexen Werte einschließlich ∞ durchläuft. Zu jedem komplexen Wert gehört

---
[1]) *Bianchi-Lukat:* l. c.
[2]) *Bianchi-Lukat:* l. c., sowie *Study: Über nichteuklidische und Liniengeometrie.* Jahresber. d. D.M.V. 11, 1902.

also eine Gerade der Schar und mithin ein reeller Punkt der Fläche, nämlich der Schnittpunkt dieser Geraden mit der zugehörigen konjugiert komplexen Geraden.

Sehen wir uns die so definierte eineindeutige Verteilung aller komplexen Zahlen auf der ovalen Fläche näher an. Wenn wir zu inhomogenen Koordinaten:
$$x = \frac{x_1}{x_4}, \quad y = \frac{x_2}{x_4}, \quad z = \frac{x_3}{x_4}$$
übergehen und im x, y, z-Raum die euklidische Geometrie mit rechtwinkligen x, y, z-Koordinaten gelten lassen, so ist unsere Fläche eine Kugel. Aus den obigen Gleichungen ist ersichtlich, daß jedem ihrer Punkte mit Koordinaten x, y, z die komplexe Zahl:
$$\lambda = \frac{x_1 + i x_2}{x_4 - x_3} = \frac{x + iy}{1 - z}$$
zugeordnet ist. Wenn wir die Kugel von ihrem Nordpol $x = y = 0$, $z = 1$ stereographisch auf die Äquatorebene $z = 0$ projizieren, so ist, wenn $a, b, 0$ die Koordinaten des Punktes sind, in den der Kugelpunkt x, y, z übergeht,
$$a = \frac{x}{1-z}, \quad b = \frac{y}{1-z},$$
also:
$$\lambda = a + ib.$$

So sehen wir: *Die in der Funktionentheorie übliche Verteilung der komplexen Zahlen auf der Zahlkugel stimmt völlig mit der Parameterverteilung überein, die durch eine erzeugende Geradenschar hervorgerufen wird*[1].

Bei einer Bewegung des hyperbolischen Raumes, der die Zahlkugel als Fundamentalfläche besitzt, erleidet nun (vgl. S. 112) λ eine lineare Substitution mit komplexen Koeffizienten und nicht verschwindender Determinante:
$$\lambda' = \frac{\alpha \lambda + \beta}{\gamma \lambda + \delta}, \qquad (\alpha \delta - \beta \gamma \neq 0).$$

Umgekehrt gehört zu jeder solchen Substitution eine und nur eine reelle Bewegung; denn die Transformation, welche die zweite Geradenschar erleidet, ist durch die Transformation der ersten Geradenschar und weiter durch die Bedingung, daß die Bewegung reell sein soll, eindeutig bestimmt. In dem gleichen Verhältnis stehen die Umlegungen der hyperbolischen Geometrie zu den uneigentlichen Substitutionen, die jedem Wert λ den Wert:
$$\lambda' = \frac{\alpha \bar{\lambda} + \beta}{\gamma \bar{\lambda} + \delta}$$
zuordnen, wobei $\bar{\lambda}$ die zu λ konjugiert komplexe Zahl ist.

---

[1] Die andere Geradenschar ordnet bei passender Einführung des zugehörigen Parameters jedem Punkt den konjugierten Wert $\bar{\lambda} = a - ib$ zu.

308   Ausblicke auf Anwendungen der nichteuklidischen Geometrie.

Damit ist der Zusammenhang zwischen der hyperbolischen Geometrie und der Funktionentheorie bereits hergestellt. *Jede hyperbolische Bewegung (bzw. Umlegung) ergibt auf der Fundamentalkugel eine eigentliche (bzw. uneigentliche) lineare Substitution; und umgekehrt, jede eigentliche (bzw. uneigentliche) lineare Substitution auf der Kugel läßt sich eindeutig zu einer hyperbolischen Bewegung (bzw. Umlegung) vervollständigen.* Durch diesen Zusammenhang werden die hyperbolischen Bewegungen des Raumes und die (eigentlichen) linearen Substitutionen einer komplexen Variablen eineindeutig so aufeinander bezogen, daß die beiden Gruppen vermöge dieser Beziehung isomorph sind[1]). Wir haben nun S. 251 gesehen, daß es Untergruppen der räumlichen hyperbolischen Bewegungen gibt, die den Bewegungsgruppen der ebenen elliptischen, euklidischen oder hyperbolischen Geometrie isomorph sind; sie entstehen, wenn wir einen Punkt im Innern, auf dem Rande oder im Äußern der Fundamentalfläche festhalten. Auf Grund des obigen Zusammenhanges wissen wir, *daß es entsprechende Untergruppen der eigentlichen linearen Substitutionen geben muß;* mit ihnen werden wir uns im nächsten Paragraphen noch kurz beschäftigen.

Zuvor wollen wir aber noch zeigen, wie sich aus der Existenz derjenigen Untergruppe der linearen Substitutionen, welche der Bewegungsgruppe der ebenen hyperbolischen Geometrie entspricht, ein Modell der ebenen hyperbolischen Geometrie ableiten läßt, das besondere geometrische und funktionentheoretische Wichtigkeit besitzt Auf dieses Modell waren wir S. 299ff. bereits durch ganz andersartige, nämlich differentialgeometrische Überlegungen geführt worden. Wir schließen folgendermaßen. Die der hyperbolischen Bewegungsgruppe der Ebene entsprechende Untergruppe in der räumlichen hyperbolischen Geometrie ergab sich, als wir einen Punkt im Äußern der Fundamentalfläche festhielten (S. 251). In dem durch ihn gehenden Bündel gilt, wie wir hervorhoben, eine hyperbolische Maßbestimmung, die wir S. 252 auf die zu dem Fixpunkt gehörigen Hypersphären projizierten. Wir können die hyperbolische Maßbestimmung auf diese Weise aber auch auf die Fundamentalfläche, die wir jetzt als euklidische Kugel angenommen haben, selbst übertragen. Wählen wir insbesondere als den ausgezeichneten Fixpunkt den unendlich fernen Punkt der z-Achse, so sind die Strahlen und Ebenen des Bündels zur z-Achse parallel. Den geraden Linien der betrachteten zweidimensionalen hyperbolischen Geometrie, also den Ebenen des Bündels, entsprechen dann diejenigen Kreise auf der Kugel, die den Äquator senkrecht schneiden; den Bewegungen entsprechen diejenigen linearen Substitutionen von λ, bei denen der Äquator fest bleibt. Diese Abbildung des hyperbolischen Bündels auf die Kugel ist zunächst zweideutig; wir machen sie dadurch eindeutig, daß wir nur die untere Halbkugel betrachten. Projizieren wir diese nun stereographisch vom Nordpol aus

---

[1]) Definition der Isomorphie S. 213, Anm. 1.

auf die Äquatorebene, *so erhalten wir im Innern des Einheitskreises der x-y-Ebene ein eineindeutiges Bild der hyperbolischen Geometrie der Ebene, in dem als Geraden die Kreise gelten, die den Einheitskreis senkrecht schneiden, und als Bewegungen diejenigen linearen Substitutionen von $x + iy$, die diesen Kreis in sich transformieren*[1]). Wenn wir als Zentrum des hyperbolischen Bündels nicht den unendlich fernen Punkt der z-Achse, sondern den der y-Achse wählen, und dann die durch $y > 0$ gekennzeichnete Halbkugel stereographisch vom Nordpol aus auf die x-y-Ebene projizieren, so erhalten wir ein ganz ähnliches Bild der hyperbolischen Geometrie in der Halbebene $y > 0$ statt im Innern des Einheitskreises[1]). Die Bewegungen sind jetzt diejenigen linearen Substitutionen von $x + iy$, bei denen die reelle Achse $y = 0$ in sich übergeht, also die Substitutionen mit reellen Koeffizienten. Daß man durch diese Substitutionen die hyperbolischen Bewegungen der Ebene darstellen kann, haben wir schon früher (S. 99) auf ganz anderem Wege erkannt.

Das hier besprochene Modell der ebenen hyperbolischen Geometrie, das bereits *Beltrami* bekannt war, ist durch die Arbeiten von *Poincaré* von großer Bedeutung für die neuere Funktionentheorie geworden, worauf wir in § 3 näher eingehen werden. Hier wollen wir nur zeigen, in welcher Richtung ein Zusammenhang zwischen der reellen nichteuklidischen Geometrie und der Funktionentheorie einer komplexen Veränderlichen zu suchen ist.

§ 2. Über Anwendungen der hyperbolischen Geometrie des Raumes auf lineare Substitutionen.

Auf Grund des im vorigen Paragraphen festgestellten Zusammenhanges zwischen den linearen Substitutionen und den Bewegungen des hyperbolischen Raumes können wir die Kenntnisse, die wir von den letzteren haben (S. 249ff.), zur Diskussion der durch lineare Funktionen vermittelten Abbildungen der Riemannschen Zahlkugel auf sich verwenden. Wir können diese Abbildungen ebenso wie die ihnen entsprechenden Bewegungen[2]) klassifizieren und gelangen dadurch zu folgender Einteilung:

1. Bei der hyperbolischen Bewegung gehen sämtliche Punkte einer durch das Innere der Fundamentalfläche laufenden Geraden g, sowie jede zu g (im hyperbolischen Sinn) senkrechte Ebene in sich über, während das Ebenenbüschel durch g eine Kollineation in sich erleidet. Die entsprechende lineare Substitution der Fundamentalkugel sieht daher so aus: zwei Punkte (die Durchstoßpunkte von g) sind Fixpunkte, jeder Kreis einer Kreisschar, die sich auf diese beiden Punkte zusammenzieht,

---

[1]) Bezüglich der Längen- und Winkelmessung in diesem Modell vgl. S. 299 ff.
[2]) Der Leser vergleiche die Klassifikation der hyperbolischen Bewegungen S. 250ff.

(Schnitt mit einer auf g senkrechten Ebene) ist eine „Stromlinie", d. h. er wird in sich transformiert; die zu dieser Kreisschar senkrechte Kreisschar durch die beiden Fixpunkte (Schnitt mit dem Ebenenbüschel durch g) geht als Ganzes in sich über. Eine solche Substitution nennt man *elliptisch*.

2. Bei der hyperbolischen Bewegung bleibt eine im Äußern der Fläche verlaufende Gerade g punktweise fest; das Ebenenbüschel durch g erleidet eine Kollineation; jede Ebene durch die Polare g' von g geht in sich über. Bei der zugehörigen linearen Substitution der Kugel sind wieder zwei Fixpunkte vorhanden (die Durchstoßpunkte von g'); die Kreise des durch diese bestimmten Kreisbüschels (die Schnitte mit den Ebenen durch g') sind die ‚Stromlinien'; die zu dieser Schar orthogonale Schar (Schnitt mit dem Büschel durch g) geht als Ganzes in sich über. Gegenüber der elliptischen Substitution sind also die Rollen der beiden Kreisscharen vertauscht. Man nennt die jetzt vorliegende Substitution *hyberbolisch*.

3. Es gehen zwei zueinander polare Geraden g und g' je in sich über, es bleibt aber kein Punkt im Innern oder Äußern der Fläche fest. Diese Bewegung läßt sich als Kombination der unter 1. und 2. betrachteten Fälle auffassen. Die Punkte bewegen sich auf Schraubenlinien. Auf der Kugel gibt es wieder zwei Fixpunkte (die Schnittpunkte mit der reell schneidenden Fixgeraden); die ‚Stromlinien' sind jetzt Spiralen um die beiden Fixpunkte. Man nennt eine solche Substitution *loxodromisch*.

4. Schließlich bleibt noch der Grenzfall, daß die beiden festen Geraden sich schneiden und in ihrem Schnittpunkt die Kugel berühren. Dann lehrt die Betrachtung des hyperbolischen Raumes (vgl. S. 250): es gibt einen einzigen Fixpunkt auf der Kugel (den Berührungspunkt der festen Geraden); jede Schar sich in ihm berührender Kreise geht als Ganzes in sich über, die Kreise einer ausgezeichneten dieser Scharen sind die „Stromlinien". Diese Substitution heißt *parabolisch*.

Genaue Diskussionen der verschiedenen linearen Abbildungen der Kugel auf sich findet man in vielen Lehrbüchern der Funktionentheorie[1]).

Eine schöne Anwendung der hyperbolischen Geometrie hat Klein bei der Behandlung der folgenden Aufgabe gemacht: „Es sollen alle endlichen Gruppen (d. h. aus endlich vielen Operationen bestehende Gruppen) linearer Substitutionen einer komplexen Veränderlichen angegeben werden[2])." Sein Gedankengang ist: Man hat die endlichen Bewegungsgruppen des hyperbolischen Raumes aufzusuchen. Jede einer solchen Gruppe angehörige Bewegung ist „periodisch", d. h. führt nach mehrmaliger Wiederholung jeden Punkt in seine Ausgangslage zurück. Eine periodische Bewegung hat, wie man leicht sieht, einen Fixpunkt

---

[1]) Siehe z. B. *Hurwitz-Courant*: *Funktionentheorie*, 2. Aufl., 1925.
[2]) *Über binäre Formen mit linearen Substitutionen in sich*, Math. Ann. 9; wieder abgedruckt in Kleins Ges. Math. Abh. II, S. 245.

im *Innern* der Fläche (ist also „elliptisch"). Alle Bewegungen einer endlichen Gruppe aber haben sogar einen *gemeinsamen* Fixpunkt im Innern[1]). Die Gruppe ist daher Untergruppe der Gruppe aller hyperbolischen Drehungen um einen festen, reellen, eigentlichen Punkt, die sich (vgl. S. 251) in nichts von der Gruppe der euklidischen Kugeldrehungen unterscheidet. Unsere endliche Gruppe ist daher einer endlichen Gruppe von Kugeldrehungen, d. h. einer der sog. „Polyedergruppen"[2]) isomorph.

§ 3. Automorphe Funktionen, Uniformisierung und nichteuklidische Maßbestimmung[3].

In diesem Paragraphen wollen wir kurz auf die *funktionentheoretische Bedeutung des Poincaréschen Modells* der ebenen hyperbolischen Geometrie (vgl. S. 308, sowie S. 299 ff.) eingehen, in dem diejenigen linearen Substitutionen, die den Einheitskreis in sich transformieren, als nichteuklidische Bewegungen der Ebene gedeutet werden.

Unter einer *automorphen Funktion* versteht man eine eindeutige analytische Funktion, die invariant ist gegenüber einer Gruppe linearer Substitutionen ihres Argumentes; wenn $f(t)$ eine solche Funktion ist, so gibt es also eine Gruppe von Substitutionen:

$$t_\lambda = \frac{\alpha_\lambda t + \beta_\lambda}{\gamma_\lambda t + \delta_\lambda}, \qquad (\alpha_\lambda \delta_\lambda - \beta_\lambda \gamma_\lambda \neq 0;\ \lambda = 0, 1, 2, \ldots)$$

derart, daß:

$$f(t_\lambda) = f(t)$$

für alle t des Existenzbereiches von f ist. Die einfachsten Beispiele sind:

$$f(t) = t^n$$

mit der aus n Substitutionen bestehenden Gruppe:

$$t_\lambda = e^{2\pi i \cdot \frac{\lambda}{n}} t \qquad (\lambda = 0, 1, \ldots, n-1)$$

und:

$$f(t) = e^t$$

mit der unendlichen Gruppe:

$$t_\lambda = t + \lambda \cdot 2\pi i, \qquad (\lambda = 0, 1, 2, \ldots, -1, -2, \ldots)$$

---

[1]) Begründung s. *Klein* a. a. O.

[2]) Die Polyedergruppen sind z. B. in *Klein, Elementarmathematik* I, 1924, S. 129 ff. eingehend behandelt. Auch die *unendlichen* Substitutionsgruppen lassen sich mittels des betrachteten Zusammenhangs klassifizieren; s. *Klein-Fricke, Automorphe Funktionen* I.

[3]) Als Literatur zu diesem Paragraphen, zu dessen Verständnis einige funktionentheoretische Kenntnisse vorausgesetzt werden müssen, nennen wir: *Klein-Fricke: Automorphe Funktionen*; *Hurwitz-Courant: Funktionentheorie* (3. Teil); *Weyl: Die Idee der Riemannschen Fläche.*

312 Ausblicke auf Anwendungen der nichteuklidischen Geometrie.

ferner außer dieser einfach-periodischen Funktion e^t die bekannten doppelt-periodischen Funktionen. Bei diesen Beispielen ist der Existenzbereich von $f(t)$ entweder — im Fall $f(t) = t^n$ — die ganze Zahlkugel oder — im Fall der periodischen Funktionen — die Zahlebene ohne den unendlich fernen Punkt.

Daneben aber gibt es auch automorphe Funktionen mit anderen Existenzbereichen. Uns interessieren jetzt besonders diejenigen, deren Existenzbereich das Innere des Einheitskreises ist. Die zugehörigen linearen Substitutionen führen daher den Einheitskreis in sich über, können also als Bewegungen der hyperbolischen Ebene aufgefaßt werden. Da nun für das Studium der automorphen Funktionen die Kenntnis der zugehörigen Substitutionsgruppen von größter Bedeutung ist, ist hieraus die Wichtigkeit der hyperbolischen Geometrie für diesen Zweig der Funktionentheorie ersichtlich.

Die einfachste dieser automorphen Funktionen „mit Grenzkreis" ist die *Modulfunktion*, d. h. diejenige Funktion, die ein dem Einheitskreis einbeschriebenes, ihn mit seinen Seiten orthogonal schneidendes Kreisbogendreieck — also ein im Sinn des Poincaréschen Abbildes der hyperbolischen Geometrie geradliniges, nullwinkliges Dreieck — konform und schlicht auf eine von der reellen Achse begrenzte Halbebene abbildet. Diese zunächst nur im Innern des Dreiecks definierte Funktion $u = f(t)$ läßt sich im ganzen Innern des Einheitskreises, aber nirgends über diesen hinaus analytisch fortsetzen. Die analytische Fortsetzung wird folgendermaßen ausgeführt: man spiegelt das Dreieck an einer seiner Seiten; es bildet zusammen mit diesem seinem Spiegelbild ein Viereck; dieses spiegelt man wieder an einer seiner Seiten; so fährt man fort und bedeckt schließlich immer größere Gebiete im Kreisinnern, die gegen das ganze Kreisinnere konvergieren. Nach einem bekannten Prinzip der Funktionentheorie ist dann durch die Festsetzung, daß zu zwei in diesem Sinn spiegelbildlich zueinander gelegenen Punkten t_1, t_2 einander konjugiert komplexe Werte u_1, $u_2 = \bar{u}_1$ gehören, die analytische Fortsetzung definiert.

Abb. 236.

Dabei ist die Tatsache wichtig, daß man durch immer wiederholte Spiegelung wirklich alle Punkte des Kreisinnern bedecken kann. Bei ihrem Beweis wendet man mit Vorteil die nichteuklidische Maßbestimmung an. Denn während vom euklidischen Standpunkt aus die Bilder des Ausgangsdreiecks bei der durch die wiederholte Spiegelung hervorgerufenen Annäherung an die Kreisperipherie immer kleiner werden (vgl. Abb. 236), sind sie im hyperbolischen Sinne alle gleich groß, da die Spiegelung eine starre Transformation ist.

Zu zwei Punkten, die durch eine gerade Anzahl von Spiegelungen auseinander hervorgehen, gehören nach dem obigen Prinzip der analytischen Fortsetzung stets gleiche Funktionswerte. Eine Spiegelung ist nun eine uneigentliche Substitution (d. h. von der Gestalt $t' = \dfrac{\alpha \bar{t} + \beta}{\gamma \bar{t} + \delta}$), eine gerade Anzahl von Spiegelungen liefert aber stets eine eigentliche Substitution. Mithin ist $f(t)$ in der Tat eine automorphe Funktion.

Unter einem *Fundamentalbereich* von $f(t)$ versteht man einen Bereich, in dem jeder Wert, dessen $f(t)$ fähig ist, genau einmal angenommen wird. Das oben erwähnte, durch einmalige Spiegelung entstandene Viereck ist, wenn man zwei geeignete seiner Seiten ausschließt, ein Fundamentalbereich. Er wird durch die Substitutionen der Gruppe so an alle Stellen des Kreisinnern befördert, daß dabei jeder Punkt genau einmal bedeckt wird. Derartige Fundamentalbereiche und *Decktransformationen* sind uns bereits von der Betrachtung der Raumformen her bekannt (Kap. IX). Jetzt handelt es sich um nichts anderes als damals; denn auch jetzt sind die Decktransformationen hyperbolische Bewegungen und auch jetzt sind sie fixpunktfrei (was, wie man zeigen kann, für alle automorphen Funktionen mit Grenzkreis zutrifft). Wir sehen also: *Jede automorphe Funktion mit Grenzkreis — z. B. die Modulfunktion — definiert eine hyperbolische Raumform.*

Diese Tatsache steht in engem Zusammenhang mit dem Problem der *Uniformisierung mehrdeutiger Funktionen*. Sind zwei Veränderliche z und w durch eine analytische Gleichung $F(z, w) = 0$ miteinander verknüpft, so ist dadurch w als eine im allgemeinen mehrdeutige Funktion von z bestimmt. Die Aufgabe der Uniformisierung ist nun, das Studium dieser mehrdcutigen Funktion auf eindeutige Funktionen zurückzuführen; d. h. man soll zwei eindeutige analytische Funktionen $\varphi(t)$, $\psi(t)$ finden, für die identisch $F[\varphi(t), \psi(t)] = 0$ ist, man soll mit anderen Worten für die mehrdeutige Funktion $w = f(z)$ eine Darstellung $z = \varphi(t)$, $w = \psi(t)$ mit dem *uniformisierenden Parameter* t angeben. Geometrisch verlangt dies die konforme und eineindeutige Abbildung der in geeigneter Weise zerschnittenen Riemannschen Fläche, die zu der Gleichung $F(z, w) = 0$ gehört, auf einen Bereich der t-Ebene; dabei ist die Eineindeutigkeit so zu verstehen, daß man zwei Randstücke des Bildbereichs, die den beiden Ufern desselben Schnittes auf der Fläche entsprechen, als identisch anzusehen hat. Man kann diese Aufgabe folgendermaßen angreifen: zu der gegebenen Riemannschen Fläche F konstruiere man die universelle Überlagerungsfläche F', d. h. diejenige *einfach zusammenhängende* Riemannsche Fläche, die F relativ unverzweigt und relativ unbegrenzt überlagert. F' bilde man nun konform und eineindeutig (im gewöhnlichen Sinne) auf einen Teil der t-Ebene ab. Die Uniformisierungstheorie lehrt, daß diese Abbildung stets möglich ist.

Beschränken wir uns auf *geschlossene* Riemannsche Flächen F — d. h. auf *algebraische Funktionen* $w = f(z)$ — und zwar auf solche vom Geschlecht $p > 1$, so läßt sich F' auf das Innere des Einheitskreises der t-Ebene abbilden; die oben eingeführten Funktionen $z = \varphi(t)$, $w = \psi(t)$ sind dann *automorphe Funktionen mit Grenzkreis*. Zwei Punkten t_1, t_2, die bei Substitutionen der zugehörigen Gruppen ineinander übergehen, entsprechen zwei Punkte von F', die über demselben Punkt von F liegen, beiden entspricht also derselbe Punkt von F; ein Fundamentalbereich ist gerade das eineindeutige Bild von F. Da wir die Decktransformationen als hyperbolische Bewegungen auffassen können, läßt sich F als hyperbolische Raumform deuten. Ihre Winkelmessung ist von vornherein auf der Riemannschen Fläche gegeben; durch die geschilderte uniformisierende Abbildung wird auf ihr auch eine Längenmessung definiert. Umgekehrt liefert die Kenntnis dieser Metrik auf F sofort die gesuchte Abbildung auf die Ebene. Die Möglichkeit der Auffassung der Riemannschen Fläche als einer Raumform der nichteuklidischen Geometrie ist also geradezu der Inhalt des Uniformisierungssatzes.

Von den verschiedenen Methoden, das Uniformisierungsproblem zu lösen, geht eine direkt darauf aus, die zu F gehörige nichteuklidische Maßbestimmung zu finden:

Die Riemannsche Fläche vom Geschlecht $p > 1$, die auf ein Stück der t-Ebene abgebildet werden soll, sei mit Verzweigungen über der z-Ebene ausgebreitet. Die Abbildungsaufgabe ist gelöst, wenn man den *Modul*, d. h. das Vergrößerungsverhältnis $\dfrac{|dt|^2}{|dz|^2}$ (in unserer früheren Bezeichnung $\left|\dfrac{1}{\varphi'(t)}\right|^2$) als Funktion von z kennt. Da aber t keine eindeutige Funktion von z ist — zu einem z gehören ja alle die Werte von t, die bei den Substitutionen der Gruppe ineinander übergehen — ist auch dieser Modul nicht eindeutig, was seine Bestimmung erheblich erschwert. Diese Schwierigkeit beseitigt man so: statt des hier genannten Moduls, der der Quotient der euklidischen Bogenelementquadrate der t- und der z-Ebene ist, führt man als gesuchte Funktion das Verhältnis des nichteuklidischen Bogenelementquadrats, das zu der im Einheitskreis der t-Ebene herrschenden hyperbolischen Maßbestimmung gehört, zu $|dz|^2$ ein. Diese Funktion ist eindeutig, da diese Substitutionen, die t beim Durchlaufen gewisser Wege der t-Ebene erleidet, längentreu im Sinne der hyperbolischen Geometrie sind. Bezeichnet u den Logarithmus dieser eindeutigen Funktion, so genügt, wie man leicht berechnet, u der Differentialgleichung $\Delta u = e^u$; unabhängige Veränderliche sind dabei x, y, wenn $z = x + iy$ ist. Die Uniformisierungsaufgabe ist damit auf die Integration der genannten Differentialgleichung mit gewissen in den Verzweigungspunkten der Riemannschen Fläche zu erfüllenden Randbedingungen zurückgeführt[1]).

Das Geschlecht der bisher betrachteten Riemannschen Fläche war stets größer als 1. Auch die Flächen mit $p = 1$ und $p = 0$ lassen sich uniformisieren. Jedoch besteht ein wesentlicher Unterschied bezüglich des Regularitätsbereichs der zugehörigen automorphen Funktionen. Er ist jetzt nicht mehr das Innere des Einheitskreises. Ist $p = 0$, so besteht er aus der *ganzen* Zahlenkugel, die uniformisierenden Funktionen sind also rational. Ein Beispiel ist die Parameterdarstellung:

$$z = \varphi(t) = t^2, \quad w = \psi(t) = t^3$$

für die mehrdeutige Funktion:

$$w = f(z) = z^{\frac{3}{2}}.$$

Ist $p = 1$, so sind $\varphi(t)$ und $\psi(t)$ meromorphe Funktionen, ihr Existenzbereich ist also *die ganze Ebene* ohne den unendlich fernen Punkt. Das bekannteste Beispiel ist die Uniformisierung der Funktionen $w = f(t) = \sqrt{a_0 z^3 + a_1 z^2 + a_2 z + a_3}$ durch elliptische Funktionen. Fundamentalbereiche sind dabei Parallelogramme der t-Ebene, wie sie uns bei der längentreuen Abbildung einer mit der Cliffordschen Maßbestimmung versehenen Ringfläche auf die euklidische Ebene bereits begegnet sind (vgl. Abb. 185, S. 260).

Überhaupt liegt hier wieder ein bemerkenswerter Zusammenhang vor. Dieselbe Einteilung der geschlossenen Flächen in 3 Klassen, je nachdem:

$$p = 0, \quad p = 1, \quad p \geq 2$$

ist, tritt beim Problem der Raumformen wie bei dem der Uniformisierung auf: die 3 Flächenklassen können der Reihe nach mit elliptischen bzw. euklidischen und hyperbolischen Maßbestimmungen versehen und dann längentreu auf die Kugel bzw. die euklidische Ebene und die durch das Innere eines Kreises dargestellte hyperbolische Ebene abgebildet werden, ganz analog den konformen Abbildungen der Riemannschen Flächen der verschiedenen Geschlechter auf schlichte Gebiete.

§ 4. Bemerkung über die Anwendung der nichteuklidischen Maßbestimmung in der Topologie.

Auch für rein topologische Untersuchungen geschlossener Flächen besitzt die Möglichkeit, sie als euklidische oder nichteuklidische Raumformen aufzufassen, und die damit zusammenhängende Einteilung in 3 Klassen großen Wert.

---

[1]) Näheres siehe: *Klein: Über lineare Differentialgleichungen der zweiten Ordnung*, autographierte Vorlesung, 1894; *Bieberbach: $\Delta u = e^u$ und die automorphen Funktionen*, Math. Ann. Bd. 77, 1916.

Wir weisen auf diesbezügliche Arbeiten[1]) hin, ohne näher auf sie einzugehen; in ihnen führt man auf einer vom Standpunkt der Topologie aus zu untersuchenden Fläche eine Clifford-Kleinsche Maßbestimmung ein und macht sich deren einfache Eigenschaften, wie z. B. den übersichtlichen Verlauf ihrer geodätischen Linien zu Nutzen. Offenbar ist unter allen Arten, eine Fläche auszumessen, die Clifford-Kleinsche als die natürlichste und dem topologischen Bau der Fläche am besten angemessene anzusehen.

§ 5. Die Anwendung der projektiven Maßbestimmung in der speziellen Relativitätstheorie[2]).

In neuerer Zeit hat die projektive Maßbestimmung auch bei physikalischen Überlegungen, nämlich in der speziellen Relativitätstheorie, Anwendung gefunden. Die raumzeitliche Lage eines materiellen Punktes P wird durch vier Größen, die drei Raumkoordinaten x, y, z eines rechtwinkligen Parallelkoordinatensystems und die zugehörige Zeit t bestimmt, zu der sich der Punkt an dieser Stelle befindet. Wir können deshalb jede Lage von P durch einen Punkt einer vierdimensionalen Mannigfaltigkeit x, y, z, t wiedergeben, die man zum Unterschied von dem physikalischen Raum x, y, z als *Welt* bezeichnet. Weiter wird die Bewegung eines materiellen Punktes P durch drei Gleichungen der Gestalt: $x = f_1(t)$, $y = f_2(t)$, $z = f_3(t)$ dargestellt. In der vierdimensionalen Mannigfaltigkeit bestimmen diese Gleichungen eine Kurve, die man die *Weltlinie* von P nennt. Jeder ihrer Punkte stellt eine bestimmte Lage von P in Raum und Zeit dar, und die durch die Weltlinie angegebene Zusammenfassung dieser Lagen ergibt die betrachtete Bewegung. In derselben Weise wird die Bewegung eines Systems von n materiellen Punkten durch n nebeneinander herlaufende Weltlinien wiedergegeben.

Wir haben nun bei der Untersuchung der euklidischen Geometrie und der projektiven Maßbestimmungen gesehen, daß die wesentlichen Eigenschaften einer Geometrie besonders klar und einfach in den Gesetzmäßigkeiten der zugehörigen starren Bewegungen zutage treten. Bei ihrer Untersuchung wurden wir auf das fundamentale Gebilde geführt, das bei allen diesen Bewegungen in sich übergeht. Von der

---

[1]) Z. B.: *Dehn: Über unendliche diskontinuierliche Gruppen*, Math. Ann. 71, 1912. — *Gieseking: Analyt. Untersuchungen über topologische Gruppen*, Diss. Münster, 1912. — *J. Nielsen: Zur Topologie der geschlossenen Flächen*, Saertryk af Kongresberetningen, Kopenhagen, 1926. — *Brouwer: Aufzählung der Abbildungsklassen endlichfach zusammenhängender Flächen*, Math. Ann. 82, 1921.

[2]) Als Literatur zu diesem Paragraphen nennen wir *Klein: Über die geometrischen Grundlagen der Lorentzgruppe*, Jahresber. der D. M. V., Bd. 19, 1910; wieder abgedruckt in Klein, Ges. Math. Abh., Bd. I. — Ferner *Klein: Vorlesungen über die Entwicklung der Mathematik im 19. Jahrhundert*, Bd. II, 1927.

Anwendung der projektiven Maßbestimmung in der Relativitätstheorie. 317

Theorie dieses Gebildes ausgehend, konnten wir dann alle Eigenschaften der zugehörigen Maßbestimmung in einfachster Weise übersehen.

Es ist möglich, entsprechende Überlegungen auch auf die hier betrachtete Welt zu übertragen. Wir können nämlich der Welt eine bestimmte Geometrie, oder besser eine bestimmte raumzeitliche Struktur zuschreiben. Dabei zeigt sich aber, daß wir zu ganz verschiedenen Strukturen geführt werden, je nachdem wir von der *klassischen Mechanik* oder aber der *Elektrodynamik* ausgehen. Den Ausgangspunkt der Mechanik bilden die Newtonschen Differentialgleichungen, während der Elektrodynamik die Maxwellschen Gleichungen zugrunde liegen. Wir werden nun diejenigen projektiven Transformationen der Welt aufsuchen, bei denen jedes der beiden Gleichungssysteme unverändert bleibt, genau so, wie wir früher alle projektiven Transformationen bestimmten, bei denen die Entfernung zwischen zwei Punkten und der Winkel zwischen zwei Geraden unverändert blieben.

Es ist bekannt, daß die Newtonschen Differentialgleichungen bei der Gruppe der folgenden Substitutionen invariant bleiben:

$$\begin{aligned} x &= c_{11}x' + c_{12}y' + c_{13}z' + c_{14}t' + c_{15}, \\ y &= c_{21}x' + c_{22}y' + c_{23}z' + c_{24}t' + c_{25}, \\ z &= c_{31}x' + c_{32}y' + c_{33}z' + c_{34}t' + c_{35}, \\ t &= \phantom{c_{11}x' + c_{12}y' + c_{13}z' +{}} \pm t' + c_{45}, \end{aligned}$$

in denen die neun Koeffizienten $c_{\varkappa\lambda}$ ($\varkappa, \lambda = 1, 2, 3$) eine orthogonale Matrix mit der Determinante $+1$ oder -1 bilden. Diese Gruppe setzt sich aus folgenden drei Arten von Substitutionen zusammen:

1. den euklidischen Transformationen des physikalischen Raumes x, y, z;

2. den Transformationen, die sich ergeben, wenn wir die Zeit von einem anderen Zeitpunkt aus zählen;

3. den Transformationen, die auf die Einführung eines neuen Koordinatensystems x, y, z herauskommen, das gegenüber dem alten Koordinatensystem x', y', z' in gleichförmig fortschreitender Parallelverschiebung begriffen ist. Die betrachtete Gruppe bezeichnen wir als die *Galilei-Newton-Gruppe der klassischen Mechanik*. In ihr treten 16 Koeffizienten auf, von denen die 9 ersten 6 (wesentlichen) Bedingungsgleichungen unterworfen sind; die Gruppe besitzt daher 10 wesentliche Parameter und wird als *zehngliedrig* bezeichnet.

In genau derselben Weise werden wir nun nach der Gruppe derjenigen projektiven Transformationen der Welt fragen, bei denen die Maxwellschen Gleichungen invariant bleiben. Die nähere Untersuchung, auf die wir hier nicht eingehen können, zeigt, daß diese Gruppe die folgende Gestalt besitzt:

$$\begin{aligned} x &= c_{11}x' + c_{12}y' + c_{13}z' + c \cdot c_{14}t' + c_{15}, \\ y &= c_{21}x' + c_{22}y' + c_{23}z' + c \cdot c_{24}t' + c_{25}, \\ z &= c_{31}x' + c_{32}y' + c_{33}z' + c \cdot c_{34}t' + c_{35}, \\ t &= \frac{c_{41}}{c}x' + \frac{c_{42}}{c}y' + \frac{c_{43}}{c}z' + \phantom{c\cdot{}} c_{44}t' + c_{45}, \end{aligned}$$

318 Ausblicke auf Anwendungen der nichteuklidischen Geometrie.

wobei die ersten 16 Koeffizienten $c_{\varkappa\lambda}$ ($\varkappa, \lambda = 1, 2, 3, 4$) 10 Bedingungsgleichungen der folgenden Gestalt genügen:

$$c_{\varkappa 1}c_{\lambda 1} + c_{\varkappa 2}c_{\lambda 2} + c_{\varkappa 3}c_{\lambda 3} - c_{\varkappa 4}c_{\lambda 4} = \begin{cases} 1 \text{ für } \varkappa = \lambda, \\ 0 \text{ für } \varkappa \neq \lambda; \end{cases}$$

ferner bedeutet c die Lichtgeschwindigkeit. In dieser Gruppe, die wir nach Poincaré als *Lorentzgruppe* bezeichnen wollen, treten somit 20 Koeffizienten auf, die 10 (wesentlichen) Bedingungsgleichungen unterworfen sind; die Gruppe ist also genau wie die Galilei-Newton-Gruppe *zehngliedrig*.

Die beiden Gruppen können wir nun geometrisch in einfacher Weise festlegen, wenn wir die affine Mannigfaltigkeit der x, y, z, t durch Hinzunahme der unendlich fernen Elemente zu einer projektiven Mannigfaltigkeit erweitern. Bei den Substitutionen der Galilei-Newton-Gruppe geht nämlich ein bestimmtes quadratisches Gebilde in sich über, das aus dem unendlich fernen Raum mit einer in ihm liegenden Ebene besteht, in welcher eine nullteilige Kurve ausgezeichnet ist[1]). Genau so bleibt bei den Transformationen der Lorentzgruppe eine nullteilige Fläche invariant, die durch den nullteiligen Hyperkegel:

$$x^2 + y^2 + z^2 - c^2t^2 = 0$$

aus dem unendlich fernen Raum ausgeschnitten wird. Im Sinne der Theorie der quadratischen Gebilde in einer vierdimensionalen Mannigfaltigkeit ist das fundamentale Gebilde der Galilei-Newton-Gruppe als zweimal ausgeartet, das der Lorentzgruppe dagegen als einmal ausgeartet anzusehen[2]).

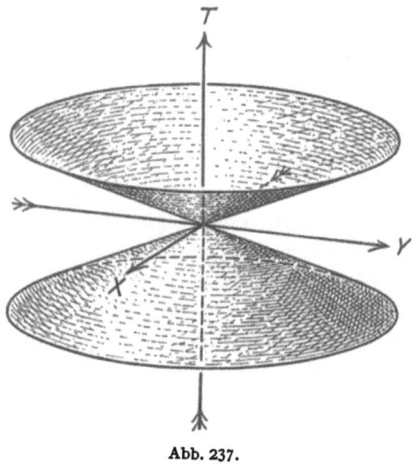

Abb. 237.

Die zur Lorentzgruppe gehörige Geometrie haben wir bereits an früherer Stelle als *pseudoeuklidische Geometrie* kennengelernt (S. 142ff.). Der Anschaulichkeit halber unterdrücken wir die z-Koordinate und sprechen die zugehörigen Sätze nur für drei Dimensionen x, y, t aus. Von jedem Punkt des Raumes geht ein Kegel von isotropen

---

[1]) Dieses Gebilde ist der Schnitt des unendlich fernen Raumes mit der Hyperebene $t = 0$ und dem Hyperzylinder $x^2 + y^2 + z^2 = 0$.

[2]) Infolge der Ausartung gehen die fundamentalen Gebilde auch noch bei bestimmten Ähnlichkeitstransformationen in sich über (vgl. S. 186), die hier jedoch nicht in Betracht kommen, weil sie die zugrunde gelegten Gleichungen nicht invariant lassen.

Geraden aus, den wir in der schematischen Abb. 237[1]) für den Koordinatenanfangspunkt eingezeichnet haben; alle diese Kegel sind untereinander parallel. Da die Lichtgeschwindigkeit c, in den gewöhnlichen Einheiten cm und sec gemessen, eine außerordentlich große Zahl ist: $c = 3 \cdot 10^{10}$cm/sec, verläuft der Kegel sehr nahe der X-Y-Ebene. Wenn wir c immer größere Werte zuschreiben würden, schmiegt sich der Kegel dieser Ebene immer mehr an und geht schließlich für $c = \infty$ doppeltzählend in sie über.

Bei diesem Grenzübergang geht das fundamentale Gebilde der Lorentzgruppe in das der Galilei-Newton-Gruppe über. Im Fall der Lorentzgruppe können wir nämlich dieses Gebilde, wenn wir homogene Punktkoordinaten: $x = x_1 : x_5$, $y = x_2 : x_5$, $z = x_3 : x_5$, $t = x_4 : x_5$ einführen, durch die beiden Gleichungen: $x_1^2 + x_2^2 + x_3^2 - c^2 x_4^2 = 0$, $x_5 = 0$ darstellen. In homogenen Raumkoordinaten $u_1 : u_2 : u_3 : u_4 : u_5$ erhalten wir statt dessen nur eine einzige Gleichung: $u_1^2 + u_2^2 + u_3^2 - \dfrac{1}{c^2} \cdot u_4^2 = 0$. Wenn wir hierin c unendlich werden lassen, ergibt sich aber: $u_1^2 + u_2^2 + u_3^2 = 0$, und das ist gerade die Gleichung des fundamentalen Gebildes der Galilei-Newton-Gruppe in homogenen Raumkoordinaten. Zwischen der Galilei-Newton-Gruppe und der Lorentzgruppe besteht also derselbe Zusammenhang wie zwischen der euklidischen und der nichteuklidischen Geometrie.

Diese Beziehungen zwischen den beiden Gruppen haben wichtige physikalische Konsequenzen. Nach der klassischen Mechanik muß die Welt die Struktur der Galilei-Newton-Gruppe, nach der Elektrizitätstheorie dagegen die Struktur der Lorentzgruppe besitzen. Es ist notwendig, sich für eine der beiden Gruppen zu entscheiden; die geschichtliche Entwicklung hat gezeigt, daß die Lorentzgruppe zu bevorzugen ist. In der Tat müssen wir, wenn wir uns für die Galilei-Newton-Gruppe entscheiden, die Elektrizitätstheorie in die Struktur dieser ganz wesensfremden Gruppe hereinpressen, was, wie die Erfahrung (z. B. bei dem bekannten Michelsonversuch) ergeben hat, zu Unzuträglichkeiten führt. Wenn wir uns dagegen für die Lorentzgruppe entscheiden, müssen wir an den Gesetzen der klassischen Mechanik bestimmte Umänderungen vornehmen, damit diese Gesetze auch der Lorentzgruppe gegenüber invariant werden. Da aber die Lorentzgruppe in die Galilei-Newton-Gruppe übergeht, wenn wir die Lichtgeschwindigkeit als unendlich groß ansehen, gewinnen diese Umänderungen nur für diejenigen Erscheinungen eine Bedeutung, bei denen Geschwindigkeiten von der Größenordnung der Lichtgeschwindigkeit auftreten. Infolgedessen können wir bei den meisten Beobachtungen der Physik und im besonderen der Astronomie die Gültigkeit der klassischen Mechanik voraussetzen, ohne merkliche Fehler zu begehen.

---

[1]) In Wirklichkeit ist der Kegel sehr viel flacher.

Sachverzeichnis.

Abbildung, konforme (= winkeltreue) 293—303.
—, längentreue 244, 278—280, 293.
Absolutes Krümmungsmaß 305—306.
— Gebilde siehe fundamentales Gebilde.
Abstand, kürzester zweier Geraden 223.
—, senkrechter 150, 212—214, 220 bis 221, 231.
Abstandslinien 216, 225, 273.
Abwickelbare Flächen 243—244, 278 bis 281.
Achsen einer Bewegung 237, 250.
— einer Cliffordschen Fläche 243.
— einer Spiegelung 224.
— eines zentrischen Kegelschnitts 230.
Affine Gerade, Ebene, Raum 3.
— Koordinaten 1—2, 9—10.
— n-dimensionale Mannigfaltigkeit 30 bis 33.
— Transformationen 22—30.
Ähnlichkeitstransformationen in der euklidischen Geometrie 96, 109, 125.
— in den projektiven Maßbestimmungen 186—187.
—, Fehlen der — in den nichteuklidischen Geometrien 186, 273, 276.
Antikollineationen 51.
Aperiodische Rotationsflächen konstanter negativer Krümmung 284.
Asymptotisches Dreieck 201, 227, 276.
Ausgeartete Gebilde zweiter Ordnung, Klasse und Grades 55, 56, 86, 92.
— projektive Maßbestimmungen 164, 179—184.
Außenwelt, Maßbestimmungen, die auf die — passen 188—189, 205—211.
Automorphe Funktionen 303, 311 bis 315.
Axiomatik 32, 161, 304.

Beltrami — Poincarésches Modell 300, 309.

Bewegungen der euklidischen Geometrie 96—97, 109—110, 125—127, 136, 139, 141, 146, 187.
— der elliptischen Geometrie 93—127, insbes. 103 und 117, 150, 187—188, 212—215, 233—241.
— der hyperbolischen Geometrie 93 bis 127, insbes. 102 und 117, 187 bis 188, 213, 224—227, 249—251, 253, 308.
— der ausgearteten Maßbestimmungen 143, 187—188.
Bogenelement einer Fläche im euklidischen Raum 279.
— der nichteuklidischen Geometrien 289—290, 297—298.
— einer Riemannschen Mannigfaltigkeit 289, 292—293.
Brennlinien und Brennpunkte eines zentrischen Kegelschnittes 232.
Bündel 13, 145—146.
Büschel 13, 40, 43—45, 173—174, 180 bis 181.
—, verschränkte 91.

Clifford-Kleinsches Raumproblem 257.
Cliffordsche Flächen 238, 241—249, 256 bis 257.
— Parallelen 234—236, 241.
— Raumform der euklidischen Geometrie 247, 256—257.
— Schiebungen 234—238.

Decktransformationen 258, 313.
Defekt 201, 205.
Determinanten, geränderte 59, 60.
—, Rang 62.
—, Verwendung in der Geometrie 5.
Differentialgeometrie auf einer Fläche im euklidischen Raum 277—282.
—, nichteuklidische 243—247, 304 bis 306.

Sachverzeichnis.

Diskontinuierliche Gruppen 258—259, 264—269, 310—311.
Doppelflächen 16.
Doppelpaar 90.
Doppelt zählender Punkt als Klassengebilde 72, 74.
Doppelverhältnis 40—45.
—, Festlegung des Winkels und der Entfernung durch ein Doppelverhältnis 137—139, 146, 151, 164—167.
Drehungen (= Rotationen) in der elliptischen Geometrie 106—108, 120 bis 123, 188, 214—215, 233, 237.
— in der hyperbolischen Geometrie 106—107, 120—123, 188, 224 bis 227, 250—251.
— in der pseudoeuklidischen Geometrie 143—144.
Dualbrüche 160.
Dualität in der projektiven Ebene 37—39.
— im projektiven Raum 39.
— im euklidischen Bündel 146.
— in der elliptischen und hyperbolischen Geometrie 150, 184—185, 214, 221.
— in projektiven Maßbestimmungen 184—186.

Ebenenbündel und Ebenenbüschel siehe Bündel bzw. Büschel.
Ebenen, imaginäre und konjugiert imaginäre 48—49.
—, isotrope siehe isotrope Ebenen.
—, senkrechte siehe senkrechte Ebenen.
Ebenenkoordinaten, projektive 36—37.
École polytechnique 10.
Eigentlich diskontinuierliche Gruppen 258—259, 264—269, 310—311.
Eigentliche Kollineationen 94, 111—112.
Eigentlicher Punkt, Gerade, Ebene in der euklidischen Geometrie 132.
Einheitspunkt 2, 6, 8, 45.
Einseitige Flächen 15—16.
Elementarteilertheorie 29, 228.
Ellipsen in der elliptischen und hyperbolischen Geometrie 228—232.
Elliptische Bewegungen siehe Bewegungen der elliptischen Geometrie.
Elliptische Geometrie (= elliptische Maßbestimmung) auf der Geraden 170—171, 211—213.
— in der Ebene 148—153, 174, 177 bis 178, 184—188, 190—191, 194 bis 201, 214—221, 227—232, 264 bis 265, 272, 285, 289—290, 292—298.

Elliptische Geometrie im Raume 178 bis 179, 184—191, 205—211, 233 bis 249, 269, 292, 304—306.
—, Übergang zur euklidischen und hyperbolischen Geometrie 84, 91, 190—191, 198, 200, 220, 252 bis 253.
—, Beziehungen zur sphärischen Geometrie 151—153, 191, 194—199, 201, 221, 264—265, 269.
—, Bogenelement, Krümmungsradius, trigonometrische Formeln usw. siehe Bogenelement usw.
Elliptische Krümmung 281.
— Maßbestimmung, siehe elliptische Geometrie.
— Raumformen 264—265, 269—270.
— Substitutionen 310.
— Winkelmessung im Büschel 173 bis 174.
Entfernung in der euklidischen Geometrie 128—129, 131—133, 139 bis 141, 179—181.
— in den projektiven Maßbestimmungen 142—143, 164—170, 179—184.
Entfernungskonstante 164, 170—171, 173—175, 191, 193.
Entfernungskreise 182.
Entwicklung der Geometrie 10—12; vgl. ferner geschichtliche Einschaltungen.
Euklidische Geometrie 38, 96—97, 109 bis 111, 125—147, 166—167, 179 bis 180, 184—191, 198, 200, 203—207, 220, 244—247, 250, 252—264, 269 bis 274, 277—288, 295.
— Bewegungen, Entfernungen usw. siehe Bewegungen usw.
— Raumformen 247, 254—264, 269 bis 270.
Exzeß 201, 205.

Fixpunkte bei Kollineationen 28—30, 32, 103—106, 117—120.
Flächen n-ter Ordnung und n-ter Klasse 36.
— zweiter Ordnung 36, 52—93; Einteilung 68.
— zweiter Klasse 36, 52—93; Einteilung 72.
— zweiten Grades 92—93; Einteilung 92.
—, ausgeartete und nichtausgeartete 55, 56, 92.

Klein, Nichteuklidische Geometrie. 21

Flächen, einseitige und zweiseitige 14 bis 16.
—, Geschlecht 265.
— konstanter Krümmung 282—288, 305—306.
—, nullteilige, ovale und ringartige 68 bis 69.
—, reelle und imaginäre 53.
— verschwindender Krümmung 282, 305—306.
Flächeninhalt 199, 201.
Flächentheorie 277—285, 304—305.
Formen, positive und negativ definite, indefinite 67, 276, 289.
Frei-affine Transformationen 23.
Fundamentalbereich 258, 259, 313.
Fundamentaldreieck 8.
Fundamentales Gebilde der euklidischen Geometrie 136, 146, 166.
— der elliptischen und hyperbolischen Geometrie 150, 170, 174, 178.
— der projektiven Maßbestimmungen 164—167, 179—184.
Fundamentalgeraden 7.
Fundamentalgruppe 258.
Fundamentalpunkte 6.
Funktionen, automorphe 303, 311 bis 315.
—, hyperbolische 196.

Galilei-Newton-Gruppe 317.
Gaußsche Zahlebene 49—50, 299—303.
Gebilde zweiter Ordnung, Klasse und Grades siehe Kurven bzw. Flächen zweiter Ordnung, Klasse und Grades.
Gegenbild 209.
Gemischte Gruppe 94.
Geodätische Linien 247—249, 277 bis 278, 289—290.
Geometrie, elliptische und hyperbolische siehe elliptische bzw. hyperbolische Geometrie.
—, Entwicklung 10—12; vgl. ferner geschichtliche Einschaltungen.
—, nichtarchimedische 304.
—, pseudoeuklidische 142—144, 184, 318.
—, sphärische 146—147; vgl. auch elliptische Geometrie, Beziehungen zur sphärischen Geometrie.
Geradenbündel und Geradenbüschel siehe Bündel bzw. Büschel.
Geraden, imaginäre und konjugiert imaginäre 47—49.

Geraden, hoch- und niederimaginäre 48—49, 79.
—, isotrope siehe isotrope Geraden.
—, senkrechte siehe senkrechte Geraden.
Geradenkoordinaten 9, 33—34.
Gerade Punktreihe 39—40.
Geränderte Determinante 59, 60.
Geschichte der nichteuklidischen Geometrie 271—306.
Geschichtliche Einschaltungen 2, 5, 10—12, 16, 19, 20, 33, 36—41, 51 bis 52, 58, 61, 70, 79, 93, 138, 157, 163, 247, 271—306.
Geschlecht einer Fläche 265.
Grenzkreis bei automorphen Funktionen 312.
Grenzkreise (= Horozyklen) 178, 226.
Grenzkugeln (= Horosphären) 179, 249, 252—253, 305.
Grundgebilde 31, 39, 80.
Gruppe, Definition 19.
—, diskontinuierliche 258—259, 264 bis 269, 310—311.
—, gemischte 94.

Harmonisches Verhältnis 40, 154—157.
Hauptkreis 296.
Hauptkrümmungen und Hauptkrümmungsradien 280, 305.
Hochimaginäre Geraden 48—49, 79.
Höhensatz 221.
Homogene Ebenenkoordinaten 36—37.
— Geradenkoordinaten 9, 33—36.
— lineare Substitutionen 17—21.
— Punktkoordinaten 2—5.
— Raumformen 256—269.
Horosphären (= Grenzkugeln) 179, 249, 252—253, 305.
Horozyklen (= Grenzkreise) 178, 226.
Hyperbeln in der hyperbolischen Geometrie 229—232.
Hyperbolische Bewegungen siehe Bewegungen der hyperbolischen Geometrie.
— Funktionen 196.
Hyperbolische Geometrie (= hyperbolische Maßbestimmung) auf der Geraden 171—173, 213.
— in der Ebene 174—178, 185—188, 190—205, 221—232, 265—269, 271 bis 277, 285—288, 293—303, 308 bis 309, 311—313.

Sachverzeichnis.

Hyperbolische Geometrie, im Raum 178—179, 185—191, 203—211, 249 bis 253, 269—270, 304—311.
—, Übergang zur euklidischen und elliptischen Geometrie 84, 91, 190—191, 198, 200, 252—253.
—, Beziehungen zur euklidischen Kugel 191—200.
—, Bogenelement, Krümmungsradius, trigonometrische Formeln usw. siehe Bogenelement usw.
Hyperbolische Krümmung 281.
— Maßbestimmung siehe hyperbolische Geometrie.
— Raumformen 265—270, 313.
— Substitutionen 310.
— Winkelmessung im Büschel 173 bis 174.
Hyperebene 31, 36.
Hypersphären (= Überkugeln) 179, 249, 252—253.
Hyperzyklen (= Überkreise) 178, 225.

Imaginäre Elemente 46—49.
— Gebilde zweiter Ordnung und Klasse 53.
Indefinite Form 67.
Inhalt eines Dreiecks 67.
— eines Kreises 198—200.
Inhomogene Raumformen 256.
Invariante 43, 68, 139, 141, 165.
Invariantentheorie 19, 20.
Invariantes Dreieck bei ebenen Kollineationen 104—106.
— Tetraeder bei räumlichen Kollineationen 117—120.
Inverse Substitutionen 18.
Inzidenz 37.
Isomorphie 213, 308.
Isotrope Geraden (= Minimalgeraden) und isotrope Ebenen in der euklidischen Geometrie 132—139, 145.
— Punkte, Geraden und Ebenen der elliptischen und hyperbolischen Geometrie 150, 165—166, 302.

Kanonische Gleichungsform 65.
Kegelgeometrie, euklidische 256.
Kegelschnitt als Ebenengebilde 71—72.
—, zentrischer 230—232.
Klassenkurven und Klassenflächen siehe Kurven bzw. Flächen.
Kleinscher Schlauch 262.
Kogredienz, kogrediente Variable 19 bis 20, 22.

Kollineationen, allgemeines 21—30.
—, die ein Gebilde zweiten Grades in sich überführen 93—127, 136, 146, 150, 165, 186—188.
—, eigentliche und uneigentliche 95, 111—112.
Konfigurationen 220.
Konforme (= winkeltreue) Abbildung 293—303.
Kongruenz, lineare 120.
Kongruenzsätze 217—218, 227.
Konische Rotationsflächen konstanter negativer Krümmung 284.
Konjugierte Polaren 58.
Konjugiert imaginäre Punkte, Geraden und Ebenen 46—49.
Konstante Krümmung, Flächen — 282.
—, Riemannsche Mannigfaltigkeit — 291.
Kontragredienz, kontragrediente Variable 20, 22.
Koordinaten, affine 1—2, 9—10.
— einer Ebene 36—37.
— einer Geraden 9, 33—34.
—, homogene 2—5.
—, projektive 5—10, 45, 153—163.
Kreise in der euklidischen Geometrie 136—137, 200.
— in der elliptischen Geometrie 105 bis 106, 176—178, 198—200, 214—218, 220, 228, 230, 243, 248.
— in der hyperbolischen Geometrie 105 bis 106, 176—178, 198—200, 218, 220, 224—230, 276.
— in ausgearteten Maßbestimmungen 142—143, 182—183.
—, in-, an- und umbeschriebene 218, 220.
—, Schnittpunkte 217, 227.
Kreisinhalt und Kreisumfang 198—200, 276.
Kreispunkte, die beiden imaginären 132, 136—137.
Krümmung (= Krümmungsmaß = Maßkonstante) der elliptischen und hyperbolischen Geometrie 193 bis 194, 208—209, 305.
— einer ebenen Kurve und einer Fläche in der euklidischen Geometrie 280.
— einer Riemannschen Mannigfaltigkeit 291.
—, Flächen verschwindender Krümmung 282, 305—306.
—, absolute und relative 305—306.

21*

Krümmungskreis 280.
Krümmungsmaß siehe Krümmung.
Krümmungsradius 191, 193, 208—209, 253, 280.
Krümmungstensor 291.
Kugel, euklidische, Darstellung der elliptischen und hyperbolischen Geometrie auf der — 151—153, 191 bis 200, 221.
Kugelkreis, der imaginäre 133, 136 bis 137.
Kugeln in der euklidischen Geometrie 136—137.
— in der elliptischen und hyperbolischen Geometrie 179, 233, 249, 252 bis 253.
Kurven n-ter Ordnung und n-ter Klasse 35.
— zweiter Ordnung 35, 52—93; Einteilung 70.
— zweiter Ordnung in der elliptischen und hyperbolischen Geometrie 227 bis 232.
— zweiter Klasse 35, 52—93; Einteilung 74.
— zweiten Grades 85—87; Einteilung 85.
—, ausgeartete und nichtausgeartete 55, 56, 86.
—, nullteilige und ovale 68—70.
—, reelle und imaginäre 53.
— konstanten Abstandes von einer Geraden (= Abstandslinien) 216, 225, 273.
Kürzester Abstand zweier Geraden 223.

Längentreue Abbildung 244, 278—280, 293.
Leitlinien einer Kongruenz 120.
Lineare Kongruenz 120.
— homogene Substitutionen 17—21.
— Substitutionen einer komplexen Veränderlichen 103, 253, 306—309.
Linienkongruenz, synektische 306.
Lorentzgruppe 144, 318—319.
Loxodromische Substitution 310.

Mannigfaltigkeit, n-dimensionale 30 bis 33, 36, 80, 166, 179, 203—205, 269, 288—293, 316—319.
—, Riemannsche von n Dimensionen 289—293.
—, Riemannsche, konstanter Krümmung 291.

Maßbestimmung, elliptische und hyperbolische siehe elliptische bzw. hyperbolische Geometrie.
—, parabolische 170, 180—184, 189.
—, projektive 163—188, 303—304.
—, projektive, ausgeartete und nichtausgeartete 164.
Maßkonstante (= Krümmung = Krümmungsmaß) der elliptischen und hyperbolischen Geometrie 193—194, 208—209, 305.
Minimalgeraden siehe isotrope Geraden.
Mittelpunkt eines zentrischen Kegelschnittes 230.
— eines in-, an- und umbeschriebenen Kreises 218, 220.
Mittelsenkrechte 220.
Modulfunktion 312.
Moebiussches Band 15.
— Netz 161.

Nabelpunkt 280.
n-dimensionale Mannigfaltigkeiten 30 bis 33, 36, 80, 166, 179, 203—205, 269, 288—293, 316—319.
Negativ definite Form 67.
— gekrümmte Flächenstücke 281.
Nichtarchimedische Geometrie 304.
Nichtausgeartete Gebilde zweiter Ordnung, Klasse und Grades 55, 56, 86, 92.
— projektive Maßbestimmungen 163 bis 179.
Nichteuklidische Differentialgeometrie 243—247, 304—306.
— Bogenelement 298—290, 297 bis 298.
— Geometrie, Geschichte 271—306.
Niederimaginäre Geraden 48—49, 79.
Normalenschnitt einer Fläche 280.
Nullteilige Flächen und Kurven 68, 70.

Operationen, vertauschbare 113.
Ordnungskurven und Ordnungsflächen siehe Kurven bzw. Flächen.
Orthogonale (= senkrechte) Punkte 150, 212—214, 220—221, 231.
— Substitutionen 102, 116, 124.
— Trajektorien, Kreise als — 216, 225.
Ovale Flächen und Kurven 68—70.

Parabeln in der hyperbolischen Geometrie 229, 230.
Parabolische Maßbestimmung 170, 180 bis 184, 189.

Sachverzeichnis.

Parabolische Substitutionen 310.
Parallele Ebenen 249.
— Geraden 148, 154, 207, 214, 221—222, 233—236, 249, 271—277.
Parallelenaxiom 271—277.
Parallelenwinkel 222.
Parameter, Abhängigkeit von einem — 46.
Parameterform der Gleichung einer Geraden, einer Ebene, eines Grundgebildes 4, 5, 9, 31.
Poincarésches Modell der hyperbolischen Geometrie 300, 309.
Pol, Polare, Polarebene 54, 55.
Polaren, konjugierte 58.
Polartetraeder 65.
Polarverwandtschaft 53—58.
Positiv definite Form 67.
— gekrümmte Flächenstücke 281.
Projektive Gerade, Ebene, Raum 3, 12 bis 17.
— Geraden- und Ebenenkoordinaten 33—34, 36—37.
— Maßbestimmung 163—188, 303 bis 304.
— Maßbestimmung, ausgeartete und nichtausgeartete 164.
— n-dimensionale Mannigfaltigkeit siehe Mannigfaltigkeit, n-dimensionale.
— Punktkoordinaten 5—10, 45, 153 bis 163.
— Skala 27, 157—161.
— Transformationen siehe Kollineationen.
Punkt als Klassengebilde 34—36, 72, 74.
Punkte, imaginäre und konjugiert imaginäre 46—49.
—, isotrope siehe isotrope Punkte.
—, orthogonale siehe senkrechte Punkte.
Punktepaar als Klassengebilde 72, 74, 84.
Punktkreis 137, 178.
Punktkugel 137.
Punktreihe, gerade 39—40.
Pseudoeuklidische Geometrie 142—144, 184, 318.
Pseudosphäre 284.

Quaternionen 238—241.

Rang einer Determinate 62.
Raumformen 247, 254—270.
—, homogene und inhomogene 256.

Raumstück, Beschränkung der Betrachtungen auf ein endliches — 153 bis 154.
Reelle Gebilde zweiter Ordnung und Klasse 53.
Relatives Krümmungsmaß 305.
Relativitätstheorie 316—319.
Riemannsche Mannigfaltigkeit von n Dimensionen 289—292.
— Zahlkugel 50—51, 307.
Riemanns Habilitationsvortrag 285, 288.
Ringartige Flächen 68—69.
Ringform 259—264.
Ringförmige Rotationsflächen konstanter negativer Krümmung 284.
Rotationen siehe Drehungen.
Rotationsflächen konstanter negativer Krümmung 282—288.

Schiebungen 113—116, 188, 233—240.
Schnittpunktsätze 218—221.
Schraubenlinien 124, 126—127, 248 bis 249.
Schraubungen 124, 126—127, 188, 238.
Schwerpunktskoordinaten 11—12.
Seitenhalbierende 218.
Seitenmittelpunkte 218.
Senkrechte Ebenen 135.
— Geraden 134, 139, 150, 214, 216, 220 bis 224, 235—236, 249.
— (= orthogonale) Punkte 150, 212 bis 214, 220—221, 231.
Skala, projektive 27, 157—161.
Sphärische Geometrie 146—147.
—, Beziehungen zur elliptischen Geometrie siehe elliptische Geometrie.
Spiegelungen 213, 215, 224, 233.
Starre Transformationen 186—188; vgl. ferner Bewegungen sowie Umlegungen.
Stereographische Projektion 50—51, 295—296.
Stetigkeitsaxiome 161, 304.
Stigma 256.
Strahlbündel und Strahlbüschel siehe Bündel bzw. Büschel.
Stromlinien 310.
Substitutionen, elliptische, parabolische, hyperbolische und loxodromische 310.
—, inverse 18.
—, lineare homogene 17—21.
Synektische Linienkongruenz 306.

Tangentialdreieck 98, 104.
Tangentialgleichung 98.
Tangentialtetraeder 75, 78—79.
Topologische Anwendungen der nichteuklidischen Geometrie 315—316.
Trägheitsgesetz der quadratischen Formen 67, 80.
Trägheitsindex 66, 73.
Traktrix 284.
Transformationen, affine, frei-affine und zentro-affine 22—30.
—, projektive siehe Kollineationen.
—, starre 186—187; vgl. ferner Bewegungen sowie Umlegungen.
Translationen 121—123, 188; vgl. auch Drehungen.
Trigonometrische Formeln der elliptischen und hyperbolischen Geometrie 195—198.

Übergang zwischen elliptischer, euklidischer und hyperbolischer Geometrie 84, 91, 190—191, 198, 200, 220, 252 bis 253.
— zwischen den Gebilden zweiten Grades 80—91.
Überkreise (= Hyperzyklen) 178, 225.
Überkugeln (= Hypersphären) 179, 249, 252—253.
Umlegungen in der euklidischen Geometrie 96—97, 109—111, 125, 136, 141, 187.
— in der elliptischen Geometrie 93 bis 127, insbes. 103 und 117, 187, 212 bis 215, 233.
— in der hyperbolischen Geometrie 93 bis 127, insbes. 102 und 117, 187, 213, 224, 308.

Uneigentliche (= unendlich ferne) Elemente 2.
— Kollineationen 94, 111—112.
Uniformisierung 313—315.
Untergruppen, Definition 23.
—, Aufstellung sämtlicher endlicher — der linearen Substitutionen 310.

Verhältniskoordinaten (= homogene Koordinaten) 2—5.
Verschwindende Krümmung, Flächen— 282, 305—306.
Vertauschbare Operationen 113.
Vierseitskonstruktion 154—157.
Vierter harmonischer Punkt bzw. Gerade und Ebene 40, 154—157.

Winkel in der euklidischen Geometrie 129—131, 134—135, 137—139, 146, 174, 181.
— in den projektiven Maßbestimmungen 165—170, 173—176, 180—184.
Winkelhalbierende 218, 220.
Winkelkonstante 165, 174, 176.
Winkelkreise 183, 217.
Winkelsumme eines Dreiecks 200 bis 203.
Winkeltreue (= konforme) Abbildung 293—303.

Zahlebene, Gaußsche 49—50, 299 bis 303.
Zahlkugel, Riemannsche 50—51, 307.
Zentrischer Kegelschnitt 230—232.
Zentro-affine Transformationen 23, 26.
Zylinderform 254—255, 259—264.
Zweiseitige Flächen 15.

Die Grundlehren der mathematischen Wissenschaften in Einzeldarstellungen mit besonderer Berücksichtigung der Anwendungsgebiete

Lieferbare Bände:

2. Knopp: Theorie und Anwendung der unendlichen Reihen. DM 48,—; US $ 12.00
3. Hurwitz: Vorlesungen über allgemeine Funktionentheorie und elliptische Funktionen. DM 49,—; US $ 12.25
4. Madelung: Die mathematischen Hilfsmittel des Physikers. DM 49,70; US $ 12.45
10. Schouten: Ricci-Calculus. DM 58,60; US $ 14.65
14. Klein: Elementarmathematik vom höheren Standpunkt aus. 1. Band: Arithmetik. Algebra. Analysis. DM 24,—; US $ 6.00
15. Klein: Elementarmathematik vom höheren Standpunkt aus. 2. Band: Geometrie. DM 24,—; US $ 6.00
16. Klein: Elementarmathematik vom höheren Standpunkt aus. 3. Band: Präzisions- und Approximationsmathematik. DM 19,80; US $ 4.95
19. Pólya/Szegö: Aufgaben und Lehrsätze aus der Analysis I: Reihen, Integralrechnung, Funktionentheorie. DM 34,—; US $ 8.50
20. Pólya/Szegö: Aufgaben und Lehrsätze aus der Analysis II: Funktionentheorie, Nullstellen, Polynome, Determinanten, Zahlentheorie. DM 38,—; US $ 9.50
22. Klein: Vorlesungen über höhere Geometrie. DM 28,—; US $ 7.00
26. Klein: Vorlesungen über nicht-euklidische Geometrie. DM 24,—; US $ 6.00
27. Hilbert/Ackermann: Grundzüge der theoretischen Logik. DM 38,—; US $ 9.50
31. Kellogg: Foundations of Potential Theory. DM 32,—; US $ 8.00
32. Reidemeister: Grundlagen der Geometrie. In Vorbereitung
38. Neumann: Mathematische Grundlagen der Quantenmechanik. In Vorbereitung
52. Magnus/Oberhettinger/Soni: Formulas and Theorems for the Special Functions of Mathematical Physics. DM 66,—; US $ 16.50
57. Hamel: Theoretische Mechanik. DM 84,—; US $ 21.00
58. Blaschke/Reichardt: Einführung in die Differentialgeometrie. DM 24,—; US $ 6.00
59. Hasse: Vorlesungen über Zahlentheorie. DM 69,—; US $ 17.25
60. Collatz: The Numerical Treatment of Differential Equations. DM 78,—; US $ 19.50
61. Maak: Fastperiodische Funktionen. DM 38,—; US $ 9.50
62. Sauer: Anfangswertprobleme bei partiellen Differentialgleichungen. DM 41,—; US $ 10.25
64. Nevanlinna: Uniformisierung. DM 49,50; US $ 12.40
65. Tóth: Lagerungen in der Ebene, auf der Kugel und im Raum. DM 27,—; US $ 6.75
66. Bieberbach: Theorie der gewöhnlichen Differentialgleichungen. DM 58,50; US $ 14.60
68. Aumann: Reelle Funktionen. DM 59,60; US $ 14.90
69. Schmidt: Mathematische Gesetze der Logik I. DM 79,—; US $ 19.75
71. Meixner/Schäfke: Mathieusche Funktionen und Sphäroidfunktionen mit Anwendungen auf physikalische und technische Probleme. DM 52,60; US $ 13.15
73. Hermes: Einführung in die Verbandstheorie. Etwa DM 39,—; etwa US $ 9.75

75. Rado/Reichelderfer: Continuous Transformations in Analysis, with an Introduction to Algebraic Topology. DM 59,60; US $ 14.90
76. Tricomi: Vorlesungen über Orthogonalreihen. DM 37,60; US $ 9.40
77. Behnke/Sommer: Theorie der analytischen Funktionen einer komplexen Veränderlichen. DM 79,—; US $ 19.75
79. Saxer: Versicherungsmathematik. 1. Teil. DM 39,60; US $ 9.90
80. Pickert: Projektive Ebenen. DM 48,60; US $ 12.15
81. Schneider: Einführung in die transzendenten Zahlen. DM 24,80; US $ 6.20
82. Specht: Gruppentheorie. DM 69,60; US $ 17.40
83. Bieberbach: Einführung in die Theorie der Differentialgleichungen im reellen Gebiet. DM 32,80; US $ 8.20
84. Conforto: Abelsche Funktionen und algebraische Geometrie. DM 41,80; US $ 10.45
85. Siegel: Vorlesungen über Himmelsmechanik. DM 33,—; US $ 8.25
86. Richter: Wahrscheinlichkeitstheorie. DM 68,—; US $ 17.00
87. van der Waerden: Mathematische Statistik. DM 49,60; US $ 12.40
88. Müller: Grundprobleme der mathematischen Theorie elektromagnetischer Schwingungen. DM 52,80; US $ 13.20
89. Pfluger: Theorie der Riemannschen Flächen. DM 39,20; US $ 9.80
90. Oberhettinger: Tabellen zur Fourier Transformation. DM 39,50; US $ 9.90
91. Prachar: Primzahlverteilung. DM 58,—; US $ 14.50
92. Rehbock: Darstellende Geometrie. DM 29,—; US $ 7.25
93. Hadwiger: Vorlesungen über Inhalt, Oberfläche und Isoperimetrie. DM 49,80; US $ 12.45
94. Funk: Variationsrechnung und ihre Anwendung in Physik und Technik. DM 98,—; US $ 24.50
95. Maeda: Kontinuierliche Geometrien. DM 39,—; US $ 9.75
97. Greub: Linear Algebra. DM 39,20; US $ 9.80
98. Saxer: Versicherungsmathematik. 2. Teil. DM 48,60; US $ 12.15
99. Cassels: An Introduction to the Geometry of Numbers. DM 69,—; US $ 17.25
100. Koppenfels/Stallmann: Praxis der konformen Abbildung. DM 69,—; US $ 17.25
101. Rund: The Differential Geometry of Finsler Spaces. DM 59,60; US $ 14.90
103. Schütte: Beweistheorie. DM 48,—; US $ 12.00
104. Chung: Markov Chains with Stationary Transition Probabilities. DM 56,—; US $ 14.00
105. Rinow: Die innere Geometrie der metrischen Räume. DM 83,—; US $ 20.75
106. Scholz/Hasenjaeger: Grundzüge der mathematischen Logik. DM 98,—; US $ 24.50
107. Köthe: Topologische Lineare Räume I. DM 78,—; US $ 19.50
108. Dynkin: Die Grundlagen der Theorie der Markoffschen Prozesse. DM 33,80; US $ 8.45
109. Hermes: Aufzählbarkeit, Entscheidbarkeit, Berechenbarkeit. DM 49,80; US $ 12.45
110. Dinghas: Vorlesungen über Funktionentheorie. DM 69,—; US $ 17.25
111. Lions: Equations différentielles opérationnelles et problèmes aux limites. DM 64,—; US $ 16.00
112. Morgenstern/Szabó: Vorlesungen über theoretische Mechanik. DM 69,—; US $ 17.25
113. Meschkowski: Hilbertsche Räume mit Kernfunktion. DM 58,—; US $ 14.50
114. MacLane: Homology. DM 62,—; US $ 15.50
115. Hewitt/Ross: Abstract Harmonic Analysis. Vol. 1: Structure of Topological Groups. Integration Theory. Group Representations. DM 76,—; US $ 19.00

116. Hörmander: Linear Partial Differential Operators. DM 42,—; US $ 10.50
117. O'Meara: Introduction to Quadratic Forms. DM 48,—; US $ 12.00
118. Schäfke: Einführung in die Theorie der speziellen Funktionen der mathematischen Physik. DM 49,40; US $ 12.35
119. Harris: The Theory of Branching Processes. DM 36,—; US $ 9.00
120. Collatz: Funktionalanalysis und numerische Mathematik. DM 58,—; US $ 14.50
121.⎫
122.⎭ Dynkin: Markov Processes. DM 96,—; US $ 24.00
123. Yosida: Functional Analysis. DM 66,—; US $ 16.50
124. Morgenstern: Einführung in die Wahrscheinlichkeitsrechnung und mathematische Statistik. DM 34,50; US $ 8.60
125. Itô/McKean: Diffusion Processes and Their Sample Paths. DM 58,—; US $ 14.50
126. Lehto/Virtanen: Quasikonforme Abbildungen. DM 38,—; US $ 9.50
127. Hermes: Enumerability, Decidability, Computability. DM 39,—; US $ 9.75
128. Braun/Koecher: Jordan-Algebren. DM 48,—; US $ 12.00
129. Nikodým: The Mathematical Apparatus for Quantum-Theories. DM 144,—; US $ 36.00
130. Morrey: Multiple Integrals in the Calculus of Variations. DM 78,—; US $ 19.50
131. Hirzebruch: Topological Methods in Algebraic Geometry. DM 38,—; US $ 9.50
132. Kato: Perturbation theory for linear operators. DM 79,20; US $ 19.80
133. Haupt/Künneth: Geometrische Ordnungen. DM 68,—; US $ 17.00
134. Huppert: Endliche Gruppen I. Etwa DM 154,—; US $ 38.50
135. Handbook for Automatic Computation. Vol. 1/Part a: Rutishauser: Description of ALGOL 60. DM 58,—; US $ 14.50
136. Greub: Multilinear Algebra. DM 32,—; US $ 8.00
137. Handbook for Automatic Computation. Vol. 1/Part b: Grau/Hill/Langmaack: Translation of ALGOL 60. DM 64,—; US $ 16.00
138. Hahn: Stability of Motion. DM 72,—; US $ 18.00
139. Mathematische Hilfsmittel des Ingenieurs. Herausgeber: Sauer/Szabó. 1. Teil. DM 88,—; US $ 22.00
143. Schur/Grunsky: Vorlesungen über Invariantentheorie. DM 28,—; US $ 7.00
144. Weil: Basic Number Theory. DM 48,—; US $ 12.00
146. Treves: Locally Covex Spaces and Linear Partial Differential Equations. Approx. DM 36,—; approx. US $ 9.00

If you have any concerns about our products,
you can contact us on
ProductSafety@springernature.com

In case Publisher is established outside the EU,
the EU authorized representative is:
**Springer Nature Customer Service Center GmbH
Europaplatz 3, 69115 Heidelberg, Germany**

Printed by Libri Plureos GmbH
in Hamburg, Germany